# Einführung in die physikalischen Grundlagen der Rundfunktechnik

Von

Dr. Otto Franke

Wien



Mit 167 Textabbildungen

Springer-Verlag Berlin Heidelberg GmbH

1937

ISBN 978-3-7091-5885-2 ISBN 978-3-7091-5935-4 (eBook)
DOI 10.1007/978-3-7091-5935-4



Ursprünglich erschienen bei Julius Springer in Vienna 1937

# Vorwort.

Das vorliegende Werk soll das sein, was sein Titel andeutet: eine Einführung in die physikalischen Grundlagen der Rundfunktechnik, wobei der Nachdruck auf die Worte „physikalische Grundlagen" zu legen ist. Sein Ziel ist einzig und allein, jene physikalischen Gesetze zu behandeln, die der modernen Rundfunktechnik zugrunde liegen; keineswegs ist beabsichtigt, ein ausführliches Werk über die gesamte Hochfrequenztechnik zu bringen.

Das Buch ist aus Vorträgen entstanden, die der Verfasser vor einer Hörerschaft von Physikern und Elektrotechnikern gehalten hat und die den Zweck verfolgten, den Hörern einen Überblick über die Physik des Rundfunks zu geben und jene Kenntnisse auf dem Gebiet der Hochfrequenztechnik zu vermitteln, die heute auch der Nichtfachmann, wenn auch Physiker oder Elektrotechniker, nicht entbehren kann. Denn gerade die Grundelemente der Rundfunktechnik, der Schwingungskreis, die Elektronenröhre, die elektrische Welle sind für jeden Elektrotechniker und besonders für den Meßtechniker von der größten Bedeutung, da sie heute in allen Zweigen der Elektrotechnik steigend Verwendung finden. Diese Vorträge waren von Versuchen begleitet, durch die angestrebt wurde, die besprochenen Gesetze besonders zu verdeutlichen und die Übereinstimmung mit der Erfahrung zu beweisen. Nach reiflicher Überlegung habe ich mich jedoch entschlossen, auf eine Schilderung dieser Versuche zu verzichten, nicht nur um den Umfang der Arbeit nicht allzusehr anwachsen zu lassen, sondern auch aus der Überzeugung, daß die Beschreibung eines Versuches nur ein schlechter Ersatz dieses selbst ist und kaum überzeugender wirkt als die mathematische Entwicklung.

Da es sich um ein Werk über die physikalischen Grundlagen handelt, habe ich absichtlich, und manchmal schweren Herzens, darauf verzichtet, in Einzelheiten einzugehen, die in das Gebiet der Technik gehören; dem widerspricht nicht die Tatsache, daß das letzte Kapitel die praktische Anwendung der in den vorhergehenden Kapiteln behandelten Elemente zum Gegenstand hat. Auch hier ist immer nur der Aufbau des grundlegenden Schemas besprochen, aus dem der Techniker erst das Gerät zu gestalten hat. Da es sich um eine Einführung handelt, mußte auch auf dem eigentlichen Stoffgebiet des Werkes die strengste Beschränkung auf das unbedingt Notwendige stattfinden und vieles wegbleiben, das für jeden, der sich eingehender mit der Hochfrequenztechnik befassen will, unentbehrlich ist, das jedoch den Anfänger nur verwirren würde. Dem ersten stehen aber eine Reihe ausgezeichneter ausführlicher Werke zur Verfügung, für deren Studium das vorliegende Buch vielleicht eine Vorbereitung sein könnte. Dem Charakter einer Einführung entspricht es nach der Ansicht des Verfassers auch, daß die mathematischen Entwicklungen fast überall breit und vollständig gegeben sind, um dem Anfänger das lästige fortwährende Nachschlagen in anderen Werken zu ersparen. Es wurde aus diesem Grunde auf manches verzichtet, das bei etwas geringerer Breite der Entwicklungen noch leicht hätte Platz finden können. Nicht verzichten konnte und wollte der Verfasser auf die mathematische Behandlung der besprochenen Probleme, nur sie allein ermöglicht ein wirkliches Verständnis und die Einsicht in den quantitativen Verlauf der Erscheinungen, die eine praktische Verwertung erst möglich macht.

Als ehemaliger Hörer und Assistent an der Wiener Technischen Hochschule möchte ich noch der schönen Vorlesungen über „Elektrische Schwingungen und Wellen“ gedenken, die ich vor nahezu einem Vierteljahrhundert bei Max Reithoffer gehört habe; sie vermittelten mir jene Grundlagen, die es mir ermöglichten, die seitherige ungeahnte Entwicklung der Hochfrequenztechnik mit Verständnis zu verfolgen; sie sind es, die durch ihre unübertrefflich lebendige Art des Vortrages in mir das lebhafteste und nie mehr auszulöschende Interesse an dem Gegenstand wachgerufen haben.

Ich widme dieses Werk dem Gedächtnis des leider so früh dahingeschiedenen Gruppenleiters des Eichdienstes Österreichs, des w. Hofr. Dr. Gottfried Dimmer; Hofrat Dimmer hat sich nicht nur um das Zustandekommen der dem Buche zugrunde liegenden Vorträge die größten Verdienste erworben, sondern diese selbst auch mit der vollsten Aufmerksamkeit verfolgt; das Andenken dieses ehrlichen Dieners der Wissenschaft und wahrhaft großherzigen und gütigen Mannes auch in diesem Zusammenhange zu ehren ist mir nicht nur Pflicht, sondern wahres Herzensbedürfnis.

Meinem lieben Kollegen und Freund, Ing. Hermann Reiter, habe ich für seine wertvolle Mithilfe bei der Korrektur zu danken; Herrn Kollegen Dr. E. Brückner für viele Anregungen und für seine Mithilfe bei den Experimenten.

Wien, im November 1936.

**Otto Franke.**

# Inhaltsverzeichnis.

Drittes Kapitel.

**Elektrische Wellen.**

Viertes Kapitel.

**Wellentelegraphie und -telephonie.**



**Anhang.**

# Einleitung.

Die Rundfunktechnik, das jüngste Teilgebiet der Elektrotechnik, ist ein Kind, das zwar noch im vorigen Jahrhundert geboren wurde, dessen Entwicklung aber hauptsächlich erst in den beiden letzten Jahrzehnten erfolgte; wenn wir diesen Vergleich fortsetzen wollen, so können wir sagen: ein Kind, das die Maxwellsche Theorie der Elektrizität zum Vater und die moderne Elektronentheorie zur Mutter hat; ein Kind, als dessen Geburtsstunde der denkwürdige Tag bezeichnet werden muß, an dem es Heinrich Hertz zum ersten Male gelang, elektrische Wellen zu erzeugen und die von der Maxwellschen Theorie geforderte endliche Ausbreitungsgeschwindigkeit dieser Wellen nachweisen.

Auf keinem andern Gebiet der gesamten Technik zeigt sich so deutlich die Notwendigkeit und Fruchtbarkeit des Zusammenwirkens des theoretischen Physikers, des Experimentalphysikers und des konstruierenden Technikers. Der theoretische Physiker — Maxwell — ruft auf Grund seiner theoretischen Vorstellungen und Berechnungen dem Experimentalphysiker zu: Wenn du an irgendeiner Stelle eine elektromagnetische Störung erzeugst, so breitet sich diese im Raume aus, und zwar mit einer endlichen, wenn auch sehr großen Geschwindigkeit, nämlich mit der des Lichtes! Der Experimentalphysiker — Hertz — sucht nun Mittel und Wege, solche elektromagnetische Störungen zu erzeugen, ihre Ausbreitung nachzuweisen und ihre Ausbreitungsgeschwindigkeit zu messen. Der Techniker — Marconi, dann Braun, Slaby usw. — gibt diesen Experimenten jene Form, die die technische Verwertung zu wirtschaftlichen Zwecken — Endzweck aller Technik ist Wirtschaft! — ermöglicht.

Verfolgen wir einen Augenblick den hier in Schlagworten angedeuteten Entwicklungsgang etwas näher. Der theoretische Physiker ruft dem Experimentalphysiker zu ... Dies geschieht natürlich in seiner Sprache, die ja auch die des andern ist und die auch der Techniker verstehen muß. Um zu diesem Verständnis zu gelangen, wollen wir gleich hier an einleitender Stelle einen Blick auf die Grundgleichungen der Maxwellschen Theorie werfen, und zwar wollen wir mit jenem Begriff beginnen, der für die Maxwellsche Elektrizitätstheorie von ausschlaggebender Bedeutung ist, dem des *Verschiebungsstromes.*

Das elektrostatische Feld eines geladenen Körpers (Ladung $Q$, im absoluten elektrostatischen Maß gemessen) ist durch zwei Wirkungen ausgezeichnet, die ohne besondere hypothetische Voraussetzungen nicht aufeinander zurückgeführt werden können: die *ponderomotorischen Wirkungen* (Kraftwirkungen auf andere geladene Körper) und die *Influenzwirkungen.* Dementsprechend beschreiben wir das elektrostatische Feld durch zwei Vektorgrößen, die *elektrische Feldstärke* $\mathfrak{E}$, die Kraft auf die Ladungseinheit und die *dielektrische Verschiebung* $\mathfrak{D}$, die den Influenzwirkungen des Feldes proportional ist. Im homogenen und isotropen Medium fallen die Richtungen der beiden Vektoren zusammen und ihre Größen stehen in einem für das betreffende Medium konstanten Verhältnis, das man als *Dielektrizitätskonstante* des Mediums bezeichnet. Es besteht also die Beziehung:

$$\mathfrak{D} = \varepsilon\,\mathfrak{E} \quad (\varepsilon = \text{Dielektrizitätskonstante}). \tag{1}$$

Durch geeignete Wahl der Maßeinheiten erreicht man, daß im absoluten elektrostatischen Maßsystem die Dielektrizitätskonstante des Vakuums $\varepsilon_0$ den Wert 1 erhält.

Das skalare Produkt aus Verschiebungsvektor und Vektor eines Flächenelements $d\mathfrak{F}$[1]

$$d\Phi_V = \mathfrak{D}\,d\mathfrak{F} = \mathfrak{D}_n\,dF = \mathfrak{D}\,d\mathfrak{F}_n = \mathfrak{D}\,dF\cos(\mathfrak{D}\,d\mathfrak{F}) \tag{2}$$

nennen wir den *Verschiebungsfluß* durch das Flächenelement $dF$ und erhalten somit den Verschiebungsfluß durch die Fläche $F$ durch Integration über sämtliche Elemente dieser Fläche:

$$\Phi_V = \int_F \mathfrak{D}\,d\mathfrak{F}. \tag{3}$$

Das Experiment zeigt nun, daß der gesamte Verschiebungsfluß, der von einer, innerhalb der geschlossenen Fläche $O$ an-

[1] Flächeninhalt des Flächenelements in der als positiv angenommenen Richtung der Normalen zu diesem Flächenelement in irgendeinem Maßstab aufgetragen.

geordneten Ladung ausgeht, der Größe dieser Ladung $Q$ proportional ist, und zwar beträgt der Proportionalitätsfaktor unabhängig von der Anordnung und Verteilung der Ladung $Q$ innerhalb der Fläche $O$ in unserem absoluten elektrostatischen Maßsystem $4\pi$, so daß wir erhalten:

$$\Phi_V = \oint_O \mathfrak{D}\, d\mathfrak{F} = 4\pi Q. \tag{4}$$

Bevor wir, von dem Begriff des Verschiebungsflusses ausgehend, zu dem des Verschiebungsstromes gelangen, wollen wir noch die Gl. (4) in die für die Maxwellsche Theorie kennzeichnende Form einer Differentialgleichung bringen. Ist $Q$ im Raume verteilt, so daß die Raumdichte $\varrho$ der elektrischen Ladung für jeden Punkt innerhalb der geschlossenen Fläche $O$ gegeben ist (Abb. 1), so ist

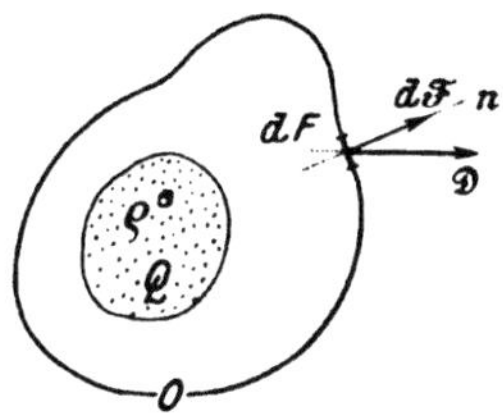

Abb. 1. Ladung und Verschiebungsfluß.

$$Q = \int_V \varrho\, dV,$$

also

$$\oint_O \mathfrak{D}\, d\mathfrak{F} = 4\pi \int_V \varrho\, dV.$$

Wir wenden diese Gleichung auf einen sehr kleinen Raum $V \to \Delta V$ an; es sei $\bar{\varrho}$ der räumliche Mittelwert von $\varrho$ in $\Delta V$

$$\oint_O \mathfrak{D}\, d\mathfrak{F} = 4\pi \bar{\varrho} \Delta V, \quad \frac{1}{\Delta V} \oint_O \mathfrak{D}\, d\mathfrak{F} = 4\pi \varrho$$

und wenn wir jetzt das von $O$ eingeschlossene Volumen $\Delta V$ immer kleiner werden lassen $\Delta V \to 0$, so erhalten wir, da dabei $\bar{\varrho}$ in $\varrho$ übergeht:

$$\lim_{\Delta V \to 0} \frac{1}{\Delta V} \oint_O \mathfrak{D}\, d\mathfrak{F} = 4\pi \varrho$$

und mit

$$\operatorname{div} \mathfrak{D} = \lim_{\Delta V \to 0} \frac{1}{\Delta V} \oint_O \mathfrak{D}\, d\mathfrak{F} \tag{5}$$

$$\operatorname{div} \mathfrak{D} = 4\pi \varrho \tag{6}$$

die differentielle Form des Erfahrungssatzes (4). Von der Definitionsgleichung (5) ausgehend, kann die als Divergenz des Vektors $\mathfrak{D}$ bezeichnete skalare Größe div $\mathfrak{D}$ für beliebige Koordinaten berechnet werden. Ohne auf diese Rechnung näher einzugehen, geben wir noch den Ausdruck für die div in rechtwinkeligen Cartesischen Koordinaten an mit:

$$\operatorname{div} \mathfrak{D} = \frac{\partial \mathfrak{D}_x}{\partial x} + \frac{\partial \mathfrak{D}_y}{\partial y} + \frac{\partial \mathfrak{D}_z}{\partial z}. \tag{5'}$$

Die Gl. (6) ist der mathematische Ausdruck für die Erfahrungstatsache, daß die elektrische Ladung Quelle des Verschiebungsflusses ist. Es läßt sich auch zeigen, daß das elektrische Feld vollkommen und eindeutig bestimmt ist, wenn die Lagen und Ergiebigkeiten sämtlicher Quellen und die Dielektrizitätskonstante des Mediums an allen Stellen des Raumes bekannt sind. Diese Berechnungen, die hier zuviel Raum wegnehmen würden, sind in allen Werken über Maxwellsche Theorie nachzulesen (z. B. Drude-König: Physik des Äthers, 2. Aufl., Becker, Theorie der Elektrizität I usw.). Wir begnügen uns, einen Blick auf ihr Ergebnis zu werfen, und wollen noch die einschränkende Voraussetzung machen, daß die Dielektrizitätskonstante $\varepsilon$ im ganzen Raum konstant sei. Wir finden zunächst, daß im elektrostatischen Feld eine skalare Funktion $U$ existiert, die die folgende Eigenschaft hat:

$$\mathfrak{E}_s = -\frac{\partial U}{\partial s} \text{ oder vektoranalytisch } \mathfrak{E} = -\operatorname{grad} U = -\nabla U \tag{7}$$

und die man als *Potential* bezeichnet; man sieht, daß aus ihr die Feldstärke durch eine einfache Differentiation gefunden wird, so daß man die Arbeit der Feldberechnung dann als beendet ansehen kann, wenn es gelungen ist, einen Ausdruck für das Potential in jedem beliebigen Aufpunkt zu rechnen. Man findet

$$U = \frac{1}{\varepsilon} \int_V \frac{\varrho\, dV}{r} \tag{8}$$

worin $\varrho$ die Dichte der Ladung an der betrachteten Stelle der Quelle, und $r$ der Abstand des Aufpunktes vom betrachteten Quellpunkte ist. Aus der Definitionsgleichung (7) des Potentials folgt

$$\int_1^2 \mathfrak{E}_s\, ds = \int_2^1 \frac{\partial U}{\partial s}\, ds = U_1 - U_2 \tag{7'}$$

die längs des (beliebigen) Weges $s$ von 1 nach 2 geleistete Arbeit je Ladungseinheit ist der Potentialdifferenz zwischen Anfangs- und

Endpunkt der Bahn gleich. Diese Potentialdifferenz wird auch als Spannung bezeichnet. Unter Verwendung der Potentialfunktion geht die Gl. (6) über in

$$\operatorname{div}\mathfrak{D} = \varepsilon \operatorname{div}\mathfrak{E} = -\varepsilon \underbrace{\operatorname{div}\operatorname{grad}}_{\nabla^2} U = 4\pi\varrho$$

$$\nabla^2 U = \frac{\partial^2 U}{\partial x^2} + \frac{\partial^2 U}{\partial y^2} + \frac{\partial^2 U}{\partial z^2} = -4\pi\frac{\varrho}{\varepsilon} \qquad (6')$$

Poissonsche Gleichung.

Nach dieser Abschweifung kehren wir zu unserer Ausgangsgleichung (4) zurück. Aus ihr ersehen wir, daß jede zeitliche Änderung der Ladung $Q$ auch eine zeitliche Änderung des von ihr ausgehenden Verschiebungsflusses bedingt, nach der Gleichung:

$$\frac{\partial Q}{\partial t} = \frac{1}{4\pi}\frac{\partial \Phi_V}{\partial t} = \frac{1}{4\pi}\frac{\partial}{\partial t}\int\limits_O \mathfrak{D}\, d\mathfrak{F}. \qquad (4')$$

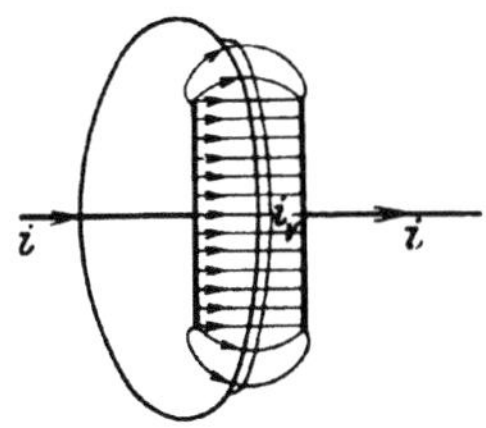

Abb. 2. Leitungs- und Verschiebungsstrom.

Die beiden rechten Seiten dieser Gleichung nennen wir den *Verschiebungsstrom* $i_V$ durch die Fläche $O$. Anderseits ist der Ausdruck links $\left(\frac{\partial Q}{\partial t}\right)$ nichts anderes als der dem Ladungsträger zufließende Leitungsstrom $i$, der die Ladung $Q$ vergrößert; wir können also (7) auch in der folgenden Form schreiben

$$-i + i_V = 0 \quad \text{(Abb. 2)} \qquad (4'')$$

und sehen, daß die algebraische Summe aus Leitungs- und Verschiebungsstrom durch eine geschlossene Fläche jener Bedingung genügt, die Ströme erfüllen müssen, um als *quasistationär* bezeichnet werden zu können. Man kann also formal jede beliebige Wechselstrom- und Aufgabe über nichtstationäre Ströme als quasistationäres Problem auffassen, wenn man statt mit dem Leitungsstrom mit dem Gesamtstrom, der Summe aus Leitungs- und Verschiebungsströmen rechnet.

Aber der Zusammenhang ist mehr als nur formal, der Verschiebungsstrom $i_V$ bildet nicht nur die rein rechnerische Fortsetzung des Leitungsstromes, sondern er wirkt auch genau so magnetisch wie dieser, wie experimentell mehrfach nachgewiesen ist. Ein diesbezüglicher Versuch sei im folgenden angedeutet, dessen Grundgedanke von S. P. Thompson herrührt. Im Dielektrikum eines Kondensators (Abb. 3) ist eine Prüfspule angeordnet, die auf einen geschlossenen Ring gewickelt ist. Es zeigt sich, daß die in der Wicklung durch ein Wechselfeld induzierte EMK dem vom Ringe umschlungenen Verschiebungsstrom $i_V'$ proportional ist, womit dessen magnetische Wirkung bewiesen ist. Dementsprechend muß in den Gleichungen, die die magnetischen Wirkungen des Stromes beschreiben, im Falle nichtstationärer Ströme der Gesamtstrom $i_g$ an die Stelle des Leitungsstromes treten.

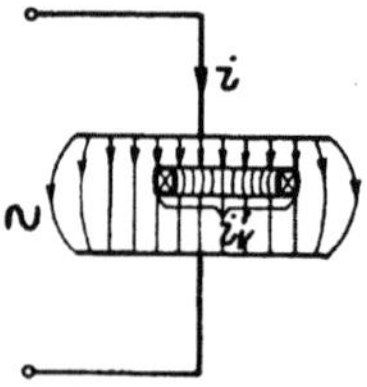

Abb. 3. Experimenteller Nachweis der magnetischen Wirkungen des Verschiebungsstromes

Wir wollen dies zunächst an der 1. Maxwellschen Grundgleichung, dem sogenannten *Durchflutungsgesetz* zeigen. Bekanntlich ist, und dies ist experimentell leicht nachzuweisen, z. B. mit dem magnetischen Spannungsmesser von Steinhaus und Rogowski, das Linienintegral der magnetischen Feldstärke $\mathfrak{H}$ längs eines beliebigen, den Stromkreis umschlingenden Weges $s$ proportional dem umschlungenen Strom, also, wie wir jetzt wissen, dem Gesamtstrom $i_g$. Wird der Strom im absoluten elektrostatischen, die magnetische Feldstärke aber im absoluten elektromagnetischen Maßsystem gemessen, so hat der Proportionalitätsfaktor den Wert $\frac{4\pi}{c}$, wo $c$ das Verhältnis der Maßzahlen ein und derselben elektrostatisch und elektromagnetisch gemessenen Elektrizitätsmenge bedeutet. Es ist also (Abb. 4):

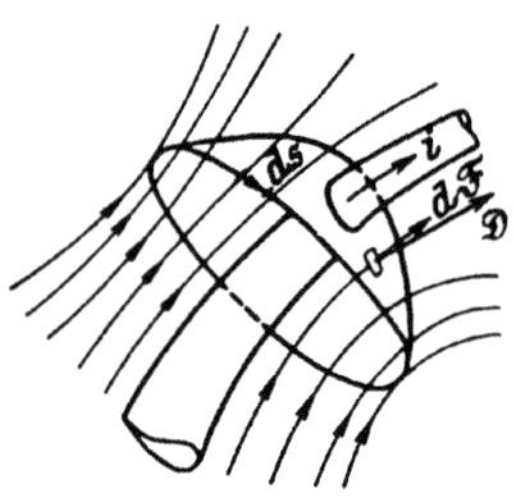

Abb. 4. Gesamtstrom durch eine Fläche $F$.

$$\oint \mathfrak{H}\, d\mathfrak{s} = \frac{4\pi}{c} i_g = \frac{4\pi}{c} i + \frac{1}{c}\frac{\partial}{\partial t}\int_F \mathfrak{D}\, dF_n. \qquad (9)^1$$

Wenden wir diese Gleichung auf den Umfang eines Flächenelements $\Delta F$ an, so erhält man mit

$\Delta i = \bar{\mathfrak{i}}\,\Delta F_n$ $\bar{\mathfrak{i}}$ = Stromdichte des Leitungsstromes (Mittelwert)

$$\oint \mathfrak{H}\, d\mathfrak{s} = \frac{4\pi}{c}\bar{\mathfrak{i}}\,\Delta F_n + \frac{1}{c}\frac{\partial}{\partial t}\bar{\mathfrak{D}}\,\Delta F_n \quad : \Delta F_n$$

[1] Wir schreiben auch hier das skalare Produkt der Vektoren $\mathfrak{H}_s\, d\mathfrak{s}$ in der üblichen Form:

$$\mathfrak{H}\, d\mathfrak{s} = \mathfrak{H}_s\, ds = \mathfrak{H}\, ds_{\mathfrak{H}} = \mathfrak{H}\, ds \cos(\mathfrak{H}\, d\mathfrak{s}).$$

und wenn wir zur Grenze $\Delta F_n \to 0$ übergehen,

$$\lim_{\Delta F_n \to 0} \frac{1}{\Delta F_n} \oint \mathfrak{H}\, d\mathfrak{s} = \frac{4\pi}{c}\,\mathfrak{i} + \frac{1}{c}\frac{\partial \mathfrak{D}}{\partial t} \tag{9'}$$

da im Grenzfalle $\bar{\mathfrak{i}} = \mathfrak{i}$, $\bar{\mathfrak{D}} = \mathfrak{D}$.

Den Grenzwert auf der linken Seite, der eine Vektorgröße darstellen muß, da auch rechts ein Vektor steht, bezeichnet man als die *Rotation* oder den *curl* (Quirl) der magnetischen Feldstärke an der betrachteten Stelle des Feldes, rot $\mathfrak{H}$

$$\text{rot}\,\mathfrak{H} = \lim_{\Delta F_n \to 0} \frac{1}{\Delta F_n} \oint \mathfrak{H}_s\, d\mathfrak{s} \tag{10}$$ [1]

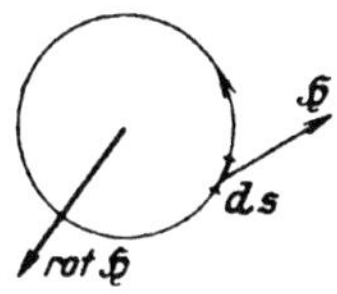


Abb. 5. Der Vektor rot $\mathfrak{H}$.

und erhält damit das Durchflutungsgesetz in differentieller Form:

$$\text{rot}\,\mathfrak{H} = \frac{4\pi}{c}\,\mathfrak{i} + \frac{1}{c}\frac{\partial \mathfrak{D}}{\partial t}. \tag{11}$$

Die positive Richtung des neueingeführten Vektors rot $\mathfrak{H}$ wird so festgesetzt, daß einem bei Umkreisung der Berandung im Gegenzeigersinn sich positiv ergebenden Wert des Linienintegrals die positive Richtung des Vektors rot $\mathfrak{H}$ gegen die Blickrichtung entspricht (Abb. 5).

Ebenso wie das elektrostatische Feld ist auch das elektromagnetische Feld durch zwei Wirkungen gekennzeichnet und wird daher ebenfalls durch zwei Vektorgrößen beschrieben. Die *magnetische Feldstärke* $\mathfrak{H}$, definiert als die Kraftwirkung des Feldes auf einen positiven Einheitspol, beschreibt die *Kraftwirkungen* des Feldes auf Magnetpole, die *magnetische Induktion* $\mathfrak{B}$ die *Induktionswirkungen* des Feldes. Diese letzte Vektorgröße wird durch das Maxwellsche Induktionsgesetz definiert. Dieses besagt bekanntlich, daß die in einer geschlossenen Leiterschleife induzierte EMK $e$ durch die zeitliche Änderung des von ihr umschlungenen Induktionsflusses $\Phi$ bestimmt ist (Abb. 6):

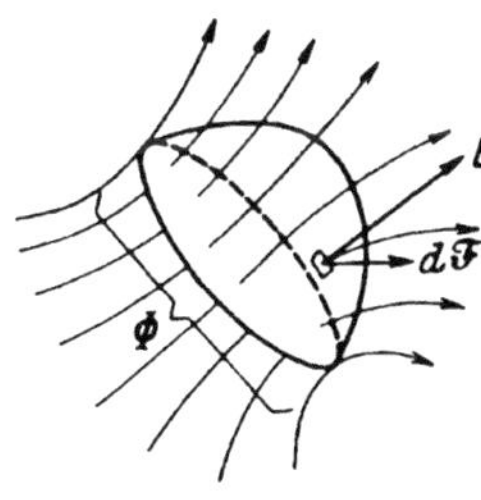


Abb. 6. Induktionsfluß durch eine Fläche $F$.

$$e = -\frac{1}{c}\frac{\partial \Phi}{\partial t}. \tag{12}$$

---

[1] $\text{rot}\,\mathfrak{H} = \mathfrak{i}\left(\frac{\partial}{\partial y}\mathfrak{H}_z - \frac{\partial}{\partial z}\mathfrak{H}_y\right) + \mathfrak{j}\left(\frac{\partial}{\partial z}\mathfrak{H}_x - \frac{\partial}{\partial x}\mathfrak{H}_z\right) + \mathfrak{k}\left(\frac{\partial}{\partial x}\mathfrak{H}_y - \frac{\partial}{\partial y}\mathfrak{H}_x\right)$

$\mathfrak{i}$, $\mathfrak{j}$, $\mathfrak{k}$ Einheitsvektoren in den Richtungen $x$, $y$, $z$.

Dabei ist der Induktionsfluß $\Phi$ gegeben durch das Flächenintegral:

$$\Phi = \int_F \mathfrak{B}\, d\,\mathfrak{F} \tag{13}$$

und das negative Vorzeichen drückt die Erfahrungstatsache aus, daß eine Vermehrung des Induktionsflusses eine so gerichtete EMK induziert, daß der in ihrem Sinn fließende Strom ein magnetisches Feld erzeugt, das das ursprüngliche Feld vermindert.

Um dem Induktionsgesetz ebenfalls die Form eines Differentialgesetzes zu geben, bedenken wir zunächst, daß die längs einer Wegesstrecke $s_2$—$s_1$ induzierte E M K in ihrer Wirkung einer an ihren Enden aufgedrückten Potentialdifferenz $U_1$—$U_2$ gleichkommt, die ihrerseits wieder gleich ist dem Linienintegral der elektrischen Feldstärke längs dieses Weges:

$$U_1 - U_2 = \int_1^2 \mathfrak{E}\, d\,\mathfrak{s} \qquad (14)^1$$

somit ist für einen geschlossenen Weg:

$$e = \oint \mathfrak{E}\, d\,\mathfrak{s} \tag{15}$$

und wir erhalten:

$$\oint \mathfrak{E}\, d\,\mathfrak{s} = -\frac{1}{c}\frac{\partial}{\partial t}\int_F \mathfrak{B}\, d\,\mathfrak{F}. \tag{12'}$$

Wenden wir nun (12′) auf ein einziges Flächenelement $\varDelta F$ an, so wird

$$\oint \mathfrak{E}\, d\,\mathfrak{s} = -\frac{1}{c}\frac{\partial \overline{\mathfrak{B}}}{\partial t}\varDelta F_n, \quad \frac{1}{\varDelta F_n}\oint \mathfrak{E}\, d\,\mathfrak{s} = -\frac{1}{c}\frac{\partial}{\partial t}\overline{\mathfrak{B}}$$

worin $\overline{\mathfrak{B}}$ den räumlichen Mittelwert des Vektors $\mathfrak{B}$ an der betrachteten Fläche $\varDelta F$ bedeutet; gehen wir auch hier zu Grenze $\varDelta F_n \to 0$ über, so wird dieser Mittelwert gleich dem Werte von $\mathfrak{B}$ an der betrachteten Stelle:

$$\lim_{\varDelta F_n \to 0} \frac{1}{\varDelta F_n}\oint \mathfrak{E}\, d\,\mathfrak{s} = -\frac{1}{c}\frac{\partial \mathfrak{B}}{\partial t} \qquad (15);$$

[1] $\mathfrak{E}\, d\,\mathfrak{s}$. . .skalares Produkt der Vektoren $\mathfrak{E}$ und $d\,\mathfrak{s}$

$$\mathfrak{E}\, d\,\mathfrak{s} = \mathfrak{E}_s\, d\,s = \mathfrak{E}\, d\,s_{\mathfrak{E}} = \mathfrak{E}\, d\,s \cos(\mathfrak{E}\, d\,\mathfrak{s})\,!$$

mit der schon oben eingeführten Bezeichnung:

$$\operatorname{rot} \mathfrak{E} = \lim_{\Delta F_n \to 0} \frac{1}{\Delta F_n} \oint \mathfrak{E}\, d\mathfrak{s} \tag{16}$$

erhalten wir

$$\operatorname{rot} \mathfrak{E} = -\frac{1}{c} \frac{\partial \mathfrak{B}}{\partial t} \tag{17}$$

das Maxwellsche Induktionsgesetz in differentieller Form.

Dieses Gesetz wollen wir noch zur Ableitung einer weiteren Eigenschaft des Induktionsvektors $\mathfrak{B}$ heranziehen. Nach (12) und (13) ist

$$e = -\frac{1}{c} \frac{\partial}{\partial t} \int_{F_1} \mathfrak{B}\, d F_{1n},$$

worin $F_1$ eine beliebige, durch die gegebene Berandungskurve $s$ hindurchgelegte Fläche ist (Abb. 7); für eine zweite derartige Fläche $F_2$ gilt dieselbe Gleichung:

$$e = -\frac{1}{c} \frac{\partial}{\partial t} \int_{F_2} \mathfrak{B}\, d F_{2n}'.$$

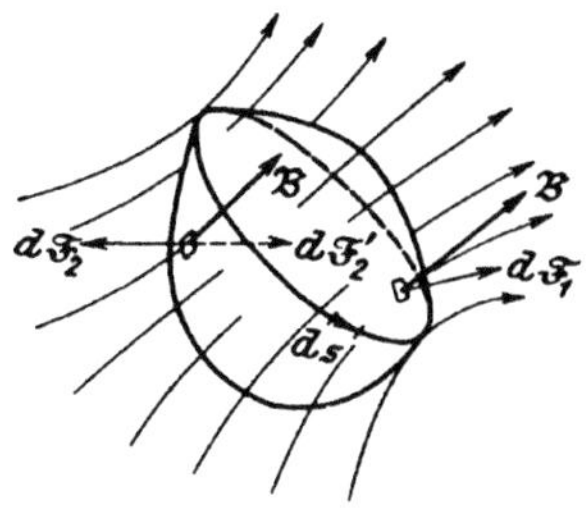

Abb. 7. Quellenfreiheit des Induktionsvektors.

Somit ist, abgesehen von einer zeitlich konstanten Größe, die hier gleichgültig ist:

$$\int_{F_1} \mathfrak{B}\, d F_{1n} = \int_{F_2} \mathfrak{B}\, d F_{2n}'. \tag{18}$$

Dabei ist die positive Flächennormale so angenommen, daß sie bei den Elementen der Fläche $F_1$ nach außen, bei denen der Fläche $F_2$ nach dem Innern des durch beide Flächen begrenzten Raumes weist. Wählen wir jedoch, wie dies in Zukunft immer geschehen wird, die Flächennormale für alle Elemente der aus $F_1$ und $F_2$ gebildeten geschlossenen Oberfläche $O$ positiv nach außen, so wird $dF_{2n}' = -dF_{2n}$ und wir erhalten aus (18)

$$\int_{F_1} \mathfrak{B}\, dF_{1n} = -\int_{F_2} \mathfrak{B}\, dF_{2n}$$

oder

$$\int_{O} \mathfrak{B}\, d F_n = 0. \tag{19}$$

Ist nun $V$ das von der Fläche $O$ eingeschlossene Volumen, so folgt aus (19) zunächst:

$$\frac{\int_{O} \mathfrak{B}\, d F_n}{V} = 0$$

und zwar unabhängig von der Größe von $V$; gehen wir also mit $V \to \Delta V \to 0$ zur Grenze 0 über, indem wir die Kurve $s$ immer mehr einschrumpfen und dabei auch die Oberfläche $O$ immer kleiner werden lassen, so bleibt die obige Beziehung auch beim Grenzübergang erhalten und es ergibt sich:

$$\lim_{\Delta V \to 0} \frac{1}{\Delta V} \int_O \mathfrak{B}\, d F_n = 0. \tag{20}$$

Wie in Gl. (5) bildet auch hier die linke Seite die Definitionsgleichung einer skalaren Feldgröße, der Divergenz des Vektors $\mathfrak{B}$, und wir schreiben damit (20) in differentieller Form:

$$\operatorname{div} \mathfrak{B} = 0. \tag{20'}$$

Das Gesetz (20) oder (20′) spricht die *Quellenfreiheit des Induktionsvektors* aus, d. h. die Tatsache, daß an keiner Stelle des Feldes magnetische Induktionslinien entspringen oder enden, während die entsprechende Gl. (5) oder (6) zeigt, daß positive Ladungen als Quellen, negative Ladungen als Senken des Vektors der dielektrischen Verschiebung $\mathfrak{D}$ aufzufassen sind, daß also die Verschiebungslinien von positiven Ladungen ausgehen und an negativen Ladungen enden.

Auch die beiden Vektorgrößen des magnetischen Feldes $\mathfrak{H}$ und $\mathfrak{B}$ stehen in einem bestimmten Verhältnis, und zwar ist

$$\mathfrak{B} = \mu\, \mathfrak{H}, \tag{21}$$

wobei $\mu$ im homogenen und isotropen Medium eine skalare Konstante ist, die als *Permeabilität* des Mediums bezeichnet wird. Jedoch bildet eine kleine Gruppe von Metallen, die *ferromagnetischen Körper* (so genannt nach dem wichtigsten Vertreter, dem Eisen) eine Ausnahme; bei ihnen ist die Permeabilität keine Konstante, sondern von der Feldstärke und außerdem von der Vorgeschichte des Mediums abhängig. Wir wollen diese Körper vorläufig vollkommen von unseren Betrachtungen ausschließen.

Im absoluten elektromagnetischen Maßsystem sind nun die Einheiten von $\mathfrak{B}$ und $\mathfrak{H}$ so gewählt, daß im Vakuum die beiden Vektoren auch der Größe nach zusammenfallen; die Permeabilität des Vakuums $\mu_0 = 1$.

Schließlich wollen wir auch noch das bekannte Ohmsche Gesetz in differentieller Form ausdrücken. Zu diesem Zweck wenden wir es auf ein Leiterelement von der Länge $ds$ und dem Querschnitt $dF_n$ an (Abb. 8) und verstehen unter $\lambda$ die auf einen Würfel von 1 cm Seitenlänge bezogene spezifische Leitfähigkeit des Leiters. Dann ist

$$di = \mathfrak{i}\, d\, F_n = -\frac{d\,U}{r}$$

$$d\,U = \frac{\partial U}{\partial s}\, d\,s = -\mathfrak{E}_s\, d\,s = -\mathfrak{E}\, d\,s$$

da $ds$ ein Element der Kraft- und der Stromlinie ist,

$$r = \frac{1}{\lambda}\frac{d\,s}{d\,F_n},\quad \frac{1}{r} = \lambda\frac{d\,F_n}{d\,s}$$

$$\mathfrak{i}\, d\, F_n = \lambda\,\mathfrak{E}\, d\,s\,\frac{d\,F_n}{d\,s}$$

$$\mathfrak{i} = \lambda\,\mathfrak{E}. \tag{22}$$

Es wurde gezeigt, daß das elektrostatische Feld vollkommen bestimmt ist, wenn man die skalare Potentialfunktion für jeden Aufpunkt angeben kann, die selbst wieder durch die Lage und Stärke der Quellen bestimmt ist. In ganz ähnlicher Weise ist auch das elektromagnetische Feld vollkommen bestimmt, wenn man Ort, Stärke und Richtung sämtlicher elektrischer Ströme im Felde kennt. Die Berechnung des Feldes erfolgt unter Vermittlung einer Vektorgröße — des *Vektorpotentials* —, die durch die folgende Gleichung gefunden wird:

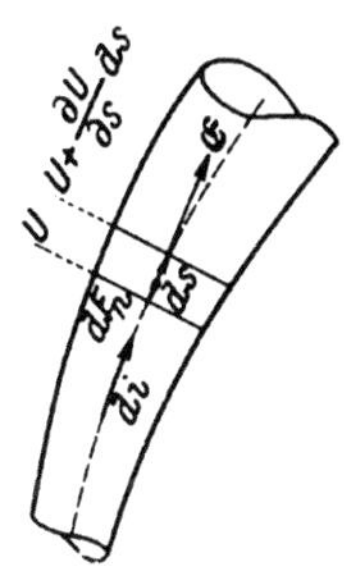


Abb. 8. Übertragung des Ohmschen Gesetzes in vektorielle Form.

$$\mathfrak{A} = \frac{1}{c}\int\limits_V \frac{\mathfrak{i}\,dV}{r},\quad \mathfrak{i} = \text{Stromdichte}. \tag{8 a}$$

Aus dem Vektorpotential im Aufpunkte $A$ rechnet sich die magnetische Feldstärke an dieser Stelle aus der Gleichung

$$\mathfrak{H} = \operatorname{rot}\mathfrak{A}. \tag{7 a}$$

So wie das Potential mit der Ladungsdichte durch die Poissonsche Gleichung hängt auch das Vektorpotential mit der Stromdichte an der betreffenden Stelle durch die folgende Gleichung zusammen:

$$\nabla^2\mathfrak{A} = -\frac{4\pi}{c}\mathfrak{i}. \tag{6' a}$$

Diese Andeutungen über die Berechnung der Felder mögen genügen.

Wir wollen nun unsere Grundgleichungen anwenden, um den Ausdruck für die Energie des elektromagnetischen Feldes abzuleiten, zunächst den für die Energie des elektrostatischen Feldes. Zu diesem Zweck betrachten wir eine Verschiebungsröhre (d. i. eine Röhre, deren Mantelfläche aus Verschiebungslinien — Vektorlinien des $\mathfrak{D}$-Vektors — gebildet ist), die an dem Flächenstück $F_1$ einer positiv geladenen Leiteroberfläche 1 entspringt (Ladung $+Q$) und an dem entsprechenden Flächenstück $F_2$ der negativ geladenen Leiteroberfläche 2 (Ladung $-Q$) endet (Abb. 9). Die Potentiale an den beiden Leiteroberflächen seien mit $U_1$ und $U_2$ bezeichnet. Es gelten nach (14) und (4) die Beziehungen

$$U_1 - U_2 = \int_1^2 \mathfrak{E}\, d\mathfrak{s} \tag{14}$$

$$\int_F \mathfrak{D}\, d\mathfrak{F} = 4\pi Q. \qquad (4)^1$$

Bevor wir weitergehen, merken wir folgendes an. Wir können (4) auch in der folgenden Form schreiben, wenn wir (1) berücksichtigen:

$$\int_F \mathfrak{D}\, d\mathfrak{F} = \varepsilon \int_F \mathfrak{E}\, d\mathfrak{F} = 4\pi Q \qquad Q = \frac{\varepsilon}{4\pi} \int_F \mathfrak{E}\, d\mathfrak{F}.$$

Wenn wir nun an allen Stellen des Feldes die Feldstärke $\mathfrak{E}$ ver-n-fachen, so ver-n-fachen wir gleichzeitig sowohl die Potentialdifferenz $U_1 - U_2$ als auch die Elektrizitätsmenge $Q$, ohne an dem Verlauf der Feldlinien irgend etwas zu ändern. Der Quotient

$$\frac{Q}{U_1 - U_2} = \frac{\varepsilon}{4\pi} \frac{\int_F \mathfrak{E}\, d\mathfrak{F}}{\int_1^2 \mathfrak{E}\, d\mathfrak{s}} = C \tag{23}$$

ist also bei gegebener Anordnung der leitenden Flächen im Felde unabhängig von der Größe der Feldgrößen $\mathfrak{E}$ und $\mathfrak{D}$ und der Ladung $Q$. Man bezeichnet ihn als *Kapazität* der Fläche $F_1$ gegen die Fläche $F_2$. Es gilt also:

$$Q = C\,(U_1 - U_2). \tag{23'}$$

[1] $F$ ist hier jener Teil der gesamten Oberfläche $O$, durch den der von der Ladung $Q$ ausgehende Verschiebungsfluß hindurchgeht, also der Querschnitt der Verschiebungsröhre.

Um nun das elektrische Feld zwischen den Leitern 1 und 2 aufzubauen, müssen wir die Ladung $+Q$ auf die Fläche $F_1$ und die Ladung $-Q$ auf die Fläche $F_2$ schaffen, z. B. aus einem Reservoir vom Potential $U_0$. Dazu ist eine gewisse Arbeit zu leisten, die beim Verschwinden des Feldes wieder frei wird und die wir als *Energie des Feldes* (in der Verschiebungsröhre) bezeichnen. Um die Ladung $+dQ$ von $U_0$ nach $U_1$ zu schaffen, ist eine Arbeit zu leisten

$$dW_1 = dQ\,(U_1 - U_0),$$

um $-dQ$ von $U_0$ nach $U_1$ zu schaffen

$$dW_2 = -dQ\,(U_2 - U_0),$$

die gesamte Arbeit, die zu leisten ist, um die beiderseitigen Ladungen um $dQ$ bzw. $-dQ$ zu vergrößern, beträgt daher

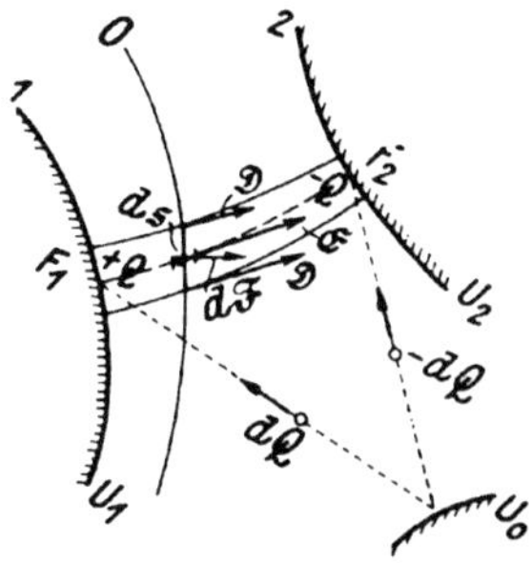

Abb. 9. Energieinhalt einer Verschiebungsröhre.

$$dW_R = dW_1 + dW_2 = dQ\,(U_1 - U_2) \tag{24}$$

d. i. gerade ebensoviel, als hätten wir die Menge $dQ$ von 2 nach 1 oder $-dQ$ von 1 nach 2 übertragen. Mit Berücksichtigung von (23′) ergibt sich

$$dW_{Re} = C\,(U_1 - U_2)\,d\,(U_1 - U_2)$$

$$W_{Re} = \frac{C}{2}\,(U_1 - U_2)^2. \tag{25}$$

Den letzten Ausdruck können wir auch in folgender Form schreiben:

$$W_{Re} = \frac{1}{2}\,C\,(U_1 - U_2)\,(U_1 - U_2) = \frac{1}{2}\,Q\,.\,(U_1 - U_2)$$

$$W_{Re} = \frac{1}{8\pi}\int\limits_F \mathfrak{D}\,d\mathfrak{F}\,.\int\limits_1^2 \mathfrak{E}\,d\mathfrak{s}$$

da aber $\int\limits_F \mathfrak{D}\,d\mathfrak{F}$ längs des ganzen Weges $\mathfrak{s}$ konstant ist,[1] kann auch geschrieben werden:

---

[1] Dies ist leicht einzusehen: Schneiden wir durch zwei Flächen $F_1'$ und $F_2'$ einen Teil der Verschiebungsröhre ab. Da in diesem Teil der Röhre keine Ladung vorhanden ist, muß derselbe Ver-

$$W_{Re} = \frac{1}{8\pi} \int_1^2 \int_F \mathfrak{E}\mathfrak{D}\, d\mathfrak{F}\, d\mathfrak{s};$$

da $d\mathfrak{F}\, d\mathfrak{s} = dV$, geht dieser Ausdruck über:

$$W_{Re} = \frac{1}{8\pi} \int_{V_R} \mathfrak{E}\mathfrak{D}\, dV. \tag{26}$$

Aus dieser Formel für den Energieinhalt einer Verschiebungsröhre geht ohne weiteres hervor, daß

$$W_{1e} = \frac{1}{8\pi} \mathfrak{E}\mathfrak{D} \tag{27}$$

nichts anderes ist als der Energieinhalt der Raumeinheit des Feldes, so daß man durch Integration über den ganzen vom Feld eingenommenen Raum $V$ die gesamte Energie des elektrostatischen Feldes findet:

$$W_e = \frac{1}{8\pi} \int_V \mathfrak{E}\mathfrak{D}\, dV. \tag{28}$$

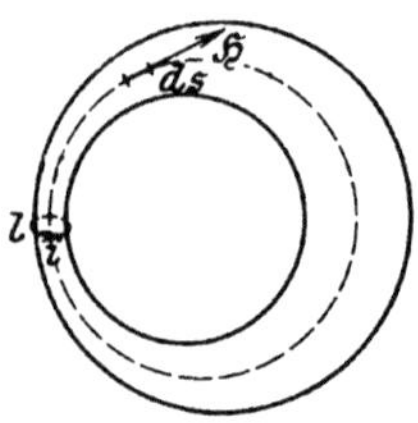

Abb. 10. Energieinhalt einer Induktionsröhre.

In ganz ähnlicher Weise leiten wir die Formel für den Energieinhalt des magnetischen Feldes ab. Wir betrachten eine den geschlossenen Leiter $l$ umschlingende Induktionsröhre, Abb. 10, und gehen von den beiden Gl. (9) und (12) aus, wobei wir voraussetzen, daß keine Verschiebungsströme vorhanden seien.

$$\oint \mathfrak{H}\, d\mathfrak{s} = \frac{4\pi}{c} i, \tag{9}$$

$$e = -\frac{1}{c} \frac{\partial \Phi}{\partial t}. \tag{12}$$

Aus der ersten der beiden Gleichungen rechnen wir

$$i = \frac{c}{4\pi} \oint \mathfrak{H}\, d\mathfrak{s},$$

schiebungsfluß austreten, der eintritt. Da aber die Röhrenwand durch Verschiebungslinien gebildet wird, treten durch sie keine Verschiebungslinien ein oder aus. Somit treten Verschiebungslinien nur durch die Stirnflächen ein und aus und daher muß derselbe Verschiebungsfluß, der durch die eine der beiden Flächen eintritt, durch die andere austreten.

während nach (13)

$$\Phi = \int\limits_F \mathfrak{B}\, d\mathfrak{F} = \mu \int\limits_F \mathfrak{H}\, d\mathfrak{F},$$

und zwar wegen der Quellenfreiheit des $\mathfrak{B}$-Vektors konstant längs der ganzen Induktionsröhre. Auf dieselbe Weise wie oben zeigen wir, daß auch

$$\frac{\Phi}{i} = L \tag{29}$$

eine nur von der besonderen Gestalt des Feldes abhängige, von $\mathfrak{H}$, $\mathfrak{B}$ und $i$ jedoch unabhängige Konstante ist, die wir als *Selbstinduktionskoeffizienten* des Stromkreises bezeichnen. Somit ist

$$\Phi = L\, i \tag{29'}$$

wie wir vorläufig festhalten wollen.

Vergrößern wir nun das Feld $\Phi$, so entsteht im Stromkreis durch Induktion des Eigenfeldes eine EMK (der Selbstinduktion) $e_s$, die den in ihm fließenden Strom $i$ schwächen würde, wenn wir nicht durch eine zusätzlich aufzuwendende Spannung $u$ die induzierte EMK $e_s$ kompensieren:

$$u = -e_s = +\frac{L}{c}\frac{di}{dt}.$$

Wir müssen also eine Arbeit aufwenden, die wieder als Energie des Feldes zum Vorschein kommt:

$$d W_{Rm} = u\, i\, dt = \frac{L}{c}\, i\, \frac{di}{dt}\, dt = \frac{L}{c}\, i\, d i,$$

$$W_{Rm} = \frac{L}{2c}\, i^2, \tag{30}$$

wobei wir voraussetzen, daß wir das Feld von $\mathfrak{H} = 0$ bis $\mathfrak{H} = \mathfrak{H}$ aufbauen, d. h. den Strom von $0 \to i$ steigern. Wir schreiben ähnlich wie oben:

$$W_{Rm} = \frac{1}{2c}\, L\, i\, i = \frac{1}{2c}\, \Phi\, i = \frac{1}{8\pi} \int\limits_F \mathfrak{B}\, d\mathfrak{F} \oint \mathfrak{H}\, d\mathfrak{s}.$$

Wegen der Konstanz des Flächenintegrals längs der Induktionsröhre können wir es unter das Linienintegral bringen und erhalten

$$W_{Rm} = \frac{1}{8\pi} \int\limits_{V_R} \mathfrak{H}\, \mathfrak{B}\, dV, \tag{31}$$

somit für die Energie der Raumeinheit des magnetischen Feldes:

$$W_{1m} = \frac{1}{8\pi} \mathfrak{H}\,\mathfrak{B} \tag{32}$$

und für die elektromagnetische Energie des ganzen, vom Felde eingenommenen Raumes

$$W_m = \frac{1}{8\pi} \int_V \mathfrak{H}\,\mathfrak{B}\,dV. \tag{33}$$

Für die gesamte Energie der Raumeinheit eines elektromagnetischen Feldes erhalten wir also:

$$W_1 = \frac{1}{8\pi} (\mathfrak{E}\,\mathfrak{D} + \mathfrak{H}\,\mathfrak{B}). \tag{34}$$

Gerade die zuletzt abgeleitete Formel ist für das Folgende von ausschlaggebender Bedeutung. Wir entnehmen ihr, daß zum Aufbau des elektromagnetischen Feldes eine bestimmte Menge von Energie notwendig ist, die als *Energie des Feldes* sozusagen im Felde steckt und beim Verschwinden des Feldes wieder frei wird. Sie ist durch den folgenden Ausdruck gegeben:

$$W = \frac{1}{8\pi} \int_V (\mathfrak{E}\,\mathfrak{D} + \mathfrak{H}\,\mathfrak{B})\,dV = \frac{1}{8\pi} \int_V (\varepsilon\,\mathfrak{E}^2 + \mu\,\mathfrak{H}^2)\,dV \tag{35}$$

in dem das Raumintegral über den ganzen vom Feld eingenommenen Raum $V$ zu erstrecken ist. Wie kann nun eine Änderung dieser Energie erfolgen? Um dies zu erkennen, differentiieren wir (35) partiell nach der Zeit und erhalten:

$$\frac{\partial W}{\partial t} = \frac{1}{4\pi} \int_V \left(\varepsilon \frac{\partial \mathfrak{E}}{\partial t} \cdot \mathfrak{E} + \mu \frac{\partial \mathfrak{H}}{\partial t} \mathfrak{H}\right) dV \tag{36}$$

$$\frac{\partial W}{\partial t} = \frac{1}{4\pi} \int_V \left(\mathfrak{E} \frac{\partial \mathfrak{D}}{\partial t} + \mathfrak{H} \frac{\partial \mathfrak{B}}{\partial t}\right) dV.$$

Mit Berücksichtigung der Gl. (11) und (17) erhalten wir daraus:

$$\frac{\partial W}{\partial t} = \frac{c}{4\pi} \int_V (\mathfrak{E} \operatorname{rot} \mathfrak{H} - \mathfrak{H} \operatorname{rot} \mathfrak{E})\,dV - \int_V \mathfrak{i}\,\mathfrak{E}\,dV.$$

Wie man sich durch Ausrechnung der vorkommenden Ausdrücke überzeugt, ist

$$\mathfrak{E} \operatorname{rot} \mathfrak{H} - \mathfrak{H} \operatorname{rot} \mathfrak{E} = -\operatorname{div} [\mathfrak{E}\,\mathfrak{H}], \tag{37}$$

worin $[\mathfrak{E}\,\mathfrak{H}] = |\mathfrak{E}||\mathfrak{H}| \sin(\mathfrak{E}, \mathfrak{H})$ das sogenannte Vektorprodukt der beiden Vektoren $\mathfrak{E}$ und $\mathfrak{H}$ bedeutet.[1] Somit ist

$$\frac{\partial W}{\partial t} = -\frac{c}{4\pi}\int_V \operatorname{div}[\mathfrak{E}\,\mathfrak{H}]\,d\,V - \int_V \mathfrak{i}\,\mathfrak{E}\,d\,V.$$

Nach dem Gaußschen Satz der Vektorrechnung, den man übrigens aus der durch Gl. (5) gegebenen Definitionsgleichung der Divergenz unschwer ableiten kann, läßt sich das Raumintegral der div eines Vektors in ein Integral über die Oberfläche dieses Raumes umformen:

$$\int_V \operatorname{div}\mathfrak{A}\,d\,V = \int_O \mathfrak{A}\,d\,\mathfrak{F}. \tag{38}$$

Dieser Satz leuchtet sofort ein, wenn man bedenkt, daß die Divergenz eines Vektors definitionsgemäß nichts anderes ist als der aus der $\infty$ klein angenommenen Volumseinheit austretende Vektorfluß und daß der aus der Oberfläche des ganzen Raumes austretende Vektorfluß der (algebraischen) Summe der aus jedem Raumelement austretenden Flüsse gleich sein muß.

Unter Verwendung dieses Satzes und Benutzung von (22) für den zweiten Summanden rechts ergibt sich:

$$\frac{\partial W}{\partial t} = -\frac{c}{4\pi}\int_O [\mathfrak{E}\,\mathfrak{H}]\,d\,\mathfrak{F} - \int_V \lambda\,\mathfrak{E}^2\,d\,V. \tag{39}$$

Die Bedeutung des zweiten Gliedes auf der rechten Seite ist klar. Da $\mathfrak{E}$ die elektrische Feldstärke, gleichbedeutend mit dem Spannungsabfall längs der Längeneinheit, und $\lambda$ die auf die Raumeinheit bezogene Leitfähigkeit ist, so stellt das Produkt $\lambda\,\mathfrak{E}^2$ die in der Raumeinheit entwickelte Joulesche Wärme dar; dieses Raumintegral erstreckt sich nur auf die von Leitern eingenommenen Raumteile, da an allen anderen Stellen $\lambda$ den Wert 0 hat. Aus der Gl. (39) aber ersieht man, daß der von der Fläche $O$ begrenzte Raum Energie nicht nur dadurch verlieren kann, daß in ihm Joulesche Wärme entwickelt wird, sondern auch dadurch, daß durch die Oberfläche $O$ Energie austritt, *ausgestrahlt* wird. Der Vektor

$$\mathfrak{S} = \frac{c}{4\pi}[\mathfrak{E}\,\mathfrak{H}] \tag{40}$$

[1] $[\mathfrak{E}\,\mathfrak{H}] = \mathfrak{i}\,(\mathfrak{E}_y\,\mathfrak{H}_z - \mathfrak{E}_z\,\mathfrak{H}_y) + \mathfrak{j}\,(\mathfrak{E}_z\,\mathfrak{H}_x - \mathfrak{E}_x\,\mathfrak{H}_z) + \mathfrak{k}\,(\mathfrak{E}_x\,\mathfrak{H}_y - \mathfrak{E}_y\,\mathfrak{H}_x)$ Richtung des Vektors $[\mathfrak{E}\,\mathfrak{H}]$ siehe Abb. 11!

gibt die in der Zeiteinheit durch die Flächeneinheit hindurchtretende Energiemenge an. Er wird als *Poyntingscher Vektor* bezeichnet (Abb. 11).

Die hier angestellten Überlegungen geben nicht nur die Möglichkeit, zu erkennen, *daß* eine Ausstrahlung elektromagnetischer Energie überhaupt erfolgen kann, sie zeigen uns auch deutlich, was wir tun müssen, um diese Ausstrahlung so groß als möglich zu machen. Zunächst sehen wir, daß diese Ausstrahlung um so größer ist, je weniger Energie wir durch Joulesche Wärme verlieren. Denken wir uns dieses Ziel restlos erreicht, z. B. $\lambda$ überall $= 0$, was natürlich nicht vollkommen zu erreichen ist, dann bleibt die folgende Beziehung bestehen, die wir durch Gleichsetzung von (39) und (36) gewinnen:

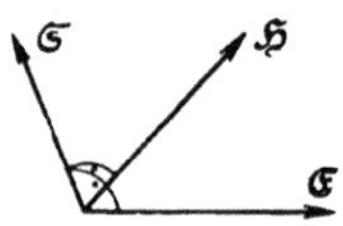


Abb. 11. Der Poyntingsche Vektor.

$$\int_O \mathfrak{S}\, d\mathfrak{F} = -\frac{1}{4\pi}\int_V \left(\varepsilon \mathfrak{E} \frac{\partial \mathfrak{E}}{\partial t} + \mu \mathfrak{H} \frac{\partial \mathfrak{H}}{\partial t}\right) dV. \qquad (41)$$

Aus dieser Formel sehen wir nun folgendes: Die ausgestrahlte Energie ist um so größer, je größer die Feldstärken $\mathfrak{E}$ und $\mathfrak{H}$ sind. Da aber beide Feldstärken mit zunehmender Entfernung von den felderzeugenden Leitern sehr rasch abnehmen, ist damit wenig zu gewinnen; hingegen bleibt uns noch ein zweites Hilfsmittel, die ausgestrahlte Energie zu steigern; wir müssen $\frac{\partial \mathfrak{E}}{\partial t}$ und $\frac{\partial \mathfrak{H}}{\partial t}$ steigern, und *das geschieht, indem wir $\mathfrak{E}$ und $\mathfrak{H}$ sehr rasch ändern, also indem wir z. B. als Störungsquelle sehr schnelle elektrische Schwingungen verwenden.*

Der Experimentalphysiker erkennt nunmehr, wie er seine Aufgabe mit Aussicht auf Erfolg anzupacken hat. Er muß vor allem rasche elektrische Schwingungen erzeugen und den Stromkreisen eine derartige Gestalt und Dimension geben, daß der unvermeidliche Bruchteil der Gesamtenergie, der in Joulesche Wärme umgesetzt wird, möglichst klein bleibt gegen den ausgestrahlten Energiebetrag.

Damit ist aber auch für uns ein gewisser Arbeitsplan vorgezeichnet; nachdem wir soeben erkannt haben, daß die Theorie die Möglichkeit der Ausstrahlung von elektrischer Energie behauptet und daß als Quellen dieser Energiestrahlung in erster Linie hochfrequente elektrische Schwingungen in Betracht kommen, werden wir uns zunächst mit der Erzeugung der elektrischen Schwingungen befassen, sodann die Ausbreitung der Wellen betrachten und schließlich die Art und Weise der Erfassung der ausgestrahlten Energie behandeln. Auf diesem Wege werden wir allen Konstruktionselementen der Rundfunktechnik, dem Schwingungskreis, der Elektronenröhre usw. begegnen und im Schlußkapitel den Zusammenbau dieser Elemente zu Sendern und Empfängern an der Hand von einfachen Beispielen besprechen. Eine übersichtliche Zusammenstellung der in der Einleitung besprochenen Grundgleichungen der Maxwellschen Theorie, von denen wir noch Gebrauch machen werden, geben wir im Anhang I, ferner im Anhang II eine Zusammenstellung der benutzten Vektorformeln.

Erstes Kapitel.

# Elektrische Schwingungen.

## I. Der Thomsonsche Schwingungskreis.

**1. Die freie, gedämpfte elektrische Schwingung.** Den Ausgangspunkt unserer Betrachtungen bildet der *Thomsonsche Schwingungskreis*, bestehend aus einem Kondensator von der Kapazität $C$, einer Selbstinduktion $L$ und einem Widerstand $r$, die in Reihe geschaltet sind (Abb. 12). Der Kondensator sei durch eine äußere Klemmenspannung mit der Ladung $q$ aufgeladen worden. Nach dem Schließen des Schalters $S$ wird sich der Kondensator über $r$ und $L$ entladen, denn seine beiden Belegungen haben ja verschiedenes Potential. Der Kondensator wirkt wie eine in den Stromkreis geschaltete EMK von der Größe

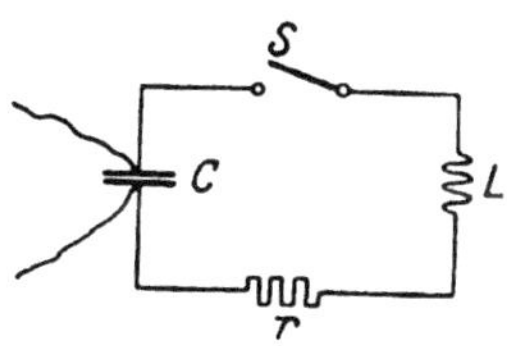

Abb. 12. Der Thomsonsche Schwingungskreis.

$$e_c = -\frac{q}{C}. \quad (1)^1$$

Das negative Vorzeichen hat seinen Grund darin, daß ein Strom

$$i = \frac{dq}{dt}, \quad (2)$$

[1] Alle Größen sind im Volt-Amp.-Ohm-System gemessen vorausgesetzt.

der unter dem Einfluß der EMK $e_c$ fließt, eine Abnahme von $e_c$ zur Folge hat:

$$i = -C\frac{d e_c}{d t}. \tag{3}$$

Durch Anwendung des zweiten Kirchhoffschen Gesetzes gewinnen wir nun leicht eine Beziehung, die uns den zeitlichen Verlauf des Stromes zu ermitteln gestattet:

$$\sum i r = \sum e \tag{4}$$

$$i r = e_c + e_s; \quad e_c = -\frac{q}{C}, \quad e_s = -L\frac{d i}{d t}. \tag{5}$$

Durch Differentiation ergibt sich:

$$r\frac{d i}{d t} = -\frac{1}{C}\frac{d q}{d t} - L\frac{d^2 i}{d t^2}$$

und mit (2)

$$L\frac{d^2 i}{d t^2} + r\frac{d i}{d t} + \frac{1}{C}i = 0 \tag{6}$$

die Differentialgleichung des Thomsonschen Schwingungskreises, eine homogene Differentialgleichung zweiter Ordnung und ersten Grades mit konstanten Koeffizienten.[1] Wir finden ein partikulares Integral dieser Gleichung durch den Ansatz:

$$i = \mathfrak{J}\, e^{\alpha t} \quad (e = \text{Basis des nat. Logarithmensystems}), \tag{7}$$

wo $\mathfrak{J}$ eine noch zu ermittelnde Konstante ist. Damit geht (6) über in:

$$\left.\begin{aligned} L\alpha^2 + r\alpha + \frac{1}{C} &= 0 \\ \alpha^2 + \frac{r}{L}\alpha + \frac{1}{CL} &= 0 \end{aligned}\right\} \tag{8}$$

$$\alpha = -\frac{r}{2L} \pm \sqrt{\frac{r^2}{4L^2} - \frac{1}{CL}}. \tag{9}$$

Es gibt also zwei Werte von $\alpha$, die (8) und damit auch die Differentialgleichung (6) erfüllen, und da das vollständige Integral von (6) zwei willkürliche Konstante enthalten muß, finden wir es durch den Ansatz:

$$i = \mathfrak{J}_1 e^{\alpha_1 t} + \mathfrak{J}_2 e^{\alpha_2 t}, \tag{10}$$

worin

$$\alpha_1 = -\beta + \gamma; \quad \alpha_2 = -\beta - \gamma \tag{11}$$

mit

$$\beta = \frac{r}{2L}, \quad \gamma = \sqrt{\frac{r^2}{4L^2} - \frac{1}{CL}}. \tag{12}$$

[1] Von dem Umstand, daß sowohl $r$ als auch $L$ und $C$ von der Frequenz beeinflußt werden, wollen wir hier absehen.

Die Größe $\gamma$ kann nun reell, 0 oder imaginär sein, je nachdem $\frac{r}{2L}$ größer, gleich oder kleiner ist als $\frac{1}{\sqrt{CL}}$. Im ersten Fall erhalten wir eine sogenannte *aperiodische Entladung* des Kondensators, der Strom steigt bis zu einem Höchstwert an und fällt dann wieder bis zum Wert 0 ab, ohne jedoch seine Richtung zu ändern. Den zweiten Fall bezeichnet man als den *Grenzfall der aperiodischen Entladung*; es ist jener Grenzfall, in dem die aperiodische in die *periodische Entladung*, Fall drei, übergeht. Gerade mit diesem letzten Fall müssen wir uns eingehend befassen. Wir fragen uns zunächst: kann eine Lösung, in der imaginäre Größen vorkommen, überhaupt einen physikalischen Sinn haben? Die Antwort muß lauten: ja, das kann sie, denn wir haben ja noch die Möglichkeit, die beiden willkürlichen Konstanten $\mathfrak{J}_1$ und $\mathfrak{J}_2$ so zu wählen, daß sich ein reeller Strom ergibt. Wir führen zur Abkürzung ein:

$$\omega = \sqrt{\frac{1}{LC} - \left(\frac{r}{2L}\right)^2}, \text{ also } \gamma = j\,\omega;\ j = \sqrt{-1} \tag{13}$$

und betrachten die Lösung

$$i = \mathfrak{J}_1\, e^{-\beta t + j\omega t} + \mathfrak{J}_2\, e^{-\beta t - j\omega t}$$

oder

$$i = e^{-\beta t}\left\{\mathfrak{J}_1\, e^{j\omega t} + \mathfrak{J}_2\, e^{-j\omega t}\right\}. \tag{14}$$

Wählen wir nun $\mathfrak{J}_1$ und $\mathfrak{J}_2$ so, daß der Klammerausdruck reell wird, so ist unsere Aufgabe gelöst.

Nun ist nach der Eulerschen Gleichung:

$$\left.\begin{aligned} e^{j\omega t} &= \cos\omega t + j\sin\omega t \\ e^{-j\omega t} &= \cos\omega t - j\sin\omega t \end{aligned}\right\} \tag{15}$$

und damit

$$i = e^{-\beta t}\left\{(\mathfrak{J}_1 + \mathfrak{J}_2)\cos\omega t + (\mathfrak{J}_1 - \mathfrak{J}_2)\, j\sin\omega t\right\}.$$

Damit $i$ reell wird, muß sein:

$$\begin{aligned} &\mathfrak{J}_1 + \mathfrak{J}_2 \ldots \text{ rein reell,} \\ &\mathfrak{J}_1 - \mathfrak{J}_2 \ldots \text{ rein imaginär,} \end{aligned}$$

d. h. $\mathfrak{J}_1$ und $\mathfrak{J}_2$ müssen konjugiert komplexe Zahlen sein:

$$\left.\begin{aligned} \mathfrak{J}_1 &= a + j\,b \\ \mathfrak{J}_2 &= a - j\,b \end{aligned}\right\} \mathfrak{J}_1 + \mathfrak{J}_2 = 2\,a,\ \mathfrak{J}_1 - \mathfrak{J}_2 = j\,2\,b$$

$$i = 2\,e^{-\beta t}\left\{a\cos\omega t + b\sin\omega t\right\}$$

oder mit der Substitution $a = c \sin \varphi$, $b = c \cos \varphi$ (Abb. 13),

$$i = 2\,c\,e^{-\beta t}\left\{\sin \omega t \cos \varphi + \cos \omega t \sin \varphi\right\},\quad 2\,c = \bar{\imath}$$

$$i = \bar{\imath}\, e^{-\beta t} \sin(\omega t + \varphi). \tag{16}$$

Das Ergebnis unserer Rechnung ist nun folgendes: Unter den durch die Bedingung $\frac{r}{2L} < \frac{1}{\sqrt{CL}}$ gekennzeichneten Verhältnissen erfolgt die Entladung des Kondensators in Form einer Schwingung (oszillierende Entladung). Die Schwingung ist eine *freie* und *gedämpfte*, d. h. sie erfolgt ohne Einwirkung einer äußeren Klemmenspannung und ihre Schwingungsweiten nehmen mit der Zeit nach einer e-Potenzkurve ab. Die Konstanten $\bar{\imath}$ und $\varphi$ sind aus den Anfangsbedingungen zu bestimmen; wir wollen dies beispielsweise an einem besonderen Fall zeigen. Wir nehmen an, der Kondensator sei auf die Spannung $e_c = e_{c0}$ aufgeladen gewesen, als zur Zeit $t = 0$ der Schalter $S$ geschlossen wurde. In diesem Augenblick beginnt der Strom $i$ zu fließen. Wir haben also als erste Grenzbedingung

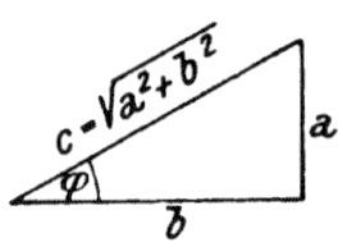

Abb. 13. Hilfsdreieck.

$$t = 0 \ldots i = 0. \tag{17}$$

In (16) eingesetzt

$$i = 0 = \bar{\imath} \sin \varphi,$$

die Gleichung kann nur dann bestehen, wenn

$$\varphi = 0 \tag{18}$$

also

$$i = \bar{\imath}\, e^{-\beta t} \sin \omega t. \tag{19}$$

Da wir zwei Konstante zu berechnen haben, brauchen wir noch eine zweite Beziehung; als solche gibt sich zwanglos die Bedingung, daß im Augenblick des Einschaltens die Kondensatorspannung $e_c = e_{c0}$ ist.

Wir müssen also zunächst die Gleichung für den Spannungsverlauf aufstellen. Wir gehen aus von der in (1) niedergelegten Beziehung

$$e_c = -\frac{q}{C}$$

und benutzen zur Berechnung der Ladung $q$ die Gl. (2):

$$i = \frac{dq}{dt} \ldots dq = i\,dt$$

$$q = \int_0^t i\,dt;$$

somit ist

$$e_c = -\frac{\bar{\imath}}{C}\int_0^t e^{-\beta t}\sin\omega t\,dt. \tag{20}$$

Zur Auswertung dieses Integrals wenden wir einen Kunstgriff an, von dem wir im folgenden noch wiederholt Gebrauch machen werden. Wir rechnen gleichzeitig eine zweite Spannung $e_c'$, die durch die folgende Gleichung definiert ist:

$$e_c' = -\frac{\bar{\imath}}{C}\int_0^t e^{-\beta t}\cos\omega t\,dt. \tag{21}$$

Wir multiplizieren (20) mit $j = \sqrt{-1}$ und addieren die beiden Gl. (20) und (21):

$$e_c' + j\,e_c = -\frac{\bar{\imath}}{C}\int_0^t e^{-\beta t}(\cos\omega t + j\sin\omega t)\,dt.$$

Unter Verwendung der Eulerschen Gl. (15) erhalten wir daraus:

$$e_c' + j\,e_c = -\frac{\bar{\imath}}{C}\int_0^t e^{-\beta t}e^{j\omega t}\,dt = -\frac{\bar{\imath}}{C}\int_0^t e^{-(\beta - j\omega)t}\,dt.$$

Dieses Integral ist nun sehr leicht auszuwerten:

$$e_c' + j\,e_c = \frac{\bar{\imath}}{C(\beta - j\omega)}e^{-(\beta - j\omega)t} = \frac{\bar{\imath}\,e^{-\beta t}}{C(\beta^2 + \omega^2)}(\beta + j\omega)\,e^{j\omega t}. \tag{22}$$

Ebenso erhalten wir

$$e_c' - j\,e_c = \frac{\bar{\imath}}{C(\beta + j\omega)}e^{-(\beta + j\omega)t} = \frac{\bar{\imath}\,e^{-\beta t}}{C(\beta^2 + \omega^2)}(\beta - j\omega)\,e^{-j\omega t}. \tag{23}$$

Wir führen die folgende Hilfsgröße ein

$$tg\,\psi = \frac{\omega}{\beta} \tag{24}$$

und schreiben damit die komplexen Größen in der folgenden Form:

$$\beta + j\omega = \sqrt{\beta^2 + \omega^2}\,e^{j\psi},\ \beta - j\omega = \sqrt{\beta^2 + \omega^2}\,e^{-j\psi}, \tag{25}$$

außerdem führen wir zur Abkürzung ein:

$$\bar{e} = \frac{\bar{\imath}}{C\sqrt{\beta^2 + \omega^2}}, \tag{26}$$

womit wir erhalten:

$$\left.\begin{aligned} e_c' + j\,e_c &= \bar{e}\,\mathrm{e}^{-\beta t}\,\mathrm{e}^{j(\omega t+\psi)} \\ e_c' - j\,e_c &= \bar{e}\,\mathrm{e}^{-\beta t}\,\mathrm{e}^{-j(\omega t+\psi)} \end{aligned}\right\} -$$

und daraus

$$2\,j\,e_c = \bar{e}\,\mathrm{e}^{-\beta t}\{\cos(\omega t + \psi) + j\sin(\omega t + \psi) - \\ - \cos(\omega t + \psi) + j\sin(\omega t + \psi)\}$$

$$e_c = \bar{e}\,\mathrm{e}^{-\beta t}\sin(\omega t + \psi)$$

und mit (26)

$$e_c = \frac{\bar{\imath}}{C\sqrt{\beta^2 + \omega^2}}\,\mathrm{e}^{-\beta t}\sin(\omega t + \psi). \tag{27}$$

Für den Augenblick $t = 0$ folgt daraus:

$$e_{c\,o} = \frac{\bar{\imath}}{C\sqrt{\beta^2 + \omega^2}}\sin\psi,\ \bar{\imath} = e_{c\,o}\frac{C\sqrt{\beta^2+\omega^2}}{\sin\psi};$$

nach (12) bzw. (13) ist

$$\beta = \frac{r}{2\,L};\ \omega = \sqrt{\frac{1}{L\,C} - \frac{r^2}{4\,L^2}},$$

also

$$\beta^2 + \omega^2 = \frac{r^2}{4\,L^2} + \frac{1}{L\,C} - \frac{r^2}{4\,L^2} = \frac{1}{L\,C},$$

ferner ist nach (24)

$$\frac{\sin\psi}{\cos\psi} = \frac{\omega}{\beta},\ \sin\psi = \frac{\omega}{\sqrt{\beta^2 + \omega^2}};$$

damit wird

$$\bar{\imath} = e_{c\,o}\frac{C}{\omega}\,\frac{1}{L\,C}$$

$$\bar{\imath} = \frac{e_{c\,o}}{\omega\,L}. \tag{28}$$

Damit ergibt sich nun endgültig:

$$i = \frac{e_{c\,o}}{\omega\,L}\,\mathrm{e}^{-\frac{r}{2L}t}\sin\omega t;\ \text{mit}\ \omega = \sqrt{\frac{1}{L\,C} - \frac{r^2}{4\,L^2}} \tag{29}$$

$$e_c = \frac{e_{c\,o}}{\omega\sqrt{L\,C}}\,\mathrm{e}^{-\frac{r}{2L}t}\sin(\omega t + \psi)\ \text{mit}\ \sin\psi = \omega\sqrt{L\,C}. \tag{30}$$

In dem Fall $\frac{r}{2L} < \frac{1}{\sqrt{LC}}$ ergibt sich also ein schwingender Ladungs- und Entladungsvorgang; man nennt einen Stromkreis, der diese Bedingung erfüllt, einen *Thomsonschen Schwingungskreis* nach dem englischen Physiker Sir William Thomson (Lord Kelvin), der diesen Schwingungskreis theoretisch behandelt hat. Experimentell nachgewiesen wurden diese Schwingungen durch W. Feddersen.[1]

Wie man aus den entwickelten Formeln sieht, ist die Frequenz der Schwingungen vollständig durch die Parameter des Stromkreises $r$, $L$ und $C$ bestimmt:

$$\omega = 2\pi f = \sqrt{\frac{1}{LC} - \frac{r^2}{4L^2}},$$

$$f = \frac{1}{2\pi}\sqrt{\frac{1}{LC} - \frac{r^2}{4L^2}}. \qquad (31)$$

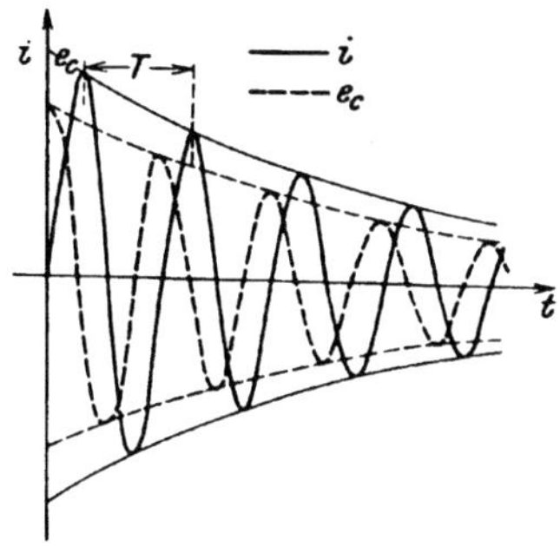


Abb. 14. Oszillierende Kondensatorentladung.

Ist das zweite Glied unter der Wurzel gegen das erste zu vernachlässigen $\frac{r^2}{4L^2} \ll \frac{1}{LC}$, dann erhalten wir aus (31) die *Eigenfrequenz* des Stromkreises:

$$f_0 = \frac{1}{2\pi\sqrt{LC}} \qquad (31')$$

mit der man in den meisten Fällen rechnen kann, da man gewöhnlich Gründe hat, das Dämpfungsglied $\frac{r}{2L}$ und damit auch $\frac{r^2}{4L^2}$ möglichst klein zu halten. Wir wollen die Frequenzen für zwei verschiedene Fälle berechnen.

1. $L = 1$ H, $C = 10^{-6}\,F$, $r = 100\,\Omega$

$$f_0 = \frac{1}{2\pi\sqrt{10^{-6}}} = \frac{1000}{2\pi} = 159{,}2 \text{ Hz}\,[2]$$

$$f = \frac{1}{2\pi}\sqrt{10^6 - \frac{10^4}{4}} = \frac{1}{2\pi}\sqrt{997500} = 158{,}1 \text{ Hz}.$$

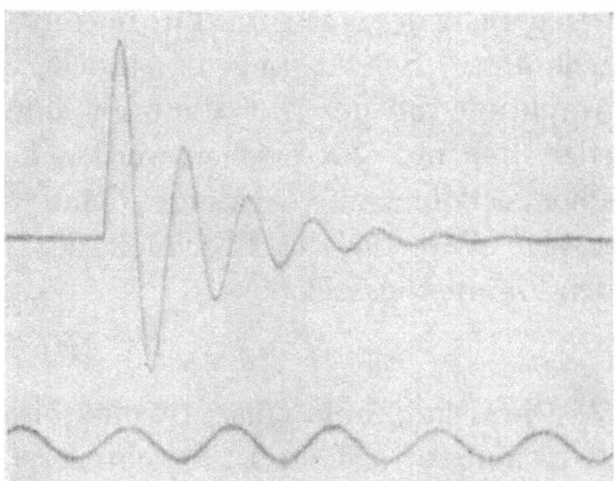

Abb. 15. Oszillographische Aufnahme des Entladestromes eines Kondensators; unten: Kurve des Zeitschreibers von 100 Hz.

Wir rechnen noch den Grenzwiderstand $r_g$, bei

[1] Die interessanten Untersuchungen Feddersens sind auch als Bd. 166 von Ostwalds Klassikern der exakten Wissenschaften erschienen.

[2] 1 Hz = 1 Periode je Sekunde.

dessen Überschreitung die periodische Entladung in die aperiodische übergeht:

$$\frac{r_g}{2L} = \frac{1}{\sqrt{LC}}, \quad r_g = 2\sqrt{\frac{L}{C}} \tag{32}$$

$$r_g = 2\sqrt{\frac{1}{10^{-6}}} = 2\sqrt{10^6} = 2000\,\Omega$$

2. $L = 1\text{ cm} = \frac{1}{10^9}\text{ H}, \quad C = 1\text{ cm} = \frac{1}{9 \cdot 10^{11}}\,F$ [1]

$$f_0 = \frac{1}{2\pi\sqrt{\frac{1}{10^9} \cdot \frac{1}{9 \cdot 10^{11}}}} = \frac{3}{2\pi}\sqrt{10^{20}} = \frac{30\,000}{2\pi}\,10^6$$

$$f_0 = 4770 \cdot 10^6\text{ Hz}$$

$$r_g = 2\sqrt{\frac{1}{10^9} \cdot 9 \cdot 10^{11}} = 6\sqrt{10^2} = 60\,\Omega$$

Solange $r \ll r_g$, kann mit $f_0$ an Stelle von $f$ gerechnet werden.

Man hat also durch Wahl kleiner Kapazitäten und kleiner Selbstinduktionen die Möglichkeit, elektrische Schwingungen von sehr hohen Frequenzen zu erzeugen, von welcher Möglichkeit in der Hochfrequenztechnik der ausgiebigste Gebrauch gemacht wird.

Es wurde bereits darauf hingewiesen, daß es sich bei den freien Schwingungen im Thomsonschen Schwingungskreise um gedämpfte Schwingungen handelt, um Schwingungen, deren Amplitude mit der Zeit abnimmt, und zwar, wie aus den Gl. (16) oder (29) und (30) ersehen werden kann, in unserem Fall[2] nach einer e-Potenzlinie abklingt. Man nennt den Exponenten $\beta$, dessen Wert für die Raschheit des Abklingens maßgebend ist, den *Dämpfungsfaktor*:

$$\beta = \frac{r}{2L}. \tag{12}$$

Die Dämpfung eines Stromkreises pflegt man auch durch zwei andere Größen zu beschreiben, durch das *Dämpfungsver-*

---

[1] Bekanntlich ist 1 abs. elstat. Spannungseinheit = 300 Volt, 1 abs. elstat. Einheit der Ladung = $\frac{1}{3 \cdot 10^9}$ Coulomb; somit ist

$$C_{\text{Far}} = \frac{Q_{\text{Coul}}}{E_{\text{Volt}}} = \frac{\frac{Q_{\text{st}}}{3 \cdot 10^9}}{300\,E_{\text{st}}} = \frac{Q_{\text{st}}}{E_{\text{st}}}\,\frac{1}{9 \cdot 10^{11}} = \frac{C_{\text{cm}}}{9 \cdot 10^{11}}.$$

[2] Siehe Anmerkung auf S. 20.

*hältnis* $\varkappa$ und durch das *logarithmische Dekrement* $\delta$ der Schwingung. Um die Bedeutung dieser Größen einzusehen, betrachten wir eine gedämpfte Schwingung von der Gleichung:

$$y_t = \bar{y}\, e^{-\beta t} \sin(\omega t + \varphi), \text{ dann ist zur Zeit } t + T$$

$$y_{t+T} = \bar{y}\, e^{-\beta(t+T)} \sin\{\omega(t+T) + \varphi\}.$$

Wenn $T$ die Dauer einer vollen Schwingung bedeutet $\left(T = \frac{1}{f}\right)$[1], dann ist $\sin\{\omega(t+T)+\varphi\} = \sin(\omega t + \varphi)$ und daher:

$$\frac{y_t}{y_{t+T}} = e^{\beta T} = e^{\frac{rT}{2L}} = \varkappa \text{ (Dämpfungsverhältnis konstant).} \quad (33)$$

Den natürlichen Logarithmus dieses Dämpfungsverhältnisses bezeichnet man als das *logarithmische Dekrement* $\delta$ der Schwingung.

$$\delta = \ln \varkappa = \ln \frac{y_t}{y_{t+T}} = \frac{rT}{2L}. \quad (34)$$

Somit ist

$$\delta = \beta T. \quad (35)$$

Unter Verwendung der oben definierten Größe $f_0$ können wir die Formel für die Frequenz noch in folgender Form schreiben:

$$f = \frac{1}{2\pi}\sqrt{\frac{1}{LC} - \frac{r^2}{4L^2}} = \sqrt{\frac{1}{4\pi^2 LC} - \left(\frac{\beta}{2\pi}\right)^2}$$

$$f = \sqrt{f_0^2 - \left(\frac{\beta}{2\pi}\right)^2}. \quad (36)$$

In Abb. 14 sind die Strom- und Spannungskurven gezeichnet. Abb. 15 bringt eine oszillographische Aufnahme der Stromkurve eines Kondensators von $1\,\mu F$, der über eine Selbstinduktion von 1 Henry und einen Widerstand von 247 Ohm entladen wurde. Die Aufnahme mit dem Schleifenoszillographen ist nur bei verhältnismäßig langsamen Schwingungen möglich, bei raschen Schwingungen kann sie mit Hilfe der Braunschen Röhre oder mit dem aus dieser entwickelten Kathodenstrahloszillographen erfolgen.

Die beim Ein- und Ausschalten einer Spannung in einem Thomsonschen Schwingungskreis entstehenden Schwingungen sind also gedämpft, d. h. die Amplituden nehmen mit der Zeit

---

[1] $f$ Anzahl der vollen Schwingungen je Sekunde, $T$ Dauer einer vollen Schwingung, somit

$$Tf = 1, \quad T = \frac{1}{f}.$$

nach einer e-Potenzkurve ab. Für diese Abnahme ist die Größe des Dämpfungsfaktors, bzw. des logarithmischen Dekrements des Stromkreises maßgebend; je größer dieser Dämpfungsfaktor ist, desto steiler fällt die Dämpfungskurve $y = \bar{y}\, e^{-\beta t}$ ab, desto rascher nähern sich die Amplituden der Null. Der Dämpfungsfaktor $\beta = \frac{r}{2L}$ aber ist um so größer, je größer der Ohmsche Widerstand und je kleiner die Selbstinduktion des Stromkreises ist. Um also möglichst schwach gedämpfte Schwingungen zu erhalten, muß $r$ sehr klein gehalten werden; wenn es gelänge, $r = 0$ zu machen, würde die gedämpfte in eine ungedämpfte Schwingung übergehen, denn dann wäre $\beta = 0$, daher $e^{-\beta t} = 1$ und wir erhalten Schwingungen von gleichbleibender Amplitude. Leider ist dies jedoch nicht möglich, da die den Schwingungskreis bildenden Spulen und Verbindungsleitungen immer einen Ohmschen Widerstand haben müssen. Dazu kommt noch der Umstand, daß der Ohmsche Widerstand eines Leiters für hochfrequente Wechselströme durchaus nicht dem für Gleichstrom gleich, sondern immer größer ist. Es macht sich nämlich mit zunehmender Frequenz immer mehr der sogenannte *Haut-* oder *Skin-Effekt* bemerkbar, der darin besteht, daß sich der hochfrequente Wechselstrom nicht wie der Gleichstrom gleichmäßig über den Leiterquerschnitt verteilt, sondern sich wegen des inneren magnetischen Feldes des Leiters, das in den inneren Fasern des Leiters eine große EMK der Selbstinduktion erzeugt, so daß diesen ein wesentlich erhöhter induktiver Widerstand zukommt, in den äußeren Fasern des Leiters zusammendrängt. Es ist also der Ohmsche Widerstand eines Leiters für Wechselstrom immer größer als für Gleichstrom und es ist auch dadurch nicht möglich, praktisch widerstandslose Stromkreise herzustellen, daß man die Leiterquerschnitte bedeutend erhöht, weil der Hauteffekt den Strom immer in die äußeren Leiterfasern treibt. Wir werden aber gleich ein anderes Mittel, eine ungedämpfte, freie Schwingung herzustellen kennenlernen. Zu diesem Zwecke kehren wir zur Differentialgleichung (6) zurück, die wir in folgender Form schreiben:

$$\frac{d^2 i}{d t^2} + \frac{r}{L} \frac{d i}{d t} + \frac{1}{C L} i = 0. \qquad (6)$$

Im Falle eines vollkommen widerstandslosen Stromkreises $r = 0$ verschwindet das zweite Glied dieser Differentialgleichung und wir erhalten somit die Differentialgleichung der freien, ungedämpften Schwingung:

$$\frac{d^2 i}{d t^2} + \frac{1}{CL} i = 0. \tag{37}$$

Wie man sich durch Integration dieser Gleichung überzeugt, ergibt ihre Lösung tatsächlich ungedämpfte elektrische Schwingungen.

Das Verschwinden des zweiten Gliedes der Differentialgleichung gelingt jedoch durch einen Kunstgriff, durch die Einschaltung eines sogenannten *negativen Widerstandes*, der so groß sein muß, daß er den vorhandenen positiven Widerstand eben aufhebt. Ein derartiger Kunstgriff wurde von Duddel erdacht und von Poulsen in die Wellentelegraphie eingeführt. Er besteht in der Verwendung eines Gleichstromlichtbogens als negativen Widerstand. Die im folgenden dargelegte Theorie geht auf Simon zurück.

**2. Die ungedämpfte, freie Schwingung.** Wir betrachten einen Schwingungskreis, bestehend aus $L$ und $C$, mit dem unvermeidlichen Ohmschen Widerstand $r$; wie in Abb. 16 dargestellt, soll dieser Schwingungskreis parallel zu einem Gleichstromlichtbogen geschaltet sein. Durch starke Drosseln[1] im Gleichstromkreis wird eine Rückwirkung der Schwingungen auf den Gleichstromkreis verhindert.

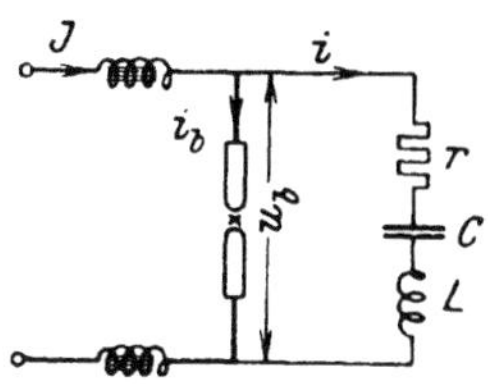

Abb. 16. Der Lichtbogen als Schwingungserzeuger.

Durch Anwendung des ersten Kirchhoffschen Gesetzes erhalten wir:

$$J = i + i_b, \tag{1}$$

während das zweite ergibt:

$$i r = u_b + e_C - L \frac{d i}{d t} \tag{2}$$

$$r \frac{d i}{d t} = \frac{d u_b}{d t} + \frac{d e_C}{d t} - L \frac{d^2 i}{d t^2}; \quad e_C = - \frac{1}{C} q$$

$$L \frac{d^2 i}{d t^2} + r \frac{d i}{d t} - \frac{d u_b}{d t} + \frac{1}{C} i = 0. \tag{3}$$

$$\frac{d u_b}{d t} = \frac{d u_b}{d i_b} \frac{d i_b}{d t} = - \frac{d u_b}{d i_b} \frac{d i}{d t},$$

[1] Wie wir im nächsten Abschnitt sehen werden, bilden Drosselspulen, d. s. Spulen großer Selbstinduktion, dem Durchgang eines Wechselstromes ein umso größeres Hindernis, je größer seine Frequenz ist.

denn es ergibt die Differentiation von (1) nach der Zeit, unter Berücksichtigung des Umstandes, daß $J$ konstant ist:

$$\frac{di}{dt} + \frac{di_b}{dt} = 0, \quad \text{somit} \quad \frac{di_b}{dt} = -\frac{di}{dt},$$

und wir erhalten:

$$L\frac{d^2 i}{dt^2} + \left(r + \frac{du_b}{di_b}\right)\frac{di}{dt} + \frac{1}{C}i = 0. \tag{4}$$

Die Gl. (4) unterscheidet sich von der des Thomsonschen Schwingungskreises, (6) 1, nur dadurch, daß an Stelle von $r$ hier die Summe $r + \frac{du_b}{di_b}$ getreten ist. Nimmt man aber die Charakteristik eines Gleichstromlichtbogens auf, d. i. die Kurve $u_b = f(i_b)$, so erhält man eine hyperbelähnliche Kurve (Abb. 17), mit einem im praktisch verwendeten Teil der Kurve negativen Differentialquotienten $\frac{du_b}{di_b} < 0$.[1] Durch die Einschaltung des Lichtbogens wird also der wirksame Widerstand im Schwingungskreis verkleinert, und wenn

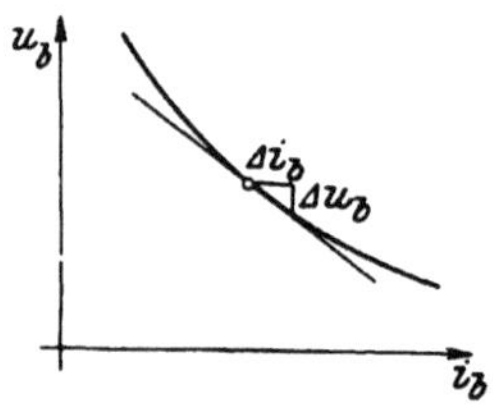


Abb. 17. Charakteristik des Lichtbogens.

$$r = -\frac{du_b}{di_b}, \tag{5}$$

dann verhält sich der Stromkreis wie ein widerstandsloser Schwingungskreis; einmal eingeleitete Schwingungen bleiben ungedämpft bestehen; wir haben es mit einer ungedämpften, freien Schwingung zu tun. Ist aber $r < \frac{du_b}{di_b}$, dann wird der Koeffizient des zweiten Gliedes der Differentialgleichung negativ, der Exponent von e in der Lösung der Differentialgleichung wird somit positiv und wir erhalten eine Schwingung mit Amplituden, die mit der Zeit immer weiter anwachsen. In diesem Fall ist der Schwingungskreis befähigt, dauernd Energie nach außen abzugeben. Bei der praktischen Anwendung des „Lichtbogengenerators" werden wir Vorkehrungen zu treffen haben, um die Charakteristik stark fallend zu machen.

[1] Da dieser Differentialquotient nur in einem kleinen Strombereich als konstant angesehen werden kann, gilt die der Gl. (30) aus Nr. 1 entsprechende Lösung von (4) ebenfalls nur in kleinen Strombereichen.

**3. Die aufgezwungene Schwingung.** Wir betrachten wieder einen Thomsonschen Schwingungskreis, bestehend aus $r$, $L$ und $C$ in Reihenschaltung, Abb. 18; dieser Stromkreis soll nun an eine sinusförmig verlaufende Klemmenspannung gelegt werden:

$$u = \bar{u} \sin \omega t. \tag{1}$$

Auf diesen Stromkreis wenden wir das zweite Kirchhoffsche Gesetz an:

$$\sum i\, r = \sum e, \text{ in unserem Fall: } i\, r = \sum e. \tag{2}$$

$$\sum e = u + e_S + e_C = u - L \frac{d\,i}{d\,t} - \frac{q}{C}$$

$$i\, r + L \frac{d\,i}{d\,t} + \frac{q}{C} = u,$$

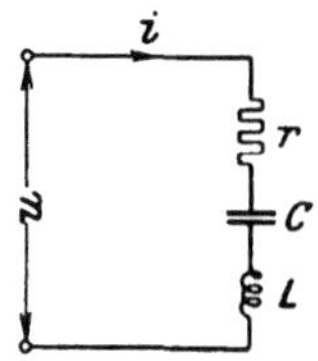


Abb. 18. Reihenschaltung von $r$, $C$ und $L$.

differentiiert nach $t$:

$$L \frac{d^2 i}{d t^2} + r \frac{d\,i}{d\,t} + \frac{1}{C}\, i = \frac{d}{d\,t} (\bar{u} \sin \omega\, t). \tag{3}$$

Wir vereinfachen uns unsere Aufgabe, indem wir gleichzeitig eine zweite behandeln, die durch die folgende Differentialgleichung gestellt ist:

$$L \frac{d^2 i_1}{d t^2} + r \frac{d\,i_1}{d\,t} + \frac{1}{C}\, i_1 = \frac{d}{d\,t} (\bar{u} \cos \omega\, t). \tag{3'}$$

Ihre Lösung beantwortet die Frage nach dem Strom $i_1$ in unserem Stromkreis, wenn ihm an Stelle der Klemmenspannung nach (1) eine cosinusförmig verlaufende Klemmenspannung $u_1 = \bar{u} \cos \omega t$ aufgedrückt wird. Wir multiplizieren (3) mit $j = \sqrt{-1}$ und addieren zu (3'). Mit:

$$\mathfrak{J} = i_1 + j\, i \text{ und } \mathfrak{U} = \bar{u}\, (\cos \omega\, t + j \sin \omega\, t) = \bar{u}\, e^{j \omega t} \tag{4}$$

erhalten wir:

$$L \frac{d^2 \mathfrak{J}}{d t^2} + r \frac{d\,\mathfrak{J}}{d\,t} + \frac{1}{C} \mathfrak{J} = j\, \omega\, \bar{u}\, e^{j \omega t}. \tag{5}$$

Ein partikulares Integral dieser Differentialgleichung liefert der Ansatz:

$$\mathfrak{J} = \bar{\mathfrak{J}}\, e^{j \omega t}, \tag{6}$$

denn wir erhalten durch Einsetzen in (5)

$$\bar{\mathfrak{J}} \left\{ j \cdot j\, \omega^2 L + j\, \omega\, r + \frac{1}{C} \right\} = j\, \omega\, \bar{u} \;\Big|\; : j\, \omega$$

$$\overline{\mathfrak{J}} = \frac{\overline{u}}{r + j\left(\omega L - \frac{1}{\omega C}\right)} \tag{7}$$

$$\mathfrak{J} = \frac{\overline{u}\, e^{j\omega t}}{r + j\left(\omega L - \frac{1}{\omega C}\right)} \tag{8}$$

und mit

$$\mathfrak{z} = r + j\left(\omega L - \frac{1}{\omega C}\right) \tag{9}$$

und (4):

$$\mathfrak{J} = \frac{\mathfrak{U}}{\mathfrak{z}} \tag{10}$$

das Ohmsche Gesetz für Wechselstrom.

Die mit (9) eingeführte Größe $\mathfrak{z}$ wird als der *komplexe Widerstand* oder *Widerstandsoperator* des Stromkreises bezeichnet, und aus (10) folgt, daß wir unter Verwendung dieser Größe mit dem komplexen Strom $\mathfrak{J}$ und der komplexen Spannung $\mathfrak{U}$ genau so rechnen können wie mit den entsprechenden reellen Gleichstromgrößen. Dieses Rechnen mit komplexen Größen bedeutet eine ganz wesentliche Vereinfachung in der Behandlung von Wechselstromaufgaben, da an Stelle der Differentialgleichungen einfache algebraische Gleichungen mit komplexen Zahlen treten.

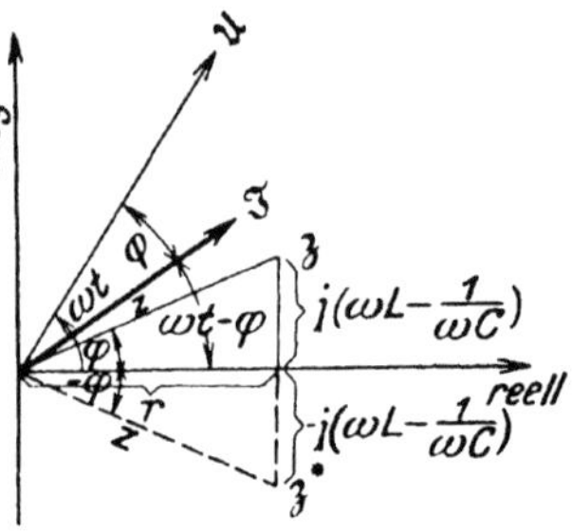

Abb. 19. Wechselstromgrößen in der komplexen Ebene.

Jede komplexe Größe läßt sich durch einen Punkt in der komplexen Ebene oder, wenn wir diesen Punkt mit dem Ursprung des Koordinatensystems verbinden, durch einen komplexen Vektor abbilden. In Abb. 19 sind zunächst die (willkürlich angenommene) komplexe Spannung $\mathfrak{U}$ und der komplexe Widerstand $\mathfrak{z}$ dargestellt, ferner die zu $\mathfrak{z}$ konjugiert komplexe Größe $\mathfrak{z}^*$

$$\mathfrak{z}^* = r - j\left(\omega L - \frac{1}{\omega C}\right). \tag{11}$$

Wie aus der Zeichnung ohne weiteres hervorgeht, ist:

$$\left.\begin{aligned} \mathfrak{z} &= z(\cos\varphi + j\sin\varphi) = z\,e^{j\varphi}, \quad z = \sqrt{r^2 + \left(\omega L - \frac{1}{\omega C}\right)^2} \\ \mathfrak{z}^* &= z(\cos\varphi - j\sin\varphi) = z\,e^{-j\varphi}, \quad tg\,\varphi = \frac{\omega L - \frac{1}{\omega C}}{r} \end{aligned}\right\} \tag{12}$$

Multiplizieren wir in (10) Zähler und Nenner des Bruches mit $\mathfrak{z}^*$, so ergibt sich

$$\mathfrak{J} = \frac{\mathfrak{U}\,\mathfrak{z}^*}{z^2} = \frac{\overline{u}\,z}{z^2}\,\mathfrak{e}^{j\,\omega\,t}\,.\,\mathfrak{e}^{-j\,\varphi}$$

$$\mathfrak{J} = \frac{\overline{u}}{z}\,\mathfrak{e}^{j(\omega\,t-\varphi)}. \tag{13}$$

$$\mathfrak{J} = \frac{\overline{u}}{z}\left\{\cos\left(\omega\,t - \varphi\right) + j\sin\left(\omega\,t - \varphi\right)\right\}. \tag{13'}$$

Was wir suchen ist $i$, der absolute Wert des imaginären Anteiles des komplexen Stromes:

$$i = \frac{\overline{u}}{\sqrt{r^2 + \left(\omega\,L - \frac{1}{\omega\,C}\right)^2}}\sin\left(\omega\,t - \varphi\right). \tag{14}$$

Wir erhalten einen ebenfalls sinusförmig verlaufenden Strom — eine ungedämpfte, aufgezwungene Schwingung —, der jedoch gegen die aufgedrückte Klemmenspannung eine *Phasenverschiebung* $\varphi$ aufweist, d. h. Spannung und Strom erreichen nicht gleichzeitig ihre Höchst- oder Nullwerte, sondern der Strom immer erst um eine Zeit $t_\varphi = \frac{\varphi}{\omega}$ nach der Spannung, wenn $\varphi$ positiv, oder schon vor der Spannung, wenn $\varphi$ negativ ist. Aus der Gl. (12) ersieht man sofort, daß man positive Phasenverschiebung $\varphi$, d. h. einen um den Winkel $\varphi$ nacheilenden Strom erhält, wenn $\omega\,L > \frac{1}{\omega\,C}$, der Stromkreis ist *induktiv*, hingegen negative Phasenverschiebung, einen um den Winkel $\varphi$ voreilenden Strom, wenn $\omega\,L < \frac{1}{\omega\,C}$; in diesem Fall ist der Stromkreis *kapazitiv*. Den wichtigen Grenzfall $\varphi = 0$, $\omega\,L = \frac{1}{\omega\,C}$ werden wir im nächsten Abschnitt ausführlich behandeln. Im Falle $\frac{1}{\omega\,C} = 0$ und $r = 0$ ist der Stromkreis rein induktiv, $\operatorname{tg}\varphi = \infty$, $\varphi = \frac{\pi}{2}$, der Strom eilt der Spannung um $90^0$ nach, im Falle $\omega L = 0$ und $r = 0$ ist der Stromkreis rein kapazitiv, $\operatorname{tg}\varphi = -\infty$, $\varphi = -\frac{\pi}{2}$, der Strom eilt der Spannung um $90^0$ vor. Im Falle rein Ohmscher Belastung, $\omega\,L = 0$, $\frac{1}{\omega\,C} = 0$ ist $\operatorname{tg}\varphi = 0$, $\varphi = 0$, Strom und Spannung sind in Phase, sie erreichen gleichzeitig ihre Null- und Höchstwerte.

Wie man aus der ersten Gleichung von (12) sieht, ist auch die Größe $z$, die *Impedanz* oder der *Scheinwiderstand* des Stromkreises von der Differenz $\omega L - \frac{1}{\omega C}$ abhängig und am kleinsten, wenn das zweite Glied unter der Wurzel $\left(\omega L - \frac{1}{\omega C}\right)^2 = 0$, sei es, daß $\omega L = \frac{1}{\omega C}$, sei es, daß $\omega L = 0$, $\frac{1}{\omega C} = 0$. Man bezeichnet das Produkt $\omega L$ als den *induktiven*, den Quotienten $\frac{1}{\omega C}$ als den *kapazitiven Widerstand* des Stromkreises und man sieht, daß der induktive Widerstand proportional der Frequenz der Spannung ansteigt, der kapazitive Widerstand hingegen der Frequenz verkehrt proportional ist, also mit zunehmender Frequenz abnimmt. Diese Tatsache ist sehr wichtig. Man sieht daraus, daß eine Drossel, eine Selbstinduktionsspule, dem Strom ein um so größeres Hindernis bietet, je größer seine Frequenz ist, während sie für Gleichstrom nur durch ihren rein Ohmschen Widerstand wirksam wird, hingegen umgekehrt eine Kapazität für Gleichstrom ein unüberwindliches Hindernis bedeutet, während ihr Widerstand gegen Wechselstrom um so kleiner ist, je größer seine Frequenz wird. Man kann somit durch eine Drosselspule großer Selbstinduktion einen Gleichstromkreis gegen Wechselströme und anderseits einen Wechselstromkreis durch eine Kapazität gegen Gleichstrom abriegeln, von welcher Möglichkeit in der Hochfrequenztechnik vielfach Gebrauch gemacht wird. Im letzten Fall spricht man von einem *Blockkondensator*.

Wir wollen zum Abschluß dieses Abschnittes die Formel (14) noch für die erwähnten besonderen Fälle spezialisieren, aus welchen Formeln das oben in Worten Ausgedrückte sofort abgelesen werden kann.

a) $\omega L = 0$; $\frac{1}{\omega C} = 0$, *rein Ohmsche Belastung.*

$$i = \frac{\bar{u}}{r} \sin \omega t; \quad \varphi = 0.$$

b) $\frac{1}{\omega C} = 0$, *induktive Belastung.*

$$i = \frac{\bar{u}}{\sqrt{r^2 + \omega^2 L^2}} \sin(\omega t - \varphi); \quad \operatorname{tg} \varphi = \frac{\omega L}{r}, \quad \varphi > 0.$$

Spezialfall $r = 0$:

$$i = \frac{\bar{u}}{\omega L} \sin\left(\omega t - \frac{\pi}{2}\right); \quad \operatorname{tg} \varphi = \infty, \quad \varphi = \frac{\pi}{2}.$$

c) $\omega L = 0$, *kapazitive Belastung.*

$$i = \frac{\bar{u}}{\sqrt{r^2 + \frac{1}{\omega^2 C^2}}} \sin(\omega t - \varphi); \quad \operatorname{tg}\varphi = -\frac{1}{r \omega C}; \quad \varphi < 0.$$

Spezialfall $r = 0$:

$$i = \bar{u} \omega C \sin\left(\omega t + \frac{\pi}{2}\right); \quad \operatorname{tg}\varphi = -\infty; \quad \varphi = -\frac{\pi}{2}.$$

Die Behandlung der aufgezwungenen Schwingung wäre nicht vollständig, wenn wir den folgenden Umstand außer acht ließen. Den Ausgangspunkt unserer Betrachtungen bildete die Differentialgleichung (3), für die wir mit Hilfe der komplexen Rechnung das Integral (14) fanden. Dieses Integral ist nun offenbar nicht das vollständige Integral der Differentialgleichung (3), sondern kann nur für den stationären Zustand, nicht aber für die Ein- und Ausschaltvorgänge gelten. Denn es verlangt, daß zwischen Strom und Spannung eine Phasenverschiebung $\varphi = \operatorname{arctg} \frac{\omega L - \frac{1}{\omega C}}{r}$ bestehe; im Augenblick des Einschaltens ist der Strom jedoch 0, und nur zufällig könnte es sein, daß in diesem Augenblick die Spannung die notwendige Phasenlage hat; im allgemeinen wird dies sicher nicht der Fall sein; es müssen somit noch gewisse Ausgleichsvorgänge auftreten, die die richtige Phasenverschiebung zwischen Strom und Spannung herstellen. Tatsächlich gibt uns das vollständige Integral unserer Differentialgleichung auch über diese Erscheinungen Auskunft, sowie darüber, was geschieht, wenn die aufgedrückte Spannung zu wirken aufhört, ohne daß der Stromkreis unterbrochen wird. Die Differentialgleichung (3) ist nämlich eine lineare Differentialgleichung zweiter Ordnung mit konstanten Koeffizienten und *mit Störungsfunktion* $\frac{d}{dt}(\bar{u} \sin \omega t)$, deren vollständiges Integral wir erhalten, wenn wir zu (14) noch das vollständige Integral der der Gl. (3) entsprechenden homogenen Differentialgleichung addieren. Ohne auf den exakten Beweis dieser Tatsache einzugehen, sehen wir leicht ein, daß, wenn $i_1$ ein partikulares Integral von (3) und $i_0$ das vollständige Integral der entsprechenden homogenen Gleichung ist, auch $i = i_1 + i_0$ ein Integral von (3) sein muß; denn setzen wir $i = i_1 + i_0$ in (3) ein, so kommen wir zur Ausgangsgleichung zurück, da nach unserer Voraussetzung $i_0$ das vollständige Integral der homogenen Differentialgleichung ist und also gilt:

$$L \frac{d^2 i_0}{d t^2} + r \frac{d i_0}{d t} + \frac{1}{C} i_0 = 0. \tag{15}$$

Diese letzte Differentialgleichung haben wir nun unter 1 ausführlich besprochen und, unter der Voraussetzung, daß die Parameter des Stromkreises der Bedingung der oszillatorischen Entladung genügen (auf welchen besonderen Fall wir uns auch hier beschränken wollen), das folgende Integral gefunden [1 (16)]

$$i_0 = \bar{i}_0 e^{-\beta t} \sin(\omega_0 t + \varphi_0).$$

Somit erhalten wir als vollständiges Integral von (3)

$$i = \bar{i}_1 \sin(\omega t - \varphi) + \bar{i}_0 e^{-\beta t} \sin(\omega_0 t + \varphi_0). \tag{16}$$

Es lagert sich also über die aufgezwungene Schwingung von der Kreisfrequenz $\omega$ noch die Eigenschwingung des Schwingungskreises von der Kreisfrequenz $\omega_0$

$$\omega_0 = \sqrt{\frac{1}{LC} - \left(\frac{r}{2L}\right)^2}, \qquad (17) = (13), 1$$

jedoch klingt diese letzte, gedämpfte Schwingung rasch ab, so daß nur die aufgezwungene Schwingung übrigbleibt. Hört aber die aufgezwungene Spannung plötzlich zu wirken auf, ohne daß der Stromkreis unterbrochen wird, so setzt die Eigenschwingung wieder ein und klingt der Dämpfung entsprechend ab. Man bezeichnet diese Erscheinung als den *elektrischen Nachhall.* Durch diesen elektrischen Nachhall wird es möglich, daß nach dem Abklingen der Schwingung Strom und Kondensatorspannung gleichzeitig den Nullwert erreichen.

## II. Die Resonanzerscheinungen.

**1. Spannungsresonanz.** Wir wenden uns nun dem im vorhergehenden Abschnitt erwähnten besonderen Fall $\omega L - \frac{1}{\omega C} = 0$ zu. Der Ausdruck

$$z = \sqrt{r^2 + \left(\omega L - \frac{1}{\omega C}\right)^2} \tag{1}$$

hat für einen konstanten Ohmschen Widerstand dann seinen kleinsten Wert, wenn

$$\omega L = \frac{1}{\omega C}. \tag{2}$$

Dann stehen $\omega$, $L$ und $C$ in einer einfachen Beziehung, die sofort aus (2) folgt:

$$\omega^2 = \frac{1}{LC}; \quad \omega = \frac{1}{\sqrt{LC}}; \quad f = \frac{1}{2\pi\sqrt{LC}} = f_0. \tag{3}$$

d. h. der als *Spannungsresonanz* bezeichnete, durch die Bedingung (2) gekennzeichnete Fall tritt dann ein, wenn die Frequenz der einem Strompfad aufgedrückten Spannung mit der Eigenfrequenz des Strompfades übereinstimmt. In diesem Fall erreicht der Scheinwiderstand seinen kleinsten möglichen — $r$ konstant vorausgesetzt —, der Strom daher seinen größten möglichen Wert, und außerdem hat die Phasenverschiebung zwischen Strom und Spannung den Wert 0; obwohl also Selbstinduktion und Kapazität im Stromkreis vorhanden sind, verhält er sich doch so, als ob er nur Ohmschen Widerstand enthielte.

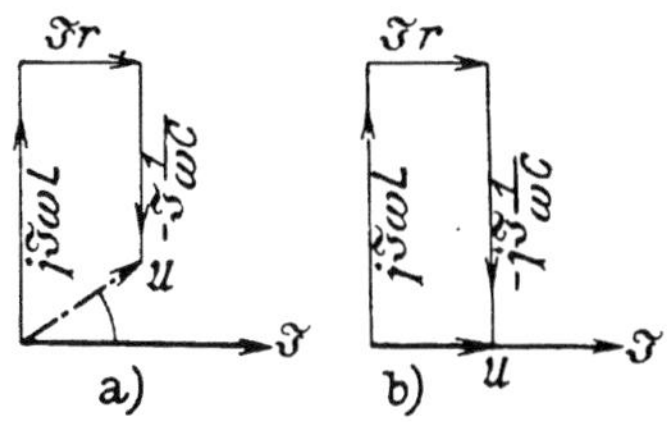


Abb. 20. Diagramm der Reihenschaltung von $r$, $C$ und $L$; a) induktiv wirkender Strompfad; b) Spannungsresonanz.

Man kann die einem Strompfad mit $r$, $L$ und $C$ aufgedrückte Klemmenspannung in drei Komponenten zerlegen, von denen eine $\mathfrak{U}_r$ zur Überwindung des Ohmschen, die zweite $\mathfrak{U}_L$ zur Überwindung des induktiven und die dritte $\mathfrak{U}_C$ zur Überwindung des kapazitiven Widerstandes des Strompfades verwendet wird. Es folgt dies aus I, 3 (10)

$$\mathfrak{J} = \frac{\mathfrak{U}}{\mathfrak{z}}; \quad \mathfrak{U} = \mathfrak{J}\mathfrak{z} = \underbrace{\mathfrak{J}r}_{\mathfrak{U}_r} + \underbrace{j\mathfrak{J}\omega L}_{\mathfrak{U}_L} - \underbrace{j\frac{\mathfrak{J}}{\omega C}}_{\mathfrak{U}_C}. \tag{4}$$

Der Fall der Spannungsresonanz unterscheidet sich nun von dem der rein Ohmschen Belastung des Stromkreises dadurch, daß im letzten Fall die induktive und die kapazitive Komponente jede für sich verschwinden, während im ersten Fall beide vorhanden, jedoch gleich groß, aber entgegengesetzt gerichtet sind, so daß sie einander in ihrer Summe aufheben. In Abb. 20a ist das Diagramm eines Stromkreises nach Abb. 18 dargestellt; im Falle der Spannungsresonanz geht es in 20b über. Wie aus dem Diagramm ohne weiteres hervorgeht, können die Spannungskomponenten an der Kapazität oder der Selbstinduktion wesentlich größere Werte annehmen als die aufgedrückte Spannung selbst.

Aus der Gl. (1) für den Scheinwiderstand des Strompfades ersieht man, daß er von den drei Parametern $\omega$, $L$ und $C$ und außerdem noch von dem hier als konstant vorausgesetzten Ohmschen Widerstand $r$ des Stromkreises abhängt. Damit wird aber auch der Höchstwert des Stromes, den eine gegebene Klemmenspannung in einem Strompfad oder eine gegebene EMK in einem Stromkreis erzeugt, von diesen vier Größen abhängig.

$$\bar{i} = \frac{\bar{u}}{\sqrt{r^2 + \left(\omega L - \frac{1}{\omega C}\right)^2}}. \tag{5}$$

Wir müssen es uns versagen, den Einfluß dieser vier Größen auf den Strom ausführlich zu behandeln, obwohl der Fall der Spannungsresonanz äußerst wichtig ist; wir wollen uns vielmehr darauf beschränken, die *Resonanzkurve* des Stromkreises unter Voraussetzung einer veränderlichen Kapazität (*Drehkondensator*) bei konstanter Frequenz und Selbstinduktion und verschiedener konstanter Widerstände zu besprechen und überlassen es dem Leser, den Fall einer veränderlichen Selbstinduktion zu untersuchen. Der Fall einer veränderlichen Kapazität erscheint deshalb als der wichtigste, da meistens die *Abstimmung* des Stromkreises auf eine gegebene Frequenz mittels Drehkondensators und seltener mit Hilfe einer veränderlichen Selbstinduktion (*Variometer*) erfolgt. Ferner werden wir noch den Fall einer veränderlichen Frequenz zu behandeln haben. Aus (5) erhalten wir:

$$\bar{i}^2 \left\{ r^2 + \left(\omega L - \frac{1}{\omega C}\right)^2 \right\} = \bar{u}^2,$$

$$\bar{i}^2 \left\{ r^2 + \frac{1}{\omega^2} \left(\omega^2 L - \frac{1}{C}\right)^2 \right\} = \bar{u}^2.$$

Zur Abkürzung führen wir ein $\omega^2 L = \frac{1}{C_R}$ und merken an, daß $C_R$ jene Kapazität bedeutet, die in dem vorliegenden Stromkreis eingeschaltet sein muß, damit seine Eigenfrequenz mit der der aufgedrückten Spannung zusammenfällt. Damit erhalten wir:

$$\left(\frac{1}{C_R} - \frac{1}{C}\right)^2 \bar{i}^2 + r^2 \omega^2 \bar{i}^2 = \bar{u}^2 \omega^2,$$

$$\left(1 - \frac{C_R}{C}\right)^2 \bar{i}^2 + C_R{}^2 r^2 \omega^2 \bar{i}^2 = \bar{u}^2 C_R{}^2 \omega^2.$$

Mit $\xi = 1 - \frac{C_R}{C}$, $C_R^2 r^2 \omega^2 = a^2$, $\bar{u}^2 C_R^2 \omega^2 = b^2$, $\bar{\imath} = y$ erhalten wir

$$\xi^2 y^2 + a^2 y^2 = b^2. \tag{6}$$

Wir betrachten vorerst den Spezialfall $r = 0 \ldots a = 0$

$$\xi^2 y^2 = b^2 \ldots \xi\, y = \pm\, b \quad \text{(gleichseitige Hyperbel).} \tag{7}$$

In diesem nie zu erreichenden Idealfall würden wir für $\xi = 0$, d. i. im Resonanzfall, einen $\infty$ großen Strom erhalten. Im allgemeinen Fall hingegen ergeben sich Kurven (Resonanzkurven), die an der Stelle $C = C_R$ ein Maximum aufweisen, das um so größer ist, je kleiner der Ohmsche Widerstand des Strompfades oder, wie wir auch sagen können, je kleiner seine Dämpfung $\delta$ ist, die ja dem Ohmschen Widerstand proportional ist (Abb. 21), und um so steiler verlaufen, je kleiner $r$ und damit $\delta$ ist. Aus (5) folgt nämlich für $\frac{1}{C} = \frac{1}{C_R} = \omega^2 L$

$$\bar{\imath}_{\max} = \frac{\bar{u}}{r} = \bar{u}\,\frac{2L}{T}\,\delta = \bar{u}\,\frac{\omega L}{\pi}\,\delta. \tag{8}$$

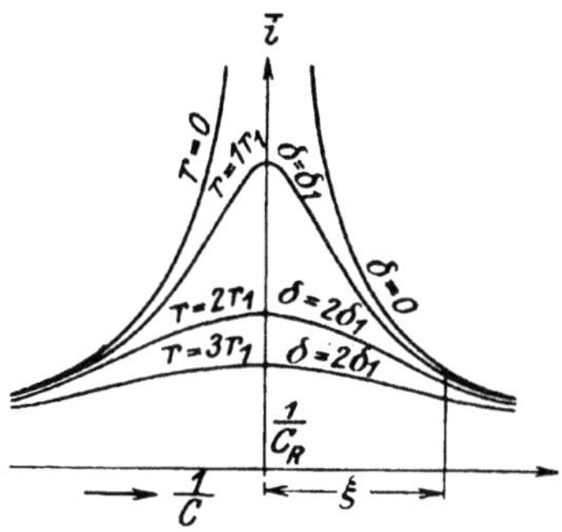


Abb. 21.
Resonanzkurven für verschiedene Dekremente; veränderliche Kapazität.

Je mehr hingegen $C$ von $C_R$ abweicht, desto mehr nähern sich die Werte von $\bar{\imath}$ der Null. Aus Abb. 21 geht ohne weitere Erklärung hervor, daß ein Resonanzkreis wie eine induktive Belastung wirkt, wenn $\frac{1}{C} < \frac{1}{C_R}$, hingegen wie eine kapazitive Belastung, wenn $\frac{1}{C} > \frac{1}{C_R}$, und im Falle $\frac{1}{C} = \frac{1}{C_R}$ wie ein Ohmscher Widerstand.

Die vorstehenden Überlegungen erklären den Ausdruck und den Vorgang beim *Abstimmen* eines Stromkreises auf eine bestimmte Frequenz $f$ (Kreisfrequenz $\omega = 2\,\pi\, f$) mittels Drehkondensators. Die eingeschaltete Kapazität wird so lange geändert, bis $C = C_R$; dann ist $\bar{\imath} = \bar{\imath}_{\max}$ und der Schwingungskreis ist in Resonanz mit der aufgedrückten Frequenz. In genau derselben Weise erfolgt die Abstimmung mittels Variometers.

Als zweiten Fall wollen wir das Verhalten eines Stromkreises von konstanten $r$, $L$ und $C$ untersuchen, wenn wir die Frequenz der aufgedrückten Spannung ändern. Der Höchstwert dieser Spannung werde ebenfalls als konstant vorausgesetzt. Wir gehen wieder von (5) aus und nennen jene Frequenz, bei der Resonanz eintritt, also die Eigenfrequenz des Stromkreises, $\omega_R$;

$$\omega_R{}^2 = \frac{1}{CL}. \tag{9}$$

Für diesen Wert, der mit dem aus I, 1 (31′) folgenden vollkommen übereinstimmt, erhalten wir aus (5), $\omega \to \omega_R$:

$$\bar{i}_R = \frac{\bar{u}}{r}, \text{ da } \omega_R L = \frac{1}{\omega_R C}$$

und wenn wir den Wert für $\omega_R$ in (5) einführen:

$$\bar{i} = \frac{\bar{u}}{\sqrt{r^2 + \frac{L}{C}\left(\frac{\omega}{\omega_R} - \frac{\omega_R}{\omega}\right)^2}}. \tag{10}$$

Die diese Gleichung abbildenden Kurven (Abb. 22) verlaufen ähnlich wie die oben besprochenen Resonanzkurven (Abb. 21).

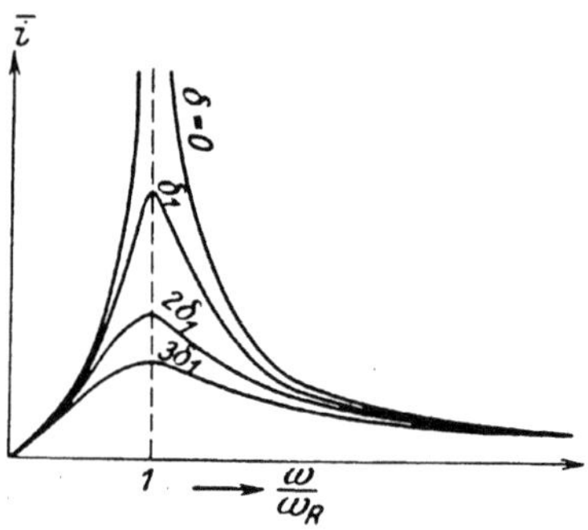

Abb. 22. Resonanzkurven für verschiedene Dekremente; veränderliche Frequenz.

Sie haben mit den letztgenannten gemein, daß sie um so steiler abfallen, je geringer die Dämpfung des Stromkreises ist, und daß ihr Höchstwert, der erreicht wird, wenn $\omega = \omega_R$, um so größer ist, je kleiner die Dämpfung ist. Für den Idealfall $r = 0$ wächst dieser Höchstwert ins Unendliche, wenn sich die Frequenz der Resonanzfrequenz nähert. Die Resonanzkurven der beiden Fälle unterscheiden sich jedoch besonders in dem einen Umstand, daß die Kurven entsprechend (6) symmetrisch zur Geraden $\xi = 0$, $x = \frac{1}{C_R}$ verlaufen, während die der Gl. (10) entsprechenden Kurven nicht symmetrisch zur Geraden $\frac{\omega}{\omega_R} = 1$; $\omega = \omega_R$ sind, sondern nach links viel schneller abfallen als nach rechts, da sie alle durch den Ursprung des Koordinatensystems hindurchgehen ($\bar{i} = 0$ für $\omega = 0$ bei jedem $r$).

Während der erste der besprochenen Fälle ($\omega$ konst., $L$ konst., $C$ veränderlich) wichtig ist für die Vorgänge beim Abstimmen eines Stromkreises auf eine vorgegebene Frequenz, hat der zuletzt besprochene ebenfalls eine besondere praktische Bedeutung. Indem wir einen Stromkreis auf eine bestimmte Frequenz abstimmen, können wir diese Frequenz aus einem Frequenzgemisch heraussieben. Denn die Spannung jener Frequenz, auf die der Stromkreis abgestimmt ist, wird in ihm einen viel größeren Strom hervorrufen als die Spannungskomponenten von anderen Frequenzen, und zwar ist der Unterschied, wie aus Abb. 22 eindeutig hervorgeht, um so krasser, je geringer der Ohmsche Widerstand oder, was dasselbe ist, die Dämpfung des Stromkreises ist; man sagt, der Stromkreis von geringerer Dämpfung ist *selektiver*. Vernachlässigt man den Ohmschen Widerstand des Stromkreises, so kann man auch sagen, der Resonanzkreis stellt für jene Frequenz, auf die er abgestimmt ist, einen Kurzschluß dar, allen anderen Frequenzen bietet er einen um so größeren induktiven oder kapazitiven Widerstand, je größer die Abweichung der aufgedrückten Frequenz von seiner Eigenfrequenz ist.

Eine weitere praktische Bedeutung der theoretischen Untersuchungen über den Frequenzeinfluß auf Resonanzkreise liegt in dem Umstand, daß in der Wellentelephonie nicht eine bestimmte Frequenz, sondern ein ganzes Frequenzband übertragen wird; mit Hilfe der hier angestellten Betrachtungen werden wir weiter unten in der Lage sein, wichtige Folgerungen zu ziehen.

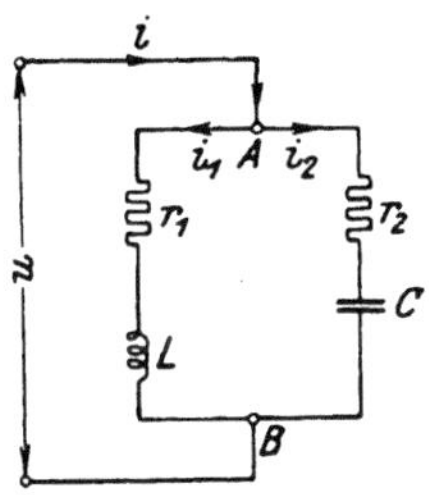

Abb. 23. Parallelschaltung von $C$ und $L$.

**2. Stromresonanz.** Außer dem soeben betrachteten Fall der Spannungsresonanz hat noch ein zweiter Fall große praktische Bedeutung, der Fall der Stromresonanz. Diese Erscheinung tritt in Stromkreisen auf, die eine Parallelschaltung von Kapazität und Selbstinduktion enthalten (Abb. 23). Es sei

$$u = \bar{u} \sin \omega t \tag{1}$$

die aufgedrückte Klemmenspannung, dann ist

$$i_1 = \frac{\bar{u}}{z_1} \sin(\omega t - \varphi_1); \quad z_1 = \sqrt{r_1^2 + \omega^2 L^2}; \quad \operatorname{tg} \varphi_1 = \frac{\omega L}{r}, \tag{2}$$

$$i_2 = \frac{\bar{u}}{z_2} \sin(\omega t + \varphi_2); \quad z_2 = \sqrt{r_2^2 + \frac{1}{\omega^2 C^2}}; \quad \operatorname{tg} \varphi_2 = \frac{1}{r_2 \omega C}; \tag{3}$$

der resultierende Strom $i$ ergibt sich aus der Summe:

$$i = i_1 + i_2,$$

$$i = \bar{u}\left\{\frac{1}{z_1}\sin(\omega t - \varphi_1) + \frac{1}{z_2}\sin(\omega t + \varphi_2)\right\},$$

$$i = \bar{u}\left\{\frac{\cos\varphi_1}{z_1}\sin\omega t - \frac{\sin\varphi_1}{z_1}\cos\omega t + \right.$$
$$\left. + \frac{\cos\varphi_2}{z_2}\sin\omega t + \frac{\sin\varphi_2}{z_2}\cos\omega t\right\},$$

$$i = \bar{u}\left\{\left(\frac{\cos\varphi_1}{z_1} + \frac{\cos\varphi_2}{z_2}\right)\sin\omega t - \left(\frac{\sin\varphi_1}{z_1} - \frac{\sin\varphi_2}{z_2}\right)\cos\omega t\right\} \tag{4}$$

und mit einer aus Abb. 24 unmittelbar einleuchtenden Substitution:

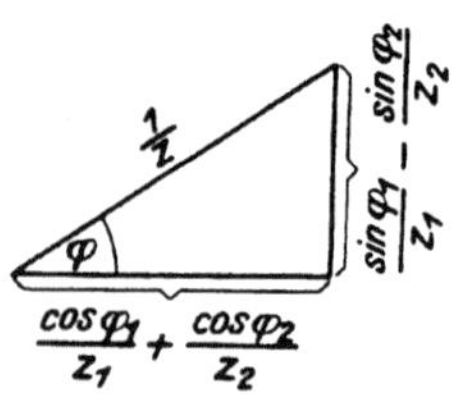


Abb. 24. Hilfsdreieck.

$$\left.\begin{aligned} \frac{\sin\varphi_1}{z_1} - \frac{\sin\varphi_2}{z_2} &= \frac{1}{z}\sin\varphi \\ \frac{\cos\varphi_1}{z_1} + \frac{\cos\varphi_2}{z_2} &= \frac{1}{z}\cos\varphi \end{aligned}\right\} \tag{5}$$

geht (4) über in

$$i = \frac{\bar{u}}{z}\sin(\omega t - \varphi), \tag{6}$$

worin:

$$\left.\begin{aligned} \frac{1}{z} &= \sqrt{\left(\frac{r_1}{z_1^2} + \frac{r_2}{z_2^2}\right)^2 + \left(\frac{\omega L}{z_1^2} - \frac{1}{z_2^2\,\omega C}\right)^2} \\ \operatorname{tg}\varphi &= \frac{\dfrac{\omega L}{z_1^2} - \dfrac{1}{z_2^2\,\omega C}}{\dfrac{r_1}{z_1^2} + \dfrac{r_2}{z_2^2}} \end{aligned}\right\} \tag{7}$$

Wir fragen uns zunächst: Wann ist der resultierende Strom $i$ mit der Spannung $u$ in Phase?

$$\varphi = 0 \ \ldots \ \frac{\sin\varphi_1}{z_1} = \frac{\sin\varphi_2}{z_2} \quad \text{(s. Abb. 24)},$$

$$\frac{\omega L}{z_1^2} = \frac{1}{z_2^2\,\omega C}, \tag{8'}$$

$$\frac{\omega L}{r_1^2 + \omega^2 L^2} = \frac{\dfrac{1}{\omega C}}{r_2^2 + \dfrac{1}{\omega^2 C^2}} \tag{8}$$

und erhalten in (8) die Bedingungsgleichung für die *Stromresonanz.* In diesem Fall ist:

$$\frac{1}{z_R} = \frac{\cos\varphi_1}{z_1} + \frac{\cos\varphi_2}{z_2} = \frac{r_1}{z_1^2} + \frac{r_2}{z_2^2}.$$

Wegen (8') können wir auch schreiben:

$$\frac{1}{z_R} = \frac{\frac{r_1}{\omega L}}{\frac{z_1^2}{\omega L}} + \frac{r_2 \omega C}{z_2^2 \omega C} = \frac{\frac{r_1}{\omega L} + r_2 \omega C}{\frac{z_1^2}{\omega L}} = \frac{\frac{r_1}{\omega L} + r_2 \omega C}{z_2^2 \omega C},$$

$$\frac{1}{z_R} = \frac{r_1 + r_2 \omega^2 L C}{r_1^2 + \omega^2 L^2} = \frac{\frac{r_1}{\omega^2 L C} + r_2}{r_2^2 + \frac{1}{\omega^2 C^2}}. \tag{9}$$

Besonders einfach werden die Formeln für den Spezialfall $r_1 = r_2 = 0$, dann wird ohne Resonanz $\varphi = \frac{\pi}{2}$ [wegen (7)] und

$$\frac{1}{z} = \frac{1}{\omega L} - \omega C, \; i = \bar{u}\left(\frac{1}{\omega L} - \omega C\right) \cos \omega t, \tag{10}$$

ferner im Fall der Resonanz:

$$\frac{1}{\omega L} = \omega C; \quad \frac{1}{z} = 0; \quad z = \infty; \quad i = 0. \tag{11}$$

In diesem Idealfall ist also der resultierende Strom $i$ Null, hingegen haben die Einzelströme $i_1$ und $i_2$ ihre Höchstwerte; sie sind einander der Größe nach gleich und der Phase nach entgegengesetzt gerichtet; jedoch muß dabei berücksichtigt werden, daß wir in Abb. 23 die positiven Richtungen der Ströme $i_1$ und $i_2$ einander entgegengesetzt angenommen haben; in dem aus den beiden Teilstrompfaden gebildeten geschlossenen Stromkreis bildet der eine Strom die Fortsetzung des anderen, wir haben einen in Spannungsresonanz stehenden Stromkreis.

Während ein für Spannungsresonanz geschalteter Strompfad den Strom, dessen Frequenz gleich ist seiner Eigenfrequenz, fast ungehindert hindurchläßt, bietet ein für Stromresonanz geschalteter Stromkreis gerade dem Strom, auf dessen Frequenz abgestimmt ist, ein nahezu unüberwindliches Hindernis. Die Ausdrücke „fast" und „nahezu" sind so zu verstehen, daß der Idealfall widerstandsloser Stromkreise eben nie vollkommen erreicht werden kann. In Abb. 25 ist das Diagramm für den Fall der Stromresonanzschaltung gezeichnet, und zwar links für etwas vom Resonanzfall abweichende Verhältnisse und rechts für den Fall der Stromresonanz. Im Idealfall widerstandsloser Strompfade eilt der kapazitive Strom $\mathfrak{J}_2$ der aufgedrückten

Spannung um $\frac{\pi}{2}$ vor, der induktive Strom $\mathfrak{J}_1$ um $\frac{\pi}{2}$ nach. Beide sind gleich groß, aber entgegengesetzt gerichtet.

Wie wir gesehen haben, bildet ein auf Stromresonanz geschalteter und auf eine bestimmte Frequenz abgestimmter Stromkreis einem Strom von dieser Frequenz ein nahezu — im Idealfall vollständiges — Hindernis. Man kann somit einen derartigen Stromkreis verwenden, um Ströme der betreffenden Frequenz zu unterdrücken; wir verwenden ihn als *Sperrkreis* für Ströme jener Frequenz, auf die er abgestimmt ist. Es ist vielleicht nicht überflüssig, darauf hinzuweisen, daß zwar der *resultierende* Strom der betreffenden Frequenz unterdrückt wird, daß jedoch in den beiden Teilen des Resonanzkreises der Strom dieser Frequenz besonders hervorgehoben wird. Man kann daher nicht nur die große Spannung der Eigenfrequenz des Stromkreises an den Verzweigungspunkten $A$ und $B$ (Abb. 23) abnehmen, sondern auch das Magnetfeld des in der Induktionsspule fließenden Stromes heranziehen, um in einem andern Stromkreis eine Spannung der Resonanzfrequenz des ersten zu induzieren.

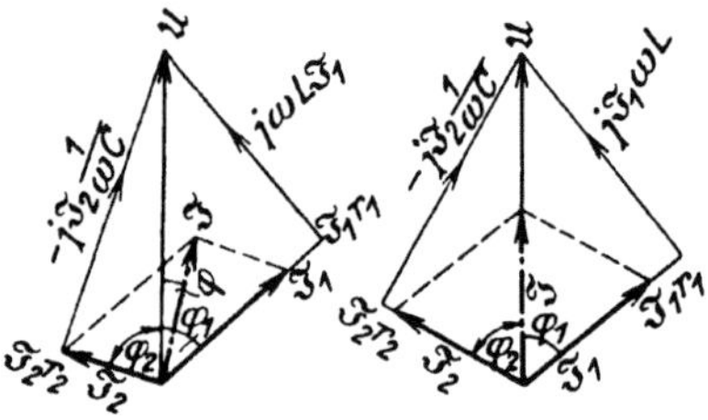

Abb. 25. Diagramm der Parallelschaltung von $C$ und $L$.

Die zuletzt angeführten Möglichkeiten führen uns zwanglos zum Problem der gegenseitigen (gewollten oder ungewollten) Beeinflussung zweier Hochfrequenzkreise, dem wir uns nun zuwenden wollen.

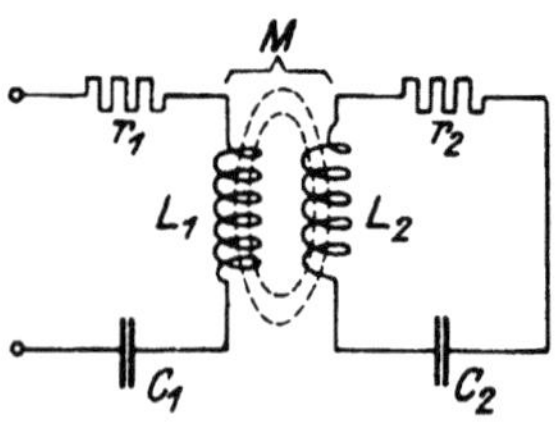


Abb. 26. Magnetische oder induktive Kopplung.

## III. Gekoppelte Schwingungskreise.

### 1. Begriff und Arten der Kopplung.

Unter gekoppelten Schwingungskreisen verstehen wir Schwingungskreise, die miteinander irgendwie verbunden sind; dementsprechend unterscheiden wir die *magnetische Kopplung* (Abb. 26) mit gemeinsamen magnetischen Induktionslinien, die *elektrische* oder *kapazitive Kopplung* (Abb. 27) mit gemeinsamen elektrischen Verschiebungslinien und endlich die *Widerstandskopplung* mit gemeinsamen Stromlinien (Abb. 28).

Durch diese Gemeinsamkeit ergibt sich eine Einwirkung des einen Kreises auf den anderen und eine Rückwirkung des zweiten auf den ersten. Wir wollen die gegenseitige Beeinflussung der beiden Kreise im Falle der induktiven Kopplung ausführlich behandeln, müssen uns jedoch in den anderen Fällen mit Andeutungen begnügen.

**2. Aufgezwungene Schwingungen bei induktiver Kopplung.** Wir betrachten zunächst den Fall der aufgezwungenen ungedämpften Schwingungen, da der der gedämpften Schwingungen mit der Einführung der ungedämpften in die Hochfrequenztechnik viel an Bedeutung verloren hat und daher andeutungsweise erledigt

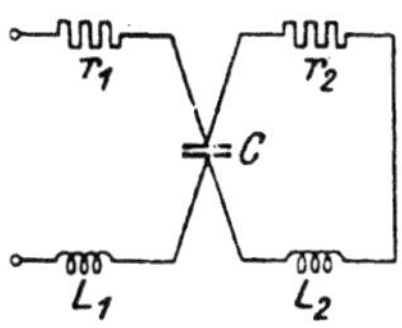

Abb. 27. Kapazitive Kopplung.

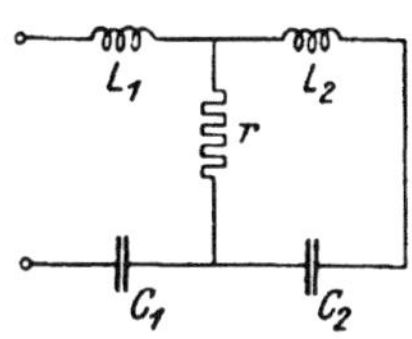

Abb. 28. Widerstandskopplung.

werden kann. Es werde also dem Schwingungskreis 1 eine sinusförmige Wechselspannung vom Augenblickswert $u$ aufgedrückt. Durch Anwendung des zweiten Kirchhoffschen Gesetzes auf beide Stromkreise erhalten wir dann[1]:

$$u = \bar{u} \sin \omega t, \tag{1}$$

$$\left.\begin{aligned} i_1 r_1 &= u - L_1 \frac{d i_1}{d t} - \frac{q_1}{C_1} - M \frac{d i_2}{d t} \\ i_2 r_2 &= \quad - L_2 \frac{d i_2}{d t} - \frac{q_2}{C_2} - M \frac{d i_1}{d t} \end{aligned}\right\} \tag{3}$$

Wir differentiieren nach der Zeit:

$$\left.\begin{aligned} L_1 \frac{d^2 i_1}{d t^2} + M \frac{d^2 i_2}{d t^2} + r_1 \frac{d i_1}{d t} + \frac{1}{C_1} i_1 &= \frac{d}{d t} u \\ L_2 \frac{d^2 i_2}{d t^2} + M \frac{d^2 i_1}{d t^2} + r_2 \frac{d i_2}{d t} + \frac{1}{C_2} i_2 &= 0 \end{aligned}\right\} \tag{3}$$

Wie in I, 3 (4), führen wir auch hier die entsprechenden komplexen Größen ein:

$$\left.\begin{aligned} \mathfrak{J}_1 &= i_1' + j i_1; \quad \mathfrak{J}_2 = i_2' + j i_2 \\ \mathfrak{U} &= \bar{u} (\cos \omega t + j \sin \omega t) = \bar{u}\, e^{j \omega t} \end{aligned}\right\} \tag{4}$$

[1] $M$ Koeffizient der gegenseitigen Induktion der beiden Stromkreise.

und erhalten:

$$\left.\begin{aligned} L_1 \frac{d^2 \mathfrak{J}_1}{d t^2} + M \frac{d^2 \mathfrak{J}_2}{d t^2} + r_1 \frac{d \mathfrak{J}_1}{d t} + \frac{1}{C_1} \mathfrak{J}_1 &= \frac{d}{d t} \bar{\mathfrak{u}} e^{j \omega t} \\ L_2 \frac{d^2 \mathfrak{J}_2}{d t^2} + M \frac{d^2 \mathfrak{J}_1}{d t^2} + r_2 \frac{d \mathfrak{J}_2}{d t} + \frac{1}{C_2} \mathfrak{J}_2 &= 0 \end{aligned}\right\} \quad (5)$$

Wir versuchen den zu I, 3 (6) analogen Ansatz:

$$\mathfrak{J}_1 = \bar{\mathfrak{J}}_1 e^{j \omega t}; \quad \mathfrak{J}_2 = \bar{\mathfrak{J}}_2 e^{j \omega t}. \quad (6)$$

Durch Einsetzen dieser Werte in (5) ergibt sich:

$$-\bar{\mathfrak{J}}_1 \omega^2 L_1 - \bar{\mathfrak{J}}_2 \omega^2 M + j \omega r_1 \bar{\mathfrak{J}}_1 + \frac{1}{C_1} \bar{\mathfrak{J}}_1 = j \omega \bar{\mathfrak{u}},$$

$$-\bar{\mathfrak{J}}_2 \omega^2 L_2 - \bar{\mathfrak{J}}_1 \omega^2 M + j \omega r_2 \bar{\mathfrak{J}}_2 + \frac{1}{C_2} \bar{\mathfrak{J}}_2 = 0,$$

$$\bar{\mathfrak{J}}_1 \left\{ r_1 + j \left( \omega L_1 - \frac{1}{\omega C_1} \right) \right\} + j \omega M \bar{\mathfrak{J}}_2 = \bar{\mathfrak{u}},$$

$$\bar{\mathfrak{J}}_2 \left\{ r_2 + j \left( \omega L_2 - \frac{1}{\omega C_2} \right) \right\} + j \omega M \bar{\mathfrak{J}}_1 = 0.$$

Mit

$$\mathfrak{z}_1 = r_1 + j \left( \omega L_1 - \frac{1}{\omega C_1} \right), \quad \mathfrak{z}_2 = r_2 + j \left( \omega L_2 - \frac{1}{\omega C_2} \right) \quad (7)$$

erhalten wir:

$$\mathfrak{z}_1 \bar{\mathfrak{J}}_1 + j \omega M \bar{\mathfrak{J}}_2 = \bar{\mathfrak{u}},$$

$$\mathfrak{z}_2 \bar{\mathfrak{J}}_2 + j \omega M \bar{\mathfrak{J}}_1 = 0$$

und durch Multiplikation mit $e^{j \omega t}$ unter Berücksichtigung von (4) und (6):

$$\left.\begin{aligned} \mathfrak{z}_1 \mathfrak{J}_1 + j \omega M \mathfrak{J}_2 &= \mathfrak{U} \\ \mathfrak{z}_2 \mathfrak{J}_2 + j \omega M \mathfrak{J}_1 &= 0 \end{aligned}\right\} \quad (8)$$

Daraus rechnen wir:

$$\mathfrak{J}_1 = \frac{\mathfrak{U}}{\mathfrak{z}_1 + \frac{\omega^2 M^2}{\mathfrak{z}_2}}; \quad \mathfrak{J}_2 = -j \frac{\omega M}{\mathfrak{z}_2} \frac{\mathfrak{U}}{\mathfrak{z}_1 + \frac{\omega^2 M^2}{\mathfrak{z}_2}}. \quad (9)$$

Aus diesen Gleichungen könnten wir jetzt die Ströme $i_1$ und $i_2$ der Amplitude und Phase nach rechnen. Wir wollen jedoch zunächst darauf verzichten, da wir schon aus ihnen alles für uns Wichtige entnehmen können; sie stellen nichts weniger als die vollständige und exakte Theorie des eisenlosen Transformators dar. Wir wollen uns zunächst die Verhältnisse im Diagramm (Abb. 29) ansehen, das ohne weitere Erklärungen verständlich sein dürfte. Wir nehmen für einen Augenblick den Strom $\mathfrak{J}_1$ als gegeben an, rechnen daraus unter Heranziehung von (9) $\mathfrak{J}_2$ und $\mathfrak{J}_2 \mathfrak{z}_2$

$$\mathfrak{J}_2 = -j \frac{\omega M}{\mathfrak{z}_2} \mathfrak{J}_1$$

und berücksichtigen ferner die beiden Gl. (8).

$$\mathfrak{J}_2 \, \mathfrak{z}_2 = -j \, \omega \, M \, \mathfrak{J}_1 .$$

Wir erhalten auf diese Weise das Spannungsdiagramm des Transformators.

Aus den Gl. (9) und dem Diagramm entnehmen wir nun, daß auf die Größe und Phasenlage jedes Stromes auch die Parameter des anderen Stromkreises von Einfluß sind; die beiden Stromkreise sind nicht unabhängig voneinander, jede Änderung eines Parameters des einen Stromkreises wirkt sich auch in dem andern aus.

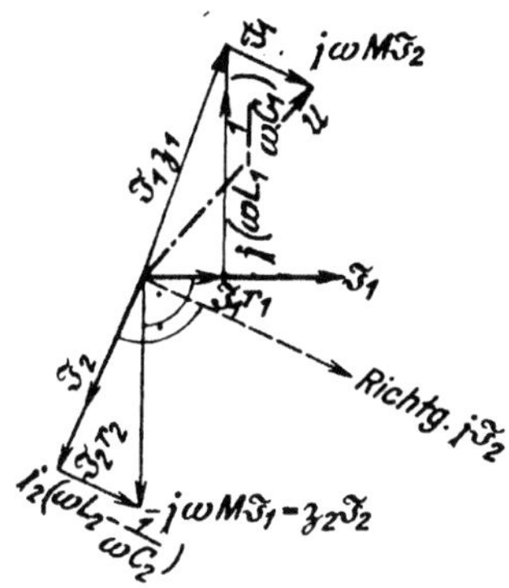

Abb. 29. Diagramm des eisenlosen Transformators.

Um die gegenseitige Beeinflussung der beiden Stromkreise zahlenmäßig zu untersuchen, gehen wir von den in (9) gefundenen komplexen Strömen zu den entsprechenden reellen Strömen über; wir erhalten sie als die Absolutwerte der imaginären Anteile der komplexen Größen [s. Gl. (4)]. Die durch Gl. (7) gegebenen komplexen Widerstände der beiden Stromkreise können auch in der folgenden Form dargestellt werden:

$$\mathfrak{z}_1 = z_1 \, e^{j\varphi_1}, \quad \mathfrak{z}_2 = z_2 \, e^{j\varphi_2}, \tag{10}$$

worin

$$\left.\begin{aligned} z_1 &= \sqrt{r_1^2 + \left(\omega L_1 - \frac{1}{\omega C_1}\right)^2}, \quad \operatorname{tg} \varphi_1 = \frac{\omega L_1 - \frac{1}{\omega C_1}}{r_1} \\ z_2 &= \sqrt{r_2^2 + \left(\omega L_2 - \frac{1}{\omega C_2}\right)^2}, \quad \operatorname{tg} \varphi_2 = \frac{\omega L_2 - \frac{1}{\omega C_2}}{r_2} \end{aligned}\right\} \tag{11}$$

Somit ist

$$\frac{1}{\mathfrak{z}_2} = \frac{1}{z_2} e^{-j\varphi_2}$$

und wir erhalten aus (9):

$$\mathfrak{J}_1 = \frac{\mathfrak{U}}{z_1 e^{j\varphi_1} + \frac{1}{z_2} e^{-j\varphi_2} \omega^2 M^2},$$

$$\mathfrak{J}_1 = \frac{\mathfrak{U}}{z_1 \cos\varphi_1 + \frac{\omega^2 M^2}{z_2} \cos\varphi_2 + j\left\{z_1 \sin\varphi_1 - \frac{\omega^2 M^2}{z_2} \sin\varphi_2\right\}},$$

$$\mathfrak{J}_1 = \frac{\mathfrak{U}}{r_1 + \frac{\omega^2 M^2}{z_2^2} r_2 + j\left\{\left(\omega L_1 - \frac{1}{\omega C_1}\right) - \frac{\omega^2 M^2}{z_2^2}\left(\omega L_2 - \frac{1}{\omega C_2}\right)\right\}}.$$

Wir setzen zur Abkürzung:

$$\left.\begin{aligned} r = r_1 + \frac{\omega^2 M^2}{z_2^2} r_2; \quad \omega L &= \omega\left(L_1 - \frac{\omega^2 M^2}{z_2^2} L_2\right) \\ \frac{1}{\omega C} &= \frac{1}{\omega}\left(\frac{1}{C_1} - \frac{\omega^2 M^2}{z_2^2} \frac{1}{C_2}\right) \end{aligned}\right\} \tag{12}$$

und erhalten damit

$$\mathfrak{J}_1 = \frac{\mathfrak{U}}{r + j\left(\omega L - \frac{1}{\omega C}\right)} = \frac{\mathfrak{U}}{\mathfrak{z}}. \tag{13}$$

Daraus erhalten wir, wie unter I (S. 33) ausführlich gezeigt wurde,

$$\mathfrak{J}_1 = \frac{\bar{u}}{\sqrt{r^2 + \left(\omega L - \frac{1}{\omega C}\right)^2}} e^{j(\omega t - \varphi_1)} = \frac{\bar{u}}{z} e^{j(\omega t - \varphi_1)},$$

$$i_1 = \frac{\bar{u}}{z} \sin(\omega t - \varphi_1) = \bar{i}_1 \sin(\omega t - \varphi_1),$$

$$\bar{i}_1 = \frac{\bar{u}}{z} = \frac{\bar{u}}{\sqrt{r^2 + \left(\omega L - \frac{1}{\omega C}\right)^2}}; \ \operatorname{tg}\varphi_1 = \frac{\omega L - \frac{1}{\omega C}}{r}. \tag{14}$$

$$\mathfrak{J}_2 = -j\frac{\omega M}{\mathfrak{z}_2}\mathfrak{J}_1 = -j\frac{\omega M}{z_2}\bar{i}_1 e^{j(\omega t - \varphi_1 - \varphi_2)},$$

$$i_2 = -\frac{\omega M}{z_2}\bar{i}_1 \cos(\omega t - \varphi_1 - \varphi_2) = \bar{i}_2 \cos(\omega t - \varphi_1 - \varphi_2),$$

$$\bar{i}_2 = -\frac{\omega M}{z_2}\bar{i}_1. \tag{15}$$

Wir sehen zunächst auch hier, daß auf die beiden Ströme die Parameter *beider* Stromkreise und der Koeffizient der gegenseitigen Induktion (bestimmt die Größe der „Kopplung“) Einfluß haben. Die Zusammenhänge wollen wir an Hand der Kopplungskurven $i_1\, i_2 = f(\omega)$ untersuchen. In Abb. 30a und b sind diese Kurven unter der Voraussetzung enger, in Abb. 31a und b unter

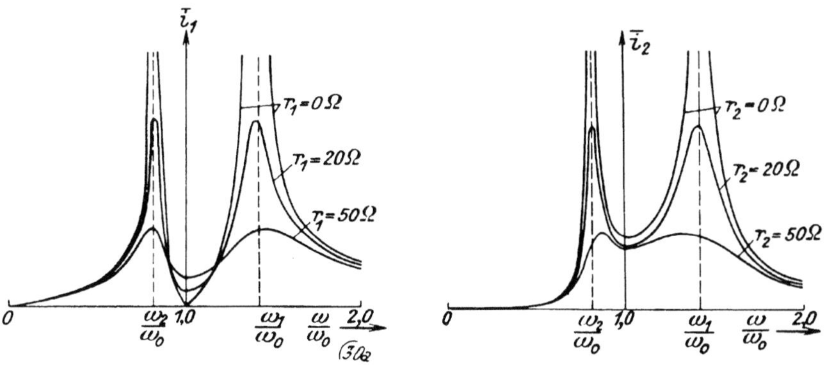


30 a 30 b

Abb. 30. Kopplungskurven bei starker Kopplung.

der Voraussetzung loser Kopplung gezeichnet, und zwar unter der Annahme, daß beide Kreise aufeinander abgestimmt seien:

$$\omega_0^2 = \frac{1}{L_1 C_1} = \frac{1}{L_2 C_2}. \tag{16}$$

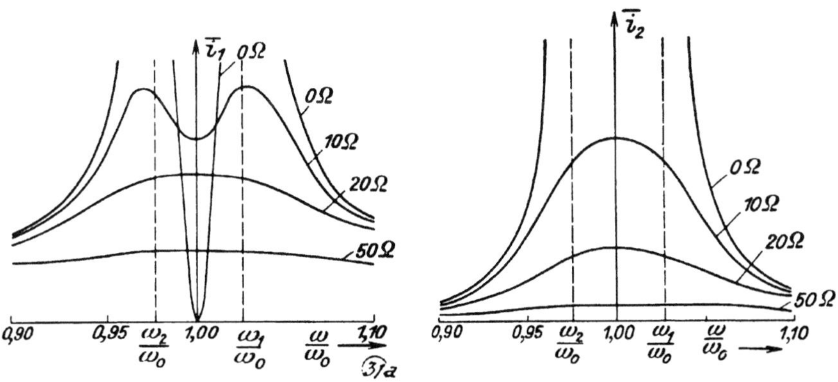


31 a 31 b

Abb. 31. Kopplungskurven bei schwacher Kopplung.

Wir betrachten zuerst die Kurven für $r_1 = r_2 = 0$, also den Idealfall widerstandsloser Stromkreise. Sie beginnen im Ursprung und steigen zuerst langsam, dann immer steiler an; bei den Werten $\omega = \omega_1$ und $\omega = \omega_2$ verlaufen sie ins Unendliche:

$$z_0 = \omega \left\{ L_1 - L_2 \frac{\omega^2 M^2}{\left(\omega L_2 - \frac{1}{\omega C_2}\right)^2} \right\} - \\ - \frac{1}{\omega} \left\{ \frac{1}{C_1} - \frac{1}{C_2} \frac{\omega^2 M^2}{\left(\omega L_2 - \frac{1}{\omega C_2}\right)^2} \right\},$$

$$z_0 = \left(\omega L_1 - \frac{1}{\omega C_1}\right) - \frac{\omega^2 M^2}{\left(\omega L_2 - \frac{1}{\omega C_2}\right)^2} \left(\omega L_2 - \frac{1}{\omega C_2}\right),$$

$$z_0 = \omega L_1 - \frac{1}{\omega C_1} - \frac{\omega^2 M^2}{\omega L_2 - \frac{1}{\omega C_2}}. \tag{17}$$

$z_0 = 0$:

$$\left(\omega L_1 - \frac{1}{\omega C_1}\right)\left(\omega L_2 - \frac{1}{\omega C_2}\right) = \omega^2 M^2.$$

Wir berücksichtigen (16) und führen zur Abkürzung ein:

$$k = \frac{M}{\sqrt{L_1 L_2}} \text{ Kopplungsfaktor.} \tag{18}$$

Damit erhalten wir:

$$L_1 L_2 \left(\omega - \frac{\omega_0^2}{\omega}\right)^2 = \omega^2 M^2,$$

$$\left(\omega - \frac{\omega_0^2}{\omega}\right)^2 = \omega^2 \frac{M^2}{L_1 L_2} = \omega^2 k^2,$$

$$1 - \frac{\omega_0^2}{\omega^2} = \pm k \ldots \left(\frac{\omega_0}{\omega}\right)^2 = 1 \mp k,$$

$$\omega_1 = \frac{\omega_0}{\sqrt{1-k}}; \quad \omega_2 = \frac{\omega_0}{\sqrt{1+k}}. \tag{19}$$

Die Kurven fallen nach $\omega = \omega_1$ weiter sehr steil ab; der Strom $\bar{i}_1$ erreicht bei $\omega = \omega_0$ den Wert $\bar{i}_{10} = 0$, wie aus (17) sofort folgt, wenn für $\omega = \omega_0$ gesetzt wird, da sich in diesem besonderen Fall $z_0 = \infty$ ergibt; hingegen erreicht der Strom $\bar{i}_2$ an dieser Stelle nicht den Wert 0, wie man aus dem folgenden sieht: Nach (15) ist allgemein

$$\bar{i}_2 = -\frac{\omega M}{z_2} \bar{i}_1 = -\frac{\omega M \bar{u}}{z z_2}.$$

Im besonderen Fall $r_1 = r_2 = 0$ ist $z_0$ aus (17) zu nehmen und $z_2 = z_{20}$:

$$z_{20} = \omega L_2 - \frac{1}{\omega C_2},$$

$$z_0 z_{20} = z_{10} z_{20} - \omega^2 M^2,$$

für $\omega \to \omega_0$

$$z_{10} = z_{20} = 0,$$

$$z_0 z_{20} = -\omega_0^2 M^2,$$

$$\bar{i}_{200} = \frac{\omega_0 M \bar{u}}{\omega_0^2 M^2}, \qquad \bar{i}_{200} = \frac{\bar{u}}{\omega_0 M}, \tag{20}$$

oder da $M = k\sqrt{L_1 L_2}$

$$\bar{i}_{2,0,0} = \frac{\bar{u}}{k\,\omega_0 \sqrt{L_1 L_2}}. \tag{20'}$$

Man sieht, daß der Wert von $\bar{i}_{200}$ um so größer wird, je kleiner der Kopplungsfaktor $k$, also je loser die Kopplung ist. Gleichzeitig rücken mit abnehmender Kopplung die „*Kopplungsfrequenzen*" einander näher.

Mit weiter zunehmender Frequenz steigen die Kurven wieder rasch an, bis die Ströme bei $\omega = \omega_1$ zum zweitenmal den Wert $\infty$ erreichen. Von hier ab fallen sie stetig zuerst schnell, dann langsam gegen Null ab.

Der Einfluß des Widerstandes ist aus den Kurvenscharen deutlich zu ersehen. Er bewirkt im allgemeinen eine Verflachung der Kurven, wenn der Widerstand zunimmt. Durch geeignete Wahl der Parameter der beiden Stromkreise und des Kopplungsfaktors $k$ kann erreicht werden, daß die Kurve nahezu rechteckig oder trapezförmig verläuft, daß somit die beiden gekoppelten Stromkreise auf einen ganzen Frequenzbereich (Frequenzband) nahezu gleichmäßig, auf alle andern Frequenzen hingegen nur wenig ansprechen; solche gekoppelte Schwingungskreise bilden ein *Bandfilter*; seinen Zweck und seine Bedeutung für die Wellentelephonie werden wir später (4 Kap.) kennenlernen.

Wie wir gesehen haben, sprechen gekoppelte Schwingungskreise, auch wenn sie auf ein und dieselbe Frequenz $\omega_0$ abgestimmt sind, nicht auf diese, sondern auf zwei andere Frequenzen $\omega_1$ und $\omega_2$, die sogenannten Kopplungsfrequenzen,[1] besonders an. In dieser Eigenschaft kommt die *Zweiwelligkeit* gekoppelter Schwingungskreise zum Ausdruck. Die beiden Kopplungsfrequenzen weichen um so mehr voneinander ab, je stärker die Stromkreise gekoppelt sind, d. h. je größer der Kopplungsfaktor $k$ ist. Dieser Kopplungsfaktor $k$ hat nur im Idealfall den Wert 1,

[1] Es sind hier die Kreisfrequenzen gemeint, die entsprechenden Frequenzen $f_1$ und $f_2$ ergeben sich durch Division durch $2\pi$.

in allen praktisch vorkommenden Fällen ist $k < 1$. Nur für den Idealfall der extrem stärksten Kopplung $k = 1$ wird aus (19):

$$\omega_1 = \frac{\omega_0}{\sqrt{2}}, \quad \omega_2 = \infty.$$

In diesem Fall verhalten sich die Stromkreise wie ein einziger Resonanzkreis, der jedoch nicht auf die Frequenz $\omega_0$, sondern auf die Frequenz $\frac{\omega_0}{\sqrt{2}}$ abgestimmt ist. Nur im entgegengesetzten Fall der extrem losen Kopplung $k \approx 0$ ist ebenfalls praktisch Einwelligkeit vorhanden; beide Stromkreise schwingen in diesem Fall beinahe unabhängig voneinander, während im Falle starker Kopplung eine sehr starke gegenseitige Beeinflussung der Schwingungskreise stattfindet. Besonders wichtig ist es, daß, wie aus Formel (12) hervorgeht, der sekundäre Widerstand $r_2$ eine *Vergrößerung* des primären bewirkt, welcher vergrößerte Primärwiderstand auch wieder auf die Größe des sekundären Stromes zurückwirkt.

Den Kurven in Abb. 30 und 31 liegen folgende besondere Annahmen zugrunde:

$$r_1 = r_2 = 0,\ 20,\ 50\ \text{Ohm},\ M = 1\,.\,10^{-5}\ \text{H bei Abb. 30}$$
$$r_1 = r_2 = 0,\ 10,\ 20,\ 50\ \text{Ohm},\ M = 1\,.\,10^{-6}\ \text{H bei Abb. 31}$$
$$L_1 = L_2 = 2\,.\,10^{-5}\ \text{Henry},\ C_1 = C_2 = 500\,.\,10^{-12}\ \text{F},$$

woraus sich eine Resonanzfrequenz von $\omega_0 = 10^7$ Hz und die Kopplungsfaktoren $k = 0{,}5$ im Falle der Abb. 30 und $k = 0{,}05$ im Falle 31 errechnen.

Mit diesen Andeutungen müssen wir uns begnügen, obwohl die Anwendung der gegebenen theoretischen Überlegungen auf eine Mehrzahl von gekoppelten Schwingungskreisen, sogenannten *Siebketten,* naheliegt und auch wichtig wäre; der verfügbare Raum gestattet es leider nicht, darauf näher einzugehen. Ebenso müssen wir es uns versagen, die Fälle der kapazitiven und der Widerstandskopplung zu behandeln.

**3. Freie Kopplungsschwingungen bei induktiver Kopplung.** In dem durch den Erfolg gerechtfertigten Ansatz (6), 2, fanden wir ein partikulares Integral für jeden der beiden Ströme und damit die Stromstärken für den stationären Zustand. Um auch den Ein- und Ausschaltevorgängen Rechnung tragen zu können, müssen wir noch die Integrale der den Gl. (3) von 2 entsprechenden homogenen Differentialgleichungen addieren. Solange in der Wellentelegraphie mit gedämpften Schwingungen gearbeitet wurde, waren gerade diese Untersuchungen von der größten Wichtigkeit, und wir werden später noch ganz kurz auf sie zurückkommen müssen; mit der Einführung der ungedämpften Schwingungen haben sie an Bedeutung wesentlich verloren, so daß es genügen dürfte, die allgemeine Theorie kurz zu besprechen, ohne auf Spezialfälle weiter einzugehen.

Den Ausgangspunkt unserer Betrachtungen bilden die beiden den Gl. (3), 2 entsprechenden homogenen Differentialgleichungen:

$$\left.\begin{aligned} L_1 \frac{d^2 i_1}{d t^2} + r_1 \frac{d i_1}{d t} + \frac{1}{C_1} i_1 + M \frac{d^2 i_2}{d t^2} &= 0 \\ L_2 \frac{d^2 i_2}{d t^2} + r_2 \frac{d i_2}{d t} + \frac{1}{C_2} i_2 + M \frac{d^2 i_1}{d t^2} &= 0 \end{aligned}\right\} \qquad (1)$$

Aus der letzten dieser beiden Gleichungen erhalten wir durch zweimalige Differentiation:

$$L_2 \frac{d^4 i_2}{d t^4} + r_2 \frac{d^3 i_2}{d t^3} + \frac{1}{C_2} \frac{d^2 i_2}{d t^2} + M \frac{d^4 i_1}{d t^4} = 0 \qquad (2)$$

und aus der ersten:

$$\left.\begin{aligned} \frac{d^2 i_2}{d t^2} &= -\frac{L_1}{M} \frac{d^2 i_1}{d t^2} - \frac{r_1}{M} \frac{d i_1}{d t} - \frac{1}{C_1 M} i_1 \\ \frac{d^3 i_2}{d t^3} &= -\frac{L_1}{M} \frac{d^3 i_1}{d t^3} - \frac{r_1}{M} \frac{d^2 i_1}{d t^2} - \frac{1}{C_1 M} \frac{d i_1}{d t} \\ \frac{d^4 i_2}{d t^4} &= -\frac{L_1}{M} \frac{d^4 i_1}{d t^4} - \frac{r_1}{M} \frac{d^3 i_1}{d t^3} - \frac{1}{C_1 M} \frac{d^2 i_1}{d t^2} \end{aligned}\right\} \qquad (3)$$

Durch Einsetzen in (2) ergibt sich nach Multiplikation mit $-M$

$$(L_1 L_2 - M^2) \frac{d^4 i_1}{d t^4} + (L_2 r_1 + L_1 r_2) \frac{d^3 i_1}{d t^3} +$$
$$+ \left(\frac{L_2}{C_1} + r_1 r_2 + \frac{L_1}{C_2}\right) \frac{d^2 i_1}{d t^2} + \left(\frac{r_1}{C_2} + \frac{r_2}{C_1}\right) \frac{d i_1}{d t} + \frac{1}{C_1 C_2} i_1 = 0. \qquad (4)$$

Mit den Abkürzungen:

$$\left.\begin{aligned} & a = L_1 L_2 - M^2; \quad b = L_2 r_1 + L_1 r_2; \\ & c = \frac{L_2}{C_1} + r_1 r_2 + \frac{L_1}{C_2}; \quad m = \frac{r_1}{C_2} + \frac{r_2}{C_1}; \quad n = \frac{1}{C_1 C_2} \end{aligned}\right\} \qquad (5)$$

erhalten wir:

$$a \frac{d^4 i_1}{d t^4} + b \frac{d^3 i_1}{d t^3} + c \frac{d^2 i_1}{d t^2} + m \frac{d i_1}{d t} + n i_1 = 0. \qquad (6)$$

Ein partikulares Integral dieser Differentialgleichung erhalten wir durch den Ansatz:

$$i_1 = \mathfrak{J}_1 e^{\alpha t}, \tag{7}$$

durch den die Differentialgleichung vierter Ordnung in eine algebraische Gleichung vierten Grades überführt wird:

$$a\,\alpha^4 + b\,\alpha^3 + c\,\alpha^2 + m\,\alpha + n = 0; \tag{8}$$

nach Division durch $a$ und Einführung der leicht verständlichen Abkürzungen $b' = \frac{b}{a}$ usw. erhalten wir:

$$\alpha^4 + b'\alpha^3 + c'\,\alpha^2 + m'\,\alpha + n' = 0 = f(\alpha). \tag{9}$$

Diese Gleichung hat 4 Wurzeln, $\alpha = x_1, x_2, x_3, x_4$, und wir können nach einem bekannten Satz der Algebra das Gleichungspolynom auch als Produkt der Wurzelfaktoren darstellen:

$$f(\alpha) = (\alpha - x_1)(\alpha - x_2)(\alpha - x_3)(\alpha - x_4),$$

$$\begin{aligned} f(\alpha) = \alpha^4 - (x_1 + x_2 + x_3 + x_4)\,\alpha^3 + \\ + (x_1 x_2 + x_1 x_3 + x_1 x_4 + x_2 x_3 + x_2 x_4 + x_3 x_4)\,\alpha^2 - \\ - (x_1 x_2 x_3 + x_1 x_2 x_4 + x_1 x_3 x_4 + x_2 x_3 x_4)\,\alpha + x_1 x_2 x_3 x_4. \end{aligned} \tag{10}$$

Der Vergleich der Koeffizienten in (9) und (10) ergibt die folgenden Beziehungen:

$$\left.\begin{aligned} -b' &= x_1 + x_2 + x_3 + x_4 \\ c' &= x_1 x_2 + x_1 x_3 + x_1 x_4 + x_2 x_3 + x_2 x_4 + x_3 x_4 \\ -m' &= x_1 x_2 x_3 + x_1 x_2 x_4 + x_1 x_3 x_4 + x_2 x_3 x_4 \\ n' &= x_1 x_2 x_3 x_4. \end{aligned}\right\} \tag{11}$$

Die Berechnung der vier Lösungen wird durch die folgende Überlegung wesentlich vereinfacht: Wenn sich gedämpfte Schwingungen des Stromes ergeben sollen, müssen diese Wurzeln komplex sein; es müssen daher zwei Paare konjugiert komplexer Wurzeln auftreten:

$$\left.\begin{aligned} x_1 &= -\beta_1 + j\,\omega_1, & x_3 &= -\beta_2 + j\,\omega_2 \\ x_2 &= -\beta_1 - j\,\omega_1, & x_4 &= -\beta_2 - j\,\omega_2 \end{aligned}\right\} \tag{12}$$

Somit wird:

$$\left.\begin{aligned} b' &= 2\,\beta_1 + 2\,\beta_2 \\ c' &= \beta_1^2 + \beta_2^2 + \omega_1^2 + \omega_2^2 + 4\,\beta_1\,\beta_2 \\ m' &= 2\,\beta_1\,\beta_2\,(\beta_1 + \beta_2) + 2\,\omega_1^2\,\beta_2 + 2\,\omega_2^2\,\beta_1 \\ n' &= (\beta_1^2 + \omega_1^2)(\beta_2^2 + \omega_2^2) \end{aligned}\right\} \tag{13}$$

Da im Falle von Schwingungen die Widerstände und damit auch die Dämpfungen $\beta_1$ und $\beta_2$ klein sein müssen, können wir sie bei der Berechnung der Kreisfrequenzen $\omega_1$ und $\omega_2$ vernachlässigen. Mit dieser Vernachlässigung erhalten wir aus der zweiten und vierten Gleichung von (13) und den aus (5) folgenden Werten von $c'$ und $n'$:

$$c' = \omega_2^2 + \omega_1^2 = \frac{\frac{L_2}{C_1} + \frac{L_1}{C_2}}{L_1 L_2 - M^2} = \frac{1}{L_1 L_2 (1-k^2)} \left(\frac{L_2}{C_1} + \frac{L_1}{C_2}\right),$$

$$\omega_2^2 + \omega_1^2 = \frac{1}{1-k^2} (\omega_{10}^2 + \omega_{20}^2). \tag{14}$$

$$n' = \omega_1^2 \omega_2^2 = \frac{\frac{1}{C_1 C_2}}{L_1 L_2 (1-k^2)},$$

$$\omega_2^2 \omega_1^2 = \frac{1}{1-k^2} \omega_{10}^2 \omega_{20}^2. \tag{15}$$

In diesen Gleichungen bedeuten $\omega_{10}$ und $\omega_{20}$ die Resonanzfrequenzen der beiden Stromkreise. Durch Quadrieren der ersten und Subtraktion der vervierfachten zweiten Gleichung finden wir leicht:

$$(\omega_1^2 - \omega_2^2)^2 = \frac{1}{(1-k^2)^2} \left\{(\omega_{10}^2 - \omega_{20}^2)^2 + 4 k^2 \omega_{10}^2 \omega_{20}^2\right\}. \tag{16}$$

Wenn die Stromkreise nahezu aufeinander abgestimmt sind, kann $\omega_{10}^2 - \omega_{20}^2 \approx 0$ gesetzt werden. Dann ist:

$$\omega_1^2 - \omega_2^2 = \frac{2k}{1-k^2} \omega_{10} \omega_{20}$$

und wir erhalten bei weiterer Vernachlässigung von $(\omega_{10} - \omega_{20})^2$:

$$\omega_1^2 = \frac{\omega_{10} \omega_{20}}{1-k}; \qquad \omega_2^2 = \frac{\omega_{10} \omega_{20}}{1+k}. \tag{17}$$

Bei vollkommen genauer Abstimmung $\omega_{10} = \omega_{20} = \omega_0$ ergeben sich die Kopplungsfrequenzen:

$$\omega_1 = \frac{\omega_0}{\sqrt{1-k}}; \qquad \omega_2 = \frac{\omega_0}{\sqrt{1+k}}. \tag{18}$$

Man erhält jene Frequenzen, für welche die Ströme in den beiden (widerstandslosen) Stromkreisen im Fall des stationären Zustandes extrem hohe Werte annehmen. Man hat es also auch im Falle der gedämpften Schwingungen mit zweiwelligen Stromkreisen zu tun.

Die Dämpfungen der beiden Stromkreise im gekoppelten Zustand rechnen wir aus der ersten und dritten Gleichung von (13) unter Vernachlässigung des Gliedes mit $\beta_1 \beta_2$

$$\beta_1 + \beta_2 = \frac{b'}{2} = \frac{L_2 r_1 + L_1 r_2}{2 L_1 L_2 (1 - k^2)} = \frac{1}{1 - k^2} (\beta_{10} + \beta_{20}),$$

$$\omega_1^2 \beta_2 + \omega_2^2 \beta_1 = \frac{m}{2} = \frac{\omega_0^2}{1 - k^2} (\beta_{10} + \beta_{20}),$$

worin $\beta_{10}$ und $\beta_{20}$ die Dämpfungen der ungekoppelten Stromkreise bedeuten. Nach einigen einfachen Zwischenrechnungen finden wir, indem wir für $\omega_1$ und $\omega_2$ die aus (18) folgenden Werte einsetzen:

$$\left.\begin{aligned} \beta_1 &= \frac{1}{1 - k} \frac{\beta_{10} + \beta_{20}}{2} \\ \beta_2 &= \frac{1}{1 + k} \frac{\beta_{10} + \beta_{20}}{2} \end{aligned}\right\} \tag{19}$$

Mit den in (18) und (19) gefundenen Werten können wir nun die Gleichungen für den primären Strom anschreiben. In (7) setzten wir an

$$i_1 = \mathfrak{J}_1 e^{\alpha t},$$

und da wir für $\alpha$ vier Wurzeln fanden, ergibt sich daraus:

$$i_1 = \mathfrak{J}_{11} e^{(-\beta_1 + j \omega_1) t} + \mathfrak{J}_{11}' e^{(-\beta_1 - j \omega_1) t} + \\ + \mathfrak{J}_{12} e^{(-\beta_2 + j \omega_2) t} + \mathfrak{J}_{12}' e^{(-\beta_2 - j \omega_2) t},$$

$$i_1 = e^{-\beta_1 t} (\mathfrak{J}_{11} e^{j \omega_1 t} + \mathfrak{J}_{11}' e^{-j \omega_1 t}) + e^{-\beta_2 t} (\mathfrak{J}_{12} e^{j \omega_2 t} + \mathfrak{J}_{12}' e^{-j \omega_2 t}).$$

Die komplexen Konstanten $\mathfrak{J}_{11}$ usw. wollen wir in folgender Form schreiben:

$$\mathfrak{J}_{11} = \bar{i}_{11} e^{j \varphi_{11}}, \quad \mathfrak{J}_{11}' = \bar{i}_{11}' e^{j \varphi_{11}'}, \quad \mathfrak{J}_{12} = \bar{i}_{12} e^{j \varphi_{12}}, \quad \mathfrak{J}_{12}' = \bar{i}_{12}' e^{j \varphi_{12}'},$$

so daß wir erhalten:

$$i_1 = e^{-\beta_1 t} \{ \bar{i}_{11} e^{j (\omega_1 t + \varphi_{11})} + \bar{i}_{12}' e^{-j (\omega_1 t - \varphi_{11}')} \} + e^{-\beta_2 t} \{ \ldots . \}$$

Der Strom ist nur dann in jedem Augenblick reell, wenn die Ausdrücke in den Klammern reell sind, was nur der Fall ist, wenn die beiden Summanden in jeder Klammer konjugiert komplex sind:

$$\bar{i}_{11}' = \bar{i}_{11}, \quad \varphi_{11}' = -\varphi_{11}; \quad \bar{i}_{12}' = \bar{i}_{12}, \quad \varphi_{12}' = -\varphi_{12},$$

$$i_1 = 2 \bar{i}_{11} e^{-\beta_1 t} \cos (\omega_1 t + \varphi_{11}) + 2 \bar{i}_{12} e^{-\beta_2 t} \cos (\omega_2 t + \varphi_{12}). \tag{20}$$

Da sich die beiden Ausgangsgleichungen (1) nur durch die Indizes unterscheiden, sonst aber vollkommen gleich gebaut sind, hätten wir dieselben Betrachtungen, die uns zur Lösung für den Strom $i_1$ geführt haben, auf ganz genau dieselbe Weise für den Strom $i_2$ anstellen können; wir finden somit

$$i_2 = 2\,\bar{i}_{21}\,e^{-\beta_1 t}\cos(\omega_1 t + \varphi_{21}) + 2\,\bar{i}_{22}\,e^{-\beta_2 t}\cos(\omega_2 t + \varphi_{22}). \quad (21)$$

Die beiden Gleichungen unterscheiden sich nur in den in ihnen vorkommenden Konstanten; auf die Ermittlung dieser Konstanten, die durch die jeweiligen Anfangsbedingungen bestimmt sind, näher einzugehen, müssen wir uns leider versagen, da dies zu weit führen würde und keine besonderen Schwierigkeiten bietet. Das Wichtigste können wir schon den beiden Gl. (20) und (21) entnehmen: In jedem der beiden gekoppelten Stromkreise treten *zwei* gedämpfte Schwingungen verschiedener Frequenz und verschiedener Dämpfung auf. Aus den bezüglichen Gl. (18) und (19) im Verein mit (20) und (21) geht hervor, daß die Schwingung mit der größeren Frequenz auch die größere Dämpfung hat und daher schneller abklingt als die langsamere Schwingung, und zwar in beiden Stromkreisen. Der Unterschied der beiden Frequenzen und der beiden Dämpfungen ist um so größer, je stärker die Kopplung der beiden Kreise ist. Nur im Falle extrem loser Kopplung ist praktisch Einwelligkeit vorhanden, und zwar tritt dann in beiden aufeinander abgestimmten Kreisen eine Schwingung auf von der Resonanzfrequenz $\omega_0$ und einer Dämpfung, die gleich ist dem arithmetischen Mittel der Dämpfungen der ungekoppelten Kreise.

## IV. Überlagerung von Schwingungen.

**1. Überlagerung von Schwingungen verschiedener Frequenz.** Solange wir es mit Stromkreisen zu tun haben, deren Parameter $r$, $L$ und $C$ Konstante sind, überlagern sich Schwingungen verschiedener Frequenz, ohne einander zu stören. Diese Tatsache hängt damit zusammen, daß alle Differentialgleichungen, mit denen wir es zu tun hatten, linear sind. Betrachten wir z. B. den Fall, daß einem aus $r$, $L$ und $C$ bestehenden Stromkreis eine Summe von Spannungen verschiedener Frequenz aufgedrückt wird.

$$u = \bar{u}_1 \sin\omega_1 t + \bar{u}_2 \sin\omega_2 t + \ldots = \sum_1^n {}_k\, \bar{u}_k \,.\, \sin\omega_k t. \quad (1)$$

Wie in I, 3 erhalten wir die Differentialgleichung unseres Stromkreises durch Anwendung des zweiten Kirchhoffschen Gesetzes:

$$L \frac{d^2 i}{d t^2} + r \frac{d i}{d t} + \frac{1}{C} i = \frac{d}{d t} \sum_1^n {}_k \bar{u}_k \sin \omega_k t. \tag{2}$$

Auf genau demselben Wege wie dort erhalten wir hier zunächst eine Differentialgleichung für den komplexen Strom $\mathfrak{J} = i' + j i$

$$L \frac{d^2 \mathfrak{J}}{d t^2} + r \frac{d \mathfrak{J}}{d t} + \frac{1}{C} \mathfrak{J} = \frac{d}{d t} \sum_1^n {}_k \bar{u}_k \, e^{j \omega_k t}. \tag{2'}$$

Ein partikulares Integral dieser Differentialgleichung finden wir durch den Ansatz:

$$\mathfrak{J} = \sum_1^n {}_k \bar{\mathfrak{J}}_k \, e^{j \omega_k t} = \sum_1^n {}_k \mathfrak{J}_k. \tag{3}$$

Denn wenn wir mit diesem Ansatz in die Gleichung eingehen, finden wir zunächst:

$$\sum \omega_k \bar{\mathfrak{J}}_k \left\{ r + j \left( \omega_k L - \frac{1}{\omega_k C} \right) \right\} = \sum \bar{u}_k \, \omega_k. \tag{4}$$

Diese Gleichung ist in jedem Fall erfüllt, wenn wir ansetzen:

$$\bar{\mathfrak{J}}_k = \frac{\bar{u}_k}{r + j \left( \omega_k L - \frac{1}{\omega_k C} \right)} = \frac{\bar{u}_k}{\mathfrak{z}_k} \tag{5}$$

mit

$$\mathfrak{z}_k = r + j \left( \omega_k L - \frac{1}{\omega_k C} \right) \tag{6}$$

und somit ist der sich mit (5) ergebende Wert von $\mathfrak{J}_k$ sicher ein Integral unserer komplexen Differentialgleichung:

$$\mathfrak{J}_k = \bar{\mathfrak{J}}_k \, e^{j \omega_k t} = \frac{\bar{u}_k \, e^{j \omega_k t}}{\mathfrak{z}_k},$$

$$\mathfrak{J}_k = \frac{\mathfrak{U}_k}{\mathfrak{z}_k} \quad \text{mit} \quad \mathfrak{U}_k = \bar{u}_k \, e^{j \omega_k t}. \tag{7}$$

Durch Übergang zu den reellen Strömen finden wir dann wie oben

$$i_k = \frac{\bar{u}_k}{z_k} \sin (\omega_k t + \varphi_k)$$

und somit

$$\bar{i} = \sum_1^n {}_k \frac{\bar{u}_k}{z_k} \sin (\omega_k t + \varphi_k). \tag{8}$$

Wir sehen also: Jede Spannung aus dem aufgedrückten Spannungsgemisch verschiedener Frequenzen erzeugt für sich genau denselben Strom, der in dem Stromkreis unter ihrem Einfluß zu fließen kommen würde, wenn sie allein wirksam wäre. Die Ströme stören einander nicht, sondern überlagern sich vollkommen, so daß der resultierende Strom in jedem Augenblick durch die Summe der Augenblickswerte der Teilströme gegeben ist.

Besonders wichtig ist die Überlagerung von Wechselspannungen und Strömen, deren Frequenzen sich verhalten wie $1:2:3:\ldots$ Fourier hat gezeigt, daß man jede, im betrachteten Gebiete endliche, auch wenn nicht stetige periodische Funktion durch eine unendliche Reihe von folgender Gestalt darstellen kann:

$$y = a_0 + a_1 \cos \omega t + a_2 \cos 2\,\omega t + a_3 \cos 3\,\omega t + \ldots +$$
$$+ b_1 \sin \omega t + b_2 \sin 2\,\omega t + b_3 \sin 3\,\omega t + \ldots$$

$$y = \sum_0^\infty {}^p a_p \cos p\,\omega t + \sum_0^\infty {}^p b_p \sin p\,\omega t. \qquad (9)$$

Wie sich leicht zeigen läßt, ist diese Darstellung vollkommen gleichbedeutend mit der folgenden:

$$y = \sum_0^\infty {}^p c_p \sin (p\omega t + \varphi_p). \qquad (9')$$

Auf den Beweis dieser Reihenentwicklung können wir hier natürlich nicht eingehen. Es sei bemerkt, daß man die Schwingung von der Frequenz $\omega$ als die *Grundschwingung*, die Schwingung von der Frequenz $p\omega$ als die *p-te Oberschwingung* oder *Harmonische* bezeichnet.

Man kann nun nicht nur jede endliche Funktion aus den Gliedern der erwähnten *Fourierschen Reihe* aufbauen, sondern sie auch in diese Glieder zerlegen, und zwar hat diese Zerlegung nicht nur mathematische, sondern auch physikalische Bedeutung. Man kann mit Hilfe auf die einzelnen Frequenzen abgestimmter Resonanzkreise die einzelnen Teilschwingungen aus der gegebenen Schwingung aussieben, genau so, wie man beispielsweise mit Hilfe der Helmholtzschen Resonatoren die einen Klang bildenden Teiltöne aussieben kann. Man kann z. B. in der Weise verfahren, daß man den Stromkreis, der das Frequenzgemisch führt, mit Resonanzkreisen, die auf verschiedene Frequenzen abgestimmt sind, sehr lose (Einwelligkeit!) koppelt. Anderseits kann man auch durch richtig abgestimmte und geschaltete Sperrkreise eine oder mehrere Teilfrequenzen auslöschen.

Die Entwicklung periodischer Funktionen in Fouriersche Reihen gibt uns ein einfaches Mittel, um den Grad der Abweichung einer gegebenen Kurve von der Sinusform mathematisch darzustellen. Es sei

$$y = f(t) = A_1 \sin(\omega t + \varphi_1) + \\ + A_2 \sin(2\omega t + \varphi_2) + A_3 \sin(3\omega t + \varphi_3) + \dots \quad (10)$$

die gegebene Funktion. Die Abweichung von der Grundwelle ist um so größer, je größer die Koeffizienten der Oberwellen im Verhältnis zu dem der Grundwelle sind. Wir definieren als *Klirrfaktor K* die folgende Größe:

$$K = \frac{\sqrt{A_2^2 + A_3^2 + \dots}}{A_1}. \quad (11)$$

Der Klirrfaktor eines Radioapparates z. B. darf höchstens 10% sein, ist aber bei guten Apparaten kleiner als 5%.

**2. Schwebungen.** Ein besonders wichtiger Spezialfall der Überlagerung zweier Schwingungen ergibt sich dann, wenn die Frequenzen der beiden Schwingungen nicht sehr verschieden sind. Wir wollen die Schwingungsweiten der beiden Schwingungen gleich groß voraussetzen und können daher den resultierenden Strom nach dem unter 1 Gesagten durch die einfache Überlagerung der beiden Teilströme darstellen:

$$i = \bar{\imath} \sin \omega_1 t + \bar{\imath} \sin \omega_2 t = \bar{\imath} (\sin \omega_1 t + \sin \omega_2 t). \quad (1)$$

Nach einer einfachen trigonometrischen Formel können wir diese Summe in ein Produkt verwandeln:

$$i = 2\,\bar{\imath} \cos \frac{\omega_1 - \omega_2}{2} t \,.\, \sin \frac{\omega_1 + \omega_2}{2} t. \quad (2)$$

Ist nun der Unterschied der beiden Frequenzen sehr klein,

$$\omega_1 = \omega + \Delta\omega, \quad \omega_2 = \omega - \Delta\omega,$$

dann wird

$$\frac{\omega_1 + \omega_2}{2} = \omega \quad \text{und} \quad \frac{\omega_1 - \omega_2}{2} = \Delta\omega$$

und es ergibt sich:

$$i = \{2\,\bar{\imath} \cos \Delta\omega t\} \sin \omega t, \quad (3)$$

also eine Sinusschwingung von der Frequenz $\omega$, deren Amplitude jedoch nicht konstant ist, sondern sich nach $\cos \Delta \omega t$ in der Größe ändert. Man nennt derartige Schwingungen *Schwebungen*. In Abb. 32 ist eine derartige Schwebung dargestellt. Bei Besprechung des Überlagerungsempfanges in der Wellentelegraphie und Telephonie werden wir auf die Schwebungen zurückzukommen haben, während wir uns hier damit begnügen, den Begriff zu entwickeln.

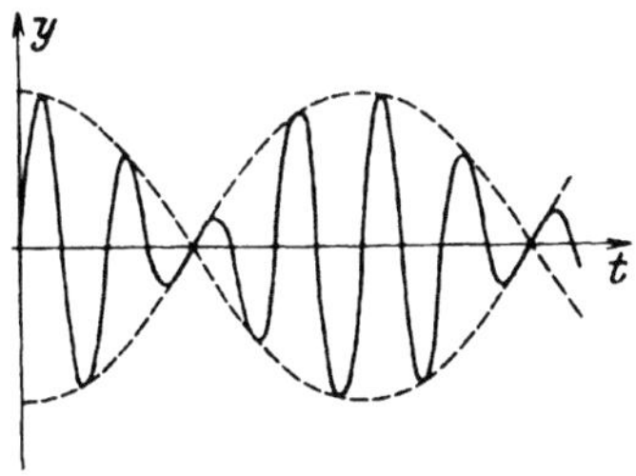

Abb. 32. Schwebung.

**3. Modulierte Schwingungen.** Der soeben besprochene Fall der Schwingungsform, die sich bei der Schwebung ergibt, ist ein Spezialfall jener Schwingungsformen, die man als *modulierte Schwingungen* bezeichnet. Auch bei diesen handelt es sich um eine Überlagerung zweier Schwingungen, jedoch nicht um eine Überlagerung, die durch Addition, sondern die durch Multiplikation entsteht. Es handelt sich um Schwingungen, deren Amplituden nicht konstant sind, sondern nach dem Gesetz einer anderen Schwingung wechseln. Es sei

$$y = \bar{y} \sin \omega t \tag{1}$$

die modulierte Schwingung, in der jedoch $\bar{y}$ durch den folgenden Ausdruck gegeben sein soll:

$$\bar{y} = a + b \sin \omega_1 t, \tag{2}$$

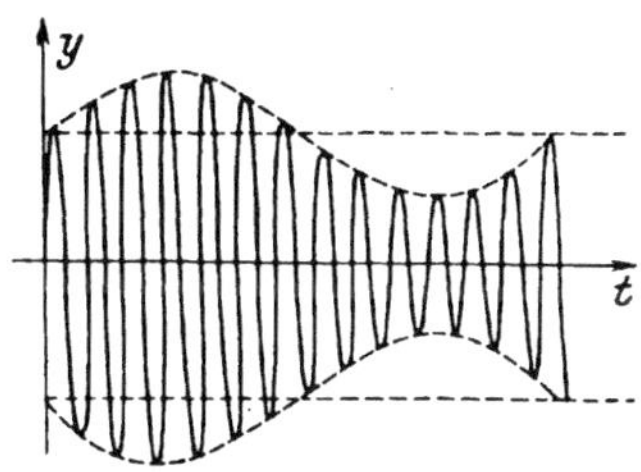

Abb. 33. Modulierte Schwingung.

so daß sich ergibt

$$y = (a + b \sin \omega_1 t) \sin \omega t \quad \text{(Abb. 33)} \tag{3}$$

als entwickelte Gleichung der modulierten Schwingung. Im Falle der Wellentelephonie wird beispielsweise die hochfrequente Trägerschwingung mit den tonfrequenten Schwingungen der zu übertragenden Sprache oder Musik moduliert.

Wir können die Gleichung der modulierten Schwingung noch umformen und dabei eine wichtige Erkenntnis gewinnen:

$$y = a \sin \omega t + b \sin \omega_1 t \sin \omega t,$$

$$y = a \sin \omega t + \frac{b}{2} \{\cos (\omega - \omega_1) t - \cos (\omega + \omega_1) t\}. \tag{4}$$

Jede mit der Frequenz $\omega_1$ modulierte Schwingung von der Frequenz $\omega$ ist äquivalent der einfachen Überlagerung einer Schwingung von der Frequenz $\omega$ mit einer Schwingung von der Frequenz $\omega - \omega_1$ und einer Schwingung von der Frequenz $\omega + \omega_1$. Sollen also mit einer Trägerfrequenz $\omega$ tonfrequente Schwingungen zwischen 0 und $\omega_1$ übertragen werden, so müssen alle Resonanzkreise, die im Verlauf der ganzen Übertragung angewendet werden, so eingerichtet sein, daß sie auf alle Frequenzen zwischen $\omega - \omega_1$ und $\omega + \omega_1$ gleichmäßig ansprechen, und weiters muß jedem Rundfunksender das ganze *Frequenzband* von $\omega - \omega_1$ bis $\omega + \omega_1$ zugewiesen sein, d. h. kein benachbarter Rundfunksender darf mit einer solchen Trägerfrequenz senden, daß sich die Frequenzbänder der beiden Sender teilweise decken. Jedoch kommen wir auf diese Fragen im letzten Kapitel noch zurück; sie sind hier nur angeschnitten worden, um die Wichtigkeit der Ergebnisse der durch (4) durchgeführten einfachen Umformung der Gl. (3) zu beleuchten.

Damit schließen wir unsere Betrachtungen über elektrische Schwingungen vorläufig ab und wenden uns den physikalischen Vorgängen in den Elektronenröhren zu.

## Zweites Kapitel.

# Elektronenröhren.

## I. Glühelektrizität.

**1. Die Elektronentheorie der Metalle.** In der Einleitung wurde gezeigt, daß als Quellen der elektromagnetischen Strahlung hochfrequente elektrische Schwingungen in Betracht kommen. Dementsprechend haben wir uns im vorhergehenden Kapitel mit diesen elektrischen Schwingungen beschäftigt und ihre Eigenschaften untersucht. In dem laufenden Kapitel werden wir uns mit jenen physikalischen Gesetzen zu befassen haben, deren Anwendung der Erzeugung und Verstärkung dieser Schwingungen zugrunde liegt. Wir werden uns mit der Physik der Elektronenröhren beschäftigen und zunächst die grundlegende physikalische Erscheinung, die der Glühelektrizität, behandeln.

Die außerordentlich hohe Leitfähigkeit der Metalle für Wärme und vor allem für den elektrischen Strom legten die Annahme nahe, daß im Innern der Metalle mehr oder weniger frei bewegliche Elektronen vorhanden seien, die sich, ähnlich wie die Atome oder Molekeln eines idealen Gases in einem abgeschlossenen Raum, in dem leeren Raum zwischen den Atomresten bewegen. Auf Grund dieser Vorstellung haben Drude, Riecke, J. J. Thomson und A. H. Lorentz eine *Elektronentheorie der Metalle* entwickelt, die aber nach anfänglichen schönen Erfolgen rasch auf unüberwindlich scheinende Schwierigkeiten stieß, die erst in den letzten Jahren von Sommerfeld durch Anwendung der Fermi-Paulischen Statistik überwunden werden konnten.

Nach den Grundvorstellungen dieser Theorie sind die „Leitungselektronen" — Elementarteilchen der negativen Elektrizität von der Ladung $q_0 = 4{,}77 \,.\, 10^{-10}$ abs. elektrostat. Einheiten und der Masse von rund $^1/_{1848}$ des Wasserstoffatoms — im Innern der Metalle nahezu vollkommen frei beweglich, vermögen jedoch nur dann aus der Metalloberfläche auszutreten, wenn ihre Bewegungsenergie größer ist als ein bestimmter, für das betreffende Metall charakteristischer Wert, den man als *Austrittsarbeit* $W_a$ bezeichnet; alle Elektronen, die aus der Metalloberfläche austreten, müssen diese Arbeit leisten und den gleichen Betrag an Bewegungsenergie verlieren, den sie bei ihrem Wiedereintritt in das Metall wieder zurückgewinnen.

Aber die so austretenden Elektronen können sich nicht beliebig weit von dem Metall entfernen; denn jedes das Metall verlassende Elektron bedingt einen Verlust des Metalls von einem Elementarquantum negativer Ladung, was gleichbedeutend ist mit einer Aufladung des Metalls mit der gleich großen, jedoch positiven Ladung. Dadurch entsteht zwischen dem Metall und dem Elektron ein elektrisches Feld, das das Elektron wieder zurückzieht. Es wird sich somit ein stationärer Zustand ausbilden, in dem ebenso viele Elektronen das Metall verlassen, als, durch das Feld angezogen, wieder in das Metall hineinstürzen. Das Metall wird von einer Elektronenschicht umgeben sein, die man als *Raumladungswolke* bezeichnet.

Die Raumladungswolke wird nun um so mehr Elektronen enthalten, um so dichter sein, je mehr Elektronen austreten können, also je größer ihre Bewegungsenergie im Metall ist; diese ist aber bestimmt durch die absolute Temperatur des Metalls; je höher sie ist, desto dichter ist die Raumladungswolke. So kommt es, daß man das Austreten der Elektronen aus Metalloberflächen zuerst an glühenden Metallen fand und man daher von dem *glühelektrischen* oder — nach seinem Entdecker — von dem *Richardson-Effekt* spricht.

**2. Die Formel von Dushman.** Schon Richardson entwickelte eine Formel, die den Zusammenhang zwischen abs. Temperatur und austretendem Elektronenstrom erfaßt, eine mit den Versuchsergebnissen besser übereinstimmende Formel wurde von Dushman angegeben, die sich leicht aus den Vorstellungen der modernen Elektronentheorie ableiten läßt. Im folgenden bedeuten:

$u$, $v$, $w$ die Geschwindigkeitskomponenten des Elektrons nach den Achsrichtungen;

$i$ die Dichte des Stromes, der entsteht, wenn man durch ein äußeres elektrisches Feld alle austretenden Elektronen entfernt.

Wir setzen voraus, daß das betrachtete Oberflächenelement des Metalls senkrecht zur Geschwindigkeitskomponente $u$ sei und bezeichnen weiter mit

$W_a = \frac{u_0^2 m}{2}$ die Austrittsarbeit, also die Mindestenergie, die ein Elektron haben muß, um das Metall verlassen zu können, und somit mit

$u_0$ die entsprechende Mindestgeschwindigkeit in der Richtung der Senkrechten zur Oberfläche.

Ferner bezeichnen wir mit:

$dn$ die Anzahl der Elektronen je Raumeinheit, deren Geschwindigkeitskomponenten innerhalb der Grenzen $u$ und $u + du$, $v$ und $v + dv$ und $w$ und $w + dw$ liegen.

Um diese Anzahl zu berechnen, stellen wir die folgenden Überlegungen an.

Die im Metall frei beweglichen Leitungselektronen werden im allgemeinen die verschiedensten Geschwindigkeiten aufweisen. Betrachten wir in einem bestimmten Augenblick die Geschwindigkeiten aller Elektronen in einer Raumeinheit des Metalls; wir wollen gleich voraussetzen, daß sich bezüglich der folgenden Betrachtungen alle Stellen des vom Metall eingenommenen Raumes vollkommen gleich verhalten. Vom Ursprung eines rechtwinkeligen Koordinatensystems im sogenannten „*Geschwindigkeitsraum*“ tragen wir uns nun die Geschwindigkeiten aller Elektronen als Vektoren auf; jeder unter den Elektronen vorkommenden Geschwindigkeit entspricht eindeutig ein bestimmter Punkt des Geschwindigkeitsraumes als Endpunkt des zugehörigen Geschwindigkeitsvektors; die Verteilung der einzelnen „Geschwindigkeitspunkte" im Geschwindigkeitsraum gibt ein anschauliches Bild der Verteilung der Geschwindigkeiten der einzelnen Elektronen der herausgegriffenen Raumeinheit.

Diese so erhaltenen Geschwindigkeitspunkte werden nun im Geschwindigkeitsraum durchaus nicht gleichmäßig verteilt sein; denn es wird nur wenige Elektronen geben, deren Geschwindigkeiten gerade nahezu Null sind, deren Geschwindigkeitspunkte also in unmittelbarer Nähe des Ursprungs liegen, und ebenso nur wenige Elektronen mit einer exzessiv hohen Geschwindigkeit, deren Punkte somit in sehr großer Entfernung vom Ursprung liegen; die Mehrzahl der Elektronen wird Geschwindigkeiten aufweisen, die um eine mittlere, durch die absolute Temperatur des Metalls bestimmte Geschwindigkeit herum liegen. Kennzeichnend für die Verteilung der Geschwindigkeiten der Elektronen (des Elektronengases, wie man auch zu sagen pflegt) wird die Zahl der Geschwindigkeitspunkte je Raumeinheit des Geschwindigkeitsraumes sein, die nach dem Vorhergehenden von der Größe der Geschwindigkeit abhängen wird. Bezeichnen wir diese *Geschwindigkeitsverteilungsfunktion* mit $f(u, v, w)$, so finden wir die Zahl der Geschwindigkeitspunkte im Raumelement $du\,dv\,dw$ des Geschwindigkeitsraumes

$$dn = f(u, v, w)\; du\, dv\, dw. \tag{1}$$

Alle Geschwindigkeitspunkte jener Elektronen, deren Geschwindigkeitskomponenten $v$ und $w$ zwischen 0 und $\infty$ liegen, deren $u$-Komponenten jedoch zwischen den Grenzen $u$ und $u + du$ eingeschlossen sind, befinden sich in einer Schicht des Geschwindigkeitsraumes, die von zwei parallelen, im Abstand $u$ und $u + du$ vom Ursprung errichteten, zu $u$ senkrechten Ebenen gebildet wird. Somit finden wir die Anzahl der Geschwindigkeitspunkte in dieser Schicht durch Integration von (1) über $v$ und $w$ zwischen den Grenzen $v = w = -\infty$ und $v = w = \infty$:

$$dn_{vw} = \left[\int\limits_{-\infty}^{\infty}\int\limits_{-\infty}^{\infty} f(uvw)\, dv\, dw\right] du. \tag{2}$$

Durch die Oberflächeneinheit unseres Metalls können nun, wie wir oben gesehen haben, nur jene Elektronen aus dem Metall austreten, deren $u$-Komponente größer ist als die Mindestgeschwindigkeit $u_0$, die aus der zu leistenden Austrittsarbeit folgt, $u > u_0$. Alle Elektronen mit Geschwindigkeiten zwischen $u$ und $u + du$ aber, die in der Zeiteinheit durch die Oberflächeneinheit hindurchgehen, liegen vor dem Durchgang in einem Zylinder vom Rauminhalt $u$ . 1 (Abb. 34). Ihre Zahl ist somit

$$dz = u\, dn_{vw} = u \int_{-\infty}^{\infty} \int_{-\infty}^{\infty} f(uvw)\, dv\, dw\, du$$

und die Gesamtzahl aller Teilchen, deren Geschwindigkeitskomponenten $u > u_0$, die also durch die Oberflächeneinheit hindurchgehen, ist:

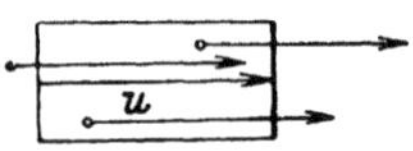

Abb. 34. Zylinder vom Rauminhalt 1 . $u$. Grundfläche 1 Flächeneinheit.

$$z = \int_{-\infty}^{\infty} \int_{-\infty}^{\infty} \int_{u_0}^{\infty} u\, f(u, v, w)\, du\, dv\, dw. \tag{3}$$

Jedes dieser Teilchen führt ein Elementarquantum $q_0$ negativer Ladung mit sich, somit ist die Stromdichte des glühelektrischen Emissionsstromes

$$\mathfrak{i} = q_0\, z \tag{4}$$

und wir können also diese Stromdichte berechnen, wenn wir die Geschwindigkeitsverteilung $f\,(u, v, w)$ kennen.

Es kann nun nicht unsere Aufgabe sein, diese Geschwindigkeitsverteilungsfunktion auf Grund der modernen Statistik herzuleiten, wir müssen uns vielmehr begnügen, die aus der Fermi-Statistik sich ergebende Formel anzugeben:

$$f\,(u\,v\,w) = \frac{m^3}{h^3}\, \frac{1}{e^{\frac{\varepsilon - W_i}{kT}} + 1} \tag{5}$$

mit

$$W_i = \frac{h^2}{2m} \left(\frac{3\, N_1}{4\,\pi}\right)^{2/3}. \tag{6}$$

In diesen Formeln bedeutet:

$\varepsilon = \frac{m}{2}\,(u^2 + v^2 + w^2)$ die Bewegungsenergie eines Elektrons,
$m$ seine Masse,
$N_1$ die Anzahl der Elektronen in der Raumeinheit,

$h$ das Plancksche elementare Wirkungsquantum
$h = 6{,}55 \,.\, 10^{-27}$ Erg sek,
$k$ die Boltzmannsche Konstante, $k = 1{,}375 \,.\, 10^{-16}$ Erg/cm².

Somit ergibt sich:

$$\mathrm{i} = q_0 \frac{m^3}{h^3} \int_{-\infty}^{\infty} \int_{-\infty}^{\infty} \int_{u_0}^{\infty} \frac{u}{e^{\frac{\varepsilon - W_i}{kT}} + 1} \, du \, dv \, dw. \tag{7}$$

Rechnen wir aus (6) den Wert für $W_i$, so ergibt sich dieser viel kleiner als die bekannte Austrittsarbeit $W_a$. Es muß also $\varepsilon$ bei allen austretenden Elektronen viel größer sein als $W_i$; es bedingt somit das $W_i$ in (7) sicher keine wesentliche Verminderung von $\varepsilon$, und es ist also

$$\frac{\varepsilon - W_i}{kT} \gg 0 \quad \text{oder} \quad e^{\frac{\varepsilon - W_i}{kT}} \gg e^0 = 1$$

und wir können an Stelle von (7) mit der einfacheren Formel rechnen:

$$\mathrm{i} = q_0 \frac{m^3}{h^3} \int_{-\infty}^{\infty} \int_{-\infty}^{\infty} \int_{u_0}^{\infty} u \, e^{-\frac{\varepsilon - W_i}{kT}} \, du \, dv \, dw, \tag{8}$$

$$\mathrm{i} = q_0 \frac{m^3}{h^3} e^{\frac{W_i}{kT}} \underbrace{\int_{u_0}^{\infty} e^{-\frac{m}{2kT} u^2} u \, du}_{J_1} \underbrace{\int_{-\infty}^{\infty} e^{-\frac{m}{2kT} v^2} dv}_{J_2} \underbrace{\int_{-\infty}^{\infty} e^{-\frac{m}{2kT} w^2} dw}_{J_3},$$

$$J_1 = \int_{u_0}^{\infty} e^{-\varkappa u^2} u \, du = -\frac{1}{2\varkappa} \int_{u_0}^{\infty} e^{-\varkappa u^2} d(-\varkappa u^2) = -\frac{1}{2\varkappa} e^{-\varkappa u^2} \Big|_{u_0}^{\infty},$$

$$J_1 = \frac{1}{2\varkappa} e^{-u_0^2 \varkappa} = \frac{kT}{m} e^{-\frac{m}{2kT} u_0^2},$$

$$J_1 = \frac{kT}{m} e^{-\frac{W_a}{kT}}, \tag{9}$$

$$J_2 = \int_{-\infty}^{\infty} e^{-\varkappa v^2} dv, \quad J_3 = \int_{-\infty}^{\infty} e^{-\varkappa w^2} dw,$$

$$J_2 J_3 = \int_{-\infty}^{\infty} \int_{-\infty}^{\infty} e^{-\varkappa (v^2 + w^2)} dv \, dw.$$

Wir gehen zu Polarkoordinaten über und setzen:

$$v^2 + w^2 = r^2,$$
$$dv \, dw = r \, dr \, d\varphi,$$

$$J_2 J_3 = \int_0^{2\pi}\int_0^{\infty} e^{-\varkappa r^2} r\,dr\,d\varphi = -\frac{2\pi}{2\varkappa}\int_0^{\infty} e^{-\varkappa r^2} d(-\varkappa r^2),$$

$$J_2 J_3 = \frac{\pi}{\varkappa} = \frac{2\pi k T}{m}. \tag{10}$$

Somit erhalten wir aus (8):

$$\mathfrak{i} = q_0 \left(\frac{m}{h}\right)^3 \frac{2\pi (k T)^2}{m^2} e^{-\frac{W_a - W_i}{k T}},$$

$$\mathfrak{i} = q_0 \frac{2\pi m}{h^3} (k T)^2 e^{-\frac{W_a - W_i}{k T}} \tag{11}$$

eine Formel, die schon früher von Dushman abgeleitet wurde und die an Stelle der von Richardson gefundenen Formel tritt.

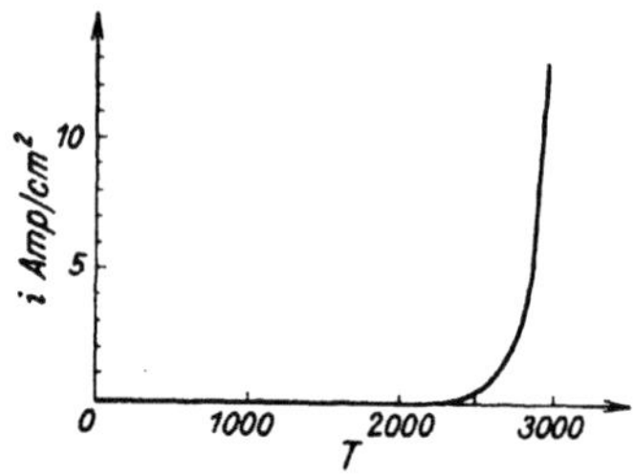


Abb. 35.
Emissionsstrom in Abhängigkeit von der abs. Temperatur.

Man schreibt diese Formel gewöhnlich in folgender Weise:

$$\mathfrak{i} = A T^2 e^{-\frac{B}{T}} \tag{12}$$

und sieht aus (11), daß $A$ eine vom Material unabhängige Konstante ist, während $B$, in dem die Zahl der Elektronen je Volumseinheit und die Austrittsarbeit steckt, vom Material abhängt; nach Dushman und Jessie W. Ewald (Gen. El. Rew. Bd. 26, S. 154, 1923) ist $A = 60{,}2$ während $B$ aus der folgenden Tabelle zu entnehmen ist:

Tabelle 1.

| Stoff | B | Stoff | B |
|---|---|---|---|
| Wolfram | 52 600 | Yttrium | 37 000 |
| Tantal | 47 800 | Zirkon | 38 000 |
| Molybdän | 50 000 | Cer | 35 600 |
| Thorium | 34 100 | Uran | 38 000 |
| Kalzium | 26 000 | | |

wobei $\mathfrak{i}$ in Ampere je cm² ausgedrückt wird. In der Kurve Abb. 35 ist die graphische Darstellung der Formel von Dushman für das Metall Wolfram gegeben.

## II. Röhren ohne Gitter (Dioden).

**1. Die Vorgänge in der gitterlosen Röhre.** Die besprochenen Erscheinungen der Glühelektrizität können nur in einem möglichst vollkommenen Vakuum untersucht werden, damit der Strom der austretenden Elektronen nicht durch die fortwährenden Zusammenstöße mit den Luft- oder Gasmolekeln gestört wird. Der emittierende Körper wird deshalb in eine Glasröhre eingeschlossen, die fast vollkommen evakuiert wird. Die modernen Pumpen ermöglichen ein Vakuum von $10^{-6}$ mm Hg-Säule. Von jeder Milliarde Gasmolekeln sind dann alle bis auf eines weggepumpt und trotzdem sind in jedem $cm^3$ dieses Vakuums noch 28 Milliarden Gasmolekel vorhanden (nach Barkhausen, Elektronenröhren I, S. 11).

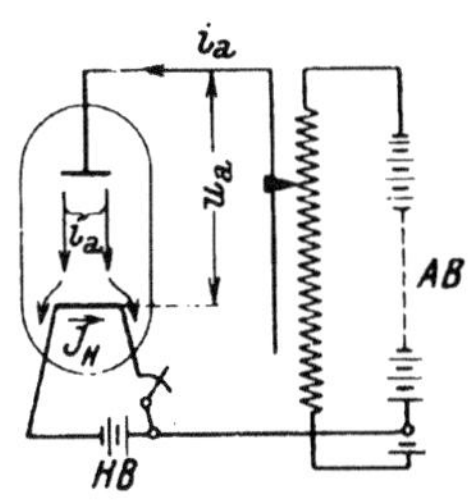


Abb. 36. Aufnahme der Kennlinie einer gitterlosen Röhre.

Wir wollen nun das Verhalten der von einem glühenden Körper emittierten Elektronen in einem elektrischen Feld untersuchen. In der Glasröhre wird außer dem glühenden Körper (meist ein Glühdraht) noch eine zweite Elektrode angeordnet, und wir legen zwischen dem Glühkörper als Kathode und der anderen Elektrode als Anode eine äußere Spannung an, so daß sich zwischen den beiden ein elektrisches Feld ausbildet. Den Glühdraht denken wir uns zweckmäßigerweise durch eine Heizbatterie *HB* elektrisch geheizt, während das elektrische Feld zwischen Anode und Kathode durch die Spannung der Anodenbatterie *AB* aufrechtgehalten wird (Abb. 36). Um die der Röhre aufgedrückte Spannung beliebig verändern zu können, legen wir die Anodenbatterie nicht direkt an, sondern verwenden, wie in Abb. 36 gezeichnet, einen Spannungsteiler (Potentiometer).

Wir haben gesehen, daß sich im stationären Zustand — ohne Feld — um den glühenden Körper, die Glühkathode, herum die Raumladungswolke bildet, in die in der Zeiteinheit ebenso viele neuemittierte Elektronen eintreten als aus ihr wieder in den Glühkörper zurückfallen. Dieser Gleichgewichtszustand wird nun aber durch das elektrische Feld gestört. Um den Vorgang gedanklich zu verfolgen, nehmen wir an, der Glühkörper sei ein zylindrischer Faden in der Achse eines Hohlzylinders aus Metall, der als Anode dient (Abb. 37). Die kleinen Kreise in dieser Abbildung deuten die Elektronen der Raumladungswolke an. Die durch die Raumladungswolke bedingte Feldstärke hat die Richtung des zunehmenden $r$ und wird bis zur äußersten Schicht der Raumladungswolke auf Null abnehmen. Hingegen ist die Feldstärke des aufgedrückten Feldes entgegengesetzt gerichtet und nimmt von der Kathode zur Anode nach einer gleichseitigen Hyperbel ab. Die beiden Felder überlagern sich, und man kann den Verlauf des resultierenden Feldes leicht verfolgen. Man sieht, daß die Feldstärke vom Punkt $P$ angefangen negativ ist; somit werden alle Elektronen, die sich an Stellen befinden, für die $r > r_P$ nicht wieder zur Kathode zurückgelangen, sondern unter der Einwirkung dieser Feldstärke zur Anode wandern. Es wird also durch das Vakuum ein Elektronenstrom hindurchgehen, ein elektrischer Strom fließen. Je größer nun das aufgedrückte Feld ist, desto näher rückt der Punkt $P$ der Kathode, desto mehr Elektronen wandern zur Anode. Wird schließlich die aufgedrückte Spannung so groß, daß $P$ in die Oberfläche oder ins Innere der Kathode fällt, so wird die Feldstärke im ganzen Gebiet zwischen Kathode und Anode negativ sein und *alle* austretenden Elektronen gehen zur Anode. Damit ist auch der höchste, bei der betreffenden Temperatur der Glühkathode mögliche Strom erreicht; eine weitere Vergrößerung der Spannung vermag ihn nicht mehr zu steigern. Man bezeichnet diesen Strom als den *Sättigungsstrom.* Seine Größe ist von der absoluten Temperatur des Glühfadens abhängig und durch die Formel (11) oder (12) in I, 2 gegeben.

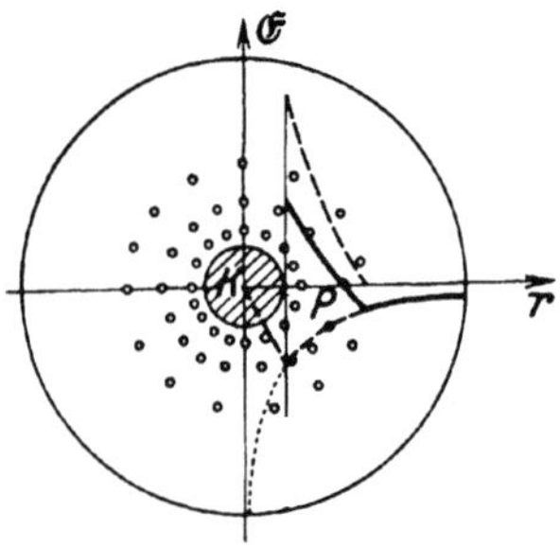

Abb. 37. Das elektrische Feld zwischen Anode und Kathode.

Rücken wir die Anode so weit an die Kathode heran, daß sie in das Gebiet der Raumladungswolke fällt, so werden die schnellsten der emittierten Elektronen auch ohne Wirkung einer Anodenspannung zur Anode gelangen, ja man wird sogar eine bestimmte negative Anodenspannung anlegen müssen, um den Strom zum Verschwinden zu bringen. Man nennt den Strom, der gegen ein negatives Feld anläuft, den *Anlaufstrom.*

**2. Die Langmuir-Parabel.** Wir wollen nun zur mathematischen Behandlung der Vorgänge übergehen und hierbei der diesbezüglichen grundlegenden Arbeit von Langmuir: „Thermionenströme im hohen Vakuum", Phys. Ztschr. 1914, Bd. 15, S. 348, folgen. Wir bezeichnen mit $U$ das Potential gegen das negative Heizfadenende, mit $\mathfrak{v}$ die Geschwindigkeit des betrachteten Elektrons, mit $q_0$ seine Ladung ($4{,}77 \,.\, 10^{-10}$ abs. elektrostat. Einh.) und mit $\varrho$ die Raumdichte der Elektrizität; es gelten die Beziehungen:

$$\frac{1}{2} m v^2 = U q_0, \tag{1}$$

$$\mathfrak{i} = \varrho\, \mathfrak{v}, \tag{2}$$

$$\nabla^2 U = -4 \pi \varrho. \tag{3}$$

Bei (1) ist vorausgesetzt, daß das Elektron mit der Anfangsgeschwindigkeit 0 in das Feld eintritt und die Potentialdifferenz $U$ im Feld durchfällt; die linke Seite der Gleichung gibt die Bewegungsenergie an, die das Elektron dabei erhält. Die zweite Gleichung gibt die Stromdichte, also die Zahl der Elektronen, die in der Zeiteinheit durch eine senkrecht zu $v$ gerichtete Flächeneinheit hindurchgehen; sie befinden sich in einem Zylinder von der Grundfläche 1 und der Höhe $\mathfrak{v}$ (vgl. Abb. 34); ist $\varrho$ die Dichte der elektrischen Ladung in diesem Zylinder, so ergibt sich für $\mathfrak{i}$ der Ausdruck (2); die Gl. (3) ist nichts anderes als die in der Einleitung mit (6′) bezeichnete Gleichung mit $\varepsilon = 1$ für das Vakuum.

Diese drei Gleichungen genügen, um den Verlauf des Stromes als Funktion der Anodenspannung für bestimmte Anordnungen von Kathode und Anode (Plattenkondensator, Zylinderkondensator usw.) exakt zu rechnen. Wir wollen jedoch einen weniger exakten Weg einschlagen und uns mit folgender allgemeinen Überlegung begnügen. Wir fragen uns, was geschieht, wenn wir das Potential $U$ an allen Stellen ver-$n$-fachen. Dann erhalten wir aus (3) mit $U = n U_1$

$$\nabla^2 (n\, U_1) = n\, \nabla^2 U_1 = -4 \pi n \varrho_1 \; \ldots \; \varrho = n\, \varrho_1, \tag{4}$$

aus (1)

$$v^2 = n \frac{2\, U_1\, q_0}{m} \quad \ldots \quad v = n^{1/2} \sqrt{\frac{2\, U_1\, q_0}{m}} = n^{1/2} v_1 \tag{5}$$

und aus (2)

$$\mathfrak{i} = \varrho\, \mathfrak{v} = n^{3/2}\, \mathfrak{v}_1\, \varrho_1 = n^{3/2}\, \mathfrak{i}_1. \tag{6}$$

Bezeichnen wir die Anodenspannung, d. i. der Spannungsunterschied zwischen Anode und negativem Heizfadenende, mit $U_a = n\, U_{a1}$, so ist

$$n = \frac{U_a}{U_{a1}} \tag{7}$$

$$i = \frac{i_1}{U_1^{3/2}} \cdot U_a^{3/2} = K_1\, U_a^{3/2} \tag{8}$$

und somit folgt für den ganzen zur Anode wandernden Elektronenstrom (entsprechend einem gewöhnlichen Strom gleicher Stärke von der Anode zur Kathode, da die Elektronen Träger negativer Ladungen sind):

$$i = K\, U_a^{3/2}. \tag{9}$$

Die Unexaktheit dieser Ableitung liegt darin, daß zwar aus einer Ver-$n$-fachung des Potentials an allen Stellen auch die Ver-$n$-fachung von $U_a$ folgt, hingegen die Umkehrung nicht ohne weiteres zulässig ist. Die Gl. (9) gilt nur, so lange eine Raumladung überhaupt vorhanden ist, also für $i < i_s$, wobei $i_s$ den Sättigungsstrom bedeutet. Sie wird durch eine höhere, die sogenannte *Langmuirsche Parabel* abgebildet. Da in der Formel die Stärke des Heizstromes gar nicht vorkommt, ist der Verlauf der Kurve von der Stärke der Heizung unabhängig (Abb. 38).

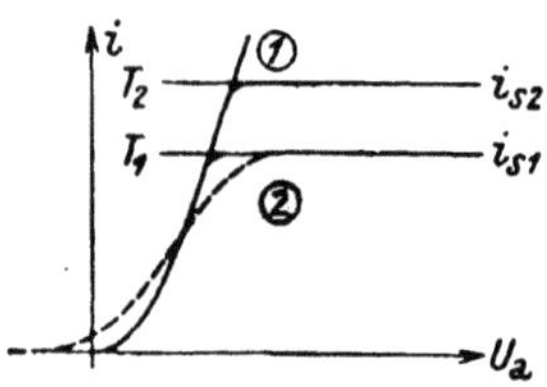

Abb. 38. Die Langmuirsche Parabel.

Aus verschiedenen Gründen, deren Besprechung zu weit führen würde, weicht die bei den tatsächlich ausgeführten Elektronenröhren gefundene Kennlinie ② von der theoretischen ① ab; sie verläuft flacher. Besonders ist dafür die Tatsache verantwortlich, daß jeder Punkt des Heizfadens ein anderes Potential gegen die Anode hat, ferner das magnetische Feld des Heizfadens usw.

**3. Wärmewirtschaft der Elektronenröhre.** Wir haben bisher über die Heizung nur das eine gesagt, daß sie zweckmäßigerweise auf elektrischem Wege erfolgt und daß der Heizstrom meist durch eine eigene Heizbatterie geliefert wird. Aus Gründen, die in kurzem einleuchten werden, ist es in vielen Fällen sehr günstig, mit Wechselstrom zu heizen. Bevor wir jedoch darauf eingehen, wollen wir noch einige wichtige Begriffe kennenlernen.

Ist $J_H$ der Heizstrom, $U_H$ die Heizspannung, d. i. die Spannung an den Enden des Glühfadens, so ist

$$N_H = J_H U_H \tag{1}$$

die Heizleistung; sie wird im stationären Zustand nach außen ausgestrahlt; ist $O$ die Oberfläche des Heizdrahtes, so ist

$$N_H = c_1 O. \tag{2}$$

Jenen Teil dieser Leistung, der in Form von Licht ausgestrahlt wird, bezeichnen wir als den vom Glühdraht ausgehenden Lichtstrom $N_L$:

$$N_L = c_2 O. \tag{3}$$

Das Verhältnis der Heizleistung zum ausgestrahlten Lichtstrom ist eine von der Oberfläche unabhängige Konstante:

$$\frac{N_H}{N_L} = c, \tag{4}$$

sie gibt ein Maß für die Drahttemperatur und die Lebensdauer der Röhre.

In 2 des vorhergehenden Abschnittes wurde die Dichte des Sättigungsstromes gefunden

$$i_s = A T^2 e^{-\frac{B}{T}}.$$

Durch Multiplikation mit $O$ finden wir den Sättigungsstrom, den wir bei konstanter Temperatur durch folgende Formel schreiben können:

$$i_s = c_3 O. \tag{5}$$

Dividieren wir diese Gleichung durch (2), so erhalten wir:

$$\frac{i_s}{N_H} = \frac{c_3}{c_1} = H. \tag{6}$$

Man bezeichnet $H$ als das *Heizmaß* der Röhre; es wird für Wolframdrähte mit 1—5 mA/Watt und für Oxydkathodenröhren mit 10—20 mA/Watt gewählt. Auch durch Verwendung von Thoriumverbindungen (thorierte Fäden) wird eine Steigerung des Heizmaßes $H$ erreicht. Das ist wichtig, weil ein und dieselbe Heizleistung einen um so größeren Sättigungsstrom liefert, je größer das Heizmaß ist.

Bei der Bemessung des Heizdrahtes muß auch berücksichtigt werden, daß sich der Anodenstrom über den Heizstrom lagert, so daß am negativen Ende des Heizfadens der gesamte Fadenstrom am größten ist (Abb. 36). Nun hängt, wie aus der Dushmanschen Formel ersichtlich ist, die Zahl der emittierten Elektronen von der absoluten Temperatur und diese wieder sehr stark von der Stärke des Heizstromes ab, so daß auch einer an sich geringfügigen Erhöhung des Heizstromes eine wesentliche Erhöhung der Stromdichte des Emissionsstromes an der betreffenden Stelle des Glühfadens entspricht, wodurch dieser Teil des Fadens bedeutend stärker beansprucht wird. Es können sogar labile Zustände eintreten, die zu einer Zerstörung des Fadens führen. Erhöht sich nämlich z. B. durch Auftreten einer kleinen Überspannung der Heizstrom und damit die Temperatur des Heizfadens, so erhöht sich die Emission beträchtlich, dadurch wieder die Heizung am negativen Fadenende; wenn nun diese Erhöhung nicht durch die Verminderung der Heizung am positiven Fadenende aufgewogen wird, so erhöht sich die Emission weiter, damit wieder die Heizung des negativen Fadenendes usw., bis der Faden an dieser Stelle durchbrennt. Ein Widerstand in der Verbindungsleitung von der Heizbatterie zum negativen Fadenende bewirkt, daß der größte Teil des Emissionsstromes über das positive Fadenende abfließt, wo er eine Verminderung der Heizung und damit des Emissionsstromes bewirkt.

Die hier angestellten Überlegungen liefern den Grund, warum besonders große Röhren vorteilhaft mit Wechselstrom geheizt werden. Da bei Wechselstromheizung jedes Fadenende im Verlauf einer Periode positiv und negativ wird, konzentrieren sich die Angriffe des Anodenstromes nicht wie bei Gleichstromheizung auf ein Fadenende allein, sondern abwechselnd auf das eine und dann auf das andere, so daß ein gewisser Ausgleich hergestellt wird, indem die während einer Halbperiode stärker geheizten Fadenteile in der nächsten Halbperiode schwächer geheizt werden. Dieser Ausgleich drückt sich durch das Folgende aus: Während sich bei Gleichstromheizung die beiden Ströme algebraisch addieren, ist bei Wechselstrom, wie die folgende einfache Überlegung zeigt, die Überlagerung der beiden Ströme eine geometrische. Bezeichnen wir mit $i$ den Augenblickswert des Fadenstromes an der betrachteten Stelle, mit $i_a$ den (konst.) Anodenstrom, mit $i_h$ den Augenblickswert des Heizwechselstromes, so ist

$$i = i_a + \bar{\imath}_H \sin \omega t \quad \text{mit} \quad i_H = \bar{\imath}_H \sin \omega t$$

und für den Effektivwert des Fadenstromes ergibt sich:

$$J^2 = \frac{1}{T}\int_0^T \{i_a + \bar{\imath}_H \sin \omega t\}^2 \, dt,$$

$$J^2 = \frac{1}{T}\int_0^T \{i_a^2 + \bar{\imath}_H^2 \sin^2 \omega t + 2\, i_a\, \bar{\imath}_H \sin \omega t\} \, dt,$$

$$J^2 = i_a^2 + J_H^2, \qquad J = \sqrt{i_a^2 + J_H^2}, \tag{7}$$

so daß auch ein verhältnismäßig großer Anodenstrom den tatsächlichen Heizstrom nur geringfügig ändert.

Einige Worte noch über den Eintritt der Elektronen in die Anode. Die Bewegungsenergie der in die Anode eintretenden Elektronen wird in ihr in Wärme ungewandelt; auf die Zeiteinheit bezogen, erhalten wir:

$$\sum \frac{m\, v^2}{2} = u_a\, i_a, \tag{8}$$

die in der Zeiteinheit in der Anode erzeugte Wärme, im Energiemaß gemessen.[1] Diese Wärme muß die Anode im stationären Zustand nach außen durch Leitung oder Strahlung wieder abgeben. Sie nimmt daher eine höhere Temperatur an, so daß sie bei großen Röhren künstlich gekühlt werden muß, wenn die natürliche Wärmeabfuhr nicht genügt.

Da die Anode im Betrieb eine erhöhte Temperatur annimmt, muß sie beim Evakuieren des Gefäßes mindestens auf diese Betriebstemperatur erwärmt werden; sonst würden von ihr absorbierte Gasreste während des Betriebes austreten und das Vakuum verderben.

Durch den Anprall der Elektronen auf das Anodenmetall werden aus diesem Elektronen losgerissen, die man als *Sekundärelektronen* bezeichnet; sie haben eine geringe Geschwindigkeit und bedingen ebenfalls Raumladungen und damit eine weitere Verflachung der Kennlinie. Ihre Anzahl nimmt mit steigender Anodenspannung bis 500 Volt zu, dann wieder ab; bei so großen Spannungen dringen die primären Elektronen so tief in das Anodenmetall ein, daß die ausgelösten Sekundärelektronen gegen das vorhandene starke äußere Feld nicht auflaufen können.

[1] Wieder Austrittsgeschwindigkeit der Elektronen mit 0 angenommen.

Der Erwärmung der Anode durch die auftreffenden Elektronen steht als Gegenstück eine Abkühlung der Kathode gegenüber. Da die Temperatur der Kathode durch die mittlere Bewegungsenergie der Elektronen bestimmt ist, muß sie sich vermindern, wenn diese mittlere Bewegungsenergie dadurch verkleinert wird, daß gerade die schnellsten Elektronen, die also am meisten zu ihr beitragen, das Metall verlassen.

**4. Indirekt geheizte Röhren.** Von großer Bedeutung für die Vervollkommnung der Rundfunkgeräte, insbesondere der Empfangsgeräte, ist die Einführung der indirekt geheizten Röhren. Bei direkt geheizten Röhren ergeben sich nicht nur die im vorigen Abschnitt geschilderten Schwierigkeiten, die mit der Überlagerung des Heiz- und des Anodenstromes verbunden sind, sie haben noch den weiteren Nachteil, daß eine eigene Heizstromquelle von kleiner Spannung und verhältnismäßig großer Stromstärke vorgesehen werden muß; dies macht wohl bei Wechselstrom, bei dem man durch Verwendung von Transformatoren leicht jede beliebige Spannung herstellen kann, keine besonders großen Schwierigkeiten, wohl aber bei Gleichstrom, wo man, wenn man mit der Netzspannung arbeiten will (Vollnetzempfänger), verhältnismäßig große Ströme dem Netz entnehmen und den größten Teil der Spannung in Vorschaltwiderständen vernichten muß; dadurch ergibt sich eine nutzlose Vergeudung der Energie, und somit ein teurer Betrieb. Aus konstruktiven Gründen kann aber der Heizfaden nicht so lang und dünn gemacht werden, daß eine höhere Spannung verwendet werden könnte.

Aus den geschilderten Gründen wurde zur indirekten Heizung übergegangen. Bei den indirekt geheizten Röhren ist die emittierende Schicht der Kathode auf einem Kaolinröhrchen angebracht, das durch eine besondere Heizspirale, die in seinem Innern eingebettet ist, geheizt wird (vgl. Abb. 47). Auf diesem Wege kommt man zu Röhren mit Heizspannungen von ungefähr 20 Volt; in der letzten Zeit ist es gelungen, *Hochvoltröhren* zu entwickeln, die direkt an das Netz geschaltet werden können.

In dem Fall der indirekt geheizten Röhren ist der Heizstromkreis vom Anodenstromkreis isoliert; es muß daher die Kathode eine gesonderte Anschlußmöglichkeit besitzen, worauf besonders hingewiesen werden soll.

**5. Dioden als Gleichrichter.** Aus der Kennlinie der gitterlosen Elektronenröhre (Abb. 38) sieht man, daß diese Röhre eine Ventilwirkung aufweisen muß; denn gehen wir mit der Anodenspannung ins Negative, so wird schon bei geringen negativen Spannungen der Strom auf Null zurückgehen und bei weiterer Steigerung der negativen Spannung diesen Wert beibehalten. Legt man somit an eine Diode eine Wechselspannung als Anodenspannung, so erhält man einen Strom, bei dem die negative Halbwelle vollständig unterdrückt ist, da der Anodenstrom nur von der kalten Anode zur Glühkathode fließen kann, nicht aber umgekehrt (Abb. 39). Solche Röhren werden angewendet, um Wechselstrom gleichzurichten, z. B. um aus Wechselstromnetzen den für den Betrieb von Röhrengeräten notwendigen Gleichstrom zu entnehmen. Durch Drosseln muß die Welligkeit dieses Gleichstroms auf ein erträgliches Maß heruntergedrückt werden. Für viele

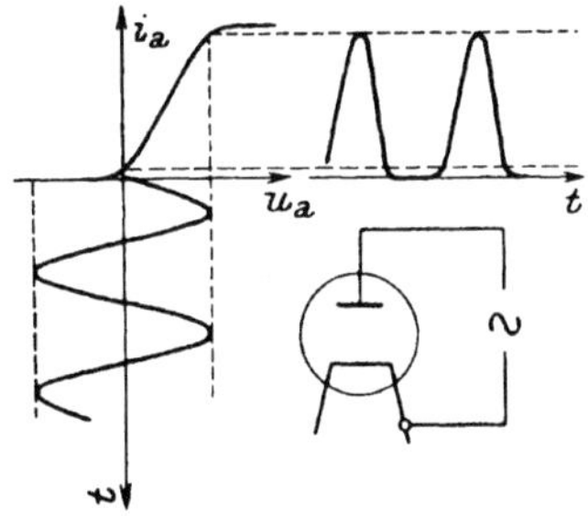


Abb. 39. Schaltung und Wirkungsweise des Einweggleichrichters.

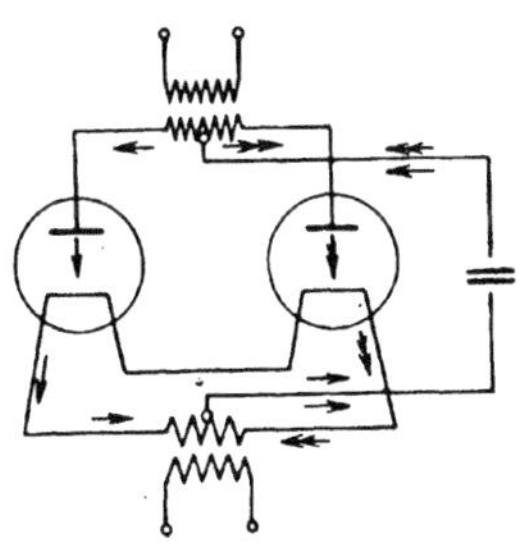

Abb. 40. Verwendung zweier Einweggleichrichter.

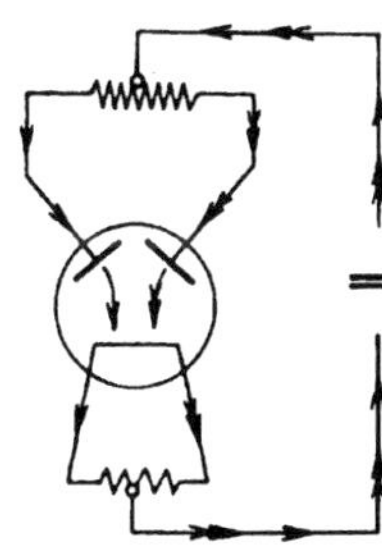

Abb. 41. Zweiweggleichrichter.

Fälle genügt ein *Einweggleichrichter*, bei dem nur die eine Halbwelle der Spannung einen Strom erzeugt. Soll auch die negative Halbwelle der Spannung ausgenützt werden, so müssen zwei derartige Gleichrichter, z. B. in der in Abb. 40 dargestellten Schaltung, verwendet werden. Verlegt man beide in ein gemeinsames Gefäß, so gelangt man zum *Zweiweggleichrichter* (Abb. 41).

Als Gleichrichterröhren finden, allerdings hauptsächlich in der Starkstromtechnik, gasgefüllte Röhren Anwendung; sie haben den Vorteil, einen wesentlich höheren Anodenstrom zu geben; dies ist darauf zurückzuführen, daß das Gas durch den Zusammenstoß seiner Molekel mit den Elektronen *ionisiert*, d. h. in positiv und negativ geladene Atomgruppen gespalten wird, die einen großen Teil des Elektrizitätstransportes übernehmen. In der eigentlichen Hochfrequenztechnik kommen diese gasgefüllten Röhren nicht in Betracht, weil die Gasionen, die mindestens 2000 Elektronenmassen haben, viel zu träge sind, um den Schwingungen hochfrequenter Felder ohne Verzug zu folgen. Außerdem ergeben sich durch die nicht immer gleichmäßige Ionisierung des Gases verschiedene, nicht leicht erfaßbare Unregelmäßigkeiten.

## III. Röhren mit Gittern.

**1. Theorie der Eingitterröhre.** Erst durch Einbau eines Gitters wird die Röhre ihrer vielseitigen Verwendung fähig. Um die Wirkung des Gitters zu verstehen, müssen wir zunächst den wichtigen Begriff der Teilkapazität besprechen.

Ein metallischer Leiter trage die Ladung $Q$; dann geht von ihm, wie in der Einleitung gezeigt wurde, Gl. (4), ein Verschiebungsfluß aus, der durch die folgende Gleichung gegeben ist:

$$\Phi_V = 4\pi Q. \tag{1}$$

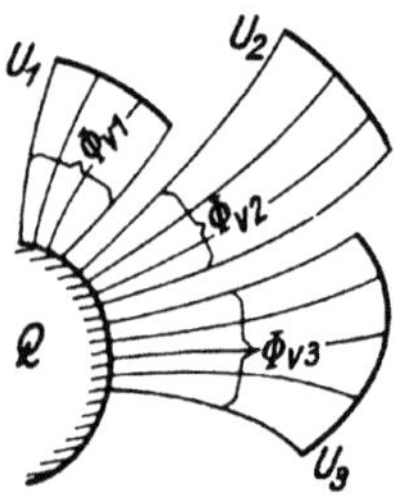

Abb. 42. Teilkapazitäten und Verschiebungsfluß.

Enden alle Linien dieses Verschiebungsflusses auf einer zweiten metallischen Fläche — Ladung $-Q$ —, die gegen die erste die Spannung $U$ hat, so haben beide Flächen gegeneinander die Kapazität $C$:

$$C = \frac{Q}{U} = \frac{\Phi_V}{4\pi U}; \tag{2}$$

die Kapazität ist damit durch Verschiebungsfluß und Spannung dargestellt.

Diese Formel ist einer Verallgemeinerung fähig. Endet nämlich der Fluß an mehreren verschiedenen Flächen $F_1$, $F_2$, $F_3$ usw., die gegen $F$ die Spannungen $U_1$, $U_2$, $U_3 \ldots$ haben, so ist (Abb. 42):

$$Q = \frac{1}{4\pi}\Phi_V = \frac{1}{4\pi}\Phi_{V1} + \frac{1}{4\pi}\Phi_{V2} + \frac{1}{4\pi}\Phi_{V3}, \tag{3}$$

$$Q = \frac{\Phi_{V1}}{4\pi U_1} \cdot U_1 + \frac{\Phi_{V2}}{4\pi U_2} \cdot U_2 + \frac{\Phi_{V3}}{4\pi U_3} \cdot U_3 + \ldots \tag{4}$$

Wir nennen

$$\left.\begin{aligned} C_1 &= \frac{\Phi_{V1}}{4\pi U_1} \\ C_2 &= \frac{\Phi_{V2}}{4\pi U_2} \\ C_3 &= \frac{\Phi_{V3}}{4\pi U_3} \\ &\ldots\ldots\ldots \end{aligned}\right\} \tag{5}$$

die Teilkapazitäten der Flächen $F_1$, $F_2$, ... gegen $F$ und erhalten damit:

$$Q = C_1 U_1 + C_2 U_2 + C_3 U_3 + \ldots \tag{6}$$

Wie wir bei der Ableitung der Langmuirschen Parabel gesehen haben, hängt der Verlauf der Röhrenkennlinie von dem Verlauf des elektrischen Feldes zwischen Kathode und Anode ab, und zwar in erster Linie von dem Verlauf unmittelbar an der Kathode, weil dort das Feld am stärksten ist. In unmittelbarer Nähe des Fadens ist aber die Feldstärke des über das Feld der Raumladungen gelagerten Feldes gegeben durch

$$\mathfrak{E} = \frac{2Q}{r}, \tag{7}$$

worin $Q$ die auf dem Glühfaden durch die Anodenspannung influierte Ladung bedeutet.

Bei der gitterlosen Röhre war nun der Zusammenhang zwischen Anodenstrom und Anodenspannung durch die Gl. (9) von II, 2, gegeben:

$$J = K U_a^{3/2}, \tag{8}$$

die wir auch schreiben können:

$$J = K' Q^{3/2}. \tag{9}$$

Bringen wir nun zwischen Anode und Kathode ein mehr oder weniger feinmaschiges Metallgitter in Form eines konzentrischen Zylinders, das gegen das negative Heizfadenende die Spannung $U_g$ hat, so entsteht die Ladung auf dem Heizfaden durch Influenz sowohl von der Anode als auch vom Gitter her, hingegen bleibt sonst alles ungeändert. Wir haben wie oben:

$$J = K' Q^{3/2} = K' (C_g U_g + C_a U_a)^{3/2},$$

$$J = K' C_g^{3/2} \left(U_g + \frac{C_a}{C_g} U_a\right)^{3/2}. \tag{10}$$

Zur Abkürzung führen wir ein:

$$K' C_g^{3/2} = K_2, \quad \frac{C_a}{C_g} = D \tag{11}$$

und erhalten damit:

$$J = K_2 (U_g + D U_a)^{3/2} \tag{12}$$

oder mit

$$U_g + D U_a = U_{st}, \tag{13}$$

$$J = K_2 U_{st}^{3/2}. \tag{14}$$

Damit haben wir die Theorie der Eingitterröhre auf die der gitterlosen Röhre zurückgeführt und sehen, daß der Verlauf des Anodenstromes der Eingitterröhre ebenfalls durch eine Langmuirsche Parabel gegeben ist, nur tritt an die Stelle der Konstante $K$ hier die Konstante $K_2$ und an die Stelle der Anodenspannung die durch die Gl. (13) definierte *Steuerspannung*.

Eine wichtige Rolle in der Theorie der Elektronenröhren spielt die durch (11) eingeführte Größe $D$; sie wird als *Durchgriff* der Röhre bezeichnet. Sie gibt an, welcher Bruchteil der Anodenspannung durch das Gitter „hindurchgreift" [s. (12)]. Denn aus dieser Gleichung ist zu sehen, daß auf den Verlauf des Anodenstromes wohl beide Spannungen einwirken, jedoch die Anodenspannung nur mit einem Bruchteil ihres Wertes.

**2. Kennlinien und charakteristische Größen.** Trägt man den Zusammenhang $J = f(U_{st})$ graphisch auf, so erhält man eine Kurve, die *Steuerspannungskennlinie*, die bis auf den kleinen Unterschied in den Konstanten $K$ und $K_2$ genau so verläuft wie die Kennlinie der gitterlosen Röhre. Wichtiger sind jedoch die sogenannten *Gitterspannungskennlinien*, die man erhält, wenn man der Anodenspannung konstante Werte gibt und die Gitterspannung verändert. Die Schar der Gitterspannungskennlinien ist eine einparametrige Kurvenschar mit dem Parameter $U_a$. Die rechte Kurve in Abb. 43 stellt die Gitterspannungskennlinie für $U_a = 0$ dar; diese fällt, da $U_g = U_{st} - D U_a$ für $U_a = 0$ mit der Steuerspannungskennlinie zusammen.

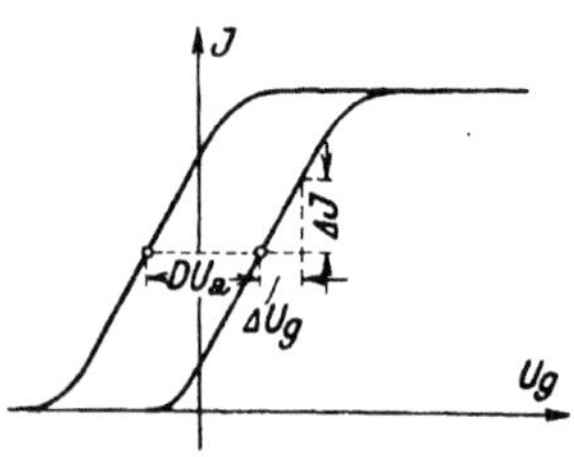

Abb. 43. Gitterspannungskennlinien der Eingitterröhre.

Diese Steuerspannungskennlinie stellt, wie oben erwähnt, den Zusammenhang des Emissionsstromes $J$ mit der Steuerspannung

$U_{st} = U_g + DU_a$ dar. Wie sich aber $U_{st}$ im einzelnen aus $U_g$ und $DU_a$ zusammensetzt, ist gleichgültig. Zu einem gewünschten Wert $J$ des Emissionsstromes gehört immer der gleiche Wert der Steuerspannung. Z. B.

$$U_{st} = U_{g1} + DU_{a1} = U_{g2} + DU_{a2},$$

$$U_{g1} - U_{g2} = D\,(U_{a2} - U_{a1}). \tag{1}$$

Diese Gleichung gilt für jedes Punktepaar desselben Stromes der beiden Kennlinien mit den Parametern $U_{a1}$ und $U_{a2}$ und besagt, daß alle Punkte der einen Kennlinie gegen die entsprechenden Punkte der anderen Kennlinie (Punkte gleichen Emissionsstromes), um dasselbe Stück parallel zur Abszissenachse verschoben sind; mit anderen Worten, aus einer gegebenen Gitterspannungskennlinie gehen alle andern durch Verschiebung parallel zur Abszissenachse hervor. Über die Richtung dieser Verschiebung gibt folgende Überlegung Aufschluß: Damit der Emissionsstrom ungeändert bleibt, muß bei einer Vergrößerung der Anodenspannung um $\Delta U_a$ die Gitterspannung um $D\,.\,\Delta U_a$ verkleinert werden, d. h. durch Vergrößerung der Anodenspannung um $\Delta U_a$ verschieben wir die gegebene Gitterspannungskennlinie um $D\,.\,\Delta U_a$ nach links ($D\,.\,\Delta U_a \ldots$ Verschiebungsspannung).

Aus dieser Überlegung heraus gewinnen wir eine zweite Definition der als Durchgriff $D$ bezeichneten Größe. Für konstante Werte des Emissionsstromes ergibt sich

$$D\,.\,\Delta U_a = -\Delta U_g \ldots D = -\frac{\Delta U_g}{\Delta U_a}\,_{J\ \mathrm{konst}}$$

oder in Form einer einfachen Differentialgleichung:

$$D = -\frac{\partial U_g}{\partial U_a}\,_{J\ \mathrm{konst}} \tag{2}$$

Die Gitterspannungskennlinie der Röhren verläuft über eine gewisse Strecke nahezu geradlinig. Für die Wirkung der Röhre ist nun die Steigung dieses geradlinigen Teiles der Kennlinie sehr wichtig. Wir definieren als „*Steilheit der Röhre*“ an der betrachteten Stelle der Kennlinie die Größe:

$$S = \operatorname{tg}\alpha = \frac{\partial J}{\partial U_g}\,_{U_a\ \mathrm{konst}}. \tag{3}$$

Als dritte für die Wirkung der Röhre bedeutungsvolle Größe kommt noch die eine gewünschte Änderung des

Emissionsstromes hervorrufende Änderung der Anodenspannung in Betracht:

$$R_i = \frac{\partial U_a}{\partial J}\bigg|_{U_g \text{ konst}}. \tag{4}$$

Wir nennen diese Größe, die nicht nur die Dimension eines Widerstandes hat, sondern sich auch wie ein solcher verhält, den „*inneren Widerstand der Röhre*".

Die drei eben definierten Röhrengrößen sind nicht unabhängig voneinander, sondern stehen in einem sehr einfachen Zusammenhang. Betrachtet man nämlich die Kennlinie als Funktion von $D U_a$, so ergibt sich die durch (3) definierte Steilheit mit:

$$S = \frac{\partial J}{\partial D U_a} = \frac{1}{D}\frac{\partial J}{\partial U_a}\bigg|_{U_g \text{ konst}} = \frac{1}{D}\frac{1}{R_i} \tag{5}$$

und wir erhalten die äußerst einfache und leicht zu merkende Beziehung:

$$S D R_i = 1 = \left(\frac{\partial J}{\partial U_g}\right)_{U_a}\left(-\frac{\partial U_g}{\partial U_a}\right)_J\left(\frac{\partial U_a}{\partial J}\right)_{U_g}. \tag{6}$$

Unter Verwendung der Begriffe Steilheit und innerer Widerstand kann nun der Zusammenhang des Stromes mit den Spannungen $U_g$ und $U_a$ durch folgende einfache Gleichung beschrieben werden:

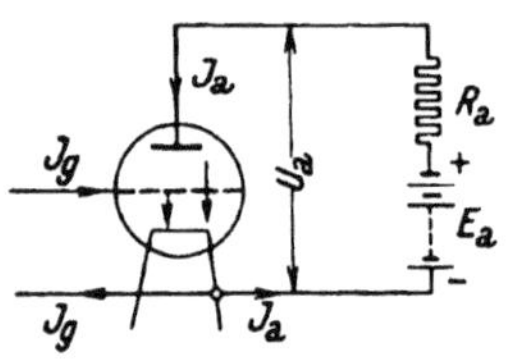

Abb. 44. Schaltung der Eingitterröhre.

$$J = f\,(U_g U_a),$$

$$dJ = \frac{\partial J}{\partial U_g}\,d U_g + \frac{\partial J}{\partial U_a}\,d U_a,$$

$$dJ = S\,d U_g + \frac{1}{R_i}\,d U_a. \tag{7}$$

Ist im äußeren Anodenkreis der Röhre ein Ohmscher Widerstand $R_a$ geschaltet, so ist (Abb. 44):

$$E_a = U_a + J_a R_a \ldots U_a = E_a - J_a R_a = E_a - J R_a; \tag{8}$$

wenn wir voraussetzen, daß der ganze Emissionsstrom zur Anode fließt (was, wie wir unten sehen werden, nur unter bestimmten Bedingungen der Fall ist) und wir die EMK der Anodenstromquelle mit $E_a$ bezeichnen und ihren inneren Widerstand in $R_a$ inbegriffen denken; bei konstantem $E_a$ folgt aus (8):

$$d U_a = -\,R_a dJ,$$

womit sich aus (7) ergibt:

$$d J = S\,d U_g - \frac{R_a}{R_i}\,d J,$$

$$d\,J\left(1+\frac{R_a}{R_i}\right)=S\,d\,U_g,\ d\,J=\frac{S}{1+\frac{R_a}{R_i}}\,d\,U_g \tag{9}$$

eine Beziehung, auf die wir noch oft zurückgreifen werden müssen.

**3. Der Gitterstrom.** Solange das Gitter gegen den Glühfaden negatives Potential hat, werden die negativen Elektrizitätsteilchen von ihm abgestoßen und der ganze Emissionsstrom fließt über die Anode. Vermindern wir nun diese negative Gitterspannung, so werden einige Elektronen gegen diese Spannung anlaufen können und zum Gitter gelangen; es beginnt ein Gitterstrom zu fließen, wenn das Gitter irgendwie eine äußere leitende Verbindung zur Kathode hat. Wenn nun das Gitter positives Potential bekommt, so wird der Gitterstrom weiter steigen. Da aber der Emissionsstrom in jedem Augenblick durch Anoden- und Gitterspannung eindeutig bestimmt ist, werden um so weniger Elektronen zur Anode gelangen, je mehr ans Gitter gehen. Der Emissionsstrom teilt sich also in zwei Teile, dessen einer als Anodenstrom $J_a$ über die Anode, während der andere als Gitterstrom $J_g$ über das Gitter fließt (Abb. 44 und 45). Durch den Gitterstrom wird aber nicht nur die Kennlinie der Röhre vollständig verändert, es wird auch das Gitter durch die Bewegungsenergie der auftreffenden Elektronen erwärmt. Das Gitter muß also bei Röhren, die einen Gitterstrom aushalten müssen, dementsprechend dimensioniert sein. Gibt man aber der Anode eine genügend große positive Spannung, so kann man erreichen, daß der ganze Arbeitsbereich der Gitterspannungskennlinie im Gebiet negativer Gitterspannung liegt; man arbeitet dann nur mit negativen Gitterspannungen, so daß kein Gitterstrom zu fließen kommt. (Röhren mit negativer Vorspannung.)

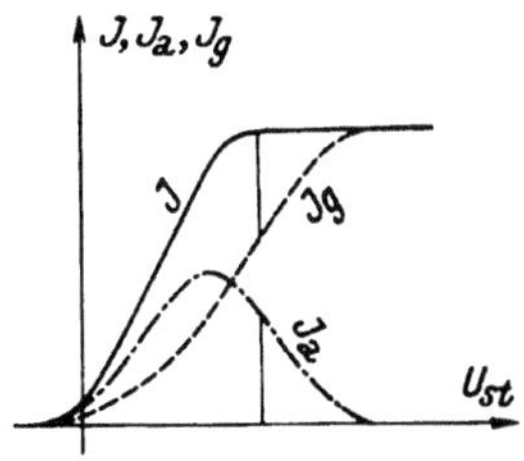

Abb. 45. Emissionsstrom, Anodenstrom, Gitterstrom.

**4. Röhren mit mehreren Gittern.** Aus Gründen, die wir später kennenlernen werden, erweist es sich zweckmäßig, Röhren mit mehr als einem Gitter zu verwenden. Außer den gewöhnlichen Eingitterröhren sind heute Doppelgitterröhren, Röhren mit drei Gittern, Penthoden, und Röhren mit sechs Gittern, Okthoden, in Gebrauch. Eine ausführliche Besprechung aller dieser Röhren würde den Rahmen des vorliegenden Werkes weit überschreiten; wir müssen uns vorläufig mit den folgenden Andeutungen begnügen, werden jedoch bei verschiedenen Gelegenheiten auf die Mehrgitterröhren zu sprechen kommen.

Aus Abb. 46 lesen wir wie bei der Eingitterröhre ab:

$$Q = \frac{1}{4\pi}\left\{\Phi_{V1} + \Phi_{V2} + \Phi_{V3} + \ldots + \Phi_{Va}\right\}. \quad (1)$$

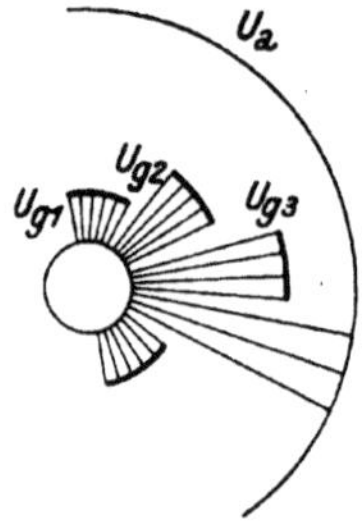


Abb. 46. Verteilung des Verschiebungsflusses bei Mehrgitterröhren.

Wie oben definieren wir auch hier die Teilkapazitäten:

$$C_{g1} = \frac{\Phi_{V1}}{4\pi U_{g1}},\ C_{g2} = \frac{\Phi_{V2}}{4\pi U_{g2}},\ \ldots C_a = \frac{\Phi_{Va}}{4\pi U_a} \quad (2)$$

und erhalten damit:

$$Q = C_{g1} U_{g1} + C_{g2} U_{g2} + C_{g3} U_{g3} + \ldots + C_a U_a, \quad (3)$$

$$Q = C_{g1}\left(U_{g1} + \frac{C_{g2}}{C_{g1}} U_{g2} + \frac{C_{g3}}{C_{g1}} U_{g3} + \ldots \frac{C_a}{C_{g1}} U_a\right).$$

Mit

$$\frac{C_{g2}}{C_{g1}} = D_1,\quad \frac{C_{g3}}{C_{g1}} = \frac{C_{g3}}{C_{g2}}\cdot\frac{C_{g2}}{C_{g1}} = D_2 D_1 \text{ usw.}$$

erhalten wir:

$$Q = C_{g1}\left\{U_{g1} + D_1 U_{g2} + D_1 D_2 U_{g3} + \ldots + D_1 D_2 \ldots D_n U_a\right\} \quad (4)$$

und somit

$$J = K_3 \left\{U_{g1} + D_1 U_{g2} + D_1 D_2 U_{g3} + \ldots + D_1 D_2 \ldots D_n U_a\right\}^{3/2}. \quad (5)$$

Beispielsweise ergibt sich für die Doppelgitterröhre:

$$J = K_3 \left\{U_{g1} + D_1 U_{g2} + D_1 D_2 U_a\right\}^{3/2}. \quad (5')$$

## IV. Verstärkerröhren.

**1. Die Eingitterröhre als Verstärkerröhre.** In den Elektronenröhren mit Gitter haben wir ein einfaches und vorzügliches Mittel zur Verstärkung schwacher Wechselströme. Das Gitter bekommt eine so hohe negative Vorspannung $U_g$, daß der ganze geradlinige Teil der Gitterkennlinie im Negativen liegt (Abb. 47). Dementsprechend muß eine verhältnismäßig hohe Anodenspannung angelegt sein, damit die Steuerspannung positiv ist. Die negative Gittervorspannung bewirkt, daß das Gitter dauernd negatives Potential gegen die Kathode hat, so daß kein Gitterstrom fließen kann. Die Vorspannungen (konstante Spannungen) von Gitter und Anode werden so gewählt, daß ohne zusätzliche Wechselspannungen ein Punkt auf der Kennlinie erreicht wird — Arbeitspunkt —, der in der Mitte des geradlinigen Teiles der Kennlinie liegt, also ungefähr bei $J_s/2$.

Der Gittervorspannung $U_g$ wird nun die zugeführte, zu verstärkende Wechselspannung überlagert. Nun wurde in III, 2 (7) die folgende Gleichung gefunden:

$$d J_a = S d U_g + \frac{1}{R_i} d U_a. \tag{1}$$

Es ist dies wohl eine Differentialgleichung, sie gilt jedoch auch für endliche Änderungen der drei Veränderlichen, solange wir im geradlinigen Teil der Kennlinie verbleiben; es soll dies im folgenden, wenn nicht ausdrücklich das Gegenteil angenommen wird, stets vorausgesetzt sein.

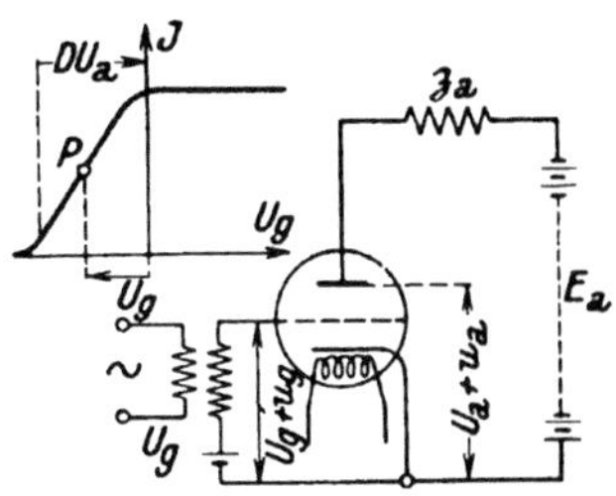


Abb. 47. Eingitterröhre als Verstärkerröhre.

Bezeichnen wir die Augenblickswerte der überlagerten Gitterspannung mit $u_g$ und die der überlagerten Anodenwechselspannung und des überlagerten Wechselstromes, die entsprechend (1) durch die Gitterwechselspannung erzeugt werden, mit $u_a$ und $i_a$, setzen wir also:

$$d U_g = u_g, \; d U_a = u_a, \; d J_a = i, \tag{2}$$

so nimmt (1) die folgende Gestalt an:

$$i_a = S u_g + \frac{1}{R_i} u_a. \tag{3}$$

Aus dem Bestehen dieser Gleichung für die Augenblickswerte folgt unter der Voraussetzung sinusförmig verlaufender Gitterspannung das Bestehen der entsprechenden komplexen Gleichung:

$$\mathfrak{I}_a = S \mathfrak{U}_g + \frac{1}{R_i} \mathfrak{U}_a. \tag{4}$$

Nun ist nach dem Ohmschen Gesetz:

$$\mathfrak{U}_a = - \mathfrak{I}_a \mathfrak{z}_a. \tag{5}$$

Das negative Vorzeichen ist sehr leicht zu verstehen, wenn man sich für einen Augenblick an Stelle der Anodenbatterie eine Wechselstromquelle mit der EMK $\mathfrak{E}_a$ eingeschaltet denkt; dann ist

$$\mathfrak{U}_a = \mathfrak{E}_a - \mathfrak{I}_1 \mathfrak{z}_a,$$

so daß man für $\mathfrak{E}_a = 0$ die Gl. (5) erhält. Mit (5) geht (4) über in:

$$\mathfrak{J}_a = S\,\mathfrak{U}_g - \frac{\mathfrak{z}_a}{R_i}\,\mathfrak{J}_a; \quad \mathfrak{J}_a\left(1 + \frac{\mathfrak{z}_a}{R_i}\right) = S\,\mathfrak{U}_g,$$

$$\mathfrak{U}_g = \frac{1}{S\,R_i}\,(R_i + \mathfrak{z}_a)\,\mathfrak{J}_a,$$

$$\frac{\mathfrak{U}_g}{D} = \mathfrak{J}_a\,(R_i + \mathfrak{z}_a). \tag{6}$$

Die Röhre wirkt also wie ein an ihre Stelle geschalteter Wechselstromgenerator von der EMK $\frac{\mathfrak{U}_g}{D}$; man sieht, es ergibt sich eine um so größere Verstärkung, je kleiner der Durchgriff ist; dafür braucht man aber bei kleinem Durchgriff eine große Anodenvorspannung, um die Kennlinie ganz in den Bereich negativer Gitterspannungen zu schieben.

In dem Spezialfall $\mathfrak{z}_a = 0$ nimmt die zuletzt erhaltene Gleichung eine noch einfachere Gestalt an

$$\frac{\mathfrak{U}_g}{D} = \mathfrak{J}_a\,R_i \ldots \mathfrak{J}_a = S\,\mathfrak{U}_g. \tag{7}$$

Nur in diesem besonderen Fall ist der Anodenstrom unmittelbar aus der Gitterspannungskennlinie zu entnehmen, was im allgemeinen Fall unrichtig wäre.

Als zweiten besonderen Fall wollen wir noch den entgegengesetzten $\mathfrak{z}_a = \infty$, $\mathfrak{J}_a = 0$ betrachten:

$$\frac{\mathfrak{U}_g}{D} = \mathfrak{J}_a\,\mathfrak{z}_a = -\,\mathfrak{U}_a;$$

hier erhält man die $\frac{1}{D}$-fach verstärkte Gitterwechselspannung als Anodenspannung.

**2. Leistungsabgabe der Röhre.** Wir untersuchen die Leistung, die eine Eingitterröhre bei induktiver Belastung abgeben kann. Es sei $z_a = \sqrt{R_a^2 + \omega^2 L^2}$ der Absolutwert des komplexen äußeren Widerstandes. Die abgegebene Wechselstromleistung $N_a$ ist gegeben durch:

$$N_a = J_a^2\,R_a = \frac{\bar{i}_a^2}{2}\,R_a = \frac{1}{2}\left(\frac{\bar{u}_g}{D}\right)^2 \frac{R_a}{(R_i + R_a)^2 + \omega^2 L^2}, \tag{1}$$

da

$$\bar{i}_a = \frac{\frac{\bar{u}_g}{D}}{\sqrt{(R_i + R_a)^2 + \omega^2 L^2}} \tag{2}$$

Diese Leistung erreicht bei induktionsfreier Belastung dann einen Höchstwert, wenn $R_a = R_i$, wie folgende Überlegung zeigt:

$$N_a = k \frac{R_a}{(R_a + R_i)^2},$$

$$\frac{d N_a}{d R_a} = k \frac{(R_a + R_i)^2 - 2 (R_a + R_i) R_a}{(R_a + R_i)^4} = 0,$$

$$R_a + R_i - 2 R_a = 0 \ldots R_a = R_i \qquad (3)$$

und damit wird

$$N_{a\,\max} = \frac{1}{2}\left(\frac{\bar{u}_g}{D}\right)^2 \frac{R_i}{4 R_i^2} = \frac{1}{2}\left(\frac{\bar{u}_g}{D}\right)^2 \frac{1}{4 R_i} = \frac{\bar{u}_g^2}{8 D^2 R_i} = \frac{U_g^2}{4 D^2 R_i}. \qquad (4)$$

Aus dieser Formel sieht man, daß die maximal von einer Eingitterröhre abgebbare Leistung proportional dem Quadrat der aufgedrückten Gitterspannung ist; somit ist das Verhältnis der maximal abgegebenen Leistung zum Quadrat der Gitterspannung eine konstante, für die betreffende Röhre kennzeichnende Größe. Man bezeichnet das Vierfache dieses Verhältnisses:

$$G = \frac{4 N_{a\,\max}}{U_g^2} = \frac{1}{D^2 R_i} = \frac{S}{D} \qquad (5)$$

als die *Güte der Röhre*; wie man aus der Definitionsgleichung (5) sieht, ist es ein Maß für die bestenfalls von der Röhre abgegebene Leistung. Die Güte ist um so größer, je größer die Steilheit und je kleiner der Durchgriff der Röhre ist.

**3. Doppelgitterröhren als Verstärkerröhren.** Bei der Doppelgitterröhre mit *Schutznetzschaltung (Schirmgitterröhre)* erhält das der Kathode näher liegende Gitter $G_1$, das Arbeitsgitter (Abb. 48), eine negative Vorspannung $U_{g1}$, das zweite eine positive Vorspannung $U_{g2}$. Es können daher keine Elektronen zu $G_1$, sondern solche nur zu $G_2$ und zur Anode gelangen. An das Gitter $G_1$ wird auch die zu verstärkende Spannung $U_g$ angelegt. Nun ist nach III, 4 (5′)

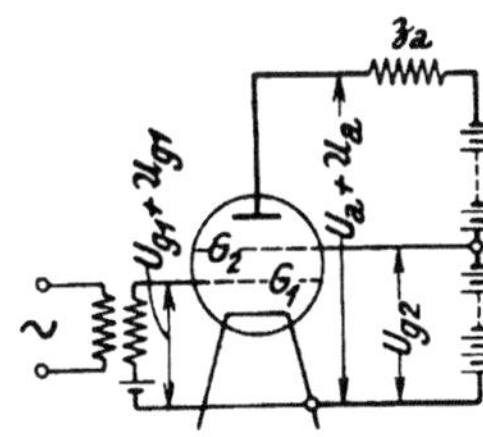

Abb. 48. Doppelgitterröhre mit Schutznetz.

$$J = K_3 (U_{g1} + D_1 U_{g2} + D_1 D_2 U_a)^{3/2}. \qquad (1)$$

Macht man nun $D_1$ verhältnismäßig groß und $D_2$ klein, so wird erreicht, daß die „*Verschiebungsspannung*“ $D_1 (U_{g2} + D_2 U_a)$, die notwendig ist, um die Kennlinie ganz auf die Seite negativen $U_{g1}$

zu verschieben, klein sein kann, während trotzdem der wirksame Durchgriff, wie wir sogleich sehen werden, ebenfalls klein bleibt. Man erreicht somit durch die Schirmgitterröhre große Verstärkung bei geringer Anodenspannung. Diese Eigenschaft spielte am Anfang der Entwicklung der Rundfunktechnik, als man noch auf Anodenbatterien angewiesen war, eine große Rolle. Heute wird sie jedoch wegen einer anderen Eigenschaft vielfach verwendet, die wir jedoch erst in einem der nächsten Abschnitte behandeln können.

Die Wirkungsweise der Röhre wird nun durch die folgenden Überlegungen erfaßt, die allerdings die Erscheinungen sehr vereinfacht behandeln. Wir halten zunächst fest, daß die Steuerspannungskennlinie auch dieser Röhre durch eine Langmuirsche Parabel gegeben ist. Um den ansteigenden Teil der Kennlinie ganz ins Negative zu verschieben, wird wieder eine positive Vorspannung $D_1\,(U_{g2} + D_2 U_a)$ angewendet; da $D_1$ verhältnismäßig groß ist und $U_{g2} \approx U_a$, kann die Anodenspannung klein gehalten werden. Für die Verstärkung ist aber das Produkt $D_1 D_2$ maßgebend. Es ist wie oben:

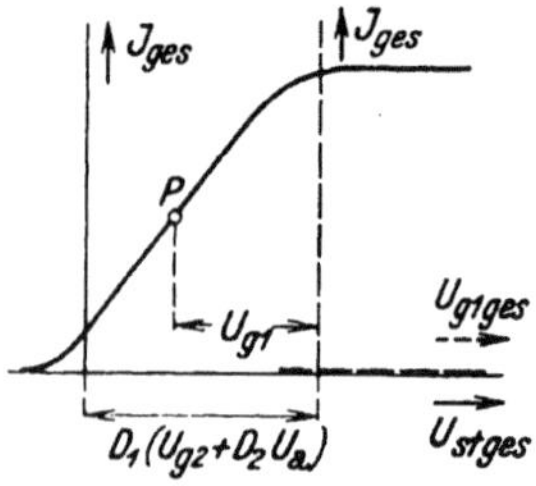

Abb. 49. Kennlinie der Doppelgitterröhre mit Schutznetz.

$$J = f\,(U_{g1} U_{g2} U_a), \tag{2}$$

$$d\,J = \frac{\partial J}{\partial U_{g1}}\,d\,U_{g1} + \frac{\partial J}{\partial U_{g2}}\,d\,U_{g2} + \frac{\partial J}{\partial U_a}\,d\,U_a. \tag{3}$$

Aus Abb. 49 entnehmen wir folgende Beziehungen:

$$S = \frac{\partial J}{\partial U_{g1}} = \frac{1}{D_1}\,\frac{\partial J}{\partial U_{g2}} = \frac{1}{D_1 D_2}\,\frac{\partial J}{\partial U_a}. \tag{4}$$

Somit ist

$$\frac{\partial J}{\partial U_{g1}} = S, \quad \frac{\partial J}{\partial U_{g2}} = S\,D_1, \quad \frac{\partial J}{\partial U_a} = \frac{1}{R_i} = S\,D_1\,D_2, \tag{5}$$

$$i = S\,u_{g1} + D_1\,S\,u_{g2} + \frac{1}{R_i}\,u_a, \tag{6}$$

$$\mathfrak{J} = S\,\mathfrak{U}_{g1} + D_1\,S\,\mathfrak{U}_{g2} + \frac{1}{R_i}\,\mathfrak{U}_a. \tag{7}$$

Nun ist:

$$\mathfrak{U}_a = -\,\mathfrak{z}_a \mathfrak{J}_a, \quad \mathfrak{U}_{g2} = -\,\mathfrak{z}_2\,(\mathfrak{J}_a + \mathfrak{J}_{g2}) \approx 0, \quad \text{da} \quad \mathfrak{z}_2 \approx 0,$$

und wegen $\mathfrak{U}_{g2} \approx 0$ ist $\mathfrak{J}_a \approx \mathfrak{J}$, so daß sich ergibt:

$$\mathfrak{J} = S\,\mathfrak{U}_{g1} - \frac{\mathfrak{z}_a}{R_i}\,\mathfrak{J}, \tag{8}$$

$$\mathfrak{J}\,(R_i + \mathfrak{z}_a) = S\,R_i\,\mathfrak{U}_{g1} = \frac{\mathfrak{U}_{g1}}{D_1 D_2},$$

$$\mathfrak{J} = \frac{\dfrac{\mathfrak{U}_{g1}}{D_1 D_2}}{R_i + \mathfrak{z}_a}. \tag{9}$$

Man sieht aus dieser Formel, daß für die Verstärkung das Produkt $D_1 D_2$ maßgebend ist, während die notwendige Verschiebungsspannung durch $D_1\,(U_{g2} + D_2 U_a)$ gegeben ist.

Eine andere Art der Doppelgitterröhre ist die mit *Raumladungsnetz* (Abb. 50). Das sogenannte Raumladungsgitter $G_1$ erhält eine so hohe positive Vorspannung $U_{g1}$, daß der Emissionsstrom gesättigt ist. Hingegen erhält das Steuergitter $G_2$ die negative Vorspannung $U_{g2}$ und die zu verstärkende Wechselspannung $\mathfrak{U}_{g2}$. Durch diese Anordnung wird der Sitz der Raumladung in das Gebiet zwischen den beiden Gittern verlegt (Abb. 50). $G_2$ steuert nur die Verteilung des gesamten Sättigungsstromes auf $G_1$ und die Anode, und zwar ist der Anodenstrom um so stärker, je größer $\mathfrak{U}_{g2}$ ist. Auch hier kommt man mit wesentlich geringeren Anodenspannungen aus, da die Raumladung im Gebiet zwischen den beiden Gittern viel leichter zu steuern ist als in der Nähe des Heizfadens, wo die Feldstärken groß sind. Auch an dieser Stelle sollen diese Andeutungen eine eingehende Behandlung ersetzen.

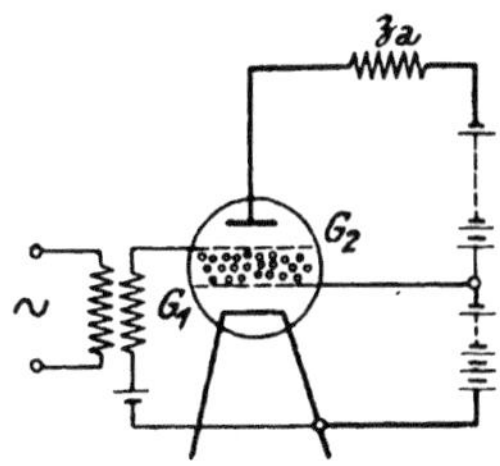

Abb. 50. Doppelgitterröhre mit Raumladungsgitter.

Damit wollen wir den Abschnitt über Verstärkerröhren schließen, es soll jedoch nicht die Meinung erweckt werden, daß über Verstärker weiter nichts zu sagen wäre. Es wäre im Gegenteil noch sehr viel zu sagen, über die Schaltungen, über den Wirkungsgrad, über die Anpassung der Röhre an die äußeren Verhältnisse usw.; wir werden zum Teil später noch auf einzelne dieser Fragen zurückkommen; die ausführliche Behandlung aller dieser Punkte würde jedoch hier viel zu weit führen, es muß daher auf die einschlägigen ausführlichen Werke verwiesen werden.

## V. Rückkopplung.

**1. Dämpfungsverminderung durch Rückkopplung.** Führt man dem Gitter einer Verstärkerröhre einen kleinen Teil der im Anodenkreis verfügbaren Energie wieder zu — *Rückkopplung* — dann ergibt sich zunächst eine wesentliche Verminderung der Dämpfung des Anodenkreises, und man kann bei weiterer Verstärkung der Rückkopplung erreichen, daß die Röhre selbst Schwingungserzeuger wird, ähnlich wie wir dies beim Lichtbogengenerator gesehen haben. Die grundsätzliche Theorie der Rückkopplung ist nicht schwierig; wir wollen den Fall betrachten, daß im Anodenkreis der Röhre ein Schwingungskreis angeordnet ist, der durch eine im Gitterkreis liegende Spule mit diesem induktiv gekoppelt ist. Es gelten nun die folgenden Beziehungen, die aus Abb. 51 unmittelbar abgelesen werden können. Der Widerstand der Stromquelle und der Zuleitungen soll in $R_a$ inbegriffen sein, ferner wollen wir noch voraussetzen, daß das Gitter genügend negativ vorgespannt sein soll, so daß kein Gitterstrom fließen kann. Es ist also:

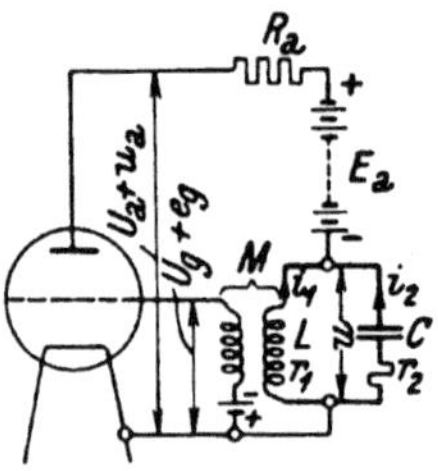

Abb. 51. Transformatorische Rückkopplung.

$$i_1 r_1 = u - L \frac{d i_1}{d t} \ldots L \frac{d i_1}{d t} + i_1 r_1 = u,$$

$$i_2 r_2 = u - \frac{1}{C} q_2 \ldots i_2 r_2 + \frac{1}{C} q_2 = u,$$

$$L \frac{d^2 i_1}{d t^2} + r_1 \frac{d i_1}{d t} = r_2 \frac{d i_2}{d t} + \frac{1}{C} i_2, \tag{1}$$

$$i_1 + i_2 = i \ldots i_2 = i - i_1,$$

$$L \frac{d^2 i_1}{d t^2} + (r_1 + r_2) \frac{d i_1}{d t} + \frac{1}{C} i_1 = r_2 \frac{d i}{d t} + \frac{1}{C} i. \tag{2}$$

Die Anwendung des zweiten Kirchhoffschen Gesetzes auf den geschlossenen Stromkreis: Röhre, $r_1$, $L$, $R_a$ ergibt:

$$\frac{e_g}{D} - L \frac{d i_1}{d t} = i (R_i + R_a) + i_1 r_1,$$

$$i = \frac{1}{R_i + R_a} \left( \frac{e_g}{D} - L \frac{d i_1}{d t} - i_1 r_1 \right), \tag{3}$$

und nach Differentiation nach der Zeit und Multiplikation mit $r_2$ erhalten wir:

$$r_2 \frac{d i}{d t} = \frac{r_2}{R_i + R_a} \left( \frac{1}{D} \frac{d e_g}{d t} - L \frac{d^2 i_1}{d t^2} - r_1 \frac{d i_1}{d t} \right). \tag{4}$$

Durch die Rückkopplung wird nun erreicht, daß die Gitterspannung von $i_1$ erzeugt wird:

$$e_g' = - M \frac{d i_1}{d t}; \tag{5'}$$

dabei ist vorausgesetzt, daß der Wicklungssinn der beiden die gegenseitige Induktion bildenden Spulen derselbe ist; ist aber der Wicklungssinn der Gitterspule entgegengesetzt, oder, was dasselbe ist, schließt man verkehrt an, so gilt:

$$e_g = - e_g' = M \frac{d i_1}{d t} \tag{5}$$

und wir erhalten aus (3) und (4)

$$\frac{1}{C} i = \frac{1}{C} \frac{1}{R_i + R_a} \left\{ \left( \frac{M}{D} - L \right) \frac{d i_1}{d t} - i_1 r_1 \right\}, \tag{3'}$$

$$r_2 \frac{d i}{d t} = \frac{r_2}{R_i + R_a} \left\{ \left( \frac{M}{D} - L \right) \frac{d^2 i_1}{d t^2} - r_1 \frac{d i_1}{d t} \right\}. \tag{4'}$$

Mit diesen Werten geht (2) über in:

$$\left\{ L - \frac{r_2}{R_i + R_a} \left( \frac{M}{D} - L \right) \right\} \frac{d^2 i_1}{d t^2} + \left\{ r_1 + r_2 + \frac{r_1 r_2}{R_i + R_a} - \right.$$
$$\left. - \frac{1}{C} \frac{1}{R_i + R_a} \left( \frac{M}{D} - L \right) \right\} \frac{d i_1}{d t} + \frac{i_1}{C} \left\{ 1 + \frac{r_1}{R_i + R_a} \right\} = 0,$$

$$\left\{ L (R_i + R_a + r_2) - \frac{M}{D} r_2 \right\} \frac{d^2 i_1}{d t^2} + \left\{ (R_i + R_a)(r_1 + r_2) + \right.$$
$$\left. + r_1 r_2 + \frac{L}{C} - \frac{M}{D C} \right\} \frac{d i_1}{d t} + \frac{1}{C} \left\{ R_i + R_a + r_1 \right\} i_1 = 0. \tag{6}$$

Diese Gleichung entspricht vollkommen der in Kap. 1, I, 1 (6) abgeleiteten Differentialgleichung des Thomsonschen Schwingungskreises, deren Lösung eine gedämpfte Sinusschwingung ist. Nur für den Spezialfall, daß der Koeffizient des Gliedes $\frac{d i_1}{d t}$ verschwindet, erhalten wir die Gleichung einer ungedämpften Schwingung; bei dem gewöhnlichen Thomson-Kreis ist dies unmöglich, denn dort ist dieser Koeffizient $r$, kann also niemals Null oder gar negativ werden; hier hingegen ist er eine Summe aus positiven und negativen Gliedern und kann sowohl Null als auch positiv oder negativ werden. Wir erhalten eine ungedämpfte Schwingung, wenn:

$$(R_i + R_a)(r_1 + r_2) + r_1 r_2 + \frac{L}{C} = \frac{M}{D C}, \tag{7}$$

hingegen eine negativ gedämpfte, d. h. eine Schwingung mit immer größer werdenden Schwingungsweiten, wenn die rechte Seite dieser Gleichung größer ist als die linke.

Ist hingegen die linke Seite größer als die rechte, dann erhalten wir zwar eine gedämpfte Schwingung, jedoch von geringerer Dämpfung als ohne Rückkopplung, da diese das negative Glied in unserem Dämpfungskoeffizienten bedingt; in diesem Falle bewirkt die Rückkopplung eine *Dämpfungsverminderung*. Durch Änderung der Rückkopplung (Veränderung des $M$) kann diese Dämpfungsverminderung willkürlich beeinflußt werden.

Gleichzeitig sieht man aber aus der abgeleiteten Formel auch, daß durch eine Veränderung der Rückkopplung auch die resultierende Selbstinduktion und die resultierende Kapazität des Schwingungskreises beeinflußt wird; dadurch ändert sich mit der Rückkopplung auch die Eigenfrequenz des Schwingungskreises.

**2. Die Barkhausensche Rückkopplungsformel.** Einen anderen Weg zur Behandlung der Rückkopplung hat Barkhausen eingeschlagen, der ihn zu seiner berühmten, klassisch einfachen Rückkopplungsformel führte. Für jede Elektronenröhre gelten die in IV, 1 (5) und (6) hergeleiteten Beziehungen:

$$\mathfrak{U}_a = -\mathfrak{J}_a \mathfrak{z} \text{ und } \frac{\mathfrak{U}_g}{D} = \mathfrak{J}_a (R_i + \mathfrak{z}):$$

unter der Voraussetzung, daß kein Gitterstrom fließen kann, gilt $\mathfrak{J}_a = \mathfrak{J}$, und wir erhalten:

$$\mathfrak{J} R_i = \frac{\mathfrak{U}_g}{D} + \mathfrak{U}_a \ \ldots \ \mathfrak{J} R_i D = \mathfrak{U}_g + D \mathfrak{U}_a. \tag{1}$$

Wegen III, 2 (6) ist

$$R_i D = \frac{1}{S}$$

und somit:

$$\mathfrak{J} = S (\mathfrak{U}_g + D \mathfrak{U}_a),$$

$$\mathfrak{J} \mathfrak{z} = -\mathfrak{U}_a = S \mathfrak{z} (\mathfrak{U}_g + D \mathfrak{U}_a). \tag{2}$$

Daraus folgt:

$$-\mathfrak{U}_a (1 + S \mathfrak{z} D) = S \mathfrak{z} \mathfrak{U}_g,$$

$$-\frac{\mathfrak{U}_a}{\mathfrak{U}_g} = \frac{1}{D + \frac{1}{S \mathfrak{z}}} = \frac{1}{\mathfrak{K}}, \tag{3}$$

$$\mathfrak{K} = D + \frac{1}{S \mathfrak{z}}. \tag{4}$$

Aus dieser Formel sieht man, daß ein stationäres Schwingen einer Röhre nur möglich ist, wenn das komplexe Verhältnis aus Anodenwechselspannung zur Gitterwechselspannung einen ganz bestimmten, durch die Röhrendaten ($S$ und $D$) und die Verhältnisse des Anodenkreises ($\mathfrak{z}$) gegebenen Wert $\mathfrak{K}$ hat. Man bezeichnet $\mathfrak{K}$ als den *Rückkopplungskoeffizienten*; er gibt zunächst an, wie groß die dem Gitter der Röhre zugeführte Spannung sein muß, um im Anodenkreis der Röhre eine Schwingung von der gegebenen Anodenspannung $\mathfrak{U}_a$ zu erhalten; es muß also die Rückkopplung $M$ so eingestellt werden, daß die Beziehung (4) erfüllt ist, wenn die Schwingung ohne Einwirkung einer äußeren Gitterspannung bestehen bleiben soll. Wichtig ist, wie nochmals betont werden soll, daß $\mathfrak{K}$ nur von den Röhrendaten und der äußeren Belastung abhängt.

Seiner Definition nach ist $\mathfrak{K}$ nichts anderes als das komplexe Verhältnis der zur Erzeugung einer gegebenen Anodenspannung notwendigen Gitterspannung zu dieser Anodenspannung. Wie man nun aus (3) sieht, ist auch die Größe:

$$\mathfrak{V} = -\frac{\mathfrak{U}_a}{\mathfrak{U}_g} \tag{5}$$

*(Verstärkungsfaktor)* eine nur von Röhrendaten und äußerer Belastung abhängige Konstante. Wegen (5) und (6)

$$\mathfrak{K} = -\frac{\mathfrak{U}_g}{\mathfrak{U}_a} \tag{6}$$

ist

$$\mathfrak{V}\,\mathfrak{K} = 1; \tag{7}$$

womit wir die allgemeine Selbsterregungsformel gefunden haben.

**3. Leistung und Wirkungsgrad.** Fragen wir uns zunächst nach der Leistung, die eine rückgekoppelte Röhre im Anodenkreis abgeben kann. Bezeichnen wir, wie bisher immer, die Klemmenwechselspannung $u_a$ der Röhre dann als positiv, wenn sie, allein wirkend, einen in die Röhre hineinfließenden Strom erzeugen würde, so ist die von der Röhre abgegebene Leistung:

$$N_{\sim t} = -u_a\, i_a; \tag{1}$$

diese Leistung ist, wie man sieht, nur dann positiv, wenn Strom und Klemmenspannung entgegengesetzt gerichtet sind. Wir finden weiter:

$$N_{\sim} = -\frac{1}{T}\int_0^T u_a\, i_a\, dt = -\frac{\bar{u}_a \bar{i}_a}{2}\cos\varphi, \tag{2}$$

falls ein sinusförmiger Verlauf von Strom und Spannung vorausgesetzt werden kann. Hingegen wird von der Röhre eine bestimmte Leistung aufgenommen, die in Wärme umgesetzt wird:

$$W = \frac{1}{T}\int_0^T (J_a + i_a)(U_a + u_a)\,dt,$$

$$W = J_a U_a + \frac{\bar{i}_a \bar{u}_a}{2}\cos\varphi. \tag{3}$$

Wie aus (2) hervorgeht, ist die Röhre nur dann Generator, d. h. die abgegebene Wechselstromleistung positiv, wenn $\cos\varphi$ negativ ist; aus (3) sieht man, daß sich in diesem Falle die an der Anode entwickelte Wärme um den Betrag der abgegebenen Leistung vermindert:

$$W = J_a U_a - N_{\sim}. \tag{4}$$

Da der höchste Anodenstrom, der durch die Röhre hindurchgehen kann, durch den Sättigungsstrom $J_s$ begrenzt ist, kann die maximale Amplitude eines nach beiden Seiten symmetrischen Wechselstromes den Wert $J_s/2$ nicht überschreiten; dieser Wert hängt nur von der Stärke der Heizung ab;

$$N_{\sim\max} = -\frac{J_s u_a}{4}\cos\varphi. \tag{5}$$

Unter Wirkungsgrad der Röhre verstehen wir das Verhältnis aus der im Anodenkreis abgegebenen Wechselstromleistung $N_{\sim}$ zur gesamten aufgewendeten Gleichstromleistung $N_{gl}$, $(N_{gl} = J_a U_a)$

$$N_a = N_{\sim} + W, \tag{6}$$

$$\eta = \frac{N_{\sim}}{N_a}. \tag{7}$$

## VI. Röhrengeneratoren.

**1. Schwingungserzeugung durch Röhrengeneratoren.** Die Betrachtungen des letzten Abschnittes sind nicht davon abhängig, daß es sich um rückgekoppelte Röhren handelt, sie gelten vielmehr vollkommen allgemein. Wir wollen deshalb im folgenden zunächst keine Rücksicht darauf nehmen, auf welche Weise wir uns die notwendige komplexe Gitterspannung schaffen, sondern uns nur mit den Fragen befassen, die zu lösen sind, wenn wir die Elektronenröhre als hochwertigen Generator hochfrequenter Schwingungen verwenden wollen.

Mehr als in den bisher behandelten Fällen muß hier berücksichtigt werden, daß in den Röhren eine Überlagerung von Gleich- und Wechselströmen und -spannungen stattfindet. Es sind somit die Augenblickswerte der vorkommenden Größen durch die folgenden Beziehungen gegeben:

$i_{ges} = J + i$ der Emissionsstrom,

$i_{a\,ges} = J_a + i_a$ der Anodenstrom,

$u_{a\,ges} = U_a + u_a$ die Anodenspannung,

$u_{g\,ges} = U_g + u_g$ die Gitterspannung,

$u_{st\,ges} = U_{st} + u_{st}$ die Steuerspannung,

. . . . . . . . . . . . . . . . . . . . . . . . . . . . . . . . . . .

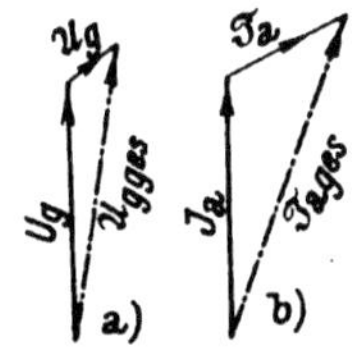


Abb. 52. a) Gesamte Gitterspannung; b) gesamter Anodenstrom. Die mit lateinischen Buchstaben bezeichneten Größen nehmen an der Drehung der Vektoren nicht teil.

Aus diesen Gleichungen folgen unmittelbar die entsprechenden komplexen Gleichungen für die Höchstwerte, z. B.:

$$\mathfrak{J}_{a\,ges} = J_a + \mathfrak{J}_a; \quad \mathfrak{U}_{g\,ges} = U_g + \mathfrak{U}_g;$$

in Abb. 52 sind die entsprechenden Vektoren dargestellt.

Damit eine Röhre Generator für hochfrequente Schwingungen werden kann, müssen verschiedene Bedingungen erfüllt sein, die wir im folgenden zu behandeln haben. Als erste müssen wir in Betracht ziehen, daß auch auf Generatorröhren das allgemeine Grundgesetz anzuwenden ist, das wir in III, 1 (14) gefunden haben und das wir für den geradlinigen Teil der Kennlinie in der folgenden Form schreiben können:

$$i_{a\,ges} = S(u_{g\,ges} + D u_{a\,ges}) = S u_{st\,ges}, \quad (1)$$

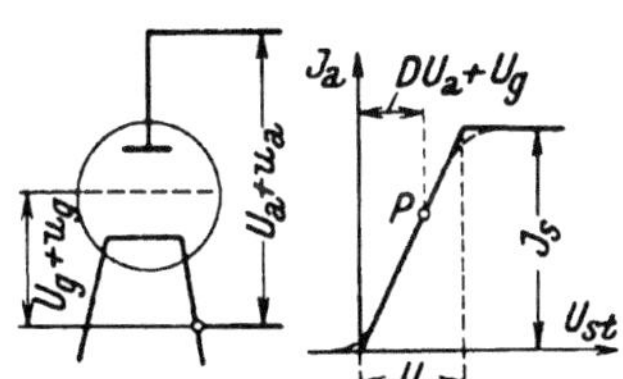


Abb. 53. Generatorröhre und idealisierte Kennlinie.

wobei wir uns, was für die folgenden Untersuchungen vollkommen genügt, die Kennlinie, wie in Abb. 53 zu sehen, etwas vereinfachen.

Als weitere Bedingung kommt hinzu, daß eine Röhre, wie im letzten Abschnitt von V gezeigt wurde, nur dann Generator sein kann, wenn die Phasenverschiebung $\varphi$ zwischen Anodenwechselspannung $\mathfrak{U}_a$ und dem Anodenwechselstrom $\mathfrak{J}_a$ zwischen $90^0$ und $270^0$ liegt, entsprechend einem negativen Leistungsfaktor $\cos\varphi$; hingegen ist die Steuerspannung $\mathfrak{U}_{st}$ immer in Phase mit $\mathfrak{J}_a$, da die Elektronen, die den Strom bilden, dem Zuge des resultierenden Feldes, das die Steuerspannung erzeugt, *trägheitslos* folgen, wenigstens für alle Frequenzen, die für uns in Betracht kommen. Es ergibt sich somit der in dem Diagramm Abb. 54 dargestellte Zusammenhang zwischen den Wechselstromgrößen der Röhre, der durch die folgende, aus (1) sich ergebende Formel beschrieben wird:

$$\mathfrak{U}_{st} = \mathfrak{U}_g + D\,\mathfrak{U}_a. \tag{2}$$

Für das richtige Arbeiten der Röhre ist die Erfüllung einer weiteren Bedingung notwendig: es muß der *überspannte Zustand* der Röhre vermieden werden. Wir verstehen unter „überspanntem Zustand“ den Fall, daß die augenblickliche Anodenspannung geringer ist als die augenblickliche Gitterspannung. Dann geht der größte Teil des Emissionsstromes statt zur Anode zum Gitter, was nicht sein darf.

Abb. 54. Diagramm der Wechselstromgrößen bei Verwendung einer Röhre als Generator.

Für die folgenden Betrachtungen genügt es, den ungünstigsten Fall, $\varphi = 180^0$, vorauszusetzen, der dann gegeben ist, wenn der Anodenkreis entweder nur mit Ohmschen Widerständen oder mit abgestimmten Schwingungskreisen belastet ist. Dann reduziert sich die vektorielle Addition (2) auf eine rein algebraische Subtraktion:

$$u_{st} = u_g - D u_a. \tag{3}$$

Der überspannte Zustand ist dann mit Sicherheit vermieden, wenn in jedem Augenblick:

$$u_{g\,ges} \leqq u_{a\,ges}. \tag{4}$$

Der gefährlichste Augenblick ist nun ohne Zweifel jener, in dem die Anodenspannung ihr Minimum erreicht, denn in diesem Augenblick hat der Anodenstrom und damit die Steuerspannung (wegen der Phasengleichheit von $\mathfrak{J}_a$ und $\mathfrak{U}_{st}$) und mit ihr wegen (3) auch die Gitterspannung ihr Maximum. Somit ist:

$$U_g + \bar{u}_g \leqq U_a - \bar{u}_a. \tag{5}$$

Im Grenzfall des überspannten Zustandes gilt also:

$$U_g + \bar{u}_g = U_a - \bar{u}_a. \tag{6}$$

Wenn die Anodenspannung den aus dieser Gleichung folgenden Wert hat, dann ist die Röhre *bezüglich der Spannung voll ausgesteuert*; wenn das Ungleichheitszeichen in (5) gilt, ist die Röhre nicht voll ausgesteuert.

Wir wenden uns nun der Betrachtung des Stromes zu. Wir wollen annehmen, daß wir mit Hilfe der Anoden- und Gittervorspannung einen bestimmten Arbeitspunkt auf der Kennlinie eingestellt hätten, und lassen nun eine sinusförmige Steuerspannung $\mathfrak{U}_{st}$ einwirken; sie wird einen Anodenstrom zur Folge haben, der aus der Kennlinie sofort zu entnehmen ist; er wird ebenfalls sinusförmig sein, solange der geradlinige Teil der Kennlinie nicht überschritten wird. Wir nennen die unter der letzten Voraussetzung gewonnenen Schwingungen des Anodenstromes *Schwingungen erster Art* zum Unterschied von den *Schwingungen zweiter Art*, die wir erhalten, wenn der geradlinige Teil der Kennlinie irgendwie überschritten wird. Aus der (idealisierten) Kennlinie (Abb. 53) lesen wir unmittelbar ab, daß der Übergang von Schwingungen erster zu Schwingungen zweiter Art dann erfolgt, wenn:

$$\bar{u}_{st\,ges} = U_s. \tag{7}$$

Es ist dann der maximale Anodenstrom gleich dem Sättigungsstrom $J_s$; wir sagen, der *Strom ist voll ausgesteuert.*

Wenn nun die beiden Bedingungen des eben voll ausgesteuerten Stromes und Vermeidung des überspannten Zustandes gleichzeitig erfüllt sein sollen, so müssen die entsprechenden Gl. (5) und (7) gleichzeitig gelten; es muß sein:

$$U_g + \bar{u}_g + D\,(U_a - u_a) = U_s$$

wegen (7), worin wegen des kleinen Durchgriffes $D$ das mit $D$ multiplizierte Glied vernachlässigt werden kann:

$$U_g + \bar{u}_g = U_s,$$

während aus (5) folgt:

$$U_a - \bar{u}_a \geqq U_g + \bar{u}_g,$$

somit:

$$U_a - \bar{u}_a > U_s \ldots \bar{u}_a \leqq U_a - U_s. \tag{8}$$

Man sieht, daß die Amplitude der Anodenspannung höchstens gleich der Differenz $U_a - U_s$ sein darf, wenn der überspannte Zustand vermieden werden soll. Es kann also die Anodengleichspannung immer nur bis zu jenem Wert ausgenützt werden, der der Sättigungsspannung der verwendeten Röhre entspricht. Um hohe Wirkungsgrade zu erreichen, muß daher die Anodengleichspannung so hoch gewählt werden, daß die Sättigungsspannung dagegen keine Rolle spielt.

Für die folgenden Betrachtungen nehmen wir an, wir hätten den Arbeitspunkt $P$ in die Mitte der Kennlinie geschoben und überlagern nun eine Steuerwechselspannung von solcher Größe, daß der Strom gerade voll ausgesteuert ist:

$$\bar{i}_a = \frac{J_s}{2}. \tag{9}$$

Wie weit nun bei voll ausgesteuertem Strom die Spannung ausgesteuert ist, hängt von dem Widerstand $\mathfrak{z}$ des Anodenkreises ab, da:

$$\mathfrak{U}_a = -\mathfrak{J}_a \mathfrak{z}. \tag{10}$$

Damit auch die Spannung voll ausgesteuert ist, muß $\mathfrak{z}$ einen bestimmten Wert $\mathfrak{z}_{gr}$ haben, den man als *Grenzwiderstand* bezeichnet; wegen (8), (9) und (10) gilt:

$$|\mathfrak{z}_{gr}| = \frac{U_a - U_s}{\frac{J_s}{2}} = 2\,\frac{U_a - U_s}{J_s}. \tag{11}$$

Ist bei voll ausgesteuertem Strom $\mathfrak{z} > \mathfrak{z}_{gr}$, dann haben wir überspannten, bei $\mathfrak{z} < \mathfrak{z}_{gr}$ unterspannten Zustand.

Wir haben bisher nur die Steuerspannung in Betracht gezogen und wollen nun untersuchen, ob auch für die Gitterspannung allein gewisse Gesetzmäßigkeiten bestehen. Für die folgenden Betrachtungen wollen wir wieder voraussetzen, daß der Arbeitspunkt $P$ in die Mitte des geradlinigen Teiles der Kennlinie versetzt worden sei, ferner rein Ohmsche Belastung im Anodenkreis und voll ausgesteuerten Strom. Aus der letzten Bedingung folgt:

$$\bar{u}_{st} = \frac{U_s}{2}. \tag{12}$$

Bezeichnen wir die zugehörige Gitterspannung mit $u_{g\,gr}$, *Grenzgitterspannung*, d. i. die Gitterspannung, die bei gegebenen Verhältnissen im Anodenkreis nicht überschritten werden darf, wenn Schwingungen erster Art zustande kommen sollen, dann ist:

$$\bar{u}_{st} = \bar{u}_{g\,gr} - D\,\bar{u}_a = \frac{U_s}{2}. \tag{13}$$

Wegen der Lage des Arbeitspunktes auf der Kennlinie ist weiter

$$U_g + D\,U_a = \frac{U_s}{2}. \tag{14}$$

Durch Addition von (13) und (14) ergibt sich somit:

$$U_g + \bar{u}_{g\,gr} + D\,(U_a - \bar{u}_a) = U_s. \tag{15}$$

Im Grenzfall des überspannten Zustandes gilt aber (8) mit dem Gleichheitszeichen, es ist also:

$$U_g + \bar{u}_{g\,gr} = U_s\,(1 - D)$$

oder

$$\bar{u}_{g\,gr} = U_s\,(1 - D) - U_g. \qquad (16)$$

Im Falle eines sehr kleinen Durchgriffes und $U_g = 0$ wird daraus wegen (12):

$$\bar{u}_{g\,gr} = U_s = 2\,\bar{u}_{st}. \qquad (17)$$

Diese Gitterspannung muß der Röhre aufgedrückt werden, wenn Strom und Spannung eben voll ausgesteuert sein sollen; wird die Gitterspannung durch Rückkopplung erzeugt, so muß diese so eingestellt sein, daß die Gitterspannung den durch (17) vorgeschriebenen Wert erreicht.

Wir wollen für den zuletzt besprochenen Fall der bezüglich Strom und Spannung eben voll ausgesteuerten Röhre noch den nach V, 3 (7) definierten Wirkungsgrad rechnen. Darnach ist:

$$\eta = \frac{N_\sim}{N_a}. \qquad (18)$$

Nach (8) ist

$$\bar{u}_a = U_a - U_s$$

und wenn wir $U_s$ gegen $U_a$ in erster Annäherung vernachlässigen:

$$\bar{u}_a = U_a \qquad (19)$$

und wegen der Lage des Arbeitspunktes im Mittelpunkt des geradlinigen Teiles der Kennlinie und eben voll ausgesteuertem Strom:

$$\bar{i}_a = \frac{J_s}{2} = J_a; \qquad (20)$$

somit ist:

$$N_a = U_a \frac{J_a}{2}, \quad N_\sim = \frac{\bar{u}_a J_s}{4} = \frac{U_a J_s}{4},$$

$$\eta = \frac{1}{2}. \qquad (21)$$

Wir erhalten also, wenn wir uns auf Schwingungen erster Art beschränken, auch im günstigsten Fall der bezüglich Strom und Spannung voll ausgesteuerten Röhre nur einen Wirkungsgrad von $\frac{1}{2}$. Die Verhältnisse von Strom, Spannungen und Leistung gehen aus Abb. 55 deutlich hervor. Der Maßstab für $u_a$ ist in dieser Abbildung so gewählt, daß $\bar{i}_a$ und $\bar{u}_a$ durch gleich große Strecken abgebildet sind.

Da wir bei der Ableitung von (21) $U_s$ gegen $U_a$ vernachlässigt haben, ist $\bar{u}_a$ in Wirklichkeit $< U_a$ und somit ist tatsächlich $\eta$ immer $< \frac{1}{2}$.

Es entsteht nun die Frage, ob es nicht möglich ist, den Wirkungsgrad über $\frac{1}{2}$ hinaus zu steigern. Es wird sich zeigen, daß dies wohl möglich ist, wenn wir nämlich zu Schwingungen zweiter Art übergehen. Diese sind dadurch gekennzeichnet, daß der geradlinige Teil der Kennlinie irgendwie überschritten wird, indem z. B.

$$\bar{u}_{st\,ges} > U_s, \tag{22}$$

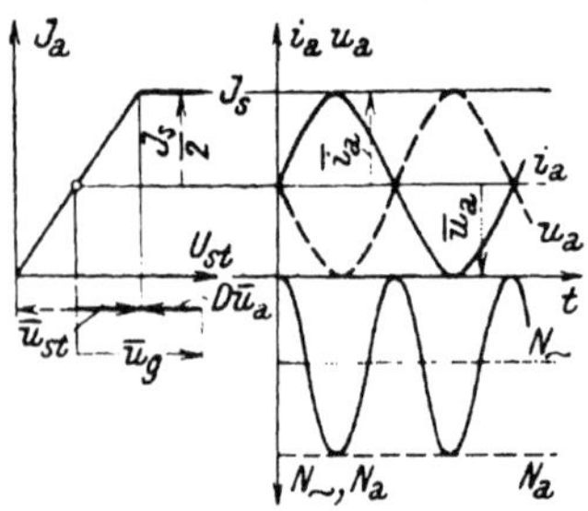

Abb. 55. Schwingungen erster Art.

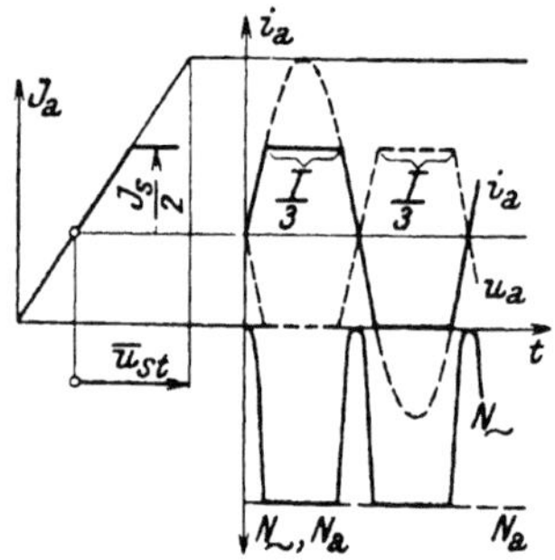

Abb. 56. Schwingungen zweiter Art.

was bei Vermeidung des überspannten Zustandes dadurch erreicht werden kann, daß die Gitterspannung über die Grenzgitterspannung hinaus gesteigert wird. Wir wollen nun den Fall betrachten, daß der Arbeitspunkt in der Mitte des geradlinigen Teiles der Kennlinie liegt und als Belastung ein abgest. Resonanzkreis, dessen Widerstand von der Größe des Grenzwiderstandes ist, eingeschaltet wird; wir wählen $\bar{u}_{st} = 2\,U_s$. Aus Abb. 56 sehen wir, daß wir in diesem Falle eine trapezförmige Stromkurve erhalten; diese Kurve können wir nach dem Fourierschen Theorem in Grund- und Oberschwingungen zerlegen. Ist aber der Resonanzkreis im Anodenkreis auf die Grundschwingung abgestimmt, so kommt in ihm praktisch nur diese zur Ausbildung, während er für alle Oberschwingungen nahezu wie ein Kurzschluß wirkt.

Unter den angeführten Voraussetzungen erhalten wir einen Strom, der anfangs sinusförmig ansteigt, bis er nach der Zeit $t = \frac{\pi}{6\,\omega}$ den Wert des Sättigungsstromes erreicht, auf welchem

Wert er bis $t = \frac{5\pi}{6\omega}$ verbleibt, um sodann wieder sinusförmig bis zum Wert $i_a = 0$ abzufallen; den vollkommen entsprechenden Verlauf nimmt die Anodenspannung $u_a$; somit ist bis $t = \frac{\pi}{6\omega}$:

$$i_a = J_s \sin \omega t; \quad u_a = -2\, U_a \sin \omega t;$$

$$N_{\sim t} = 2\, U_a J_s \sin^2 \omega t.$$

Die in dieser Zeit geleistete Arbeit ist daher

$$A_{1\sim} = J_s U_a \int\limits_0^{\omega t = \frac{\pi}{6}} 2 \sin^2 \omega t\, dt = J_s U_a \int\limits_0^{\omega t = \frac{\pi}{6}} (1 - \cos 2\omega t)\, dt,$$

$$A_{1\sim} = \frac{J_s U_a}{\omega} \left( \frac{\pi}{6} - \frac{\sqrt{3}}{4} \right) = \frac{J_s U_a}{\omega} 0{,}089.$$

Sodann bleibt die Leistung konstant bis $t = \frac{5\pi}{6\omega}$, wir rechnen jedoch nur die Arbeit je $^1/_4$ Periode, da sich alle Leistungsverhältnisse nach dieser Zeit wiederholen. Somit ist:

$$A_{2\sim} = \frac{J_s}{2} U_a \frac{\pi}{3\omega} = \frac{J_s U_a}{\omega} 0{,}524$$

und

$$A_{\sim} = \frac{J_s U_a}{\omega} 0{,}613.$$

Hingegen ist die in derselben Zeit aufgewendete Gleichstromarbeit:

$$A = \frac{J_s}{2} U_a \frac{\pi}{2\omega} = \frac{J_s U_a}{\omega} 0{,}784.$$

Wir erhalten also einen Wirkungsgrad:

$$\eta = \frac{A_\sim}{A} = 0{,}783 \tag{23}$$

und sehen, daß wir bei Verwendung von Schwingungen zweiter Art zu wesentlich höheren Wirkungsgraden kommen, als bei Schwingungen erster Art erreichbar sind.

Um den Wirkungsgrad der Röhre noch weiter zu verbessern, kann man den Arbeitspunkt auf der Kennlinie weiter gegen den Ursprung oder sogar ins Negative verschieben; es zeigt sich aber der Nachteil, daß sich in diesem Fall die Schwingungen nur schwer bzw. gar nicht von selbst erregen, da der Arbeitspunkt an Stellen geringerer Steilheit der Kennlinie liegt. Jedoch soll auf diese Weiterungen nicht näher eingegangen werden.

Hingegen möge hier eine andere Bemerkung Platz finden. Bei der Verstärkerröhre haben wir gesehen, daß man durch Anwendung einer negativen Gittervorspannung den ganzen geradlinigen Teil der Kennlinie in das Gebiet negativer Gitterspannungen verschiebt, so daß kein Gitterstrom fließen kann. Auch bei unseren bisherigen Betrachtungen über die Generatorröhren haben wir eigentlich stillschweigend vorausgesetzt, daß dies ebenfalls der Fall sei. Nun ist es jedoch hier nicht durchwegs günstig, mit negativen Gittervorspannungen zu arbeiten. Wir zeigen dies durch die folgenden Überlegungen, wobei wir nur voraussetzen, daß wir Schwingungen erster Art erzeugen wollen und daß der Arbeitspunkt in der Mitte des geradlinigen Teiles der Kennlinie liege. $J_s$ und $U_s$ seien durch die Röhre gegeben. Damit die zuletzt angeführte Bedingung gelte, muß sein:

$$U_{st} = U_g + D\,U_a = \frac{1}{2}\,U_s. \tag{24}$$

Damit der Strom eben voll ausgesteuert sei, muß sein:

$$\bar{u}_{st} = \bar{u}_g - D\,\bar{u}_a = \frac{1}{2}\,U_s. \tag{25}$$

Durch Addition ergibt sich:

$$U_g + \bar{u}_g + D\,(U_a - \bar{u}_a) = U_s. \tag{26}$$

Soll nun das Gitter höchstens die Spannung Null erhalten können, so muß sein:

$$U_g + \bar{u}_g = 0 \tag{27}$$

und somit ist nach (26)

$$U_a - \bar{u}_a = \frac{U_s}{D}. \tag{28}$$

Auf der linken Seite der letzten Gleichung steht aber jener Rest der Anodenspannung, der nicht ausnützbar ist, und dieser ist um so größer, je kleiner der Durchgriff ist. Lassen wir jedoch auch positive Gitterspannungen zu, so erhalten wir aus (26):

$$U_a - \bar{u}_a = \frac{1}{D}\,\{U_s - (U_g + \bar{u}_g)\} \tag{29}$$

d. h. der nicht ausnützbare Anteil der Anodenspannung wird bei gegebenem Durchgriff um so kleiner, je größer der Maximalwert der Gitterspannung ist. Wir werden also, um mögliche Wirkungsgrade zu erhalten, positive Gitterspannungen und damit einen Gitterstrom bei Generatorröhren zulassen müssen. Dementsprechend muß auch zur Steuerung dieser Röhren eine gewisse Leistung aufgewendet werden, die jedoch klein bleibt, solange nur der überspannte Zustand der Röhre sicher vermieden ist, und es muß das Gitter so dimensioniert sein, daß es diese Gitterleistung auch aufnehmen kann, ohne sich unzulässig zu erwärmen.

**2. Rückkopplungsschaltungen.** Wir haben also gesehen, daß man eine Elektronenröhre als Schwingungserzeuger verwenden kann, wenn man auf das Gitter der Röhre eine entsprechende Wechselspannung der gewünschten Frequenz einwirken läßt. Die Phase dieser Spannung muß so gewählt sein, daß ein Anodenstrom zustande kommt, der mit der Anodenwechselspannung nahezu in Gegenphase ist. Wir wollen nun im folgenden einige Schaltungen besprechen, mit denen es möglich ist, die notwendige Gitterspannung durch Rückkopplung aus dem Anodenkreis zu entnehmen. Wir haben bisher nur den Fall der sogenannten *transformatorischen Rückkopplung* kennengelernt. Das magnetische Feld des Stromes in einem im Anodenkreis der Generatorröhre liegenden Schwingungskreis wirkt auf eine im Gitterkreis liegende, richtig angeschlossene Spule induzierend ein. Es soll diese Schaltung so abgeändert werden, daß ein Autotransformator (Spartransformator = Transformator mit teilweise zusammengelegter Primär- und Sekundärwicklung) zur Verwendung kommt. Man erhält auf diese Weise die *Dreipunktschaltung* von Alexander Meißner (die Spule ist an drei Punkten angeschlossen). In Abb. 57 ist diese Schaltung dargestellt. In dieser Abbildung ist beispielsweise die Anodenspannungsquelle so angeschlossen, daß der Anodengleichstrom von dem eigentlichen Schwingungskreis durch einen Blockkondensator $C_c$ abgeriegelt ist; Drosselspulen großer Selbstinduktion sperren den Gleichstromkreis praktisch vollkommen für die Hochfrequenz des Schwingungskreises. Der Blockkondensator $C_c$ muß so groß gewählt werden, daß er die hochfrequenten Wechselströme ungehindert hindurchläßt. Bekanntlich beträgt ja der kapazitive Widerstand eines Kondensators $\frac{1}{\omega C}$, nimmt also mit zunehmender Frequenz und zunehmender Kapazität ab.

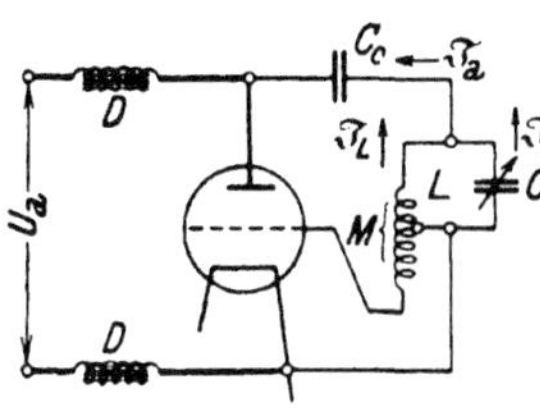

Abb. 57. Dreipunktschaltung.

Wichtig ist auch hier, daß die Spule richtig angeschlossen ist, da sonst kein schwingfähiges System entsteht. In V, 1 (6) muß nämlich das mit $\frac{d i_1}{d t}$ multiplizierte Glied verschwinden.

In Abb. 58 ist das Diagramm der Dreipunktschaltung gezeichnet. Wir gehen von der negativen Anodenwechselspannung $-\mathfrak{U}_a$ aus, die als Klemmenspannung für den äußeren Stromkreis wirkt. Somit können alle Ströme, die unter dem Einfluß dieser Spannung im Anodenkreis fließen, um höchstens $\pm \frac{\pi}{2}$ gegen sie in der Phase verschoben sein, es müssen daher die entsprechenden Vektoren und somit auch der des resultierenden Anodenstromes im ersten oder zweiten Quadranten liegen. Soll nun die Gitterspannung durch gegenseitige Induktion erzeugt werden, so liegt der entsprechende Vektor im vierten Quadranten, diese Spannung muß daher verkehrt angeschaltet werden. Somit liegen bei der Dreipunktschaltung die Vektoren der Steuerspannung und des Anodenstromes $\mathfrak{J}_a$ im zweiten Quadranten.

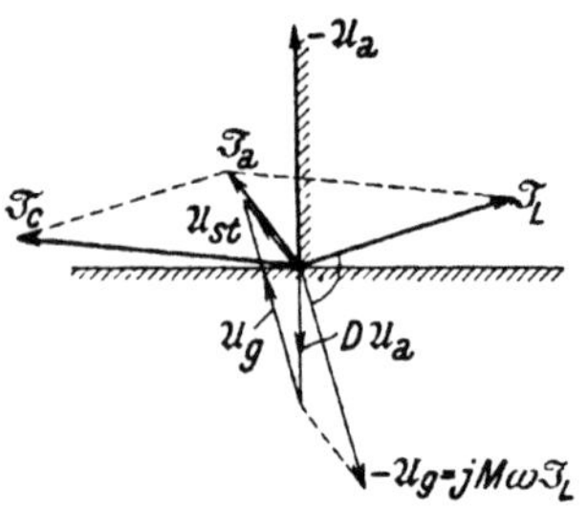

Abb. 58. Diagramm der Dreipunktschaltung.

Gehen wir also von der gewünschten Anodenwechselspannung $\mathfrak{U}_a$ oder $-\mathfrak{U}_a$ aus und setzen wir voraus, daß die eingeschaltete Selbstinduktion konstant, die Kapazität hingegen veränderlich sei. Die gegebene Klemmenspannung $-\mathfrak{U}_a$ erzeugt nun in der Induktionsspule den Strom $\mathfrak{J}_L$, der gegen $-\mathfrak{U}_a$ sehr stark nacheilt; das von ihm erzeugte magnetische Feld wirkt induzierend auf die Gitterspule ein, wo es die EMK $-\mathfrak{U}_g$ hervorruft ($\perp \mathfrak{J}_L$). Durch die Anodenwechselspannung ebenfalls gegeben ist die Anodenrückwirkung $D\mathfrak{U}_a$, die sich mit der Gitterspannung $\mathfrak{U}_g$ zur Steuerspannung $\mathfrak{U}_{st} = \mathfrak{U}_g + D\mathfrak{U}_a$ ergänzt. Zu dieser Steuerspannung gehört ein ganz bestimmter Emissionsstrom, den wir unter Vernachlässigung eines gegebenenfalls auftretenden Gitterstromes mit dem Anodenstrom $\mathfrak{J}_a$ gleichsetzen wollen, und der aus der Röhrenkennlinie entnommen werden kann. Durch $\mathfrak{J}_a$ und $\mathfrak{J}_L$ ist der Strom $\mathfrak{J}_C$ bestimmt, der im Kondensatorzweig fließen muß, damit der richtige Gesamtstrom $\mathfrak{J}_a$ zustande kommt; es muß dann der Drehkondensator so eingestellt werden, daß dieser kapazitive Strom unter dem Einfluß der gegebenen Anodenspannung fließt. Die richtige Phasenlage muß man sich durch einen kleinen Widerstand eingestellt denken.

Weitere Möglichkeiten der Gewinnung der Gitterspannung durch Rückkopplung erhält man durch Spannungsteilung, nämlich durch geeignete Teilung der Spannung $-\mathfrak{U}_a$. Soll der Endpunkt des $\mathfrak{J}_a$-Vektors wie vorhin im zweiten Quadranten liegen, dann muß die Gitterspannung an einer Kapazität $C_1$ abgenommen werden, die mit einer Selbstinduktionsspule $L$ in Serie an $-\mathfrak{U}_a$ liegt (Abb. 59). In diesem Fall muß dem Gittergleichstrom ein Weg zur Kathode geschaffen werden; dies geschieht über die Hochfrequenzdrossel $D_g$; ferner müssen wieder der Anodengleichstrom vom Wechselstromkreis durch den Blockkondensator $C_0$, und die Hochfrequenz vom Gleichstromkreis durch die Eisendrosseln $D$ abgeriegelt sein.

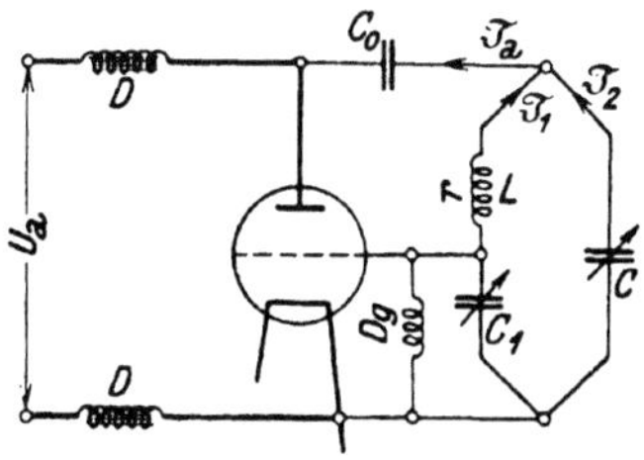


Abb. 59. Abnahme der Gitterspannung an einer Kapazität. Schaltung.

Das Diagramm dieser Schaltung ist in Abb. 60 gezeichnet. Die Klemmenspannung $-\mathfrak{U}_a$ zerfällt in die drei Komponenten $-\mathfrak{U}_L$ zur Überwindung des induktiven, $\mathfrak{J}_1 r$ zur Überwindung des Ohmschen, und $-\mathfrak{U}_{C1}$ zur Überwindung des kapazitiven Widerstandes des Kondensators $C_1$. Der resultierende Anodenstrom setzt sich wieder aus den beiden Teilströmen $\mathfrak{J}_1$ und $\mathfrak{J}_2$ zusammen. Die Gitterspannung $\mathfrak{U}_g = \mathfrak{U}_{C1}$ eilt gegen $\mathfrak{J}_1$ um $90^0$ vor. Als gegeben nehmen wir die Klemmenspannung $-\mathfrak{U}_a$ und den Strom $\mathfrak{J}_a$ an; aus der Kennlinie folgt dann die notwendige Steuerspannung $\mathfrak{U}_{st}$ und damit auch die notwendige Gitterspannung $\mathfrak{U}_g = \mathfrak{U}_{C1}$, da die Anodenrückwirkung $D\mathfrak{U}_a$ ebenfalls bekannt ist. Die Größen $L$, $C_1$ und $C$ müssen so eingestellt sein, daß tatsächlich unter dem Einfluß von $-\mathfrak{U}_a$ die notwendigen Ströme $\mathfrak{J}_1$ und $\mathfrak{J}_2$ zu fließen kommen; zunächst ist $\mathfrak{J}_1 \perp \mathfrak{U}_g$ und durch diese Gitterspannung

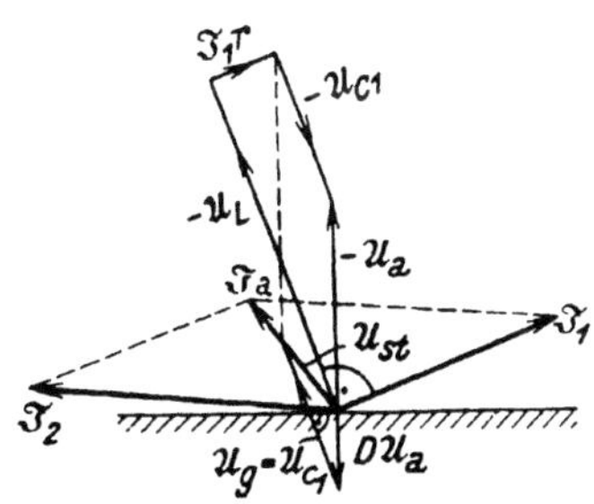


Abb. 60. Abnahme der Gitterspannung an einer Kapazität. Diagramm.

eindeutig gegeben: $\mathfrak{J}_1 = -\mathfrak{U}_{C1}\,\omega\,C_1$; aus $\mathfrak{J}_a$ und $\mathfrak{J}_1$ ist dann der notwendige Strom $\mathfrak{J}_2$, und weiters sind durch $\mathfrak{J}_1$ auch die drei Komponenten der Klemmenspannung eindeutig bestimmt.

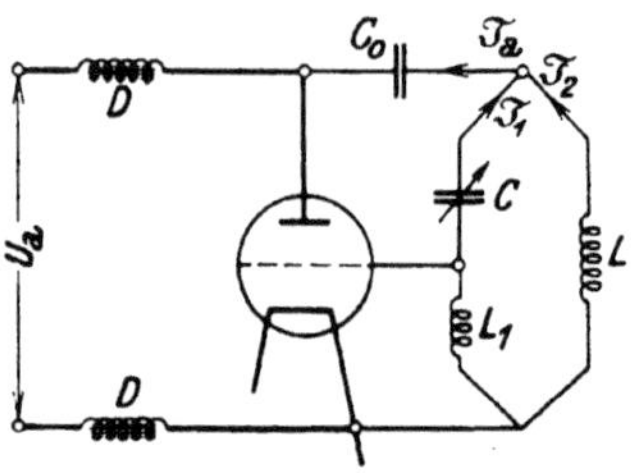


Abb. 61. Abnahme der Gitterspannung an einer Drossel. Schaltung.

Aus dem Diagramm sieht man, daß der in Abb. 59 gezeichnete Kondensator $C$ wirklich notwendig ist; er hat die Aufgabe, den resultierenden Strom in den zweiten Quadranten zu verschieben, wo er liegen muß, wenn die Gitterspannung durch den im ersten Quadranten liegenden Strom $\mathfrak{J}_1$ erzeugt wird.

Auch die Umkehrung dieser Schaltung, bei der die Gitterspannung an einer Induktionsspule abgenommen wird, ist möglich und wird verwendet. In diesem Falle entfällt die Gitterdrossel, jedoch muß an der Stelle der Kapazität $C$ hier eine Selbstinduktion verwendet werden, um den Strom in die richtige Lage zu verschieben. Schaltung und Diagramm sind in den Abb. 61 und 62 dargestellt, eine weitere Erklärung kann füglich unterbleiben, jedoch soll noch folgende Bemerkung Platz finden. Ist die Kapazität $C$ klein, so wird die Phasenverschiebung des Stromes $\mathfrak{J}_1$ kapazitiv sein, somit kann die an $L_1$ abgenommene Gitterspannung nur so gerichtet sein, daß ihr Vektor im ersten Quadranten liegt; es muß demnach $\mathfrak{J}_a$ ebenfalls im ersten Quadranten liegen, d. h. induktiv gegen $-\mathfrak{U}_a$ verschoben sein, was nur möglich ist, wenn der zweite Teilstrom $\mathfrak{J}_2$ sehr stark induktiv verschoben ist. Seine Phasenverschiebung kann durch einen parallel zu $L$ geschalteten Kondensator $C'$ beeinflußt werden, und ebenso kann auch zur Regelung ein Kondensator $C_1'$ parallel zu $L_1$ gelegt werden, jedoch muß die Phasenverschiebung von $\mathfrak{U}_g$ gegen $-\mathfrak{U}_a$ induktiv bleiben. Wir gelangen auf diese Weise zu der in Abb. 63 gezeichneten

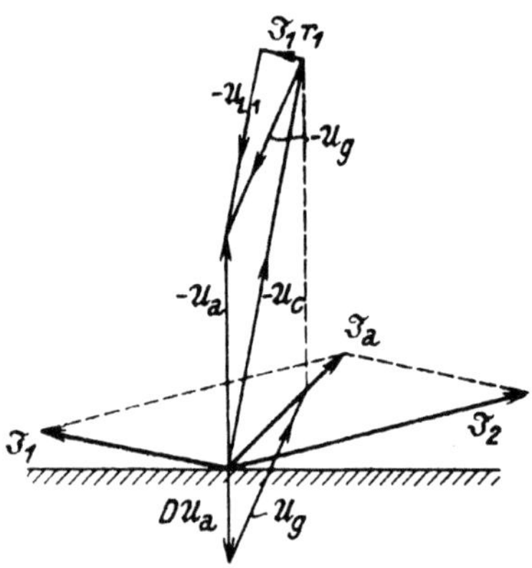


Abb. 62. Abnahme der Gitterspannung an einer Drossel. Diagramm.

Schaltung. Da $-\mathfrak{U}_g$ gegen $\mathfrak{J}_1$ voreilen muß, darf der Gitterschwingungskreis nicht auf Resonanz, sondern muß so abgestimmt sein, daß die Induktivität überwiegt. Bei der Parallelschaltung von Selbstinduktion und Kapazität überwiegt aber dann die Induktivität, wenn die Frequenz kleiner ist als die sich aus $L$ und $C$ ergebende Resonanzfrequenz. Es können sich somit nur Schwingungen erregen, deren Frequenzen geringer sind als die Resonanzfrequenzen der Schwingungskreise $L_1 C_1'$ und $LC'$.

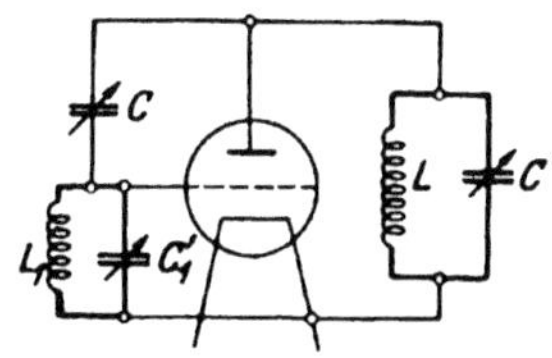

Abb. 63. Abnahme der Gitterspannung an einem Schwingungskreis.

**3. Die Huth-Kühn-Schaltung.** Diese Schaltung geht aus der zuletzt besprochenen Schaltung hervor, wenn man den Rückkopplungskondensator $C$ wegläßt; es ist dann keine äußere Rückkopplung vorhanden, und doch haben wir es mit einer Rückkopplung zu tun (Abb. 64). In Abb. 63 ist der Kondensator $C$ nur ein Teil der zwischen Anode und Gitter vorhandenen Kapazität, da ja das Gitter selbst gegen die Anode eine gewisse Kapazität hat, durch die eine Rückwirkung des Anoden- auf den Gitterkreis erfolgen kann. Der Mechanismus dieser Rückwirkung besteht darin, daß die geladene Anode auf dem Gitter Ladungen des entgegengesetzten Vorzeichens influiert, so daß die Rückkopplung auch mit der richtigen Phase erfolgt.

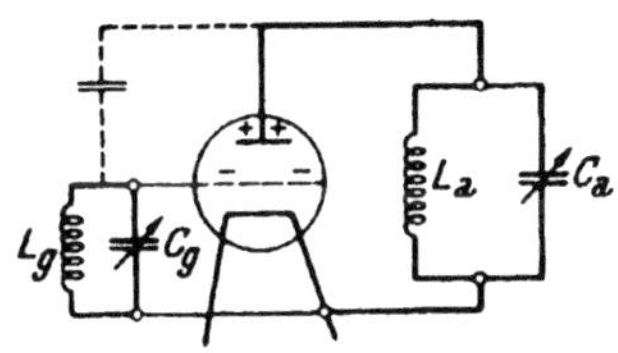

Abb. 64. Die Huth-Kühn-Schaltung.

Die in der Huth-Kühnschen Schaltung praktisch verwertete Anoden-Gitter-Rückwirkung macht sich jedoch in vielen Fällen unliebsam bemerkbar, indem sie oft eine unerwünschte Rückkopplung bildet und zu „wilden" Schwingungen Anlaß gibt. Es gibt dagegen zwei Mittel. Das eine, auf das wir bei Sende- und Empfängerschaltungen noch zu sprechen kommen werden, ist die Anwendung eines geeignet geschalteten Kondensators, dessen Kapazität die Gitter-Anoden-Kapazität gerade kompensiert oder neutralisiert (*Neutrodynkondensator*), das andere besteht in der Anordnung eines *Schirmgitters* zwischen Anode und Steuergitter, das, auf etwas geringerer als der Anodenspannung liegend, das Steuergitter gegen Influenzwirkungen von der Anode aus vollkommen abschirmt. Dieses Schirmgitter hat jedoch einen fühlbaren Nachteil. Die mit großer Geschwindigkeit auf die Anode auftreffenden Elektronen lösen dort Sekundärelektronen aus, die auf das positiv geladene Schirmgitter übergehen. Dieser Strom der Sekundärelektronen aber ist dem Anodenstrom gerade entgegengesetzt gerichtet und schwächt ihn daher, wodurch die Steilheit der Kennlinie wesentlich vermindert wird. Um ihn zu unterdrücken, kann zwischen Schirmgitter und Anode ein weiteres Gitter, das *Bremsgitter*, angeordnet werden, das mit der Kathode verbunden ist und die Sekundärelektronen zur Anode zurücktreibt; damit ist die Steilheit der Kennlinie gerettet, ohne daß die Anodenrückwirkung auf das Steuergitter zu fürchten wäre. Wir gelangen auf diesem Weg zu einer Röhre mit drei Gittern und fünf Elektroden, zu einer *Penthode*. In Abb. 65 ist eine indirekt geheizte Penthode dargestellt.

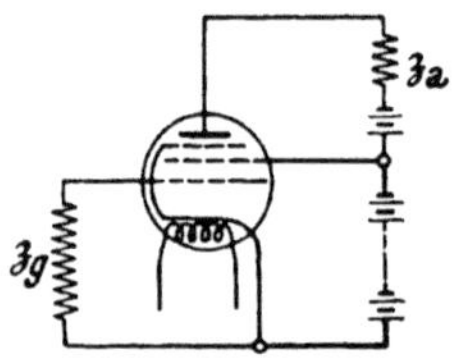

Abb. 65. Penthode.

**4. Der piezoelektrische Effekt und seine Anwendung.** Unter dem „*piezoelektrischen Effekt*" verstehen wir eine Erscheinung, die darin besteht, daß auf Flächen von Kristallen elektrische Ladungen auftreten, wenn der Kristall mechanisch beansprucht, z. B. gedrückt oder gezogen wird. Umgekehrt erfährt der Kristall im elektrischen Feld Formänderungen, welche Erscheinung man als den *reziproken piezoelektrischen Effekt* bezeichnet.

Sehr gut sind die Erscheinungen der Piezoelektrizität an dem *Quarz* zu beobachten; aus diesem Grunde und weil in der Hochfrequenztechnik ausschließlich der Quarz verwendet wird, wollen wir unsere Betrachtungen auf diesen beschränken.

Unter einem Kristall verstehen wir einen nach bestimmten Gesetzen räumlich vollkommen regelmäßig aufgebauten Körper; wir haben ihn uns als aus lauter gleichen Zellen aufgebaut zu denken. Die Interferenzversuche, die Laue und seine Schüler mit Hilfe von Röntgenstrahlen anstellten, haben den vollkommen regelmäßigen Bau der Kristalle einwandfrei bewiesen. Dieser regelmäßige Aufbau der Kristalle bringt es mit sich, daß man sich in ihrem Inneren gewisse ausgezeichnete gerade Linien gezogen denken kann, die man als Achsen des Kristalls bezeichnet. Man kann dann durch Angabe der Strecken, die eine Fläche auf den Achsen abschneidet, die Lage der Fläche in bezug auf diese Achsen eindeutig angeben. Jedem Kristall kommen mindestens drei Achsen von bestimmter Länge und gegenseitiger Lage zu, die sich im Mittelpunkt des Kristalls schneiden. Je nach Lage und Länge der Achsen unterscheidet man die verschiedenen *Kristallsysteme.*

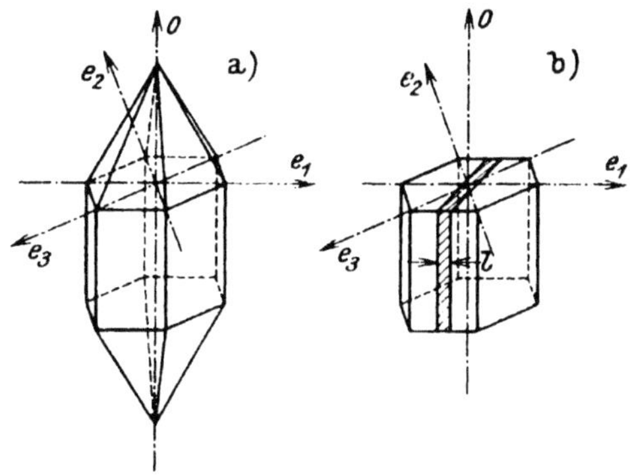

Abb. 66. Quarzkristall und piezoelektrische Platte.

Das hier für uns wichtigste Mineral, der Quarz, kristallisiert in einer Form, die dem sogenannten *hexagonalen* Kristallsystem angehört. Es ist ausgezeichnet durch drei in einer Ebene liegende, gleich lange Achsen, die sich im Kristallmittelpunkt schneiden und von denen jede mit den beiden andern Winkel von 120⁰ einschließen (die sogenannten *elektrischen* Achsen), und eine vierte, die *optische* Achse, die im Schnittpunkt der drei elektrischen Achsen auf der Ebene dieser Achsen senkrecht steht und eine andere Länge hat als die drei elektrischen Achsen. Die gewöhnliche Kristallform des Quarzes ist die eines sechskantigen geraden Prismas, das durch zwei sechskantige Pyramiden abgeschlossen ist (Abb. 66a). Aus dem prismatischen Teil des Kristalls schneiden wir eine Platte (Abb. 66b), deren beide Deckflächen senkrecht zu einer der elektrischen Achsen, z. B. $\perp e_1$, sind. Die Dicke dieser Platte sei $l$. Erfährt die Platte eine mechanische Beanspruchung (Druck oder Zug) in der Richtung dieser elektrischen Achse, so laden sich die beiden Deckflächen mit ungleichnamigen elektrischen Ladungen auf, anderseits bewirkt ein elektrisches Feld wegen des reziproken piezoelektrischen Effektes Formänderungen der Quarzplatte. Diese Vorgänge sind leicht verständlich, wenn man bedenkt, daß der Kristall aus regelmäßig angeordneten Ionen (elektrisch geladenen Atomgruppen) besteht. In Abb. 67 ist eine Kristallzelle gezeichnet, man sieht, daß die elektrischen Achsen dia-

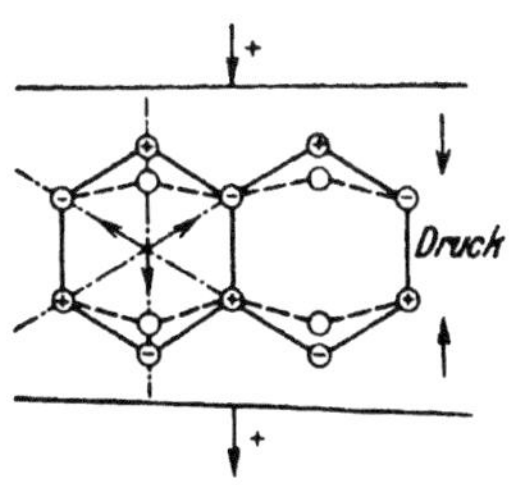

Abb. 67. Anordnung der Ionen im Kristallgitter.

metral gegenüberliegende positive und negative Ionen verbinden. In einem elektrischen Feld parallel zu einer elektrischen Achse wird nun je nach der Richtung der Kraftlinien entweder ein Zusammendrücken oder eine Dehnung der Zelle in der Richtung des elektrischen Feldes erfolgen. Wenn der Rauminhalt des Kristalls ungeändert bleibt, muß im ersten Fall eine Dehnung, im zweiten ein Zusammendrücken des Kristalls in der Richtung der auf die Ebene der elektrischen Achsen senkrechten optischen Achse stattfinden.

Auch das Wesen des eigentlichen piezoelektrischen Effektes geht aus dem Modell Abb. 67 deutlich hervor. Im Normalzustand heben sich die Wirkungen der positiven und negativen Ladungen der Ionen einer Zelle nach außen vollkommen auf. Wird jedoch die Zelle deformiert, z. B. in der Richtung einer elektrischen Achse zusammengedrückt, so kommen die Ladungen der den verschobenen Zellenecken benachbarten Eckpunkte in relativ größere Nähe an die Belegungen heran, ihre Wirkung auf diese überwiegen und die Belegung ladet sich so auf, daß die mit der Ladung der unverschobenen Eckpunkte gleichnamige Elektrizität frei wird.

Nun ist aber ein Quarzkristall ein sehr elastischer Körper; er wird daher, einmal deformiert, nicht nur seine ursprüngliche Gestalt annehmen, wenn die deformierende Kraft zu wirken aufhört, sondern sich darüber hinaus im entgegengesetzten Sinn deformieren, mit einem Wort, er wird mechanische Schwingungen ausführen; diese Schwingungen sind sehr schwach gedämpft, da nur wenig Dämpfungsursachen vorhanden sind. Wirken somit auf den Kristall äußere Impulse im Takte der Eigenschwingung und in der richtigen Richtung ein, so kann der Kristall Schwingungen von beträchtlicher Amplitude ausführen, die so groß werden, daß der Energieverlust infolge der Dämpfung durch die zugeführte Energie gerade aufgewogen wird. Bei zu starken äußeren Impulsen können die Amplituden so groß werden, daß die Elastizitätsgrenze überschritten wird und eine Zerstörung des Kristalls eintritt. Im Verlauf dieser elastischen Schwingungen werden auf den Deckflächen der Platten die entsprechenden Ladungen auftreten. Ordnet man die Platte im Feld eines Kondensators an, das in der Eigenfrequenz der Platte schwingt, so wird die Platte ebenfalls zu schwingen beginnen. Die Eigenfrequenz einer solchen Platte ergibt sich aus der einfachen Formel:

$$f = \frac{1}{2l} \frac{1}{\sqrt{\alpha \varrho}}, \tag{1}$$

worin $\alpha$ den Dehnungskoeffizienten und $\varrho$ die Dichte des Quarzes bedeutet, während $l$ die Dimension der Platte in der Richtung der Schwingungen ist. Obwohl diese Formel für uns von geringerer Bedeutung ist, wollen wir ihre Ableitung geben, weil sie aus einer Differentialgleichung hervorgeht, mit der wir uns noch öfters und sehr eingehend befassen müssen. In Abb. 68 ist ein Quarzstab von der Länge $l$ gezeichnet (auf diesen Spezialfall wollen wir uns beschränken), der an der Stelle $x = 0$ fest eingespannt ist. Wir gehen von der Grundgleichung der Elastizitätslehre, dem bekannten Hookeschen Gesetz aus:

$$\varepsilon = \alpha \sigma, \tag{2}$$

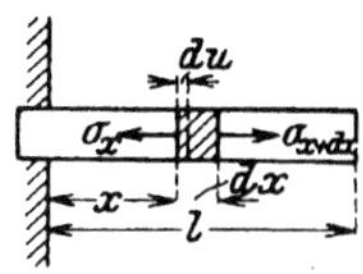

Abb. 68. Quarzstab.

worin $\varepsilon$ die auf die Längeneinheit bezogene Dehnung, $\sigma$ die Kraft je Flächeneinheit (Spannung) und $\alpha$ der Proportionalitätsfaktor des Hookeschen Gesetzes ist. Wir betrachten ein Längenelement des Stabes von der Länge $d\,x$, dessen linke Seitenfläche wegen der Dehnung um $d\,u$ aus seiner Gleichgewichtslage verschoben ist. Auf dieses Element wirken: nach links die Spannung $\sigma_x$, nach rechts die Spannung $\sigma_{x+dx}$; beide zusammen ergeben die Resultierende $p = \sigma_{x+dx} - \sigma_x$; wegen (2) ist unter Berücksichtigung der Definition von $\varepsilon$:

$$\sigma_x = \frac{1}{\alpha} \frac{\partial u}{\partial x}; \quad \sigma_{x+dx} = \frac{1}{\alpha} \left\{ \frac{\partial u}{\partial x} + \frac{\partial}{\partial x} \left( \frac{\partial u}{\partial x} \right) d\,x \right\}, \tag{3}$$

$$p = \frac{d\,x}{\alpha} \frac{\partial^2 u}{\partial x^2}. \tag{4}$$

Anderseits ist

$$p = m \frac{\partial^2 u}{\partial t^2} = \varrho\, d\,x \frac{\partial^2 u}{\partial t^2} \tag{5}$$

und daher ist:

$$\frac{\partial^2 u}{\partial t^2} = \frac{1}{\alpha \varrho} \frac{\partial^2 u}{\partial x^2}. \tag{6}$$

Wir werden diese „eindimensionale Wellengleichung" später ausführlich behandeln und die systematische Lösung geben; hier wollen wir nur vorgreifend anführen, daß die allgemeinste Lösung dieser Wellengleichung durch die folgende Beziehung gegeben ist:

$$u = f_1 (x - v\,t) + f_2 (x + v\,t) \tag{7}$$

mit $v = \frac{1}{\sqrt{\alpha \varrho}}$, wovon man sich durch Ausdifferentiieren leicht überzeugt; $f_1$ und $f_2$ sind beliebige Funktionen der Argumente $x + v t$ bzw. $x - v t$. Nach dem Fourierschen Theorem kann man nun jede Funktion durch die folgende Summe ausdrücken:

$$u = \sum^n \{a_n \sin (n x + n v t + \varphi_n) + b_n \sin (n x - n v t - \psi_n)\}. \quad (8)$$

Die noch unbestimmten Konstanten finden wir mit Hilfe der Grenzbedingungen. Da der Stab an der Stelle $x = 0$ fest eingespannt ist, muß sein:

$$x = 0; \quad u = 0;$$

$$a_n \sin (n v t + \varphi_n) - b_n \sin (n v t + \psi_n) = 0;$$

$$a_n = b_n; \quad \varphi_n = \psi_n. \quad (9)$$

Damit wird

$$u = \sum^n 2 a_n \sin n x \cos (n v t + \varphi_n). \quad (10)$$

Ferner muß sein $\sigma_l = 0$, da an dieser Stelle der Stab frei endet, wegen (3) ist aber

$$\sigma_l = 0 = \frac{\partial u}{\partial x}\Big|_l, \quad (11)$$

$$\frac{\partial u}{\partial x} = \sum^n 2 a_n n \cos n x \cos (n v t + \varphi_n),$$

$$\frac{\partial u}{\partial x}\Big|_l = 0 = \sum^n 2 a_n n \cos n l \cos (n v t + \varphi_n),$$

$$n l = m \pi, \quad m = 1, 2, 3 \ldots \quad (12)$$

Für die Grundwelle ist $m = 1$, $n l = \pi$, $n = \frac{\pi}{l}$,

$$u_1 = 2 a_1 \sin \frac{\pi}{l} x \cos \frac{\pi}{l} v t. \quad (13)$$

Daraus finden wir die Frequenz der entsprechenden Schwingung

$$\omega = 2 \pi f = \frac{\pi}{l} v = \frac{\pi}{l} \frac{1}{\sqrt{\alpha \varrho}},$$

$$f = \frac{1}{2 l \sqrt{\alpha \varrho}}, \quad (14)$$

womit die Gl. (1) bewiesen ist. Da eine Platte noch in den beiden anderen Dimensionen schwingen kann, gibt es außer der besprochenen „Dickenschwingung" noch zwei andere Eigenschwingungen, in deren Frequenzformel die betreffende andere Dimension eingeht.

Läßt man also auf eine Quarzplatte oder einen Quarzstab ein elektrisches Wechselfeld in der Richtung einer der elektrischen Achsen des Kristalls einwirken, so beginnt die Platte zu schwingen; die sich ergebenden Amplituden bekommen jedoch nur dann einen größeren Wert, wenn das Wechselfeld mit der Eigenfrequenz (oder besser in einer der Eigenfrequenzen) der Platte schwingt; dann aber ergeben sich beträchtliche Amplituden, so daß schon schwache Felder genügen, um die mechanische Schwingung aufrechtzuerhalten. Infolge des piezoelektrischen Effektes treten dabei auf den Flächen der Platte Ladungen auf, die so stark sein können, daß ein in einem mit verdünntem Gas gefüllten Gefäß angeordneter Quarz an einzelnen Stellen zu leuchten beginnt (*Leuchtquarz*). Da ein derartiger Quarz nur dann leuchtet, wenn die aufgedrückte Schwingung vollkommen mit seiner Eigenfrequenz übereinstimmt, kann er zur Frequenzkontrolle verwendet werden.

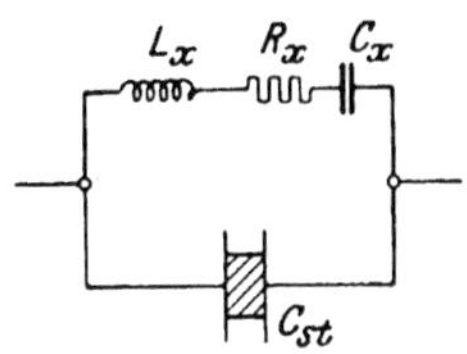

Abb. 69. Ersatzschaltung für Steuerquarz.

In elektrischer Beziehung läßt sich ein schwingender Quarz durch eine Schaltung nach Abb. 69 ersetzen; ein Kondensator von einer Kapazität $C_{st}$, die gleich ist der statischen Kapazität des aus den beiden Belegungen mit dem Quarz als Dielektrikum gebildeten Kondensators, ist einem Resonanzkreis parallel geschaltet, der aus einer Serienschaltung von $R_x$, $C_x$ und $L_x$ besteht, und der die gleiche Eigenfrequenz und die gleiche Dämpfung aufweist wie der Schwingkristall.

Da ein derartiger Schwingkristall praktisch nur mit seiner Eigenfrequenz schwingt und diese Frequenz sehr konstant ist (Temperatureinfluß zwischen 20 und $30^0$ C nur $\Delta f = -0{,}002\%$ je $1^0$ C des Wertes bei $20^0$ C!), ist er vorzüglich zur Verwendung in Röhrenschaltungen geeignet, die Schwingungen von sehr konstanter Frequenz erzeugen sollen; da, wie wir weiter unten noch sehen werden, alle Sender gerade auf diesen Punkt den größten Wert legen müssen, ist seine Verwendung fast allgemein geworden.

Von den vielen möglichen und zum Teil auch verwendeten Erregerschaltungen unter Verwendung eines *Steuerquarzes* wollen wir nur zwei besprechen. Bei der ersten (Abb. 70) erfolgt die Rückkopplung vom Anoden- auf den Gitterkreis über den Steuerquarz, bei der zweiten (Abb. 71) ist der Steuerquarz in den Gitterkreis geschaltet; in dem letzten Fall erfolgt die Rückkopplung nur über die Gitter-Anoden-Kapazität; sie wird durch die Anordnung eines *Neutrodynkondensators* regelbar gemacht. Die Wirkung dieses Kondensators ist leicht verständlich, wenn man Abb. 71 betrachtet. Bei dieser Schaltung erfolgt die Zuführung des Anodengleichstroms in der Mitte der Induktionsspule des Anodenkreises. Dann hat der unterste Punkt dieser Spule in jedem Augenblick gerade das entgegengesetzte Potential wie der obere, also wie die Anode. Verbinden wir nun diesen untersten Punkt mittels des regelbaren Neutrodynkondensators $C_N$ mit dem Gitter, so erhält dieses in jedem Augenblick über diese Verbindung Ladungen, die den von der Anode influierten gerade entgegengesetzt sind. Man kann also mit diesem Kondensator die Rückkopplung leicht beeinflussen, beispielsweise die Wirkung der Gitter-Anoden-Kapazität vollkommen aufheben. Man wendet daher die Neutrodynschaltung in allen Fällen an, in denen unerwünschte Rückkopplungen mit Sicherheit vermieden werden müssen.

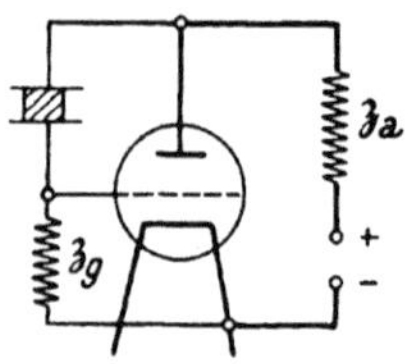


Abb. 70. Rückkopplung durch Steuerquarz.

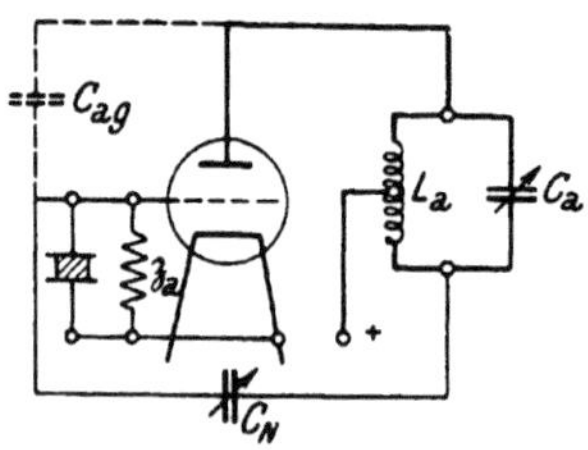


Abb. 71. Erregerschaltung mit Steuerquarz und Neutrodynkondensator.

Unter Berücksichtigung des Umstandes, daß der Steuerquarz einer Schaltanordnung nach Abb. 69 gleichwertig ist, lassen sich die beiden angegebenen Schaltungen (in großen Zügen) auf die unter 2 und 3 behandelten Erregerschaltungen zurückführen, so daß darüber nichts weiter zu bemerken ist.

Der Steuerquarz kann zur Frequenzstabilisierung auch im Anodenkreis der Röhre angeordnet werden, wobei eine beliebige Rückkopplungsschaltung zur Erregung der Schwingungen angewendet werden kann; jedoch soll darauf nicht näher eingegangen werden.

Zu bemerken ist noch, daß bei den besprochenen Schaltungen die im Gitter und Anodenkreis verwendeten Schwingungskreise nicht auf Resonanz abgestimmt sein dürfen, wenn die Frequenz durch den Steuerquarz vollkommen konstant gehalten werden soll, da sonst durch Rückkopplung Schwingungen zustande kommen können, ohne daß der Quarz selbst schwingt.

Zum Schlusse dieses Abschnittes sei noch auf folgenden Umstand hingewiesen: Steuerquarze werden in Stärken von (0,4 —) 1—10 mm hergestellt; da die in Formel (1) eingehende Größe $v = \frac{1}{\sqrt{\alpha \varrho}}$ einen Wert von 574 . 10³ cm/sec hat, kann man mit solchen Steuerquarzen unter Verwendung der Dickenschwingung Frequenzen von ungefähr $3 . 10^6$ bis $0,3 . 10^6$ Hz steuern. Wie wir später sehen werden, entsprechen diesen Frequenzen Wellenlängen von 100 bis 1000 m. Für längere Wellen — geringere Frequenzen — muß dann die Längenschwingung herangezogen werden, für kürzere Wellen — größere Frequenzen — kann man sich mit *Frequenzvervielfachung* helfen. Durch geeignete Wahl des Arbeitspunktes auf der Kennlinie und der Stromaussteuerung der Röhre kann erreicht werden, daß der Anodenstrom eine starke Harmonische der gewünschten Frequenz ($2f$, $3f$) enthält. Wird nun der Anodenkreis auf diese Oberwelle abgestimmt, während der Gitterkreis auf die Grundwelle abgestimmt bleibt, so kommt im Anodenkreis praktisch nur diese Oberwelle zur Ausbildung, die dann weiter verwendet werden kann.

Die besprochene Frequenzvervielfachung hat noch den weiteren Vorteil, daß unerwünschte Rückkopplungen des Anodenkreises auf das Gitter viel weniger zu fürchten sind als in dem Fall der gleichen Frequenz im Gitter- und Anodenkreis.

## VII. Das Audion.

**1. Einfluß eines Widerstandes im Gitterkreis.** Bei den Verstärkerröhren haben wir durch Anwendung einer negativen Gittervorspannung erreicht, daß kein Gitterstrom fließt, da das Gitter dauernd negatives Potential gegen die Kathode hat. Jedoch muß immer eine leitende Verbindung zwischen Gitter und Kathode bestehen; ist dies nämlich nicht der Fall, dann wird sich das Gitter durch jene Elektronen, die, gegen seine Spannung auflaufend, doch auf das Gitter gelangen, immer stärker negativ aufladen. Damit rückt der Arbeitspunkt auf der Kennlinie immer weiter nach links, bis der Emissionsstrom Null geworden ist.

Verbinden wir hingegen Gitter und Kathode durch einen Widerstand $r_g$, so fließt ein Teil der auf das Gitter gelangenden negativen Ladung über diesen Widerstand zur Kathode ab, d. h. es fließt ein Gitterstrom. Wird dem Gitter eine Wechselspannung aufgedrückt, das Gitter abwechselnd positiv und negativ gegen das negative Fadenende der Kathode geladen, so wird während der positiven Halbwelle dieser Spannung negative Ladung auf das Gitter gelangen, die sich über $r_g$ entladet. Ist $r_g$ klein, so wird die ganze während der positiven Halbwelle der Spannung dem Gitter zugeführte negative Ladung zu Beginn der nächsten positiven Halbwelle abgeströmt sein und dann das Spiel von neuem beginnen. Ist jedoch der Widerstand so groß, daß zu Beginn der nächsten positiven Halbwelle der Gitterspannung das Gitter noch nicht die ganze negative Ladung verloren hat, so beginnt die zweite Periode mit einem kleineren Potential des Gitters gegen die Kathode; der Arbeitspunkt ist gegen das Gebiet negativer Gitterspannungen gewandert. In der nächsten Periode wird die auf das Gitter übertragene negative Ladung etwas kleiner sein, da ja der Arbeitspunkt auf der Kennlinie weiter nach links gewandert ist und daher nur ein kleinerer Teil der positiven Gitterspannungshalbwelle im Gebiete positiver Gitterspannungen verläuft. Bei der weiteren Wiederholung des Vorganges wird die auf das Gitter übertragene Elektrizitätsmenge mit jeder Periode kleiner. Ein stationärer Zustand wird dann erreicht, wenn der Arbeitspunkt auf der Kennlinie so weit in das Gebiet negativer Gitterspannungen verschoben ist, daß die ganze, während der positiven Halbwelle der Gitterspannung dem Gitter zuströmende negative Ladung, am Ende der negativen Halbwelle gerade abgeflossen ist.

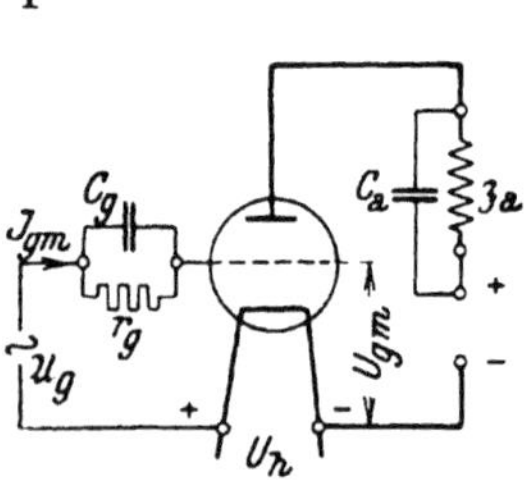

Abb. 72. Audionschaltung.

**2. Theorie und Schaltung des Audion.** Die soeben besprochene Erscheinung kann nun in einer von de Forest und von Lieben angegebenen Schaltung — *Audionschaltung* — angewendet werden, um eine Gleichrichterwirkung zu erzielen. Aus Abb. 72 ist die Schaltung einer Röhre als Audion zu ersehen, während aus Abb. 73 die Wirkungsweise hervorgeht. Kennzeichnend für die Audionschaltung ist der Gitterwiderstand $r_g$ und der ihm parallelgeschaltete Gitterkondensator $C_g$; dieser liegt zwischen Kathode und Gitter und vergrößert somit die Kapazität zwischen Gitter und Kathode und damit auch die auf das Gitter übertragbare negative Ladung. Er muß so dimensioniert sein, daß die Gitterspannungsschwankungen durch ihn ungehindert auf das Gitter übertragen werden, ohne im Gitterwiderstand Verluste zu erleiden. Der Gitterkreis wird nicht, wie bisher, an das negative Fadenende der Kathode, sondern an das positive angeschlosen; dadurch erhält das Gitter eine schwach positive Vorspannung $U_g$, unter deren Einfluß der Gittergleichstrom, der aus folgender Gleichung folgt:

$$U_g = U_h - J_g r_g \tag{1}$$

zu fließen kommt, solange auf das Gitter keine Wechselspannung wirkt. Unter dem Einfluß einer solchen wird sich der oben beschriebene Zustand einstellen, mit dem einzigen Unterschied gegen oben, daß nicht nur die Kapazität $C_{gk}$, sondern die Gesamtkapazität zwischen Gitter und Kathode $C_{gk} + C_g$ aufgeladen wird, und zwar mit der negativen Elektrizitätsmenge $-Q$; diese Ladung fließt während des Verlaufes einer Periode der Gitterwechselspannung im stationären Zustand wieder ab, so daß sich ein pulsierender Gitterstrom ergibt, der durch den Gitterwiderstand fließt und dessen Mittelwert durch den Ausdruck:

$$J_{gm} = \frac{Q}{T} \tag{2}$$

gegeben ist, mit $T$ als Dauer einer Periode der Gitterwechselspannung. Daher ist wegen (1)

$$U_{gm} = U_h - J_{gm} r_g = U_h - \frac{Q}{T} r_g. \tag{3}$$

Anderseits ist

$$Q = U_{gm}(C_g + C_{gk}), \qquad U_{gm} = \frac{Q}{C_g + C_{gk}}. \tag{4}$$

Somit wird:

$$\frac{Q}{C_g + C_{gk}} = U_h - \frac{Q}{T} r_g,$$

$$Q\left(\frac{1}{C_g + C_{gk}} + \frac{r_g}{T}\right) = U_h,$$

$$Q = U_h \frac{(C_g + C_{gk})T}{(C_g + C_{gk}) r_g + T} \tag{5}$$

oder

$$J_{gm} = U_h \frac{C_g + C_{gk}}{(C_g + C_{gk}) r_g + T}. \tag{5'}$$

Wie man aus den Formeln (5) und (5′) sieht, ist die durch eine positive Halbwelle der Gitterwechselspannung auf das Gitter beförderte negative Ladung bei ungeänderter Frequenz konstant und nur von der Röhre ($C_{gk}$, $U_h$) sowie von Gitterkapazität und -widerstand, ferner von der Periodendauer abhängig, jedoch nicht, was besonders wichtig ist, von der Amplitude der aufgedrückten Gitterspannung $\bar{u}_g$. Immer wird automatisch der Arbeitspunkt auf der Gitterspannungskennlinie soweit verschoben, daß die Elektrizitätsmenge $Q$ an das Gitter abgegeben wird, oder, wie wir aus (5′) folgern, daß ein Gitterstrom von der Größe $J_{gm}$ zu fließen kommt. Die resultierende Gitterspannung verläuft so, daß der Gesamthöchstwert angenähert denselben Wert hat, gleichgültig, wie groß die Amplituden der Gitterwechselspannung sind (Abb. 73).

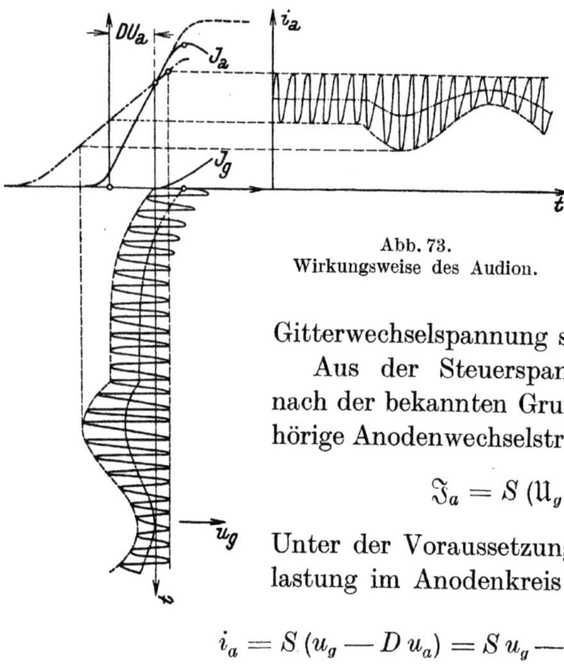

Abb. 73. Wirkungsweise des Audion.

Aus der Steuerspannungskennlinie kann nach der bekannten Grundgleichung der zugehörige Anodenwechselstrom gerechnet werden:

$$\mathfrak{J}_a = S\,(\mathfrak{U}_g + D\,\mathfrak{U}_a). \tag{6}$$

Unter der Voraussetzung rein Ohmscher Belastung im Anodenkreis wird daraus:

$$i_a = S\,(u_g - D\,u_a) = S\,u_g - i_a\,\frac{r_a}{R_i},$$
$$i_a = \frac{S}{1 + \frac{r_a}{R_i}}\,u_g = S'\,u_g, \quad S' < S. \tag{7}$$

Unter dieser Voraussetzung ist im geradlinigen Teil der Kennlinie der zugehörige Anodenstrom aus einer Kennlinie mit der Steilheit $S'$ (Arbeitslinie) zu entnehmen; man sieht, daß dieser Anodenstrom ebenfalls so verläuft, daß immer derselbe Scheitelwert erreicht wird. Die Ergebnisse sind im Wesen die gleichen, wenn wir die einschränkende Voraussetzung fallen lassen.

**3. Demodulation durch das Audion.** Der für uns wichtigste Fall ist der, daß die aufgedrückte Gitterspannung *moduliert* ist, d. h. im Takte einer zweiten, meist tonfrequenten Schwingung in ihrer Amplitude schwankt; wir haben die Modulation im

Kap. 1, IV, 3, behandelt und dort als Gleichung einer modulierten Schwingung gefunden:

$$u_g = (\bar{u}_g + \bar{u}_{g1} \sin \omega_1 t) \sin \omega t. \tag{1}$$

Die Wirkung einer solchen Gitterspannung geht aus Abb. 73 ohne weitere Erklärungen hervor; sie ruft einen Anodenstrom hervor, der ebenfalls moduliert ist, und zwar im gleichen Takt wie die Gitterspannung. (In der Abbildung ist der Einschwingungsvorgang des Anodenstromes, der für uns bedeutungslos ist, nicht gezeichnet.) Da die oberen Scheitelpunkte der Anodenstromschwingungen annähernd auf einer Horizontalen gehalten werden, schwankt auch der Mittelwert des Anodenstromes im Takte der Modulation. In einem in den Anodenkreis geschalteten Verbraucher, mit einem schwingungsfähigen System, das zwar den tonfrequenten, nicht aber den hochfrequenten Schwingungen zu folgen vermag (Telephon, Lautsprecher u. dgl.), erzeugt dann der mittlere Anodenstrom tonfrequente Schwingungen vom Intensitätsverhältnis der der Hochfrequenz aufgedrückten Modulationsschwingung. Die Tonfrequenz ist damit aus der modulierten hochfrequenten Schwingung herausgesiebt. Da der im Anodenkreis liegende Verbraucher gewöhnlich eine Spule beträchtlicher Induktivität enthält, die der Hochfrequenz ein großes Hindernis bildet, ist es zweckmäßig, ihn durch eine parallelgeschaltete Kapazität $C_a$ zu überbrücken, die so bemessen ist, daß sie die hochfrequenten Schwingungen ungehindert hindurchläßt, den tonfrequenten hingegen einen großen Widerstand entgegensetzt. An dieser Anodenkapazität tritt eine Teilung des Anodenstromes ein, indem die hochfrequente Schwingung durch den Kondensator, die tonfrequente durch den Verbraucher hindurchgeht.

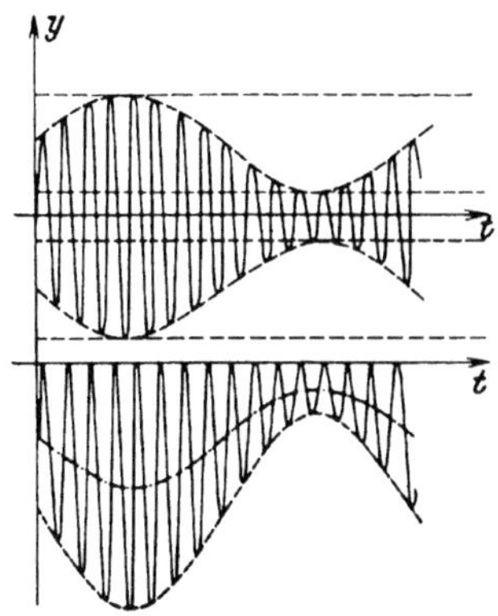

Abb. 74.
Modulierte Hochfrequenz nach Gleichrichtung im Audion.

Es bleibt noch der Nachweis zu erbringen, daß tatsächlich der Mittelwert des erzeugten Anodenstromes im Takte der Tonfrequenz schwankt. Zu diesem Zwecke gehen wir von der Gl. (1) aus. Die dieser Gleichung entsprechende Kurve ist in Abb. 74

gezeichnet. Die Wirkung des Audion ist nun nach dem soeben Gesagten die, daß die oberen Scheitelpunkte dieser Kurve auf die Abszissenachse verschoben werden. Damit wird jeder Punkt der Kurve um den Wert $\bar{u}_g + \bar{u}_{g1} \sin \omega_1 t$ nach abwärts verschoben. Die Gleichung dieser neuen Kurve ist somit:

$$u_g' = (\bar{u}_g + \bar{u}_{g1} \sin \omega_1 t) \sin \omega t - (\bar{u}_g + \bar{u}_{g1} \sin \omega_1 t). \qquad (2)$$

Solange wir uns auf dem geradlinigen Teil der Arbeitslinie (—·—·— in Abb. 73) bewegen, entspricht dieser Gitterspannung ein Anodenstrom:

$$i_a = (\bar{i}_a + \bar{i}_{a1} \sin \omega_1 t) \sin \omega t - (\bar{i}_a + \bar{i}_{a1} \sin \omega_1 t). \qquad (3)$$

Ist nun die hochfrequente Schwingung $\omega$ von einer tonfrequenten $\omega_1$ moduliert, so ist

$$\omega \gg \omega_1, \qquad (4)$$

dann kann

$$m = \bar{i}_a + \bar{i}_{a1} \sin \omega_1 t \qquad (5)$$

während jeder einzelnen Periode der hochfrequenten Schwingung als konstant angesehen werden; wir erhalten aus (3)

$$i_a = m \sin \omega t - m$$

und daraus:

$$i_{am} = -m = -(\bar{i}_a + \bar{i}_{a1} \sin \omega_1 t); \qquad (6)$$

dieser Mittelwert ist also tatsächlich eine tonfrequente Schwingung von der Modulationsfrequenz $\omega_1$ und in ihrer Amplitude von der Stärke der Modulation der Gitterspannung abhängig.

Zum Schlusse noch einige Bemerkungen über die konstanten Größen, die auf die Wirkungsweise des Audion von Einfluß sind. Die Anodengleichspannung ist so zu wählen, daß der schließliche Arbeitspunkt an die steilste Stelle der Kennlinie zu liegen kommt, und daß die Gitterspannungsschwankungen gänzlich im geradlinigen Teil der Kennlinie verlaufen. Ein zu großer Gitterwiderstand würde zur Folge haben, daß der Arbeitspunkt immer weiter ins Negative wandert, wodurch der Anodenstrom zuerst verzerrt und schließlich ganz aufhören würde. Ein zu kleiner Gitterwiderstand hingegen würde die negativen Gitterladungen sofort ableiten, so daß überhaupt keine Verschiebung des Arbeitspunktes auftreten würde und keine Gleichrichtewirkung eintreten könnte. Beim Gitterkondensator sind die Verhältnisse nahezu die entgegengesetzten; ein zu großer Gitterkondensator wirkt ähnlich wie ein zu kleiner Gitterwiderstand und umgekehrt. Außerdem würde ein zu kleiner Gitterkondensator die Schwankungen der Gitterwechselspannung nur unvollkommen hindurchlassen. Es müssen also zwischen den Röhrendaten, den Größen von Gitterwiderstand und Gitterkondensator und der Amplitude der ankommenden Schwingung gewisse Beziehungen bestehen, deren Ableitung und nähere Behandlung hier jedoch zu weit führen würden.

Drittes Kapitel.

# Elektrische Wellen.

## I. Drahtwellen.

**1. Der Thomsonsche Schwingungskreis.** Nachdem wir nun in den Elektronenröhren Mittel kennengelernt haben, um elektrische Schwingungen hoher Frequenz zu erzeugen und zu verstärken, kehren wir wieder zu dem Ausgangspunkt unserer Betrachtungen, dem Thomsonschen Schwingungskreis zurück. Wir haben diesen Betrachtungen stillschweigend Voraussetzungen zugrunde gelegt, deren Berechtigung nun näher untersucht werden muß. Wir haben nämlich die für Gleichstrom — *stationären* Strom — geltenden Grundgesetze (Ohm, Kirchhoff usw.) unbedenklich auch auf den Fall von Wechselströmen angewendet; für Wechselströme geringer Periodenzahl (technische Frequenzen) ist dies auch im allgemeinen zulässig, wenn wir nur die Verschiebungsströme im Dielektrikum etwa eingeschalteter Kondensatoren als Fortsetzung der entsprechenden Leitungsströme berücksichtigen. Wenn wir von Stromkreisen sehr großer Dimensionen (langen Fernleitungen z. B.) absehen, so können wir für diese geringen Frequenzen die Vorgänge in den Stromkreisen als *quasistationär* ansehen: Es ist an allen Stellen des Stromkreises in jedem Augenblick das erste Kirchhoffsche Gesetz erfüllt, oder in allen Leiterquerschnitten ist in demselben Augenblick die Stromstärke dieselbe. Wir vernachlässigen also die Verschiebungsströme, die von den augenblicklich positiv geladenen Leiterelementen der Zuleitungen ausgehen und an negativ geladenen Leiterelementen enden.

Je höher aber die Frequenz ist, desto größer werden diese Verschiebungsströme, da ihre Stärke mit der Frequenz zunimmt.

Bei Hochfrequenz dürfen wir also die für Gleichstrom gefundenen Grundgesetze nicht in der Weise anwenden, daß wir nur die Leitungsströme und gegebenenfalls die Verschiebungsströme in angeschalteten Kondensatoren berücksichtigen, sondern müssen immer auch die Verschiebungsströme, die von den einzelnen Leiterelementen ausgehen, in den Kreis der Betrachtungen ziehen, da diese im allgemeinen gegen die Leitungsströme nicht mehr zu vernachlässigen sind.

Nur bei einem Thomsonschen Schwingungskreis, der aus einer direkten, leitenden Verbindung der Kondensatorbelegungen als Selbstinduktion und der Kapazität dieses Kondensators aufgebaut ist, kann man in erster Annäherung die Vorgänge in der Verbindungsleitung als quasistationär ansehen, also in allen Leiterquerschnitten gleiche Ströme voraussetzen.

**2. Die Lecherschen Drähte; die Telegraphengleichung.** An Stelle des Thomsonschen Schwingungskreises betrachten wir nun einen Schwingungskreis, der aus zwei parallelen Drähten besteht — Lechersche Drähte. Er unterscheidet sich von dem ersten darin, daß die Kapazität nicht in einen Kondensator, die Selbstinduktion nicht in eine Spule konzentriert, sondern über die Länge der beiden Leitungen verteilt ist. Nun ist die Selbstinduktion zweier sehr langer Paralleldrähte vom Abstand $D$ und vom Drahtdurchmesser 2a gegeben durch den Ausdruck:

$$L = \mu\, 2\, l \ln \frac{2a}{D} \text{ cm} \tag{1}$$

und die Kapazität zweier solcher Leitungen gegeneinander:

$$C = \frac{\varepsilon}{c^2}\, l \frac{1}{2 \ln \frac{2a}{D}} \text{ abs. elektromagn. Einh.} \tag{2}$$

$l$ = Länge eines Drahtes,
$\mu$ = Permeabilität } des umgebenden Mediums,
$\varepsilon$ = Dielektrizitätskonstante } des umgebenden Mediums,
$c$ = $3 \cdot 10^{10}$ cm/sec. Verhältnis der Einheiten der Elektrizitätsmenge im absoluten elektromagnetischen und absoluten elektrostatischen Maßsystem.

Beide Größen sind demnach proportional der Länge $l$ der Drähte, so daß wir mit den auf die Längeneinheit reduzierten Selbstinduktionen und Kapazitäten rechnen können:

$$L_1 = \frac{L}{l} = 2\,\mu \ln \frac{2\,a}{D}, \tag{1'}$$

$$C_1 = \frac{C}{l} = \frac{\varepsilon}{c^2\, 2 \ln \frac{2\,a}{D}}. \tag{2'}$$

Da aber diese Formeln streng nur für unendlich lange Drähte gelten, werden wir nicht erwarten, daß sie auch die Erscheinungen an den Drahtenden streng erfassen.

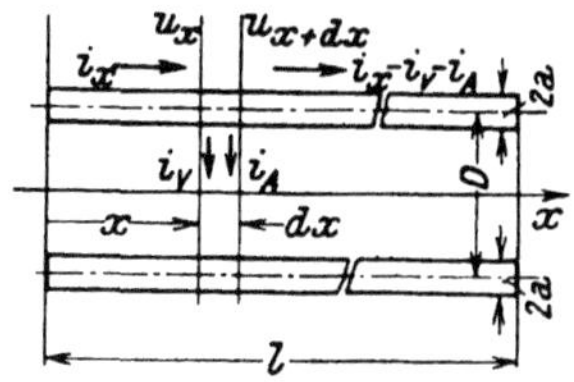


Abb. 75. Die Lecherschen Drähte.

Wir legen nun die $x$-Achse unseres Koordinatensystems in die Richtung der Drähte (Abb. 75). Dem Leiterelement $d\,x$ fließe der Strom $i$ zu; dieser fließt wieder ab zum Teil als Verschiebungsstrom $i_V$, als Ableitungsstrom $i_A$ und schließlich als Leitungsstrom $i - i_V - i_A$. Die Spannungen an den Enden des Leiterelementes seien $u_x$ und $u_{x+dx}$. Bezeichnet man mit $r_1$ den Ohmschen Widerstand des Drahtes je Längeneinheit, so ist:

$$u_{x+dx} = u_x + \frac{\partial u}{\partial x}\, d\,x = u_x - i\, r_1\, d\,x - L_1\, d\,x\, \frac{\partial i}{\partial t},$$

$$\frac{\partial u}{\partial x} = -\left(L_1 \frac{\partial i}{\partial t} + r_1\, i\right), \tag{3}$$

$$i_{x+dx} = i_x + \frac{\partial i}{\partial x}\, d\,x = i_x - i_V - i_A = i_x - C_1\, d\,x\, \frac{\partial u}{\partial t} - A_1\, d\,x\, u,$$

$$\frac{\partial i}{\partial x} = -\left(C_1 \frac{\partial u}{\partial t} + A_1\, u\right), \tag{4}$$

worin $\frac{1}{A_1}$ den Ableitungswiderstand je Längeneinheit bedeutet; es wird also der Stromverlust durch Ableitung infolge einer, wenn auch geringen Leitfähigkeit des Mediums, das das Drahtsystem umgibt, der Spannung proportional gesetzt.

Differentiieren wir (3) nach $x$ und (4) nach $t$, so ergibt sich:

$$\frac{\partial^2 u}{\partial x^2} = -L_1 \frac{\partial^2 i}{\partial x\, \partial t} - r_1 \frac{\partial i}{\partial x}$$

$$\frac{\partial^2 i}{\partial x\, \partial t} = -C_1 \frac{\partial^2 u}{\partial t^2} - A_1 \frac{\partial u}{\partial t}.$$

Mit dem aus der unteren Gleichung berechneten Wert für $\frac{\partial^2 i}{\partial x\, \partial t}$ ergibt sich aus der oberen und Berücksichtigung von (4)

$$\frac{\partial^2 u}{\partial x^2} = L_1 C_1 \frac{\partial^2 u}{\partial t^2} + (L_1 A_1 + C_1 r_1) \frac{\partial u}{\partial t} + r_1 A_1\, u \tag{5}$$

eine partielle Differentialgleichung, die als *Telegraphengleichung* bezeichnet wird. Differentiiert man hingegen (3) nach $t$ und (4) nach $x$, so erhält man die Telegraphengleichung für den Strom:

$$\frac{\partial^2 i}{\partial x^2} = L_1 C_1 \frac{\partial^2 i}{\partial t^2} + (L_1 A_1 + C_1 r_1) \frac{\partial i}{\partial t} + r_1 A_1 i. \tag{6}$$

Unter der Voraussetzung eines verschwindend kleinen Ohmschen Widerstandes der Leitungen $r_1 = 0$ und Vernachlässigung der Ableitung $A_1 = 0$ gehen diese Gleichungen über in zwei einfache partielle Differentialgleichungen zweiter Ordnung, die man als die eindimensionalen *Wellengleichungen* bezeichnet. Mit den aus (1') und (2') folgenden Werten für $L_1$ und $C_1$ und der Abkürzung

$$v^2 = \frac{1}{L_1 C_1} = \frac{c^2}{\varepsilon \mu} \tag{7}$$

erhalten wir:

$$\frac{\partial^2 u}{\partial t^2} = v^2 \frac{\partial^2 u}{\partial x^2}, \tag{8}$$

$$\frac{\partial^2 i}{\partial t^2} = v^2 \frac{\partial^2 i}{\partial x^2}. \tag{9}$$

Wir lösen beide Gleichungen gemeinsam, indem wir sie in der folgenden Form schreiben:

$$\frac{\partial^2 y}{\partial t^2} = v^2 \frac{\partial^2 y}{\partial x^2}. \tag{10}$$

Da diese Wellengleichung nicht nur die wichtigste Gleichung des laufenden Kapitels, sondern eine der allerwichtigsten der partiellen Differentialgleichungen der mathematischen Physik überhaupt ist, sei es gestattet, sie etwas ausführlicher zu behandeln.

**3. Die D'Alembertsche Lösung der Wellengleichung.** Die zu behandelnde Differentialgleichung:

$$\frac{\partial^2 y}{\partial t^2} = v^2 \frac{\partial^2 y}{\partial x^2} \tag{1}$$

ist ein besonderer Fall einer allgemeineren partiellen Differentialgleichung:

$$a \frac{\partial^2 y}{\partial x^2} + 2 b \frac{\partial^2 y}{\partial x \partial t} + c \frac{\partial^2 y}{\partial t^2} = 0, \tag{2}$$

die man als die Eulersche partielle Differentialgleichung bezeichnet; sie geht aus der letzten unmittelbar hervor, wenn gesetzt wird:

$$b = 0; \quad v^2 = -\frac{a}{c}. \tag{3}$$

Nun läßt sich die Gl. (2) durch eine einfache Substitution sehr leicht auf eine wesentlich einfachere Differentialgleichung zurückführen, deren Lösung keine Schwierigkeiten bereitet; wir führen ein:

$$\xi = \alpha x + \beta t;\; \eta = \gamma x + \delta t. \tag{4}$$

Über die vier Konstanten $\alpha, \beta, \gamma, \delta$ können wir mit einer gewissen Willkür (es muß nur sein $\alpha\delta - \beta\gamma \neq 0$) verfügen; wir behalten uns vor, dies an der geeigneten Stelle zu tun.

Durch die angegebene Substitution wird $y$, bisher eine Funktion von $x$ und $t$, als Funktion von $\xi$ und $\eta$ aufgefaßt:

$$y = f(x, t) = \varphi(\xi, \eta). \tag{5}$$

Nun ist:

$$dy = \frac{\partial y}{\partial \xi} d\xi + \frac{\partial y}{\partial \eta} d\eta$$

somit:

$$\frac{\partial y}{\partial x} = \frac{\partial y}{\partial \xi}\frac{\partial \xi}{\partial x} + \frac{\partial y}{\partial \eta}\frac{\partial \eta}{\partial x} \tag{6}$$

und ebenso:

$$\frac{\partial y}{\partial t} = \frac{\partial y}{\partial \xi}\frac{\partial \xi}{\partial t} + \frac{\partial y}{\partial \eta}\frac{\partial \eta}{\partial t}. \tag{7}$$

Anderseits finden wir aus den Substitutionsgleichungen (4):

$$\frac{\partial \xi}{\partial x} = \alpha,\quad \frac{\partial \eta}{\partial x} = \gamma,\quad \frac{\partial \xi}{\partial t} = \beta,\quad \frac{\partial \eta}{\partial t} = \delta, \tag{8}$$

womit (6) und (7) übergehen in:

$$\frac{\partial y}{\partial x} = \alpha\frac{\partial y}{\partial \xi} + \gamma\frac{\partial y}{\partial \eta}, \tag{9}$$

$$\frac{\partial y}{\partial t} = \beta\frac{\partial y}{\partial \xi} + \delta\frac{\partial y}{\partial \eta}. \tag{10}$$

Damit sind also auch $\frac{\partial y}{\partial x}$ und $\frac{\partial y}{\partial t}$ als Funktionen von $\xi$ und $\eta$ dargestellt:

$$\frac{\partial y}{\partial x} = \psi_1(\xi, \eta), \tag{11}$$

$$\frac{\partial y}{\partial t} = \psi_2(\xi, \eta). \tag{12}$$

Wegen:

$$d\psi = \frac{\partial \psi}{\partial \xi} d\xi + \frac{\partial \psi}{\partial \eta} d\eta$$

ist

$$\frac{\partial \psi_1}{\partial x} = \frac{\partial^2 y}{\partial x^2} = \frac{\partial \psi_1}{\partial \xi}\frac{\partial \xi}{\partial x} + \frac{\partial \psi_1}{\partial \eta}\frac{\partial \eta}{\partial x} = \alpha\frac{\partial \psi_1}{\partial \xi} + \gamma\frac{\partial \psi_1}{\partial \eta}, \tag{13}$$

$$\frac{\partial \psi_2}{\partial t} = \frac{\partial^2 y}{\partial t^2} = \frac{\partial \psi_2}{\partial \xi}\frac{\partial \xi}{\partial t} + \frac{\partial \psi_2}{\partial \eta}\frac{\partial \eta}{\partial t} = \beta\frac{\partial \psi_2}{\partial \xi} + \delta\frac{\partial \psi_2}{\partial \eta}. \tag{14}$$

Ferner ist nach (11) bzw. (12) und (9) bzw. (10)

$$\frac{\partial \psi_1}{\partial \xi} = \frac{\partial}{\partial \xi}\left(\frac{\partial y}{\partial x}\right) = \alpha \frac{\partial^2 y}{\partial \xi^2} + \gamma \frac{\partial^2 y}{\partial \xi \, \partial \eta}, \tag{15}$$

$$\frac{\partial \psi_1}{\partial \eta} = \frac{\partial}{\partial \eta}\left(\frac{\partial y}{\partial x}\right) = \alpha \frac{\partial^2 y}{\partial \xi \, \partial \eta} + \gamma \frac{\partial^2 y}{\partial \eta^2} \tag{16}$$

und somit nach (13) und (14)

$$\frac{\partial^2 y}{\partial x^2} = \alpha^2 \frac{\partial^2 y}{\partial \xi^2} + 2 \alpha \gamma \frac{\partial^2 y}{\partial \xi \, \partial \eta} + \gamma^2 \frac{\partial^2 y}{\partial \eta^2} \tag{17}$$

und ebenso:

$$\frac{\partial^2 y}{\partial t^2} = \beta^2 \frac{\partial^2 y}{\partial \xi^2} + 2 \beta \delta \frac{\partial^2 y}{\partial \xi \, \partial \eta} + \delta^2 \frac{\partial^2 y}{\partial \eta^2}. \tag{18}$$

Multiplizieren wir die obere dieser beiden Gleichungen mit $v^2$ und subtrahieren wir davon die untere, so ergibt sich unter Berücksichtigung von (1)

$$(v^2 \alpha^2 - \beta^2) \frac{\partial^2 y}{\partial \xi^2} + 2 (v^2 \alpha \gamma - \beta \delta) \frac{\partial^2 y}{\partial \xi \, \partial \eta} + \\ + (v^2 \gamma^2 - \delta^2) \frac{\partial^2 y}{\partial \eta^2} = 0. \tag{19}$$

Nun erst verfügen wir über die vier Konstanten $\alpha$, $\beta$, $\gamma$, $\delta$, und zwar wählen wir:

$$\alpha = \gamma = 1; \; \beta = -v, \; \delta = v; \tag{20}$$

diese Wahl ist zulässig, da $\alpha \delta - \beta \gamma = 2 v \neq 0$. Mit diesen Werten erhalten wir:

$$4 v^2 \frac{\partial^2 y}{\partial \xi \, \partial \eta} = 0,$$

und daher:

$$\frac{\partial^2 y}{\partial \xi \, \partial \eta} = 0; \tag{21}$$

mit

$$\frac{\partial y}{\partial \eta} = u \tag{22}$$

erhalten wir

$$\frac{\partial^2 y}{\partial \xi \, \partial \eta} = \frac{\partial}{\partial \xi}\left(\frac{\partial y}{\partial \eta}\right) = \frac{\partial u}{\partial \xi} = 0, \tag{23}$$

$$u = a(\eta), \tag{24}$$

worin $a$ eine vollkommen willkürliche Funktion allein von $\eta$ ist; damit wird:

$$\frac{\partial y}{\partial \eta} = a(\eta); \quad y = \int a(\eta) \, d\eta + f_1(\xi); \quad \int a(\eta) \, d\eta = f_2(\eta),$$

mit der ebenso vollkommen willkürlichen Funktion $f_1(\xi)$

$$y = f_1(\xi) + f_2(\eta). \tag{25}$$

Mit den aus (4) folgenden Werten von $\xi$ und $\eta$ und unter Verwendung von (20) folgt die D'Alembertsche Lösung der Wellengleichung:

$$y = f_1(x - vt) + f_2(x + vt), \tag{26}$$

eine Lösung, die die beiden willkürlichen Funktionen $f_1$ und $f_2$ enthält, die nur aus den Rand- oder Anfangsbedingungen bestimmt werden können. Wir sind dieser Lösung schon bei der Behandlung des schwingenden Quarzstabes in VI, 4 des 2. Kap. begegnet, wo wir sie einfach angeschrieben hatten, welcher Ansatz nun hier gerechtfertigt wird.

Bevor wir aber an die Aufgabe der Bestimmung der beiden willkürlichen Funktionen herantreten, wollen wir uns über die physikalische Bedeutung der durch (26) gegebenen Lösung der eindimensionalen Wellengleichung klar werden. Wir betrachten zuerst die Teillösung:

$$y_1 = f_1(\xi) = f_1(x - vt) \tag{27}$$

mit der willkürlichen Funktion $f_1(x - vt)$, der nur die einzige Beschränkung auferlegt ist, daß sie die beiden unabhängig Veränderlichen $x$ und $t$ nur in der Verbindung $(x - vt)$ enthalten darf. Es wären beispielsweise die Funktionen

$$y_1 = a \sin \frac{2\pi}{\lambda}(x - vt), \quad y_1 = a\, e^{\varkappa(x - vt)}$$

usw. derartige Funktionen, nicht aber

$$y_1 = a \sin \frac{x}{vt} \quad \text{oder} \quad y_1 = a\, x\, e^{vt}.$$

Dies bedeutet, daß zu gleichen Werten der Differenz

$$\xi = x - vt$$

immer dasselbe $y$ gehört, gleichgültig welche Werte $x$ und $t$ für sich haben.

Um nun das Wesen der betrachteten Teillösung zu erkennen, wollen wir die Funktion

$$y_1 = f_1(\xi) \tag{28}$$

als Kurve in dem strichliert gezeichneten Koordinatensystem auftragen; wir suchen die Gleichung dieser Kurve in dem voll ausgezogenen System, gegen das das erste um die Strecke $s$ nach rechts parallel verschoben sein soll (Abb. 76). Diese Gleichung kann aus der Abbildung unmittelbar abgelesen werden

$$\xi = x - s, \quad y_1 = f_1 (x - s). \tag{29}$$

Denken wir uns nun das gestrichelte System samt der Kurve $y_1 = f_1(\xi)$ mit der Geschwindigkeit $v$ parallel zur positiven $x$-Achse gleichförmig bewegt, und beginnen wir mit der Zeitzählung in dem Augenblick, in dem sich die beiden Systeme eben decken, so ist:

$$s = vt \quad \text{und daher} \quad y_1 = f_1 (x - vt). \tag{30}$$

Somit ist also (30) die Gleichung einer starren Kurve, die mit der konstanten Geschwindigkeit $v$ parallel verschoben wird. Wir sprechen von einer längs der positiven $x$-Achse mit der gleichförmigen Geschwindigkeit $v$ fortschreitenden *Wanderwelle.* Für $t = 0$ ist $\xi = x$, und die Funktion $f_1(\xi)$ ist nichts anderes als die Verteilung der $y_1$ längs der $x$-Achse zur Zeit $t = 0$.

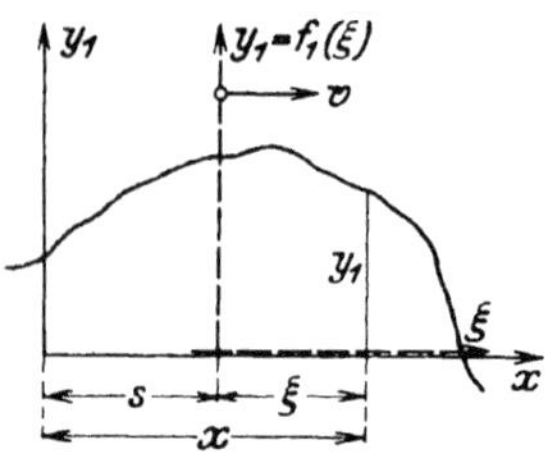

Abb. 76. Nach rechts fortschreitende Wanderwelle.

Bei der besprochenen Bewegung unserer Kurve durchläuft das $y_1$ an jeder beliebigen Stelle, z. B. $x = x_0$, *alle* aufeinanderfolgenden Funktionswerte von $f_1(\xi)$, und man sieht jetzt sofort ein, daß der gleiche Funktionswert $\bar{y}_1$ an einer um $\Delta x$ weiter rechts liegenden Stelle um die Zeit

$$\Delta t = \frac{\Delta x}{v} \tag{31}$$

später erreicht wird. Tatsächlich ist auch

$$\bar{y}_1 = f_1 (x_0 - vt) = f_1 \{x_0 + \Delta x - v (t + \Delta t)\}, \tag{32}$$

wenn (31) erfüllt ist.

Diese Eigenschaft ist kennzeichnend für den Vorgang, den wir als Wanderwelle bezeichnet haben: Der zeitliche Vorgang ist an jeder Stelle der $x$-Achse derselbe, jedoch an allen um $\Delta x$ weiter rechts liegenden zeitlich um $\Delta t = \frac{1}{v} \Delta x$ verspätet.

Die Kurve $y_1 = f_1(\xi)$ gibt uns nun nicht nur ein Bild der *räumlichen* Verteilung des $y_1$ längs der $x$-Achse zu jeder beliebigen Zeit, sondern auch des *zeitlichen* Verlaufes des $y_1$ an jeder beliebigen

Stelle der $x$-Achse. Um dies einzusehen, gehen wir wieder von der die Funktion (28) abbildenden Kurve aus und wollen die Gleichung dieser Kurve in einem Koordinatensystem aufstellen, dessen Abszissenachse mit der $x$-Achse zusammenfällt, wogegen die $y_1$-Achse um die Strecke $x_0$ verschoben sein soll. Mit

$$\xi = x_0 - s$$

wird aus (28):

$$y_1 = f_1 (x_0 - s),$$

und wenn wir wieder $s = vt$ setzen, so erhalten wir

$$y_1 = f_1 (x_0 - vt), \tag{33}$$

unsere Ausgangsgleichung für den besonderen Fall $x = x_0$ konst.; in dieser Form stellt sie den zeitlichen Verlauf des $y_1$ an der Stelle $x = x_0$ dar, abgebildet durch die Kurve im gestrichelten Koordinatensystem der Abb. 77. Für $t = 0$ erhalten wir den Funktionswert $y_1$ in $x_0$ im Augenblick des Beginnes der Zeitzählung, für negative $s$, d. s. negative Zeiten, die Funktionswerte der Vergangenheit, für positive $s$, d. s. positive $t$, die Funktionswerte der Zukunft. Für den Spezialfall $x_0 = 0$ gibt die Kurve den zeitlichen Verlauf des Vorganges im Ursprung.

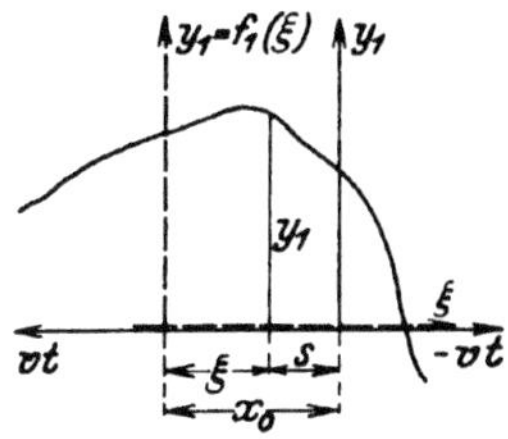

Abb. 77. Der zeitliche Verlauf der Wanderwelle an der Stelle $x = x_0$.

Die Kurve $y_1 = f_1 (\xi)$ bestimmt somit im Verein mit der Geschwindigkeit $v$ den ganzen raumzeitlichen Vorgang, die Welle, vollkommen. Ist die Kurve z. B. in der Form gegeben, daß wir den zeitlichen Verlauf des Vorganges an irgendeiner Stelle $x = x_0$, z. B. an der Stelle $x_0 = 0$, kennen, so ist damit auch die raumzeitliche Verteilung des $y_1$ längs der ganzen $x$-Achse bekannt, ist hingegen die räumliche Verteilung des $y_1$ in irgendeinem Zeitpunkt $t = t_0$, z. B. $t_0 = 0$, bekannt, so ist damit auch der raumzeitliche Verlauf des Vorganges an jeder Stelle der $x$-Achse gegeben. Voraussetzung ist dabei, daß die Drähte nach beiden Seiten unendlich lang sind.

Von besonderer Bedeutung ist der Fall, daß die Funktion $y_1 = f_1 (\xi)$ periodisch ist. Dann ist sowohl die räumliche Verteilung der Funktionswerte $y_1$ längs der $x$-Achse eine periodische Funktion von $x$, als auch der zeitliche Verlauf des Vorganges an jeder beliebigen Stelle der $x$-Achse eine periodische Funktion der

Zeit $t$; denn beide werden durch dieselbe periodische Kurve $y_1 = f_1(\xi)$ abgebildet; dieser zeitliche Verlauf des Vorganges an jeder Stelle ist dann eine Schwingung mit der Periodendauer $T$.

Es sei also $y_1$ eine periodische Funktion von $\xi$ mit der Periode $\lambda$, d. h.

$$f_1(\xi + \lambda) = f_1(\xi), \tag{34}$$

$$f_1(\xi + \lambda) = f_1(x + \lambda - vt) = \\ = f_1\{x - vt + vT\},$$

wenn gesetzt wird

$$\lambda = vT. \tag{35}$$

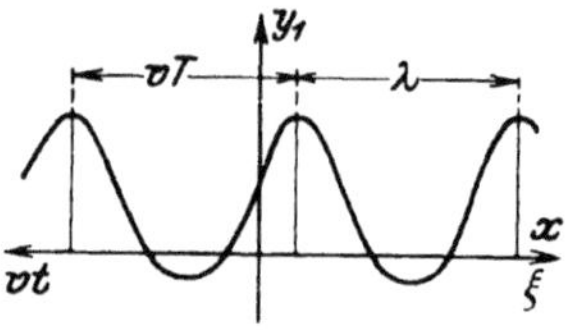

Abb. 78. Der räumliche und der zeitliche Vorgang wird durch dieselbe Kurve abgebildet.

Zwischen der räumlichen und der zeitlichen Länge der Periode besteht also die einfache Beziehung (35) (Abb. 78).

Ist z. B. der zeitliche Verlauf der Schwingung im Ursprung durch die folgende Gleichung gegeben:

$$y_{10} = -a \sin \omega t, \tag{36}$$

so finden wir die Periodendauer $T$ durch die Beziehung

$$\omega T = 2\pi, \quad \omega = \frac{2\pi}{T}, \tag{37}$$

da $2\pi$ der Periodizitätsmodul der Funktion sinus ist; anderseits hängt $T$ nach (35) mit $\lambda$ zusammen, womit (37) übergeht in:

$$\omega = \frac{2\pi}{\lambda} v \tag{37'}$$

und (36) in

$$y_{10} = -a \sin \frac{2\pi}{\lambda} vt = a \sin \frac{2\pi}{\lambda} (0 - vt),$$

woraus wir die Gleichung für die Wellenfunktion $f_1$ erhalten:

$$y_1 = a \sin \frac{2\pi}{\lambda} (x - vt). \tag{38}$$

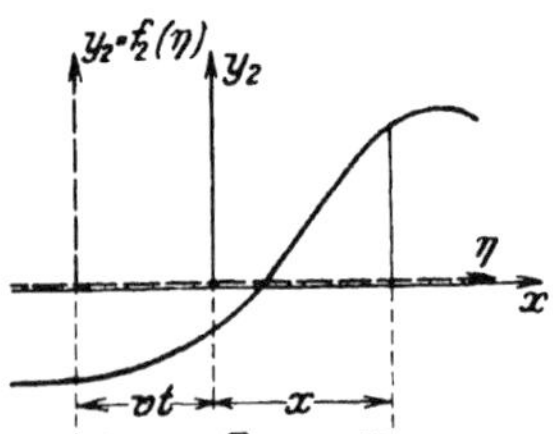

Abb. 79. Nach links fortschreitende Wanderwelle.

Durch genau dieselben Überlegungen läßt sich zeigen, daß die zweite Teillösung:

$$y_2 = f_2(\eta) = f_2(x + vt) \tag{39}$$

eine in der Richtung des abnehmenden $x$ fortschreitende Wanderwelle bedeutet. An Hand der Abb. 79 sind die entsprechenden Überlegungen leicht anzustellen.

Die vollständige Lösung der Wellengleichung stellt somit physikalisch die Überlagerung zweier mit derselben Geschwindigkeit $v$ in entgegengesetzter Richtung fortschreitender Wellen dar. Ob sich beide Wellen tatsächlich ausbilden, und welche Gestalt sie haben, hängt von den Rand- und Anfangsbedingungen ab.

Wenn wir nun zum Schlusse dieses Abschnittes versuchen, das Wesentlichste unserer bisherigen Betrachtungen herauszufinden, so werden wir es in der Erkenntnis zu suchen haben, daß sich die elektrischen Wellen — des Stromes und der Spannung — mit *endlicher*, wenn auch sehr großer Geschwindigkeit ausbreiten. In der Tat, wäre diese Geschwindigkeit unendlich groß, so würden alle Leiterelemente gleichzeitig jeden Wert der einem Punkt aufgedrückten Spannung oder des einem Punkt zugeführten Stromes annehmen; der Leiter würde als Ganzes schwingen, es würden jedoch keine Wellenvorgänge auftreten.

Für die Fortpflanzungsgeschwindigkeit der elektrischen Drahtwellen fanden wir in (7) von 2 den Ausdruck:

$$v = \frac{c}{\sqrt{\varepsilon \mu}}. \tag{40}$$

In dieser Formel ist $c$ das Verhältnis der Maßzahlen einer elektrostatisch und elektromagnetisch gemessenen Elektrizitätsmenge oder die Zahl der auf die elektromagnetische Elektrizitätsmengeneinheit entfallenden elektrostatischen Einheiten; sie ist der Zahl und der Dimension nach gleich:

$$c = 3 \,.\, 10^{10} \text{ cm/sec}, \tag{41}$$

also gleich der Lichtgeschwindigkeit im leeren Raum. Im absoluten Vakuum ist $\varepsilon = \mu = 1$, in Luft von Atmosphärendruck gilt dasselbe mit großer Annäherung. Elektrische Drahtwellen pflanzen sich also längs Drähten in Luft mit der Lichtgeschwindigkeit fort. Bettet man hingegen die Drähte in ein Medium mit der Permeabilität $\mu = 1$ und der Dielektrizitätskonstanten $\varepsilon$ ein, so ist die Ausbreitungsgeschwindigkeit:

$$v = \frac{c}{\sqrt{\varepsilon}}. \tag{42}$$

Anderseits ist aber für periodische Schwingungen nach (35)

$$v = \frac{\lambda}{T}, \quad \sqrt{\varepsilon} = c\,\frac{T}{\lambda}, \tag{43}$$

so daß bei bekanntem $T$ $\varepsilon$ durch Messung von $\lambda$ bestimmt werden kann; auf diesem Wege hat Paul Drude die Dielektrizitätskonstante verschiedener flüssiger Medien bestimmt.

Da nun im Vakuum die Ausbreitungsgeschwindigkeit elektrischer Wellen — wir werden später sehen, daß dies nicht nur von Drahtwellen gilt — mit der Lichtgeschwindigkeit übereinstimmt, liegt die Vermutung nahe, daß diese Übereinstimmung auch in anderen Medien vorhanden ist. Nun verstehen wir unter dem Brechungsindex $n$ eines Mediums gegen das Vakuum den Ausdruck

$$n = \frac{c}{v_l}, \tag{44}$$

worin $v_l$ die Lichtgeschwindigkeit in dem betreffenden Medium ist; es ist also einerseits

$$v_l = \frac{c}{n} \quad \text{und anderseits} \quad v = \frac{c}{\sqrt{\varepsilon}},$$

$$n = \sqrt{\varepsilon}. \tag{45}$$

Diese Beziehung muß zwischen dem Brechungsindex und der Dielektrizitätskonstanten eines Mediums bestehen, wenn die Ausbreitungsgeschwindigkeit der elektrischen Wellen in diesem Medium gleich der der Lichtwellen ist. Dieser von der Maxwellschen Theorie behauptete Zusammenhang wurde von Ludwig Boltzmann im Jahre 1872 experimentell nachgewiesen, der damit als erster einen experimentellen Beweis für die Wesensgleichheit der elektrischen und der Lichtwellen erbrachte.

**4. Drähte von endlicher Länge; die Randbedingungen.** Wir wollen nun den Fall der Drähte von endlicher Länge betrachten, allerdings unter Vernachlässigung der aus diesem Umstand folgenden Korrekturen der Ausdrücke für Selbstinduktion und Kapazität der Paralleldrähte; in diesem Fall sind dem $y$, d. i. also der Spannung und dem Strom an den Stellen $x = 0$ und $x = l$ bestimmte Werte vorgeschrieben. (Randbedingungen.)

Wir wollen als Randbedingung zunächst annehmen:

$$x = l \ldots \; y_l = 0. \tag{1}$$

Diese Bedingung ist für $u$ vorgegeben, wenn die Drähte am Ende leitend überbrückt sind, für $i$, wenn sie an dieser Stelle frei enden. Es gehe nun von $x = 0$ eine rechtsläufige Welle aus:

$$y_1 = f_1(\xi) = f_1(x - vt). \tag{2}$$

Diese Welle trifft in $x = l$ an dem Drahtende auf, das die Bedingung $y_l = 0$ in jedem Augenblick vorschreibt; diese Bedingung kann nur erfüllt sein, wenn auch die zweite Teillösung $y_2$ in Erscheinung tritt:

$$y_2 = f_2 (x + vt). \tag{3}$$

Und zwar muß sein:

$$y_l = f_1 (l - vt) + f_2 (l + vt) = 0. \tag{4}$$

Physikalisch bedeutet dies folgendes: Durch das Auftreffen der rechtsläufigen Welle $y_1$ auf das Drahtende wird dort die zweite, linksläufige Welle $y_2$ hervorgerufen; wir sagen, die Welle $y_1$ wird an dem Drahtende *reflektiert*.

Wie wir gesehen haben, ergeben sich die Werte für $y_{1l}$ durch Auftreffen der mit der Geschwindigkeit $v$ nach rechts bewegten

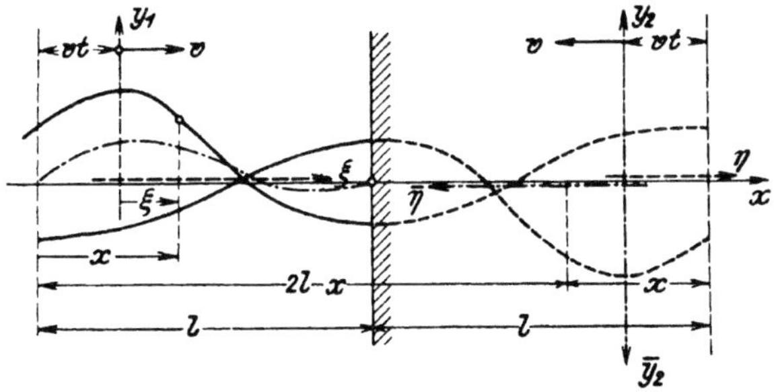


Abb. 80. Reflexion der Wanderwelle am Drahtende.

Kurve $y_1 = f_1 (\xi)$ auf die im Punkte $x = l$ errichtete Ordinate, die Werte für $y_{2l}$ durch Auftreffen der mit der Geschwindigkeit $v$ nach links bewegten Kurve $y_2 = f_2 (\eta) = f_2 (x + vt)$ auf diese Ordinate. Gleichweit von $x = l$ entfernte Funktionswerte der Kurve $y_1$ links und der Kurve $y_2$ rechts oder umgekehrt kommen oder kamen daher gleichzeitig nach $x = l$ und müssen daher gegengleich sein, wenn (4) erfüllt sein soll. Die Gl. (4) ist daher nur möglich, wenn

$$\left.\begin{aligned} f_2 (2\,l - x + vt) &= -f_1 (x - vt) \\ f_2 (x + vt) &= -f_1 (2\,l - x - vt) \end{aligned}\right\}. \tag{5}$$

Mit anderen Worten, die Kurven $y_1$ und $y_2$ müssen in jeder Lage symmetrisch zu dem Punkt $x = l$ liegen (Abb. 80) oder die Gleichung der Kurve $y_2 = f_2 (\eta)$ in dem stark strichpunktierten Koordinatensystem $(\bar{\eta} \,.\, \bar{y}_2)$ stimmt vollkommen überein mit der Gleichung der Kurve $y_1 = f_1 (\xi)$ im stark strichlierten System $(\xi, y_1)$. Das Drahtende wirkt so, als ob von der Stelle $x = 2\,l$

aus eine bezüglich des Punktes $x = l$ zur ersten symmetrischen Welle mit der gleichen Geschwindigkeit nach links wandern würde. Man nennt diese Welle die *reflektierte Welle* zum Unterschied von der *einfallenden Welle* und spricht von der *Reflexion* der einfallenden Welle an dem Drahtende. Wegen:

$$y = f_1(x - vt) + f_2(x + vt)$$

und (5) muß sein

$$y = f_1(x - vt) - f_2(2l - x - vt). \tag{6}$$

Die durch Überlagerung der einfallenden und der reflektierten Welle entstehende resultierende Welle ist eine sogenannte *stehende Welle*. Wir werden das Wesen dieser Wellenart zunächst an einem Beispiel kennenlernen; es sei:

$$y_1 = a \sin \frac{2\pi}{\lambda}(x - vt). \tag{7}$$

Dann ist die reflektierte Welle gegeben durch die Gleichung:

$$y_2 = -a \sin \frac{2\pi}{\lambda}(2l - x - vt) \tag{8}$$

und die sich ergebende resultierende Welle durch:

$$y = a\left\{\sin \frac{2\pi}{\lambda}(x - vt) - \sin \frac{2\pi}{\lambda}(2l - x - vt)\right\}. \tag{9}$$

Wegen:

$$\sin(\alpha + \beta) - \sin(\alpha - \beta) = 2\cos\alpha \sin\beta$$

ist mit

$$\left.\begin{aligned} \alpha + \beta &= (x - vt)\frac{2\pi}{\lambda} \\ \alpha - \beta &= (2l - x - vt)\frac{2\pi}{\lambda} \end{aligned}\right\} \begin{aligned} \alpha &= (l - vt)\frac{2\pi}{\lambda}, \\ \beta &= (x - l)\frac{2\pi}{\lambda}, \end{aligned}$$

$$y = 2a \cos \frac{2\pi}{\lambda}(l - vt) \cdot \sin \frac{2\pi}{\lambda}(x - l). \tag{10}$$

Wir erhalten eine stehende Welle, die dadurch gekennzeichnet ist, daß die Schwingungen in allen Punkten gleichphasig verlaufen, wogegen die Amplitude eine Ortsfunktion ist. Die Stellen maximaler Amplitude bezeichnen wir als *Schwingungsbäuche*, die Stellen, an denen die Amplitude dauernd verschwindet, als *Schwingungsknoten*. Der Abstand zweier aufeinanderfolgender Schwingungsbäuche oder Knoten ist gleich der halben Wellenlänge.

Wir haben somit in einem Spezialfall die Entstehung von stehenden Wellen durch Reflexion kennengelernt. Die Beschränkung auf Sinusfunktionen bedeutet jedoch keine Einschränkung der Allgemeinheit, da man ja nach Fourier jede beliebige periodische Funktion (wenn sie nur gewissen sehr allgemeinen Bedingungen genügt) in eine Summe endlich oder unendlich vieler Sinusfunktionen zerlegen kann; wir werden darauf noch zu sprechen kommen.

In der Gl. (10) bedeutet $\lambda$ die Wellenlänge unserer Welle; sie ist gegeben durch die Dauer der in irgendeinem, z. B. im Punkt $x = 0$ aufgedrückten Schwingung:

$$y_0 = -2\,a \sin\frac{2\pi}{\lambda}\,l \cos\frac{2\pi}{\lambda}\,(l - v\,t). \tag{11}$$

Für $t = T$ ergibt sich

$$\frac{2\pi}{\lambda}\,v\,T = 2\pi, \quad T = \frac{\lambda}{v}, \quad \lambda = v\,T. \tag{12}$$

Wellenlänge und Schwingungsdauer stehen also auch hier in demselben Zusammenhang wie bei der fortschreitenden Welle.

Statt die Wellenlänge oder die Schwingungsdauer vorzugeben, können wir diese auch vorläufig unbestimmt lassen und noch eine weitere Randbedingung vorschreiben, z. B.:

$$y_0 = 0 \text{ für } x = 0. \tag{13}$$

Die Frage geht dann nach den Wellenlängen, die mit beiden Randbedingungen verträglich sind. Sie ist in unserem Fall leicht zu beantworten. Aus (11) folgt $y_0 = 0$ nur für

$$2\pi\frac{l}{\lambda} = n\pi, \quad \frac{l}{\lambda} = \frac{n}{2}, \quad n = 1, 2, 3, \ldots \tag{14}$$

Diese Wellen können die verschiedensten Amplituden haben und können auch gleichzeitig auftreten, wodurch sich eine große Mannigfaltigkeit der resultierenden Wellenform ergibt.

Durch die vorgegebenen Randbedingungen wird aus den im allgemeinen möglichen Werten einer Größe, hier der Wellenlänge, eine Reihe ausgesondert, deren Glieder allein auch den Randbedingungen entsprechen. Wir nennen derartige Aufgaben *Eigenwertprobleme.*

Wir haben uns nun zwar in (1) auf die Randbedingung $x = l$, $y_l = 0$ beschränkt, die für die Spannung $u$ gegeben ist, wenn die Drähte am Ende leitend überbrückt sind und für den Strom $i$, wenn die Drähte an derselben Stelle frei enden. Da aber, wie aus (3) und (4) von 2 hervorgeht, Strom und Spannung voneinander nicht unabhängig sind, sondern durch eben diese Beziehungen zusammenhängen, ist, wenn wir die Spannungswelle für den Fall der Überbrückung ($u_l = 0$) gefunden haben, auch die sich in diesem Spezialfall ausbildende Stromwelle bekannt, und umgekehrt, wenn wir aus der Randbedingung $i_l = 0$ die Stromwelle gerechnet haben, haben wir damit auch die zugehörige Spannungswelle gefunden. Der Einfluß der Endflächen ist damit vollkommen geklärt.

**5. Die Dan. Bernoullische Lösung der Wellengleichung.** Im letzten Abschnitt fanden wir als Lösung der eindimensionalen Wellengleichung:

$$\frac{\partial^2 y}{\partial t^2} = v^2 \frac{\partial^2 y}{\partial x^2}; \tag{1}$$

in einem Spezialfall ein Produkt aus einer Funktion des Ortes und einer Funktion der Zeit. Wir wollen nun versuchen, durch einen allgemeineren Produktansatz partikulare Integrale der Wellengleichung zu finden; es wird sich zeigen, daß wir auf diesem Wege ebenfalls zu dem vollständigen Integral der Wellengleichung kommen, und zwar in einer Form, die weitaus leichter den Grenzbedingungen anzupassen ist als die D'Alembertsche Lösung. Wir versuchen den Ansatz:

$$y = f(x)\, g(t), \tag{2}$$

$$\frac{\partial y}{\partial x} = f'(x)\, g(t), \quad \frac{\partial^2 y}{\partial x^2} = f''(x)\, g(t), \tag{3}$$

$$\frac{\partial y}{\partial t} = f(x)\, g'(t), \quad \frac{\partial^2 y}{\partial t^2} = f(x)\, g''(t). \tag{4}$$

Damit geht die Wellengleichung (1) über in:

$$f(x)\, g''(t) = v^2 f''(x)\, g(t),$$

oder

$$\frac{f''(x)}{f(x)} = \frac{1}{v^2} \frac{g''(t)}{g(t)} = -k^2. \tag{5}$$

Da aber die linke Seite dieser Gleichung nur von $x$, die rechte nur von $t$ abhängt, kann (5) nur bestehen, wenn beide Seiten ein und derselben Konstanten, die wir in der Form $-k^2$ schreiben wollen, gleich sind: es zerfällt somit (5) in die beiden Gleichungen:

$$\frac{f''(x)}{f(x)} = -k^2 \tag{6}$$

und

$$\frac{g''(t)}{g(t)} = -k^2 v^2. \tag{7}$$

Die Einführung einer negativen Konstanten ist notwendig, wenn sich als Teillösungen periodische Funktionen ergeben sollen. Somit wird zunächst:

$$f''(x) + k^2 f(x) = 0. \tag{8}$$

Ein partikulares Integral dieser gewöhnlichen Differentialgleichung finden wir durch den Ansatz:

$$f(x) = a\, e^{\alpha x}, \tag{9}$$

$$f''(x) = a\, \alpha^2 e^{\alpha x},$$

womit (8) übergeht in:

$$a\alpha^2 + k^2 a = 0,$$

$$\alpha^2 = -k^2,\ \alpha = \pm jk, \tag{10}$$

so daß wir das vollständige Integral von (8) finden durch:

$$f(x) = a_1 e^{jkx} + a_2 e^{-jkx}. \tag{11}$$

Ebenso finden wir für $g(t)$

$$g(t) = b_1 e^{jkvt} + b_2 e^{-jkvt} \tag{12}$$

und erhalten damit aus (2):

$$y = (a_1 e^{jkx} + a_2 e^{-jkx})(b_1 e^{jkvt} + b_2 e^{-jkvt}), \tag{13}$$

$$y = a_1 b_1 e^{jk(x+vt)} + a_2 b_1 e^{-jk(x-vt)} + a_1 b_2 e^{jk(x-vt)} + a_2 b_2 e^{-jk(x+vt)}.$$

Mit den Abkürzungen:

$$A' = a_1 b_1,\ B' = a_2 b_1,\ C' = a_1 b_2,\ D' = a_2 b_2 \tag{14}$$

und unter Berücksichtigung der Eulerschen Gleichung

$$e^{j\alpha} = \cos\alpha + j\sin\alpha$$

erhalten wir:

$$A' e^{jk(x+vt)} = A' \cos k(x+vt) + jA' \sin k(x+vt),$$

$$D' e^{-jk(x+vt)} = D' \cos k(x+vt) - jD' \sin k(x+vt),$$

. . . . . . . . . . . . . . . . . . . . . . . . . . . . . . . . . . . . . . . . usw.

$$y = (A' + D') \cos k(x+vt) + j(A' - D') \sin k(x+vt) +$$
$$+ (C' + B') \cos k(x-vt) + j(C' - B') \sin k(x-vt)$$

und wenn wir nur rein reelle Werte von $y$ zulassen, die ja als Lösung eines physikalischen Problems allein in Betracht kommen, müssen $A'$ und $D'$ sowie $C'$ und $B'$ konjugiert komplexe Zahlen sein, so daß sich ergibt:

$$y = A \cos k\,(x + vt) + D \sin k\,(x + vt) + \\ + C \cos k\,(x - vt) + B \sin k\,(x - vt). \qquad (15)$$

Die Bedeutung dieser Lösung wird noch leichter eingesehen, wenn wir die Glieder mit den gleichen Argumenten zusammenfassen, indem wir andere Konstante einführen:

$$\left.\begin{aligned} A &= \bar{a} \sin \varphi_1, & C &= \bar{b} \sin \varphi_2 \\ D &= \bar{a} \cos \varphi_1, & B &= \bar{b} \cos \varphi_2 \end{aligned}\right\} \qquad (16)$$

(vgl. Abb. 13), womit wir erhalten:

$$y = \bar{a} \sin \left\{k\,(x + vt) + \varphi_1\right\} + \bar{b} \sin \left\{k\,(x - vt) + \varphi_2\right\}. \qquad (17)$$

Es ergeben sich wieder je eine Funktion von $(x + vt)$ und $(x - vt)$, also zwei sich gegeneinander mit der Geschwindigkeit $v$ bewegende Wanderwellen; es scheint sich also um einen besonderen Fall der D'Alembertschen Lösung zu handeln; da aber die Konstante $k$ vorläufig jeden beliebigen Wert annehmen kann und sich für jeden Wert von $k$ ein besonderes partikulares Integral der Wellengleichung ergibt, da ferner auch die Summe aller dieser partikularen Integrale ein Integral der Wellengleichung ist, ergibt die Gl. (17) eine viel allgemeinere Lösung, als es den Anschein hat; wenn wir weiters bedenken, daß wir nach Fourier jede beliebige periodische Funktion aus einer Summe von Sinusfunktionen nach der Art der Summanden von (17) zusammensetzen können, wobei schon ganze, positive Werte von $k$ genügen, sieht man, daß sich die Daniel Bernoullische Lösung der Wellengleichung von der D'Alembertschen nur in der Form unterscheidet.

**6. Die Randbedingungen bei der Bernoullischen Lösung.** Wir wollen nun zu unserem Problem, von dem wir ausgegangen sind, den Lecherschen Drähten, zurückkehren. Wir fanden für die Spannung die Differentialgleichung

$$\frac{\partial^2 u}{\partial t^2} = v^2 \frac{\partial^2 u}{\partial x^2}, \qquad (1)$$

und für den Strom:

$$\frac{\partial^2 i}{\partial t^2} = v^2 \frac{\partial^2 i}{\partial x^2} \qquad (2)$$

mit den beiden Lösungen nach 5 (15):

$$u = A_1 \cos k\,(x + vt) + D_1 \sin k\,(x + vt) + \\ + C_1 \cos k\,(x - vt) + B_1 \sin k\,(x - vt), \quad (3)$$

$$i = A_2 \cos k\,(x + vt) + D_2 \sin k\,(x + vt) + \\ + C_2 \cos k\,(x - vt) + B_2 \sin k\,(x - vt). \quad (4)$$

Nun sind aber diese beiden Lösungen nicht voneinander unabhängig, denn es hängen $u$ und $i$ durch die Beziehungen (3) und (4) von 2 zusammen, die unter Vernachlässigung des Ohmschen Widerstandes ($r_1$) und der Ableitung ($A_1$) die folgende Gestalt annehmen.

$$\frac{\partial u}{\partial x} = -L_1 \frac{\partial i}{\partial t}, \quad (5)$$

$$\frac{\partial i}{\partial x} = -C_1 \frac{\partial u}{\partial t}. \quad (6)$$

Diese Zusammenhänge haben wir zu beachten, wenn wir jetzt dazu übergehen, die Randbedingungen für unser Paralleldrahtsystem aufzustellen. Wir wollen annehmen, die Drähte seien an der Stelle $x = 0$ vollkommen leitend verbunden und werden dort induktiv (durch induktive Ankoppelung eines Schwingungskreises) erregt. An dieser Stelle muß demnach ein Spannungsknoten liegen, $u_0 = 0$. Diese Bedingung allein genügt schon, um aus der unendlichen Anzahl der durch (3) und (4) gegebenen, möglichen Lösungen eine Reihe allein in Betracht kommender auszusondern. Es geht nämlich (3) für den Spezialfall $x = 0$ über in:

$$u_0 = A_1 \cos kvt + D_1 \sin kvt + C_1 \cos kvt - B_1 \sin kvt,$$

$$u_0 = (A_1 + C_1) \cos kvt + (D_1 - B_1) \sin kvt. \quad (7)$$

Somit ist $u_0 = 0$ nur möglich, wenn:

$$\left.\begin{array}{l} A_1 + C_1 = 0 \ldots C_1 = -A_1 \\ D_1 - B_1 = 0 \ldots D_1 = B_1 \end{array}\right\} \quad (8)$$

Damit geht die allgemeine Gl. (3) über in

$$u = A_1 \left\{\cos k\,(x + vt) - \cos k\,(x - vt)\right\} + \\ + B_1 \left\{\sin k\,(x + vt) + \sin k\,(x - vt)\right\},$$

$$u = -2\,A_1 \sin kx \sin kvt + 2\,B_1 \sin kx \cos kvt,$$

$$u = \sin k\,x \left\{2\,B_1 \cos kvt - 2\,A_1 \sin kvt\right\}. \quad (9)$$

Wir führen zur Abkürzung in einer schon wiederholt angewendeten Weise (s. Abb. 13) die neuen Konstanten $\bar{u}$ und $\varphi$ ein:

$$\left.\begin{aligned} 2A_1 &= \bar{u}\sin\varphi_n, \quad 2B_1 = \bar{u}\cos\varphi_n, \\ \bar{u} &= 2\sqrt{A_1^2 + B_1^2}, \quad \operatorname{tg}\varphi_n = \frac{A_1}{B_1} \end{aligned}\right\} \tag{10}$$

und erhalten damit:

$$u = \bar{u}\sin kx\cos(kvt + \varphi_n). \tag{11}$$

Aus dieser Gleichung finden wir die des Stromes, wenn wir (5) heranziehen:

$$\frac{\partial i}{\partial t} = -\frac{1}{L_1}\frac{\partial u}{\partial x} = -\bar{u}\frac{k}{L_1}\cos kx\cos(kvt + \varphi_n),$$

$$i = -\frac{\bar{u}}{vL_1}\cos kx\sin(kvt + \varphi_n),$$

$$i = -\bar{\imath}\cos kx\sin(kvt + \varphi_n) \tag{12}$$

mit

$$\bar{\imath} = \frac{\bar{u}}{vL_1}. \tag{13}$$

Berücksichtigen wir noch, daß nach (7) aus 2:

$$v = \frac{1}{\sqrt{L_1C_1}}, \tag{14}$$

so erhalten wir:

$$\bar{\imath} = \frac{\bar{u}}{\sqrt{\frac{L_1}{C_1}}}. \tag{15}$$

Aus (15) sieht man, daß der Ausdruck $\sqrt{\frac{L_1}{C_1}}$ die Dimension eines Widerstandes hat; man nennt ihn den *Wellenwiderstand* der Doppelleitung.

Schon durch die Randbedingung $u_0 = 0$ werden aus allen möglichen Lösungen der Wellengleichung jene Paare gegenläufiger Wellen ausgesondert, die zusammen stehende Wellen der Spannung (11) und des Stromes (12) ergeben.

Nun wenden wir uns den Verhältnissen an dem Ende der Doppelleitung, $x = l$, zu, an dem wir die beiden Leiter ebenfalls zunächst überbrücken wollen; daher soll sein für

$$x = l \ldots u_l = 0. \tag{16}$$

Aus (11) erhalten wir:

$$u_l = \bar{u}\sin kl\cos(kvt + \varphi_n) = 0. \tag{17}$$

Diese Gleichung kann nur erfüllt sein, wenn:

$$\sin kl = 0, \; kl = \pi, \; 2\pi \ldots n\pi, \tag{18}$$

so daß sich ergibt:

$$k = \frac{n\pi}{l},$$

$$u = \bar{u} \sin \frac{n\pi}{l} x \cos\left(\frac{n\pi}{l} v t + \varphi_n\right), \tag{19}$$

die Gleichung einer stehenden Welle von der Wellenlänge

$$\frac{n\pi}{l} \lambda_n = 2\pi \ldots \lambda_n = \frac{2l}{n}. \tag{20}$$

In Abb. 81 ist die Grundwelle $n = 1$ und die erste Oberwelle eingezeichnet. Für den Strom ergibt sich aus (12)

$$i = -\bar{\imath} \cos \frac{n\pi}{l} x \sin\left(\frac{n\pi}{l} v t + \varphi_n\right). \tag{21}$$

Will man also eine der möglichen Wellen hervorrufen, so muß in $x = 0$ eine Schwingung aufgedrückt werden, deren Frequenz $f$ sich aus der folgenden Beziehung rechnen läßt:

$$\omega_n = 2\pi f_n = \frac{n\pi}{l} v,$$

$$f_n = \frac{n v}{2l} = \frac{v}{\lambda_n}, \tag{22}$$

$$T_n = \frac{1}{f_n} = \frac{\lambda_n}{v} = \frac{2l}{n v}. \tag{23}$$

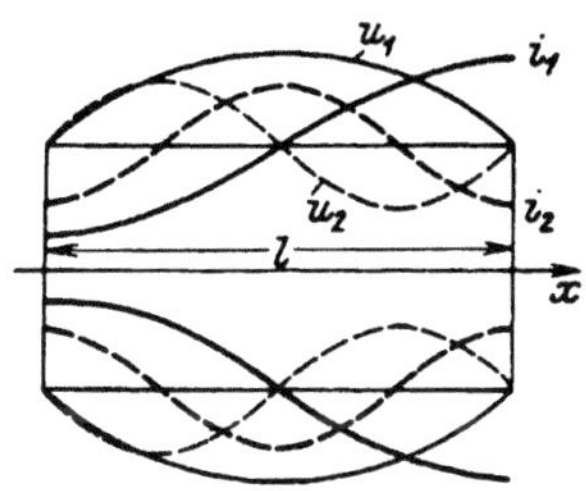


Abb. 81. Stehende Wellen bei leitender Überbrückung des Paralleldrahtsystems an Anfang und Ende.

Strom und Spannungswellen sind also stehende Wellen derselben Wellenlänge, jedoch ist die Stromwelle gegen die Spannungswelle um $\frac{\lambda}{4}$ nach rechts verschoben, so daß Spannungsknoten und Strombäuche zusammenfallen und ebenso die Spannungsbäuche mit den Stromknoten. Ferner sind die Schwingungen von Strom und Spannung an allen Stellen gegeneinander zeitlich um $\frac{T}{4}$ verschoben.

Aus der Überlagerung aller möglichen Wellen läßt sich nun die allgemeine Lösung unseres Problems für Strom und Spannungen zusammensetzen.

Als zweiten besonderen Fall wollen wir annehmen, daß die Drähte an der Stelle $x = 0$ wie früher leitend überbrückt sind, an der Stelle $x = l$ jedoch frei enden. An dieser Stelle muß daher der Strom $i_l$ verschwinden.

$$x = l \ldots i_l = 0. \tag{24}$$

Aus der Stromgleichung (12) sieht man sofort, daß dies nur möglich ist, wenn

$$\left.\begin{aligned} \cos k l = 0 \ldots\; k l = (2n+1)\frac{\pi}{2},\; n = 0, 1, 2 \ldots \\ k = \frac{2n+1}{l}\frac{\pi}{2}. \end{aligned}\right\} \tag{25}$$

Somit finden wir für $\lambda_n$

$$k \lambda_n = 2\pi \ldots \lambda_n = \frac{2\pi}{k} = \frac{4l}{2n+1}, \tag{26}$$

also für die Grundwelle:

$$\lambda_0 = 4l$$

und für die erste Oberwelle

$$\lambda_1 = \frac{4l}{3} \text{ usw.}$$

In Abb. 82 sind diese Wellen für Strom und Spannung gezeichnet. Es sind auch in diesem besonderen Fall stehende Wellen mit ganz bestimmten diskreten Werten von $k$.

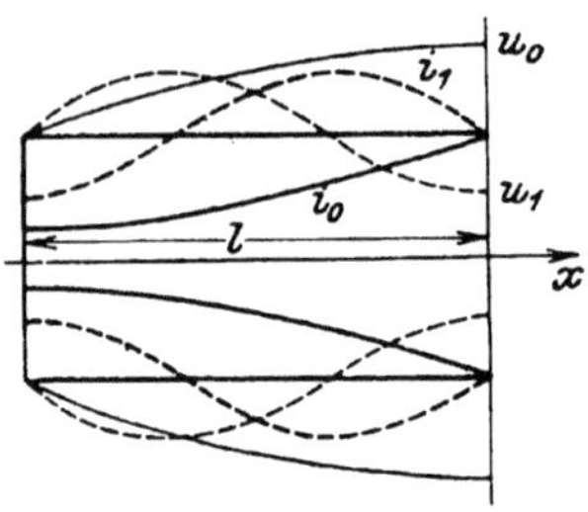


Abb. 82. Stehende Wellen bei leitender Überbrückung des Paralleldrahtsystems am Anfang und isolierten Enden.

Wir wollen noch andeutungsweise den Fall betrachten, daß die Drähte an der Stelle $x = l$ durch einen Kondensator überbrückt sind, dessen Kapazität $C$ sein soll. Wir denken uns diese Kapazität durch die Kapazität eines Drahtstückes von der Länge $l'$ ersetzt, so daß

$$l' C_1 = C. \tag{27}$$

Wir haben dann in unseren Gleichungen für die frei endenden Drähte an Stelle von $l$ die fiktive Länge $l + l'$ zu setzen. Ein Kondensator am Drahtende wirkt als Verlängerung.

Wie verhält sich nun das Drahtsystem, wenn ihm an irgendeiner Stelle, z. B. an der Stelle $x = 0$, eine Schwingung von der Frequenz $f$ aufgedrückt wird? Dieser Frequenz entspricht eine Wellenlänge $\lambda$

$$\lambda = v\,T = \frac{v}{f}. \tag{28}$$

Fällt diese Welle mit einer der Eigenwellen des Systems zusammen, so bildet sich diese aus. Man kann dann entweder mit sehr geringer Spannung im Spannungsknoten, oder mit geringem Strom im Stromknoten erregen. Fällt hingegen die der Frequenz der aufgedrückten Schwingung entsprechende Wellenlänge mit keiner Eigenwellenlänge zusammen, so bildet sich im Drahtsystem eine Welle von der Länge $\lambda$ aus, das Drahtsystem erscheint um die Länge $l'$ nach rückwärts verlängert; es ist jedoch dann weder im Strom- noch im Spannungsknoten erregt, und aus Abb. 83 geht hervor, daß in diesem Falle zur Erregung der Welle ein bestimmter Strom und eine bestimmte Spannung notwendig ist, also eine gewisse Leistung, die im Idealfall des widerstands- und ableitungslosen Drahtsystems allerdings nur eine *Blindleistung* ist.

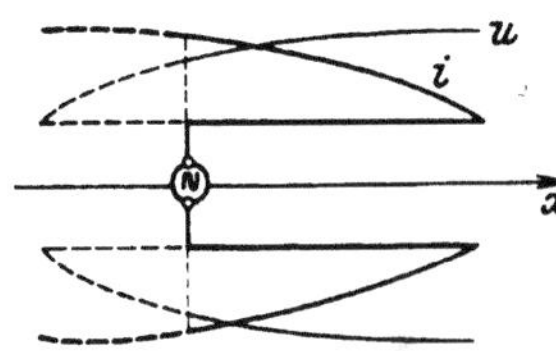

Abb. 83. Erregung einer Welle, deren Frequenz mit keiner der Eigenfrequenzen des Paralleldrahtsystems übereinstimmt.

Am Ende dieses Abschnittes können wir auch die Frage beantworten, wann der Verlauf der elektrischen Größen längs einer Leitung, ohne Berücksichtigung der Verschiebungsströme in jedem Punkt der Leitung, als quasistationär betrachtet werden darf. Wir sehen, daß dies nur der Fall ist, wenn die Wellenlänge der aufgedrückten Schwingung groß ist gegen die vierfache Leitungslänge. Nur dann sind praktisch im selben Augenblick Strom und Spannung längs der ganzen Leitung gleich. Für technische Frequenzen $f = 50$ Hz ergibt sich diese Wellenlänge mit $\lambda = \frac{v}{50}$ cm; da für Freileitungen $v = 3 \,.\, 10^{10}$ cm/sec, so ist

$$x = 6 \,.\, 10^8 \text{ cm} = 6000 \text{ km}, \quad 6000 \text{ km} > 4\, l,$$

für Kabel ist $\varepsilon = 4$ und somit

$$\lambda = 3 \,.\, 10^8 \text{ cm} = 3000 \text{ km}, \quad 3000 \text{ km} > 4\, l.$$

## II. Die stabförmige Antenne.

**1. Übergang von den Lecherschen Drähten.** Denken wir uns die Lecherschen Drähte nach oben und unten um je $90^0$ gebogen, so entsteht aus dem Paralleldrahtsystem ein Gebilde, das wir als *stabförmige Antenne* bezeichnen. Wir gehen damit von den ganz- und halbgeschlossenen Schwingungskreisen zu den offenen Schwingungskreisen über (Abb. 84).

Um das Wesen und den Zweck dieses Überganges zu verstehen, wollen wir eine Formel heranziehen, die wir in der Einleitung abgeleitet haben; sie gibt die durch eine geschlossene Fläche $O$ in der Zeiteinheit ausgestrahlte elektrische Energie an (Einl. 39, 40, 41).

$$\frac{\partial W}{\partial t} = -\frac{c}{4\pi}\int\limits_{O} [\mathfrak{E}\mathfrak{H}]\, d\mathfrak{F} = -\int\limits_{O} \mathfrak{S}\, d\mathfrak{F}. \tag{1}$$

Die von einem Schwingungskreis ausgestrahlte Energie ist also nur dann groß, wenn das Vektorprodukt $[\mathfrak{E}\mathfrak{H}]$ an den einzelnen Stellen der geschlossenen Fläche $O$ einen nennenswerten Wert hat.

Betrachten wir aus diesem Gesichtspunkt die einzelnen bisher behandelten Schwingungskreise. Der geschlossene Thomsonsche Schwingungskreis ist zur Ausstrahlung am wenigsten geeignet. Er ist ja so angeordnet, daß das elektrische Feld hauptsächlich im Kondensator seinen Sitz hat, das magnetische nur in der unmittelbaren Umgebung des Leiters (in der Spule) eine beträchtliche Stärke erreicht; in Entfernungen, die groß sind gegen die Spulendimensionen, ist sowohl die elektrische, als auch die magnetische Feldstärke nahezu Null, weil sich in diesen Entfernungen die Wirkungen der einzelnen Leiterelemente nahezu aufheben. Daher ist auch die ausgestrahlte Energie sehr klein. Energetisch betrachtet, besteht der Vorgang im Thomson-Kreis in einem Übergang von elektrischer in magnetische Energie und umgekehrt und spielt sich praktisch nur in der unmittelbaren Umgebung des Kreises ab.

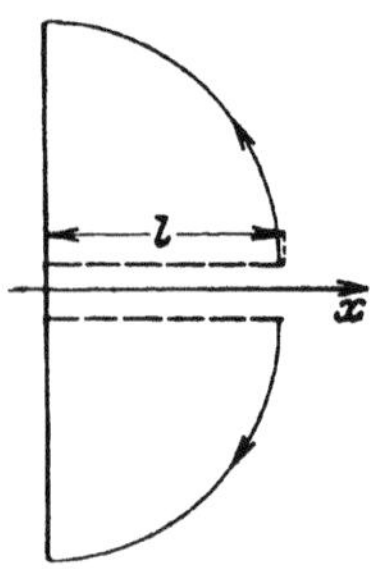


Abb. 84. Entstehung der stabförmigen Antenne aus dem Paralleldrahtsystem.

Ganz ähnlich ist es mit dem Lecherschen Paralleldrahtsystem. Das ganze elektromagnetische Feld konzentriert sich hauptsächlich auf das Gebiet zwischen den beiden Leitern; in Entfernungen, die groß sind gegen den Abstand der parallelen Drähte, heben sich wieder die von den beiden Leitern herrührenden Teilfelder fast vollkommen auf, $\mathfrak{E} \approx 0$, $\mathfrak{H} \approx 0$, so daß ebenfalls nur eine geringe Ausstrahlung erfolgen kann.

Ganz anders aber liegen die Verhältnisse bei der *stabförmigen* und bei der durch Aufschneiden eines Thomson-Kreises entstehenden *Dipolantenne*; über den genauen Feldverlauf werden uns zwar erst die weiter unten anzustellenden Betrachtungen Aufschluß geben, jedoch können wir aus dem Verlauf der elektrischen und magnetischen Kraftlinien bei derartigen Leitern sehen, daß an keiner Stelle des Feldes die von den einzelnen Leiterelementen bestimmten elektrischen oder magnetischen Feldstärken einander entgegenwirken. Es ist also an jeder Stelle des Feldes, mit Ausnahme der Geraden, in der der Leiter liegt, $\mathfrak{E}$ und $\mathfrak{H}$ vorhanden und somit eine dauernde Ausstrahlung größerer Energiemengen möglich. Der offene Schwingungskreis (stabförmige und Dipolantenne) ist daher für Ausstrahlung hervorragend geeignet, weshalb wir uns — und zwar zunächst mit der stabförmigen Antenne — mit ihnen eingehender beschäftigen müssen.

**2. Die Grundgleichungen der Maxwellschen Theorie in krummlinigen axial-symmetrischen Koordinaten.** Wir werden im folgenden von den in der Einleitung abgeleiteten Grundgleichungen der Maxwellschen Theorie Gebrauch machen; wir fanden dort (Einl. 11, 17):

$$\operatorname{rot}\mathfrak{H} = \lim_{\Delta F_n \to 0} \frac{1}{\Delta F_n} \oint \mathfrak{H}\, d\mathfrak{s} = \frac{4\pi}{c}\,\mathfrak{i} + \frac{1}{c}\frac{\partial \mathfrak{D}}{\partial t}, \tag{1}$$

$$\operatorname{rot}\mathfrak{E} = \lim_{\Delta F_n \to 0} \frac{1}{\Delta F_n} \oint \mathfrak{E}\, d\mathfrak{s} = -\frac{1}{c}\frac{\partial \mathfrak{B}}{\partial t}; \tag{2}$$

ferner gelten noch die Beziehungen (Einl. 1 und 21):

$$\mathfrak{D} = \varepsilon\,\mathfrak{E}, \tag{3}$$

$$\mathfrak{B} = \mu\,\mathfrak{H}. \tag{4}$$

Im folgenden werden wir unsere Betrachtungen auf den leeren oder auf den mit Luft von Atmosphärendruck erfüllten Raum beschränken, also $\varepsilon = \mu = 1$ setzen und könnten somit überall $\mathfrak{D}$ durch $\mathfrak{E}$ und $\mathfrak{B}$ durch $\mathfrak{H}$ ersetzen; wir ziehen es indessen vor, aus Gründen, die später klar werden, die kleine Unbequemlichkeit, die in dem Mitschleppen der beiden Konstanten $\varepsilon$ und $\mu$ liegt, in den Kauf zu nehmen, und werden somit die Grundgleichungen in der folgenden Gestalt verwenden:

$$\operatorname{rot}\mathfrak{H} = \frac{4\pi}{c}\,\mathfrak{i} + \frac{\varepsilon}{c}\,\dot{\mathfrak{E}}, \quad \dot{\mathfrak{E}} = \frac{\partial \mathfrak{E}}{\partial t}, \tag{1'}$$

$$\operatorname{rot}\mathfrak{E} = -\frac{\mu}{c}\,\dot{\mathfrak{H}}, \quad \dot{\mathfrak{H}} = \frac{\partial \mathfrak{H}}{\partial t}. \tag{2'}$$

Wir legen nun unseren stabförmigen Leiter in die $z$-Achse eines rechtwinkeligen, kartesischen Koordinatensystemes. Da im Raum keine Richtung vor den anderen bevorzugt sein kann, wird der

Verlauf der Feldstärken in allen durch die $z$-Achse gelegten Ebenen derselbe sein, d. h. es muß sich ein axial-symmetrisches Feld ergeben, mit der $z$-Achse als Symmetrieachse. Es wird sich somit empfehlen, zunächst zu Zylinderkoordinaten überzugehen, d. h. jeden Punkt $P$ im Raume durch die drei Koordinaten $\varphi$, $r$ und $z$ festzulegen (Abb. 85). Denn wegen der axialen Symmetrie sind alle Größen vom Azimut $\varphi$ unabhängig, wir können uns auf die Betrachtung der Vorgänge in einer der $rz$-Ebenen $\varphi =$ konst. beschränken und haben damit ein räumliches Problem auf ein ebenes zurückgeführt. Die Verhältnisse liegen dann so, daß die Vektoren der elektrischen Feldstärke in der betrachteten $rz$-Ebene liegen, während die magnetischen Feldstärken auf diese Ebenen senkrecht stehen. Wir wissen, daß $\mathfrak{H}$ die Richtung des zunehmenden $\varphi$ hat, wenn $i$ in der Richtung des zunehmenden $z$ fließt. (Ampèresche Schwimmregel).

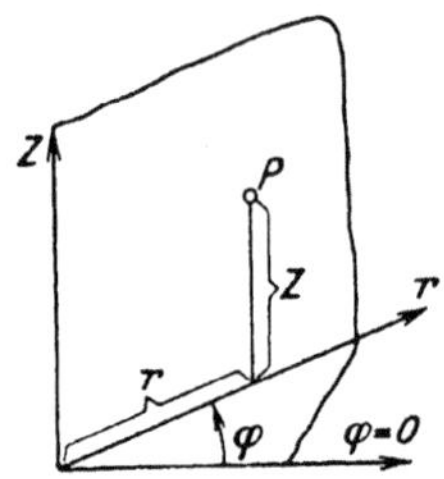

Abb. 85. Zylinderkoordinaten.

In einer der Ebenen $\varphi =$ konst. betrachten wir nun zwei Scharen von Kurven[1] mit den Parametern $u$ und $v$:

$$\Phi_1 (r, z, u) = 0, \tag{5}$$

$$\Phi_2 (r, z, v) = 0 \tag{6}$$

und setzen voraus, daß sich diese Kurven in allen Punkten *rechtwinkelig* schneiden. Indem wir dem Parameter $u$ bestimmte Werte $u_1, u_2, u_3, \ldots$ geben, erhalten wir die Schar $\Phi_1$, und ebenso ergeben sich die Individuen der Schar $\Phi_2$, wenn wir dem Parameter $v$ die konstanten Werte $v_1, v_2, v_3, \ldots$ geben. Zu jedem Punkt $P$ der Ebene gehört nicht nur ein bestimmtes Wertepaar von $r$ und $z$, sondern auch ein bestimmtes Wertepaar von $u$ und $v$; man bezeichnet daher $u$ und $v$ als die *krummlinigen Koordinaten* des Punktes $P$ (Abb. 86).

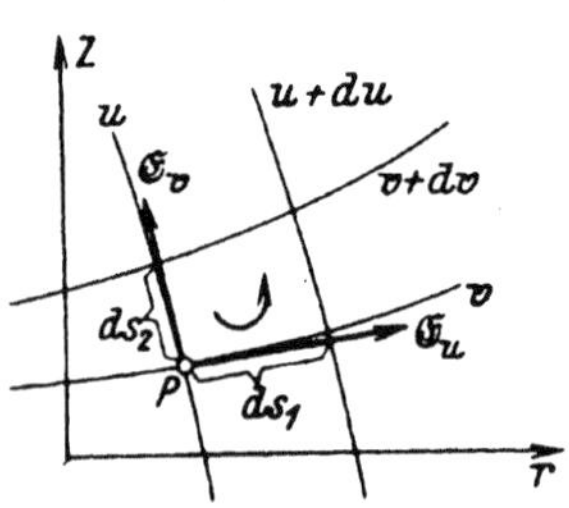

Abb. 86. Krummlinige Koordinaten; das Induktionsgesetz.

In solche krummlinige Koordinaten wollen wir nun unsere Grundgleichungen transformieren. Wir zerlegen zu diesem Zweck

[1] Wir halten uns im folgenden in großen Zügen an die Arbeit von M. Abraham, Wiedemanns Ann. d. Phys. und Chemie, Bd. 66, 1898, S. 435.

die elektrische Feldstärke $\mathfrak{E}$ in jedem Punkt in die beiden rechtwinkeligen Komponenten $\mathfrak{E}_u$ und $\mathfrak{E}_v$ ($\mathfrak{E}_u$ parallel zur Tangente der Kurve $v =$ konst., $\mathfrak{E}_v$ parallel zur Tangente der Kurve $u =$ konst., so wie $\mathfrak{E}_x$ parallel zur Kurve $y =$ konst., $\mathfrak{E}_y$ parallel zur Kurve $x =$ konst.).

Um nun die Grundgleichung (2') zu transformieren, bilden wir ein rechteckiges Flächenelement aus den Kurven $u$ und $u + du$ und $v$ und $v + dv$:

$$dF = ds_1\, ds_2 \tag{7}$$

und bilden das Linienintegral von $\mathfrak{E}$ längs des Umfanges dieses Rechteckes:

$$\operatorname{rot} \mathfrak{E}\, dF = \mathfrak{E}_u\, d s_1 + \left\{\mathfrak{E}_v\, d s_2 + \frac{\partial}{\partial u}(\mathfrak{E}_v\, d s_2)\, d u\right\} - \\ - \left\{\mathfrak{E}_u\, d s_1 + \frac{\partial}{\partial v}(\mathfrak{E}_u\, d s_1)\, d v\right\} - \mathfrak{E}_v\, d s_2,$$

$$\operatorname{rot} \mathfrak{E}\, dF = \frac{\partial}{\partial u}(\mathfrak{E}_v\, d s_2)\, d u - \frac{\partial}{\partial v}(\mathfrak{E}_u\, d s_1)\, d v = \frac{\mu}{c}\, \dot{\mathfrak{H}}\, d s_1\, d s_2. \tag{8}$$

Es ist zu beachten, daß $\mathfrak{H} = -\mathfrak{H}_n$, wenn $n$ die dritte Achse des Rechtssystems $r, z, n$ ist.

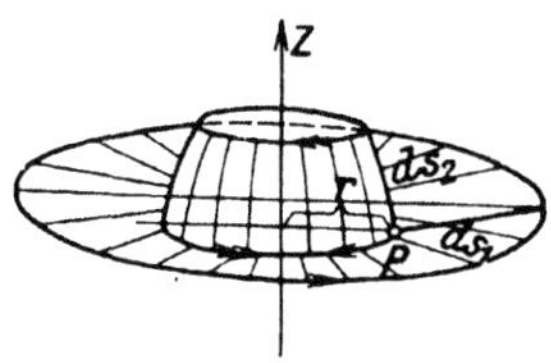

Abb. 87.
Das Durchflutungsgesetz.

Um die Gl. (1') zu transformieren, bilden wir wieder das Linienintegral längs der Berandungslinien geeignet gewählter Flächenelemente. Diese erhalten wir durch Rotation der Linienelemente $ds_1$ und $ds_2$ um die $z$-Achse; die Berandungslinien sind Kreise längs denen $\mathfrak{H}$ konstant ist (Abb. 87).

$$dF_u = 2\pi r ds_2 \quad (dF_u \perp \mathfrak{E}_u), \tag{9}$$

$$\oint \mathfrak{H}\, d\mathfrak{s} = 2\pi\left\{\mathfrak{H} r - \left(\mathfrak{H} r + \frac{\partial \mathfrak{H} r}{\partial v}\, d v\right)\right\} = \frac{\varepsilon}{c}\, 2\pi\, d s_2\, \dot{\mathfrak{E}}_u\, r,$$

da kein Leitungsstrom fließt.

$$\frac{\varepsilon}{c}\, r\, \dot{\mathfrak{E}}_u\, d s_2 = -\frac{\partial}{\partial v}(\mathfrak{H} r)\, d v \tag{10}$$

und ebenso, da

$$dF_v = 2\pi r ds_1 \quad (dF_v \perp \mathfrak{E}_v), \tag{11}$$

$$2\pi\left\{\mathfrak{H} r + \frac{\partial}{\partial u}(\mathfrak{H} r)\, d u - \mathfrak{H} r\right\} = \frac{\varepsilon}{c}\, r\, \dot{\mathfrak{E}}_v\, d s_1 \,.\, 2\pi,$$

$$\frac{\varepsilon}{c}\, r\, \dot{\mathfrak{E}}_v\, d s_1 = \frac{\partial}{\partial u}(\mathfrak{H} r)\, d u. \tag{12}$$

Es bleiben noch die Linienelemente $ds_1$ und $ds_2$ durch $u$ und $v$ auszudrücken. Allgemein ist:

$$ds^2 = dr^2 + dz^2,$$

also

$$ds_1^2 = dr_1^2 + dz_1^2,$$
$$ds_2^2 = dr_2^2 + dz_2^2.$$

Ebenso allgemein ist

$$dr = \frac{\partial r}{\partial u} du + \frac{\partial r}{\partial v} dv, \quad dz = \frac{\partial z}{\partial u} du + \frac{\partial z}{\partial v} dv.$$

Nun ist für $ds_1$

$$v \text{ konstant}, \quad dv = 0$$

$$dr_1 = \frac{\partial r}{\partial u} du; \; dz_1 = \frac{\partial z}{\partial u} du$$

und somit:

$$ds_1^2 = du^2 \left\{ \left( \frac{\partial r}{\partial u} \right)^2 + \left( \frac{\partial z}{\partial u} \right)^2 \right\} = \frac{du^2}{\dfrac{1}{\left( \dfrac{\partial r}{\partial u} \right)^2 + \left( \dfrac{\partial z}{\partial u} \right)^2}} = \frac{du^2}{U^2} \tag{13}$$

mit der Abkürzung

$$U^2 = \frac{1}{\left( \dfrac{\partial r}{\partial u} \right)^2 + \left( \dfrac{\partial z}{\partial u} \right)^2} \tag{14}$$

und ebenso ist, da für $ds_2$

$$u \text{ konstant}, \quad du = 0$$

$$ds_2^2 = \frac{dv^2}{V^2} \tag{15}$$

mit

$$V^2 = \frac{1}{\left( \dfrac{\partial r}{\partial v} \right)^2 + \left( \dfrac{\partial z}{\partial v} \right)^2}. \tag{16}$$

Damit wird allgemein:

$$ds^2 = \frac{du^2}{U^2} + \frac{dv^2}{V^2}. \tag{17}$$

Wenn wir diese Werte in die Grundgleichungen eintragen und zur Abkürzung setzen:

$$\mathfrak{H} r = A, \tag{18}$$

so erhalten wir aus (8)

$$r \left\{ \frac{\partial}{\partial u} \left( \frac{1}{V} \mathfrak{E}_v \right) - \frac{\partial}{\partial v} \left( \frac{1}{U} \mathfrak{E}_u \right) \right\} = \frac{\mu}{c} \frac{1}{U V} \dot{A} \tag{19}$$

und aus (12) und (10)

$$\frac{\partial A}{\partial u} = \frac{\varepsilon}{c} \frac{r}{U} \dot{\mathfrak{E}}_v \ldots \dot{\mathfrak{E}}_v = \frac{c}{\varepsilon} \frac{U}{r} \frac{\partial A}{\partial u}, \tag{20}$$

$$\frac{\partial A}{\partial v} = - \frac{\varepsilon}{c} \frac{r}{V} \dot{\mathfrak{E}}_u \ldots \dot{\mathfrak{E}}_u = - \frac{c}{\varepsilon} \frac{V}{r} \frac{\partial A}{\partial v} \tag{21}$$

und wenn wir (19) nach der Zeit differentiieren und die Werte für $\dot{\mathfrak{E}}_u$ und $\dot{\mathfrak{E}}_v$ aus (20) und (21) einsetzen:

$$U\,V\,r\left\{\frac{\partial}{\partial u}\left(\frac{U}{V}\,\frac{1}{r}\,\frac{\partial A}{\partial u}\right)+\frac{\partial}{\partial v}\left(\frac{V}{U}\,\frac{1}{r}\,\frac{\partial A}{\partial v}\right)\right\}=\frac{\varepsilon\,\mu}{c^2}\,\ddot{A}. \tag{22}$$

**3. Elliptisch-hyperbolische Koordinaten.** Wir haben bisher unsere Betrachtungen vollkommen allgemein durchgeführt und von den $u$- und $v$-Kurven nur vorausgesetzt, daß sie sich in jedem Punkt senkrecht schneiden. Nun wollen wir besondere, unserem speziellen Problem angepaßte Kurvenscharen wählen, und zwar nehmen wir Scharen von konfokalen Ellipsen und Hyperbeln an, die sich bekanntlich senkrecht schneiden. Der Vorteil dieser Wahl liegt darin, daß die Ellipse im Grenzfall in eine Strecke von der Länge der doppelten linearen Exzentrizität übergeht; wenn wir nun diese Exzentrizität gleich $l$, der halben Länge unseres Stabes wählen, bildet der Stab den Grenzfall unserer Ellipsen. Man begreift, daß wir dadurch leicht in der Lage sein werden, die sich ergebende Lösung den Grenzbedingungen unseres Problems anzupassen.

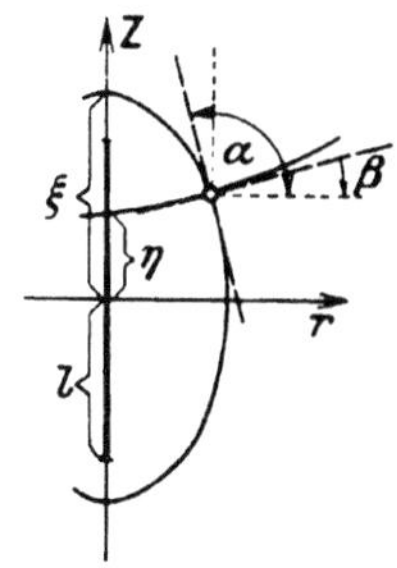

Abb. 88. Elliptisch-hyperbolische Koordinaten.

Bezeichnen wir mit $\xi$ die große Achse der Ellipse, mit $l$ die Exzentrizität, dann finden wir die kleine Achse $b_1$ der Ellipse durch die Beziehung:

$$b_1^2 = \xi^2 - l^2, \tag{1}$$

und die Gleichung der Ellipse lautet dann:

$$\frac{z^2}{\xi^2} + \frac{r^2}{\xi^2 - l^2} = 1 \tag{2}$$

(Abb. 88), während die Gleichung der konfokalen Hyperbel mit der reellen Achse $\eta$ und der imaginären Achse:

$$b_2^2 = l^2 - \eta^2 \tag{3}$$

folgende Gestalt hat

$$\frac{z^2}{\eta^2} - \frac{r^2}{l^2 - \eta^2} = 1. \tag{4}$$

Jede der beiden Gl. (2) und (4) enthält neben den beiden Veränderlichen $r$ und $z$ und der Konstanten $l$ noch je einen Parameter, und wir haben es somit mit den Gleichungen zweier einparametriger Kurvenscharen zu tun. Den Beweis, daß der Schnitt dieser Kurven an jeder Stelle orthogonal erfolgt, werden wir weiter unten erbringen. Wir rechnen zunächst $r$ und $z$ aus den beiden Gl. (2) und (4):

$$\left.\begin{aligned} \frac{z^2}{\xi^2\eta^2} + \frac{r^2}{(\xi^2 - l^2)\,\eta^2} = \frac{1}{\eta^2} \\ \frac{z^2}{\xi^2\eta^2} - \frac{r^2}{(l^2 - \eta^2)\,\xi^2} = \frac{1}{\xi^2} \end{aligned}\right\} -$$

$$r^2 \left\{ \frac{1}{\eta^2}\,\frac{1}{\xi^2 - l^2} + \frac{1}{\xi^2}\,\frac{1}{l^2 - \eta^2} \right\} = \frac{1}{\eta^2} - \frac{1}{\xi^2},$$

$$r^2 \left\{ \frac{\xi^2}{\xi^2 - l^2} + \frac{\eta^2}{l^2 - \eta^2} \right\} = \xi^2 - \eta^2,$$

$$r^2\,\frac{\xi^2 (l^2 - \eta^2) + \eta^2 (\xi^2 - l^2)}{(\xi^2 - l^2)(l^2 - \eta^2)} = \xi^2 - \eta^2,$$

$$r^2\,\frac{l^2 (\xi^2 - \eta^2)}{(\xi^2 - l^2)(l^2 - \eta^2)} = \xi^2 - \eta^2,$$

$$r = \frac{1}{l}\sqrt{(\xi^2 - l^2)(l^2 - \eta^2)}\,. \tag{5}$$

Setzen wir diesen Wert in (2) ein, so ergibt sich:

$$z = \frac{\xi\,\eta}{l}\,. \tag{6}$$

Um noch nachzuweisen, daß die beiden Kurvenscharen einander senkrecht schneiden, bedenken wir, daß diese Bedingung dann erfüllt ist, wenn die Tangenten an die beiden Kurven im Schnittpunkt aufeinander senkrecht stehen:

$$\operatorname{tg}\beta = -\frac{1}{\operatorname{tg}\alpha} \;\ldots\; \operatorname{tg}\alpha\,\operatorname{tg}\beta = -1. \tag{7}$$

Die Differentiation von (2) ergibt nun:

$$\frac{2\,z\,dz}{\xi^2} + \frac{2\,r\,dr}{\xi^2 - l^2} = 0, \quad \frac{dz}{dr} = \operatorname{tg}\alpha = -\frac{\xi^2}{\xi^2 - l^2}\,\frac{r}{z}. \tag{8}$$

Ebenso erhalten wir aus (4)

$$\frac{dz}{dr} = \operatorname{tg}\beta = \frac{\eta^2}{l^2 - \eta^2}\,\frac{r}{z}; \tag{9}$$

daher ist

$$\operatorname{tg}\alpha\,\operatorname{tg}\beta = -\frac{\xi^2\,\eta^2}{z^2}\,\frac{r^2}{(\xi^2 - l^2)(l^2 - \eta^2)} = -1, \tag{10}$$

womit der Nachweis der Orthogonalität erbracht ist.

Da also der Schnitt konfokaler Ellipsen und Hyperbeln rechtwinkelig ist, können wir $\xi$ und $\eta$ mit den allgemeinen krummlinigen

Koordinaten $u$ und $v$ des letzten Abschnittes gleichsetzen. Es wird dann

$$U^2 = \frac{1}{\left(\frac{\partial r}{\partial \xi}\right)^2 + \left(\frac{\partial z}{\partial \xi}\right)^2}, \tag{11}$$

$$V^2 = \frac{1}{\left(\frac{\partial r}{\partial \eta}\right)^2 + \left(\frac{\partial z}{\partial \eta}\right)^2}, \tag{12}$$

worin

$$\frac{\partial r}{\partial \xi} = \frac{l^2 - \eta^2}{l^2} \frac{\xi}{r}; \quad \frac{\partial r}{\partial \eta} = -\frac{\xi^2 - l^2}{l^2} \frac{\eta}{r}; \tag{13}$$

$$\frac{\partial z}{\partial \xi} = \frac{\eta}{l}; \quad \frac{\partial z}{\partial \eta} = \frac{\xi}{l}, \tag{14}$$

wie man durch partielle Differentiation von (5) und (6) erhält. Damit wird, immer mit Benützung von (5):

$$U^2 = \frac{l^4 r^2}{(l^2 - \eta^2)^2 \xi^2 + \eta^2 l^2 r^2} = \frac{l^4 r^2}{(l^2 - \eta^2)(l^2 \xi^2 - \eta^2 \xi^2 + \eta^2 \xi^2 - \eta^2 l^2)},$$

$$U^2 = \frac{l^2 r^2}{(l^2 - \eta^2)(\xi^2 - \eta^2)} = \frac{\xi^2 - l^2}{\xi^2 - \eta^2},$$

$$U = \sqrt{\frac{\xi^2 - l^2}{\xi^2 - \eta^2}} \tag{15}$$

und ebenso finden wir:

$$V = \sqrt{\frac{l^2 - \eta^2}{\xi^2 - \eta^2}}. \tag{16}$$

Damit geht unsere Differentialgleichung (22) von 2, in der wir jetzt, da keine Verwechslungen mehr zu befürchten sind, auf der rechten Seite den Koeffizienten $\frac{\varepsilon \mu}{c^2} = \frac{1}{v^2}$ setzen, über in:

$$\sqrt{\frac{(\xi^2 - l^2)(l^2 - \eta^2)}{(\xi^2 - \eta^2)}} \cdot \frac{1}{l} \sqrt{(\xi^2 - l^2)(l^2 - \eta^2)} \left\{ \frac{\partial}{\partial \xi} \left( \sqrt{\frac{\xi^2 - l^2}{l^2 - \eta^2}} \frac{1}{r} \frac{\partial A}{\partial \xi} \right) + \right.$$
$$\left. + \frac{\partial}{\partial \eta} \left( \sqrt{\frac{l^2 - \eta^2}{\xi^2 - l^2}} \frac{1}{r} \frac{\partial A}{\partial \eta} \right) \right\} = \frac{1}{v^2} \ddot{A}. \tag{17}$$

Nach Einsetzen des Wertes für $\frac{1}{r}$ aus (5) und Durchführung der notwendigen Kürzungen geht diese Gleichung über in

$$(\xi^2 - l^2) \frac{\partial^2 A}{\partial \xi^2} + (l^2 - \eta^2) \frac{\partial^2 A}{\partial \eta^2} = \frac{1}{v^2} (\xi^2 - \eta^2) \ddot{A}. \tag{18}$$

**4. Die Schwingungen der stabförmigen Antenne.** Bevor wir an die Lösung der zuletzt aufgestellten Differentialgleichung herangehen, wollen wir die Verteilung des $A = A_0$ längs des

Leiters selbst, $\xi = l$, untersuchen; wir erhalten für diesen Spezialfall:

$$(l^2 - \eta^2)\frac{\partial^2 A_0}{\partial \eta^2} = \frac{1}{v^2}(l^2 - \eta^2)\ddot{A}_0,$$

$$\frac{\partial^2 A_0}{\partial \eta^2} = \frac{1}{v^2}\frac{\partial^2 A_0}{\partial t^2}. \tag{1}$$

Nun war $A$ als Abkürzung für $\mathfrak{H} r$ eingeführt worden; somit ist in unserem Spezialfall

$$A_0 = \mathfrak{H} r_0, \tag{2}$$

wenn wir mit $r_0$ den Drahthalbmesser bezeichnen. Hier liegt eine gewisse Unexaktheit, denn einerseits verlangt die Bedingung $\xi = l$ einen unendlich dünnen Draht, und anderseits wird hier doch eine endliche Drahtdicke angenommen; die im folgenden gefundenen Ergebnisse werden daher ganz streng nur für den Fall $r = 0$, also praktisch für $r \ll l$ gelten. Wir erhalten aus (2)

$$2\pi A_0 = 2\pi r_0 \mathfrak{H}_0 = \oint \mathfrak{H}_0 \, d\mathfrak{s} = \frac{4\pi}{c} i$$

(kein Verschiebungsstrom innerhalb des Leiters!)

$$A_0 = \frac{2}{c} i$$

und damit geht (1), wenn man noch berücksichtigt, daß für $\xi = l$, $\eta = z$, über in:

$$\frac{\partial^2 i}{\partial t^2} = v^2 \frac{\partial^2 i}{\partial z^2}, \quad v = \frac{c}{\sqrt{\varepsilon \mu}},$$

d. h. die Stromverteilung längs der stabförmigen Antenne ist genau dieselbe wie die längs des Lecherschen Paralleldrahtsystems. Die Grenzbedingungen unseres Problems entsprechen denen eines Paralleldrahtsystems mit freien Enden; wie wir für diesen Fall oben gesehen haben, muß sich an jedem freien Ende ein Stromknoten (Spannungsbauch) und in der Mitte, wo wir die Antenne z. B. induktiv erregt annehmen, ein Spannungsknoten (Strombauch) ausbilden.

Die Verteilung der elektrischen Feldstärke $\mathfrak{E}_\xi = \mathfrak{E}_r$ finden wir aus der Gl. (10) von 2:

$$\frac{\varepsilon}{c} r \dot{\mathfrak{E}}_u \, d s_2 = - \frac{\partial}{\partial v}(\mathfrak{H} r)\, d v;$$

hier ist $\mathfrak{E}_u = \dot{\mathfrak{E}}_r$, $d s_2 = \frac{d v}{V}$ mit $V = 1$ nach (16) unter Berücksichtigung von $\xi = l$, und $\frac{\partial}{\partial v} = \frac{\partial}{\partial z}$, somit:

$$\frac{\varepsilon}{c} r_0 \dot{\mathfrak{E}}_r = -\frac{\partial A_0}{\partial z},$$

$$\dot{\mathfrak{E}}_{r0} = -\frac{c}{\varepsilon} \frac{1}{r_0} \frac{\partial A_0}{\partial z} = -\frac{2}{\varepsilon r_0} \frac{\partial i}{\partial z}. \qquad (4)$$

Hingegen ist, wie auch die Anschauung unmittelbar lehrt, für $\xi = l$, $r \approx 0$, $\dot{\mathfrak{E}}_\eta = 0$, da für diesen Fall $U = 0$.

Aus den beiden Gleichungen

$$\frac{\partial^2 i}{\partial t^2} = v^2 \frac{\partial^2 i}{\partial x^2} \quad \text{und} \quad \frac{\partial u}{\partial t} = -\frac{1}{C_1} \frac{\partial i}{\partial x}$$

fanden wir unter I, 5, (11), (12), (25) und (26) im Verein mit den Randbedingungen $x = 0$, $u_0 = 0$ und $x = l$, $i_l = 0$

$$u = \bar{u} \sin \frac{2n+1}{2} \pi \frac{x}{l} \cos \left( \frac{2n+1}{2} \pi \frac{vt}{l} + \varphi_n \right)$$

und

$$i = -\bar{\imath} \cos \frac{2n+1}{2} \pi \frac{x}{l} \sin \left( \frac{2n+1}{2} \pi \frac{vt}{l} + \varphi_n \right)$$

und die Wellenlängen:

$$\lambda_n = \frac{4l}{2n+1}; \; \lambda_0 = 4l, \; \lambda_1 = \frac{4}{3} l, \; \lambda_2 = \frac{4}{5} l \text{ usw.}, \qquad (5)$$

somit ergeben sich auch hier aus denselben Differentialgleichungen:

$$\frac{\partial^2 i}{\partial t^2} = v^2 \frac{\partial^2 i}{\partial z^2} \quad \text{und} \quad \dot{\mathfrak{E}}_r = \frac{\partial \mathfrak{E}_r}{\partial t} = -\frac{2}{\varepsilon r_0} \frac{\partial i}{\partial z}$$

und den gleichen Randbedingungen für:

$$z = 0 \ldots \mathfrak{E}_r = 0, \text{ für } z = l \ldots i_l = 0$$

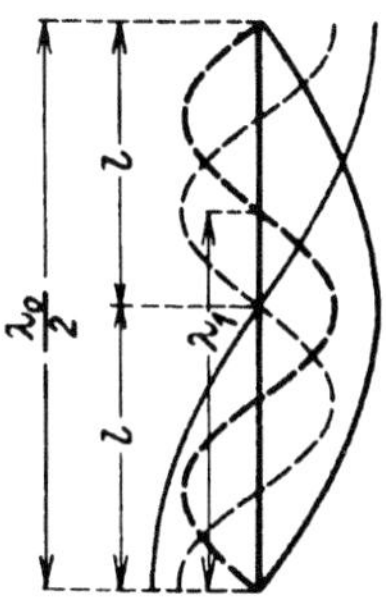

Abb. 89. Schwingungsformen der stabförmigen Antenne.

die ganz entsprechenden Ausdrücke für Strom und Feldstärke:

$$\mathfrak{E}_r = \overline{\mathfrak{E}}_r \sin \frac{2n+1}{2} \pi \frac{z}{l} \cos \left( \frac{2n+1}{2} \pi \frac{vt}{l} + \varphi_n \right), \qquad (6)$$

$$i = -\bar{\imath} \cos \frac{2n+1}{2} \pi \frac{z}{l} \sin \left( \frac{2n+1}{2} \pi \frac{vt}{l} + \varphi_n \right) \qquad (7)$$

und die aus (5) folgenden Eigenwellenlängen (Abb. 89).

**5. Das elektromagnetische Feld im Raume.** Während wir bisher immer nur elektrische Wellen längs Drähten kennengelernt haben, wird uns die Lösung unserer Ausgangsdifferentialgleichung (18) aus 3, der wir uns nun zuwenden wollen, zum ersten Male elektrische Wellen bringen, die sich von dem Drahte loslösen und frei in den Raum hinaus verlaufen. Bei der Behandlung unserer Differentialgleichung 3 (18), die wir in folgender Form schreiben wollen:

$$(\xi^2 - l^2)\frac{\partial^2 A}{\partial \xi^2} + (l^2 - \eta^2)\frac{\partial^2 A}{\partial \eta^2} = \frac{1}{v^2}\ddot{A}\left\{(\xi^2 - l^2) + (l^2 - \eta^2)\right\} \quad (1)$$

gehen wir genau so vor, wie oben bei der Daniel Bernoullischen Lösung der eindimensionalen Wellengleichung; wir versuchen den Ansatz:

$$A = B(\xi\,\eta)\,.\,f(t), \quad (2)$$

und erhalten damit:

$$f(t)\left\{(\xi^2 - l^2)\frac{\partial^2 B}{\partial \xi^2} + (l^2 - \eta^2)\frac{\partial^2 B}{\partial \eta^2}\right\} = \\ = \frac{1}{v^2} f''(t)\, B\left\{(\xi^2 - l^2) + (l^2 - \eta^2)\right\},$$

$$\frac{(\xi^2 - l^2)\frac{\partial^2 B}{\partial \xi^2} + (l^2 - \eta^2)\frac{\partial^2 B}{\partial \eta^2}}{B\left\{(\xi^2 - l^2) + (l^2 - \eta^2)\right\}} = \frac{1}{v^2}\frac{f''(t)}{f(t)} = -k^2. \quad (3)$$

Wir bemerken sofort, daß die linke Seite dieser Gleichung nur Funktion von $\xi$ und $\eta$, die rechte nur Funktion der Zeit ist, daß also die Gleichung nur dann erfüllt sein kann, wenn beide Seiten ein und derselben Konstanten, die wir mit $-k^2$ [1] bezeichnet haben, gleich sind. Durch diesen Ansatz zerfällt die Gleichung in die beiden Beziehungen:

$$f''(t) + k^2 v^2 f(t) = 0 \quad (4)$$

und

$$(\xi^2 - l^2)\frac{\partial^2 B}{\partial \xi^2} + (l^2 - \eta^2)\frac{\partial^2 B}{\partial \eta^2} = -k^2 B\left\{(\xi^2 - l^2) + (l^2 - \eta^2)\right\} \quad (5)$$

Die Behandlung der Gl. (4) bietet nichts Neues. Wir lösen sie durch den Ansatz:

$$f(t) = m\,e^{\alpha t}, \quad (6)$$

$$f''(t) = m\alpha^2 e^{\alpha t}, \quad \alpha^2 + k^2 v^2 = 0,$$

$$\alpha = \pm j k v, \quad (7)$$

$$f(t) = m_1 e^{jkvt} + m_2 e^{-jkvt},$$

und erhalten

$$A = B(\xi, \eta)\left\{m_1 e^{jkvt} + m_2 e^{-jkvt}\right\}. \quad (8)$$

Nun wenden wir uns der Gl. (5) zu, die wir ebenfalls durch Trennung der Variablen zu lösen suchen:

$$B(\xi\,\eta) = F(\xi)\,.\,G(\eta), \quad (9)$$

[1] Darin, daß wir diese Konstante nicht komplex, sondern reell annehmen, liegt, wie wir später sehen werden, die Beschränkung auf Lösungen, die ungedämpfte Schwingungen darstellen.

womit (5) übergeht in:

$$(\xi^2 - l^2)\, F''(\xi)\, G(\eta) + (l^2 - \eta^2)\, G''(\eta)\, F(\xi) + \\ + k^2 F(\xi)\, G(\eta) \left\{(\xi^2 - l^2) + (l^2 - \eta^2)\right\} = 0,$$

$$G(\eta) \left\{(\xi^2 - l^2)\, F''(\xi) + k^2 (\xi^2 - l^2)\, F(\xi)\right\} + \\ + F(\xi) \left\{(l^2 - \eta^2)\, G''(\eta) + k^2 (l^2 - \eta^2)\, G(\eta)\right\} = 0,$$

$$\frac{(\xi^2 - l^2)\, F''(\xi) + k^2 (\xi^2 - l^2)\, F(\xi)}{F(\xi)} = \\ = - \frac{(l^2 - \eta^2)\, G''(\eta) + k^2 (l^2 - \eta^2)\, G(\eta)}{G(\eta)} = - p^2,$$

welche Gleichung wieder nur erfüllt sein kann, wenn beide Seiten für sich einer Konstante, $-p^2$, gleich sind:

$$F''(\xi) + F(\xi) \left\{k^2 + \frac{p^2}{\xi^2 - l^2}\right\} = 0, \tag{10}$$

$$G''(\eta) + G(\eta) \left\{k^2 - \frac{p^2}{l^2 - \eta^2}\right\} = 0. \tag{11}$$

Wir haben bisher vollkommen unberücksichtigt gelassen, daß wir eine stabförmige Antenne vorausgesetzt haben; wir wollen uns nun auf den Spezialfall $p = 0$ beschränken und werden später sehen, daß gerade dieser Spezialfall der stabförmigen Antenne entspricht; wir erhalten die beiden Differentialgleichungen:

$$F''(\xi) + k^2 F(\xi) = 0, \tag{10'}$$

$$G''(\eta) + k^2 G(\eta) = 0, \tag{11'}$$

mit den Lösungen:

$$F(\xi) = a_1 e^{jk\xi} + a_2 e^{-jk\xi}, \tag{12}$$

$$G(\eta) = b_1 e^{jk\eta} + b_2 e^{-jk\eta}, \tag{13}$$

so daß wir erhalten:

$$A = (a_1 e^{jk\xi} + a_2 e^{-jk\xi})(b_1 e^{jk\eta} + b_2 e^{-jk\eta})(m_1 e^{jkvt} + m_2 e^{-jkvt}) \tag{14}$$

oder abgekürzt:

$$A = F(\xi)\, G(\eta)\, f(t). \tag{14'}$$

Daraus ergeben sich die Feldstärken:

$$\mathfrak{H} = \frac{A}{r} = l \frac{F(\xi)\, G(\eta)}{\sqrt{(\xi^2 - l^2)(l^2 - \eta^2)}}\, f(t),$$

$$\dot{\mathfrak{E}}_\eta = \frac{c}{\varepsilon} \frac{U}{r} \frac{\partial A}{\partial \xi} = \frac{c}{\varepsilon} \sqrt{\frac{\xi^2 - l^2}{\xi^2 - \eta^2}}\, l \frac{F'(\xi)\, G(\eta)}{\sqrt{(\xi^2 - l^2)(l^2 - \eta^2)}}\, f(t),$$

$$\dot{\mathfrak{E}}_\xi = - \frac{c}{\varepsilon} \frac{V}{r} \frac{\partial A}{\partial \eta} = - \frac{c}{\varepsilon} \sqrt{\frac{l^2 - \eta^2}{\xi^2 - \eta^2}}\, l \frac{F(\xi)\, G'(\eta)}{\sqrt{(\xi^2 - l^2)(l^2 - \eta^2)}}\, f(t).$$

Zusammengefaßt:

$$\left.\begin{aligned}
\mathfrak{H} &= l\,\frac{F(\xi)\,G(\eta)}{\sqrt{(\xi^2-l^2)(l^2-\eta^2)}}\,f(t) = \frac{l}{\sqrt{(\xi^2-l^2)(l^2-\eta^2)}}\,A\\
\dot{\mathfrak{E}}_\eta &= \frac{c}{\varepsilon}\,l\,\frac{F'(\xi)\,G(\eta)}{\sqrt{(l^2-\eta^2)(\xi^2-\eta^2)}}\,f(t) = \frac{\frac{c}{\varepsilon}\,l}{\sqrt{(l^2-\eta^2)(\xi^2-\eta^2)}}\,\frac{\partial A}{\partial \xi}\\
\dot{\mathfrak{E}}_\xi &= -\frac{c}{\varepsilon}\,l\,\frac{F(\xi)\,G'(\eta)}{\sqrt{(\xi^2-l^2)(\xi^2-\eta^2)}}\,f(t) = -\frac{\frac{c}{\varepsilon}\,l}{\sqrt{(\xi^2-l^2)(\xi^2-\eta^2)}}\,\frac{\partial A}{\partial \eta}
\end{aligned}\right\}\quad(15)$$

**6. Die Grenzbedingungen.** Die in den Gl. (15) des vorigen Abschnittes auftretenden Konstanten müssen aus den Grenzbedingungen bestimmt werden, ähnlich wie wir es bei den Lecherschen Drähten gesehen haben; wir wollen diese Grenzbedingungen zunächst allgemeiner aufstellen und ein leitendes Ellipsoid von der großen Achse $\xi_0$ und der Exzentrizität $l$ voraussetzen; dann müssen die folgenden Bedingungen erfüllt sein:

1. Alle Feldgrößen müssen im ganzen Feld endlich sein, da unendliche Größen in der Natur nicht vorkommen.

2. Aus dem leitenden Ellipsoid $\xi = \xi_0$ müssen die elektrischen Kraftlinien senkrecht austreten, wenn der Ohmsche Widerstand vernachlässigt wird.

3. Für große $\xi$ gehen die Rotationsellipsoide $\xi =$ konst. in Kugeln über; die vom Leiter ausgestrahlten Wellen müssen daher in diesem Fall in fortschreitende Kugelwellen[1] übergehen.

Wir wenden uns der Grenzbedingung 1 zu: Die Feldgrößen werden $\infty$ groß für $\xi = l$ und für $\eta = l$; der erste Fall $\xi = l$ scheidet aus, da die Ellipse, die diesem Wert von $\xi$ entspricht, in die Verbindungslinie der Brennpunkte degeneriert ist, die unter allen Umständen nicht im Feld, sondern im Innern des Leiters liegt; hingegen liegt die Gerade $\eta = l$ zum Teil im Feld. Damit also $\mathfrak{H}$ und $\mathfrak{E}$ im ganzen Felde endlich bleiben, muß sein für:

$$\eta = \pm\, l \,\ldots\, G(\pm\, l) = 0, \tag{1}$$

denn nur dann ist es möglich, daß das Unendlichwerden des Nenners durch das Unendlichwerden des Zählers kompensiert wird.

[1] Gleichung der Kugelwelle: $y = \varphi(\eta)\,\psi(r - v\,t)$.

$$\eta = +l \ldots G(l) = b_1 e^{jkl} + b_2 e^{-jkl} = 0 \ldots b_2 = -b_1 e^{2jkl},$$

$$\eta = -l \ldots G(-l) = b_1 e^{-jkl} + b_2 e^{jkl} = 0 \ldots b_1 = -b_2 e^{2jkl},$$

$$\frac{b_2}{b_1} = \frac{b_1}{b_2} \ldots b_2^2 = b_1^2,$$

$$b_2 = \pm b_1. \tag{2}$$

Wir haben also zwei Fälle zu unterscheiden:

$$1)\ b_2 = +b_1,\ e^{2jkl} = -1,$$

$$e^{2jkl} = \cos 2kl + j \sin 2kl = -1,$$

$$\sin 2kl = 0,\quad \cos 2kl = -1,\quad 2kl = (2s+1)\pi,\quad s = 0, 1, \ldots,$$

$$k = \frac{2s+1}{2l}\pi, \tag{3}$$

$$2)\ b_2 = -b_1,\ e^{2jkl} = 1,$$

$$e^{2jkl} = \cos 2kl + j \sin 2kl = 1,$$

$$\sin 2kl = 0,\ \cos 2kl = 1,\ 2kl = 2s\pi,\ s = 1, 2, \ldots,$$

$$k = \frac{2s}{2l}\pi. \tag{4}$$

Beide Fälle zusammengefaßt:

$$k = \frac{n\pi}{2l},\quad n = 1, 2, \ldots. \tag{5}$$

Somit wird:

$$G(\eta) = b\left\{e^{jn\frac{\pi}{2}\frac{\eta}{l}} + (-1)^{n+1} e^{-jn\frac{\pi}{2}\frac{\eta}{l}}\right\}, \tag{6}$$

da $b_2 = b_1$, wenn $n$ eine ungerade, und $b_2 = -b_1$, wenn $n$ eine gerade Zahl ist.

Als nächste wollen wir die unter 3 angeführte Grenzbedingung behandeln, die besagt, daß die Wellen für Werte $\xi \gg l$ in fortschreitende Kugelwellen übergehen müssen. Wir fanden in (14′) von 5:

$$A = F(\xi)\, G(\eta)\, f(t)$$

und können, wenn wir nach (14) die Werte für $F$ und $f$ eintragen, schreiben:

$$A = G(\eta)\left\{a_1 m_1 e^{jk(\xi+vt)} + a_2 m_1 e^{-jk(\xi-vt)} + \right.$$
$$\left. + a_1 m_2 e^{jk(\xi-vt)} + a_2 m_2 e^{-jk(\xi+vt)}\right\}.$$

Diese Gleichung geht nur dann in die Gleichung für fortschreitende Kugelwellen über, wenn:

$$m_1 = a_2 = 0, \tag{7}$$

$$a_1 m_2 = C_1,$$

$$A_1 = G(\eta)\, C_1 e^{jk(\xi - vt)}, \tag{8}$$

oder wenn:

$$m_2 = a_1 = 0, \tag{9}$$

$$a_2 m_1 = C_2,$$

$$A_2 = G(\eta)\, C_2 e^{-jk(\xi - vt)}. \tag{10}$$

Somit ist auch $A = A_1 + A_2$ eine Lösung:

$$A = G(\eta)\left\{C_1 e^{jk(\xi - vt)} + C_2 e^{-jk(\xi - vt)}\right\}. \tag{11}$$

Nun wenden wir uns der Grenzbedingung 2 zu, die besagt, daß an dem leitenden Ellipsoid $\xi = \xi_0$ die elektrischen Kraftlinien senkrecht zur Oberfläche austreten müssen. Es muß also sein (Abb. 90)

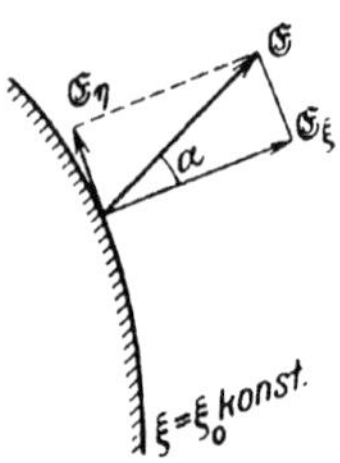


Abb. 90. Die elektrische Feldstärke an der Fläche $\xi = \xi_0$ konst.

$$\operatorname{tg} \alpha = \frac{\mathfrak{E}_\eta}{\mathfrak{E}_\xi} = 0, \tag{12}$$

und aus (15) von 5 entnehmen wir

$$\operatorname{tg} \alpha = -\frac{F'(\xi)\, G(\eta)}{F(\xi)\, G'(\eta)} \sqrt{\frac{\xi_0^2 - l^2}{l^2 - \eta^2}} = 0. \tag{13}$$

Dieser Ausdruck kann mit $\xi \to \xi_0$ nur dann Null werden, wenn entweder $F(\xi)$ im Nenner unendlich oder $F'(\xi)\sqrt{\xi_0^2 - l^2}$ im Zähler Null wird. Nun haben wir nach der Grenzbedingung 1 die Konstanten so bestimmt, daß $F(\xi)$ an keiner Stelle des Feldes unendlich wird, anderseits folgt aus (11), daß an keiner Stelle $F'(\xi) = 0$ ist; somit kann die Grenzbedingung 3 nur erfüllt sein, wenn der Wurzelausdruck verschwindet, d. h. wenn:

$$\xi_0 = l,$$

d. h. die in (15) von 5 auf Grund der Annahme $p = 0$ gefundenen Lösungen unseres Problems sind mit der Grenzbedingung 2 nur im Falle des stabförmigen Leiters vereinbar.

Mit den in (6) und (11) gefundenen Werten können nun die Feldgrößen gerechnet werden. Wir wollen die Fälle $n$ gerade und $n$ ungerade unterscheiden:

$$n = 1, 3, 5, \ldots \text{ ungerade},$$

$$A_n = b\left\{e^{j\frac{n\pi}{2l}\eta} + e^{-j\frac{n\pi}{2l}\eta}\right\}\left\{C_1 e^{jk(\xi - vt)} + C_2 e^{-jk(\xi - vt)}\right\},$$

$$e^{jn\frac{\pi}{2}\frac{\eta}{l}} = \cos\frac{n\pi}{2}\frac{\eta}{l} + j\sin\frac{n\pi}{2}\frac{\eta}{l},$$

$$e^{-jn\frac{\pi}{2}\frac{\eta}{l}} = \cos\frac{n\pi}{2}\frac{\eta}{l} - j\sin\frac{n\pi}{2}\frac{\eta}{l},$$

$$A_n = 2b\cos\frac{n\pi}{2}\frac{\eta}{l}\left\{C_1 e^{jk(\xi - vt)} + C_2 e^{-jk(\xi - vt)}\right\}.$$

Damit nun $A_n$ reell wird, muß der Klammerausdruck reell werden; das ist aber nur dann der Fall, wenn $C_1$ und $C_2$ konjugiert komplexe Zahlen sind:

$$C_1 = C_n e^{j\varphi_n}, \quad C_2 = C_n e^{-j\varphi_n},$$

$$A_n = 4\,b\,C_n\cos\frac{n\pi}{2}\frac{\eta}{l}\cos\left[k(\xi - vt) + \varphi_n\right].$$

Aus der zuletzt gefundenen Formel sieht man, daß der Wert von $\varphi_n$ durch den Anfangspunkt der Zeitzählung bestimmt ist. Wir können ihn z. B. so wählen, daß $\varphi_n = 0$ oder $\varphi_n = 90^0$ ist; dann erhalten wir mit $\overline{A}_n = 4bC_n$

$$\left.\begin{aligned} A_n &= \overline{A}_n\cos\frac{n\pi}{2}\frac{\eta}{l}\cos\frac{n\pi}{2l}(\xi - vt) \\ A_n &= \overline{A}_n\cos\frac{n\pi}{2}\frac{\eta}{l}\sin\frac{n\pi}{2l}(\xi - vt) \end{aligned}\right\} \qquad (14)$$

oder allgemein

$$A_n = \overline{A}_n\cos\frac{n\pi}{2}\frac{\eta}{l}\cos\left[\frac{n\pi}{2l}(\xi - vt) + \varphi_n\right]. \qquad (14')$$

Mit dem letzten Werte finden wir die magnetische Feldstärke $\mathfrak{H}_n$ mit Berücksichtigung von (15), 5:

$$\mathfrak{H}_n = \overline{A}_n\frac{l}{\sqrt{(\xi^2 - l^2)(l^2 - \eta^2)}}\cos\frac{n\pi}{2l}\eta\cos\left[\frac{n\pi}{2l}(\xi - vt) + \varphi_n\right] \quad (15)$$

und die Komponenten der elektrischen Feldstärken, wegen

$$F(\xi)f(t) = \cos\left[\frac{n\pi}{2l}(\xi - vt) + \varphi_n\right]; \quad G(\eta) = \overline{A}_n\cos\frac{n\pi}{2l}\eta,$$

$$F'(\xi)f(t) = -\sin\left[\frac{n\pi}{2l}(\xi - vt) + \varphi_n\right]\cdot\frac{n\pi}{2l},$$

$$\int F'(\xi)f(t)\,dt = -\frac{1}{v}\cos\left[\frac{n\pi}{2l}(\xi - vt) + \varphi_n\right],$$

$$G'(\eta) = -\overline{A}_n \frac{n\pi}{2l} \sin \frac{n\pi}{2l}\eta,$$

$$\int F(\xi) f(t) = -\frac{2l}{n\pi}\frac{1}{v} \sin\left[\frac{n\pi}{2l}(\xi - vt) + \varphi_n\right],$$

$$\frac{c}{v\varepsilon} = \frac{c\sqrt{\mu\varepsilon}}{c\varepsilon} = \sqrt{\frac{\mu}{\varepsilon}}:$$

$$\dot{\mathfrak{E}}_\eta = -\frac{c}{\varepsilon}\overline{A}_n \frac{l\frac{n\pi}{2l}}{\sqrt{(l^2-\eta^2)(\xi^2-\eta^2)}} \cos\frac{n\pi}{2l}\eta \sin\left[\frac{n\pi}{2l}(\xi - vt) + \varphi_n\right],$$

$$\mathfrak{E}_\eta = -\sqrt{\frac{\mu}{\varepsilon}}\overline{A}_n \frac{l}{\sqrt{(l^2-\eta^2)(\xi^2-\eta^2)}} \cos\frac{n\pi}{2l}\eta \,.$$

$$.\cos\left[\frac{n\pi}{2l}(\xi - vt) + \varphi_n\right] \tag{16}$$

und ebenso finden wir:

$$\dot{\mathfrak{E}}_\xi = \frac{c}{\varepsilon}\overline{A}_n \frac{l}{\sqrt{(\xi^2-l^2)(\xi^2-\eta^2)}} \frac{n\pi}{2l} \sin\frac{n\pi}{2l}\eta \cos\left[\frac{n\pi}{2l}(\xi - vt) + \varphi_n\right],$$

$$\mathfrak{E}_\xi = -\sqrt{\frac{\mu}{\varepsilon}}\overline{A}_n \frac{l}{\sqrt{(\xi^2-l^2)(\xi^2-\eta^2)}} \sin\frac{n\pi}{2l}\eta \,.$$

$$.\sin\left[\frac{n\pi}{2l}(\xi - vt) + \varphi_n\right]. \tag{17}$$

Auf dieselbe Weise können die Feldstärken für die geradzahligen Oberwellen gefunden werden, jedoch soll dies dem Leser überlassen bleiben.

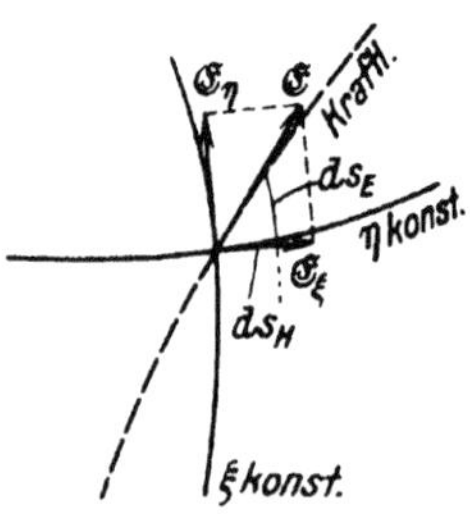


Abb. 91. Die elektrischen Kraftlinien.

Wir werden auf die physikalische Bedeutung dieser Lösung noch zu sprechen kommen, wollen aber vorher noch zwei andere Punkte betrachten.

**7. Die Gleichung der Kraftlinien.** Für das Linienelement der elektrischen Kraftlinie gilt die einfache Beziehung (Abb. 91):

$$\frac{ds_E}{ds_H} = \frac{\mathfrak{E}_\eta}{\mathfrak{E}_\xi}. \tag{1}$$

Nun fanden wir in 2 (13) und (15)

$$\left.\begin{aligned} ds_H &= \frac{d\xi}{U} \quad \text{mit} \quad U = \sqrt{\frac{\xi^2-l^2}{\xi^2-\eta^2}} \\ ds_E &= \frac{d\eta}{V} \quad \text{mit} \quad V = \sqrt{\frac{l^2-\eta^2}{\xi^2-\eta^2}} \end{aligned}\right\} \tag{2}$$

$$\frac{ds_E}{ds_H} = \sqrt{\frac{\xi^2-l^2}{l^2-\eta^2}}\,\frac{d\eta}{d\xi}. \tag{3}$$

Anderseits ist nach 5 (15) mit $\bar{\bar{A}} = \int A\, dt$

$$\frac{\mathfrak{E}_\eta}{\mathfrak{E}_\xi} = -\sqrt{\frac{\xi^2 - l^2}{l^2 - \eta^2}}\,\frac{\dfrac{\partial \bar{\bar{A}}}{\partial \xi}}{\dfrac{\partial \bar{\bar{A}}}{\partial \eta}}. \tag{4}$$

Ist nun

$$\Phi(\xi, \eta) = K \tag{5}$$

die Gleichung der Kraftlinienschar in unserem elliptisch-hyperbolischen Koordinatensystem, so gilt:

$$\frac{\partial \Phi}{\partial \xi} d\xi + \frac{\partial \Phi}{\partial \eta} d\eta = 0 \ldots \frac{d\eta}{d\xi} = -\frac{\dfrac{\partial \Phi}{\partial \xi}}{\dfrac{\partial \Phi}{\partial \eta}}. \tag{6}$$

Mit diesem Werte erhalten wir aus (3)

$$\frac{d s_E}{d s_H} = -\sqrt{\frac{\xi^2 - l^2}{l^2 - \eta^2}}\,\frac{\dfrac{\partial \Phi}{\partial \xi}}{\dfrac{\partial \Phi}{\partial \eta}}; \tag{7}$$

der Vergleich dieses Ausdruckes mit (4) ergibt die Beziehung:

$$\frac{\dfrac{\partial \Phi}{\partial \xi}}{\dfrac{\partial \Phi}{\partial \eta}} = \frac{\dfrac{\partial \bar{\bar{A}}}{\partial \xi}}{\dfrac{\partial \bar{\bar{A}}}{\partial \eta}}. \tag{8}$$

Diese Gleichung ist nur möglich, wenn:

$$\Phi = k_1 \bar{\bar{A}} + k_2; \quad \frac{\partial \Phi}{\partial \xi} = k_1 \frac{\partial \bar{\bar{A}}}{\partial \xi}; \quad \frac{\partial \Phi}{\partial \eta} = k_1 \frac{\partial \bar{\bar{A}}}{\partial \eta}.$$

Somit ist auch z. B. für die Grundwelle und $\varphi_1 = -90^0$

$$\bar{\bar{A}}(\xi, \eta, t) = K, \tag{9}$$

$$\cos\frac{\pi}{2}\frac{\eta}{l}\cos\left[\frac{\pi}{2l}(\xi - v t)\right] = K \tag{9'}$$

die Gleichung der elektrischen Kraftlinien im elliptisch-hyperbolischen Koordinatensystem. Auf dieser Gleichung beruhen die Bilder des Kraftlinienverlaufes, die von F. Hack gezeichnet wurden. Wir werden diese Bilder dann heranziehen, wenn wir über die physikalische Bedeutung unserer Lösung sprechen. Vorher wollen wir zur Kontrolle aus den allgemeinen Gleichungen der Feldgrößen die Schwingungen des stabförmigen Leiters ableiten. Wir werden bei dieser Gelegenheit auch den Wert der in allen Gleichungen vorkommenden Konstanten $\overline{A}_n$ berechnen können.

**8. Nochmals die Schwingungen des stabförmigen Leiters.** Wir fanden in 4 (3) für $\xi = l$:

$$A_0 = \frac{2i}{c}. \tag{1}$$

In diesem Ausdruck ist $i$ im elektrostatischen Maß gemessen, somit $\frac{i}{c} = J$ der Antennenstrom im elektromagnetischen Maßsystem:

$$A_0 = 2J. \tag{2}$$

Für den stabförmigen Leiter als Spezialfall unseres Rotationsellipsoids ergibt sich somit für $\xi = l$

$$A_{0n} = 2J_n = \overline{A}_n \cos\frac{n\pi}{2l}\eta \cos\left[\frac{n\pi}{2l}(l - vt) + \varphi_n\right]. \tag{3}$$

An der Stelle $\eta = 0$, also in der Mitte des Stabes, ist:

$$2\overline{J}_n = \overline{A}_n \cos\left[\frac{n\pi}{2l}(l - vt) + \varphi_n\right], \tag{4}$$

$$2\overline{J}_{n\,\max} = \overline{A}_n, \tag{4'}$$

und die Konstante $\overline{A}_n$ hat also die Bedeutung des doppelten Höchstwertes des Stromes (elektromagnetisch gemessen) in der Mitte des Stabes.

Auch aus diesen Überlegungen erhalten wir für die Grundwelle der Schwingung $n = 1$

$$\frac{\pi}{2l}vT = \frac{\pi}{2l}\lambda_1 = 2\pi; \quad \lambda_1 = 4l. \tag{5}$$

Wir könnten noch die Werte für die elektrische Feldstärke $\mathfrak{E}_{\xi 0}$ an der Leiteroberfläche ableiten, jedoch wollen wir darauf verzichten und es dem Leser überlassen, die Verteilung der elektrischen Feldstärke an der Leiteroberfläche zu berechnen.

**9. Die elektromagnetische Energiestrahlung.** Um uns über die physikalische Bedeutung unserer Lösungen klar zu werden, betrachten wir zunächst die Verhältnisse in der Äquatorebene, $\eta = 0$; wir erhalten, da $\xi^2 - l^2 = r^2$, für die Grundwelle $n = 1$

$$\mathfrak{H}_1 = \frac{\overline{A}_1}{r}\cos\frac{\pi}{2l}(\xi - vt), \tag{1}$$

wobei wir den Anfangspunkt der Zeitzählung so wählen, daß $\varphi_1 = 0$; in großer Entfernung $r \gg l$ geht $\xi = \sqrt{r^2 + l^2}$ in $r$ über, und wir erhalten:

$$\mathfrak{H}_1 = \frac{\bar{A}_1}{r} \cos \frac{\pi}{2l} (r - v t), \tag{1'}$$

und

$$-\mathfrak{E}_1 = \mathfrak{E}_{\eta_1} = -\sqrt{\frac{\mu}{\varepsilon}}\, \frac{\bar{A}_1}{r} \cos \frac{\pi}{2l} (r - v t), \tag{2}$$

während

$$\mathfrak{E}_\xi = 0. \tag{3}$$

Es ergeben sich die Gleichungen zweier Wanderwellen, die mit der Geschwindigkeit $v = \frac{c}{\sqrt{\varepsilon \mu}}$ in der Richtung des zunehmenden $r$ fortschreiten, wobei jedoch, zum Unterschied gegen die bisher besprochenen Fälle, die Amplituden nicht konstant sind, sondern proportional mit $\frac{1}{r}$ abnehmen; abgesehen von diesem Unterschied, wurde über den Begriff der Wanderwellen unter I alles Nötige angeführt, es kann also darauf verwiesen werden. Hier muß nur noch auf einen Punkt hingewiesen werden: Sowohl die Welle der magnetischen als auch die der elektrischen Feldstärke sind *Transversalwellen*, d. h. die schwingenden Vektoren sind senkrecht zur Fortpflanzungsrichtung. Ferner sind die Wellen *polarisiert*, d. h. die schwingenden Vektoren liegen im ganzen Feld in derselben Ebene. So verlaufen die magnetischen Feldstärken in allen Punkten der Äquatorebene in dieser Ebene, die elektrischen Feldstärken in den auf der Äquatorebene senkrecht stehenden Meridianebenen, und zwar sind in größerer Entfernung vom Leiter die Amplituden der beiden Vektoren gleich groß, wenn $\mu = \varepsilon = 1$:

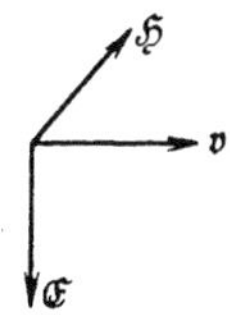

Abb. 92. Das Rechtssystem $\mathfrak{E}$, $\mathfrak{H}$, $\mathfrak{v}$.

$$\bar{\mathfrak{H}} = \bar{\mathfrak{E}} = \frac{\bar{A}}{r}. \tag{4}$$

Die Vektoren $\mathfrak{E}$, $\mathfrak{H}$, $\mathfrak{v}$ bilden in jedem Augenblick ein Rechtssystem (Abb. 92).

Diese Wellenvorgänge sind, wie wir schon wissen, mit einem Energietransport verbunden, und zwar wird Energie von dem Leiter ausgestrahlt; folgende Überlegungen geben darüber Aufschluß. Wir betrachten eines der Rotationsellipsoide $\xi =$ konst. in so großer Entfernung von dem Leiter, daß $\xi = r =$ konst.;

d. h. mit anderen Worten, wir betrachten eine um den Mittelpunkt des Leiters herumgelegte Kugelfläche. Am Äquator dieser Kugel greifen wir eine Flächeneinheit ihrer Oberfläche heraus und berechnen die durch sie in der Zeiteinheit ausgestrahlte Energie

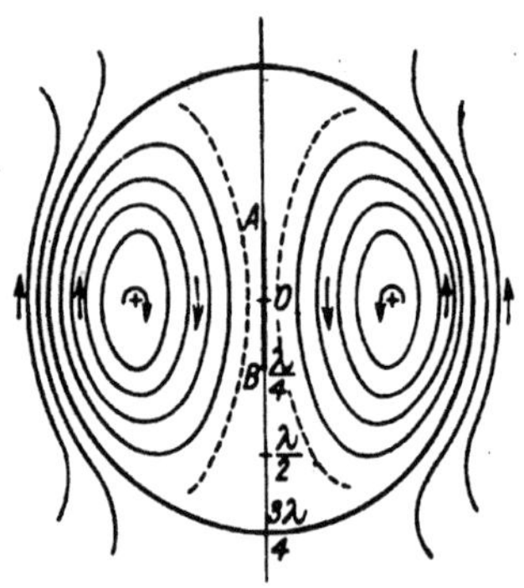


Abb. 93 a. Das elektrische Feld der stabförmigen Antenne zur Zeit $t = 0$.

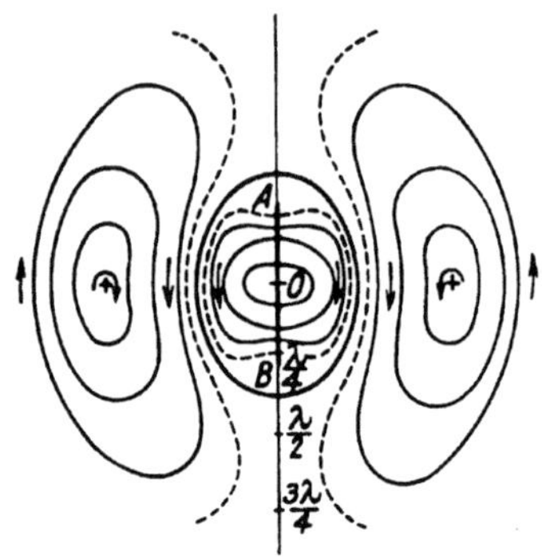


Abb. 93 b. Das elektrische Feld der stabförmigen Antenne zur Zeit $t = \frac{1}{8}\,T$.

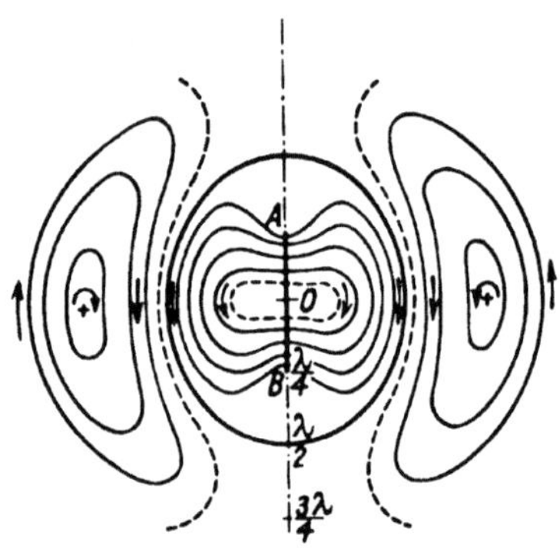


Abb. 93 c. Das elektrische Feld der stabförmigen Antenne zur Zeit $t = \frac{1}{4}\,T$.

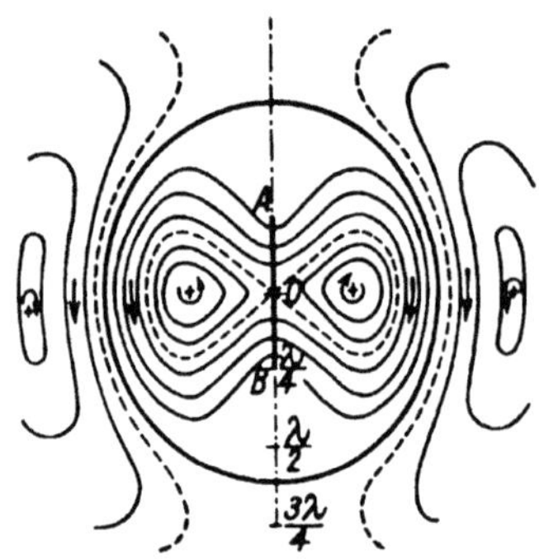


Abb. 93 d. Das elektrische Feld der stabförmigen Antenne zur Zeit $t = \frac{3}{8}\,T$.

$$\mathfrak{S} = \frac{c}{4\pi}[\mathfrak{E}\mathfrak{H}] = \frac{c}{4\pi}\sqrt{\frac{\mu}{\varepsilon}}\,\frac{\bar{A}^2}{r^2}\cos^2\frac{\pi}{2l}(r - v\,t), \qquad (5)$$

$$\mathfrak{S}_{\text{mitt}} = \frac{c}{4\pi}\sqrt{\frac{\mu}{\varepsilon}}\,\frac{\bar{A}^2}{r^2}\,\frac{1}{T}\int_0^T \cos^2\frac{\pi}{2l}(r - v\,t)\,d\,t,$$

$$\mathfrak{S}_{\text{mitt}} = \frac{c}{8\pi}\sqrt{\frac{\mu}{\varepsilon}}\,\frac{\bar{A}^2}{r^2}, \quad \mathfrak{E} = -\mathfrak{E}_\eta\,! \qquad (6)$$

Es wird also dauernd Energie ausgestrahlt. Der Poyntingsche Vektor $\mathfrak{S}$ hat die Richtung von $\mathfrak{v}$, die Wanderwelle überträgt Energie in ihrer Fortpflanzungsrichtung.

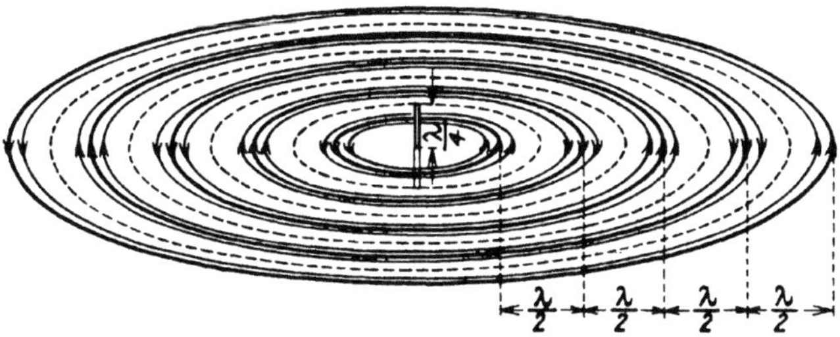


Abb. 94. Das elektromagnetische Feld der stabförmigen Antenne.

Die Betrachtungen bleiben im Wesen dieselben, wenn wir nun die Äquatorebene verlassen. Wir erhalten transversale elektrische Wellen, die sich längs der Hyperbeln $\eta =$ konst. mit der Geschwindigkeit $\mathfrak{v}$ ausbreiten. Über den Verlauf der Felder geben die Kraftlinienbilder Aufschluß (Abb. 93[1] und 94[2]). Die Kraftlinien gehen ursprünglich von dem Leiter aus, schnüren sich dann ab und wandern als in sich geschlossene Kurven mit Lichtgeschwindigkeit in den Raum hinaus. Wir wollen noch die räumliche Verteilung der elektromagnetischen Energiestrahlung und die gesamte ausgestrahlte Energie berechnen; wir beschränken uns dabei auf die Grundwelle $n = 1$ und bezeichnen mit $\mathfrak{S}_\alpha$ die in der Richtung $\alpha$ durch die Flächeneinheit ausgestrahlte Energie.

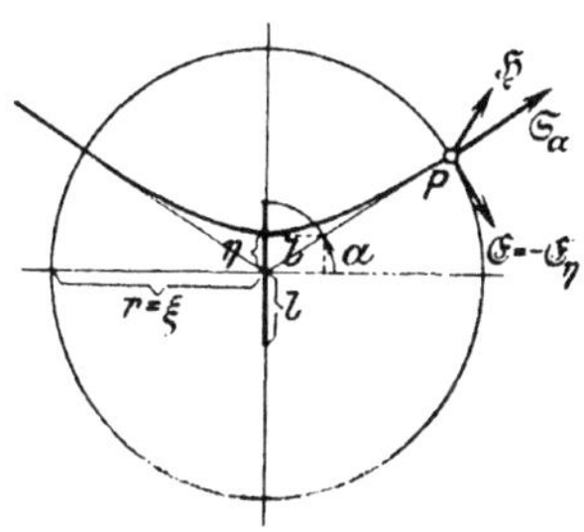


Abb. 95. Die Flächen $\xi =$ konst., $\eta =$ konst.

Wir stellen unsere Betrachtungen für große Entfernungen an; dann ist $\xi = r \gg l$, und das Rotationsellipsoid mit der großen Achse $\xi$ geht in die Kugelfläche vom Halbmesser $r = \xi$ über, die Hyperbeln können durch ihre Asymptoten ersetzt werden, längs der die Ausbreitung der elektrischen Wellen erfolgt. Aus Abb. 95 entnehmen wir:

$$\operatorname{tg} \alpha = \frac{\eta}{\sqrt{l^2 - \eta^2}}. \tag{7}$$

[1] Nach F. Hack: Drudes Ann. d. Phys., Bd. 14, 1904, S. 539.
[2] Nach J. Zenneck: Lehrb. der Drahtlos. Telegraphie, 2. Aufl. 1913, S. 34, Stuttgart, F. Enke.

Zu der in der Richtung $\alpha$ ausgestrahlten Energie trägt nur die $-\mathfrak{E}_\eta$-Komponente der elektrischen Feldstärke bei, die auf dem Strahl $\alpha$ senkrecht steht:

$$\mathfrak{S}_\alpha = \frac{c}{4\pi}(-\mathfrak{E}_\eta)\,\mathfrak{H} = \frac{c}{4\pi}\,\mathfrak{E}\,\mathfrak{H}. \tag{8}$$

Mit den aus 6 (15) und (16) folgenden Werten erhalten wir bei geeigneter Wahl des Anfangspunktes der Zeitzählung:

$$\mathfrak{H} = \bar{A}\,\frac{l}{\sqrt{(\xi^2 - l^2)(l^2 - \eta^2)}}\cos\frac{\pi}{2}\frac{\eta}{l}\cos\frac{\pi}{2l}(r - v\,t),$$

$$-\mathfrak{E}_\eta = \sqrt{\frac{\mu}{\varepsilon}}\,\bar{A}\,\frac{l}{\sqrt{(l^2 - \eta^2)(\xi^2 - \eta^2)}}\cos\frac{\pi}{2}\frac{\eta}{l}\cos\frac{\pi}{2l}(r - v\,t)$$

und damit:

$$\mathfrak{S}_\alpha = \frac{c}{4\pi}\sqrt{\frac{\mu}{\varepsilon}}\,\bar{A}^2\,\frac{l^2}{(l^2 - \eta^2)\sqrt{(\xi^2 - l^2)(\xi^2 - \eta^2)}}\cos^2\frac{\pi}{2l}\eta\,\cdot$$
$$\cos^2\frac{\pi}{2l}(r - v\,t). \tag{9}$$

Aus Abb. 95 entnehmen wir, daß:

$$l^2 - \eta^2 = l^2\cos^2\alpha \tag{10}$$

und erhalten damit für $\xi \gg l$ und $\xi \gg \eta$:

$$\mathfrak{S}_\alpha = \frac{c}{4\pi}\sqrt{\frac{\mu}{\varepsilon}}\,\frac{\bar{A}^2}{r^2\cos^2\alpha}\cos^2\frac{\pi}{2l}\eta\cos^2\frac{\pi}{2l}(r - v\,t). \tag{11}$$

Wir bilden nun den zeitlichen Mittelwert der in einer Periode in der Richtung $\alpha$ ausgestrahlten Energie:

$$\mathfrak{S}_{\alpha m} = \frac{1}{T}\int_0^T \mathfrak{S}_\alpha\,d\,t. \tag{12}$$

Wegen:

$$\frac{1}{T}\int_0^T \cos^2\frac{\pi}{2l}(r - v\,t)\,d\,t = \frac{1}{2}$$

ist:

$$\mathfrak{S}_{\alpha m} = \frac{c}{8\pi}\sqrt{\frac{\mu}{\varepsilon}}\,\frac{\bar{A}^2}{r^2\cos^2\alpha}\cos^2\frac{\pi}{2l}\eta$$

und mit [aus (10) oder Abb. 95 folgend]:

$$\eta = l\sin\alpha, \tag{13}$$

$$\mathfrak{S}_{\alpha m} = \frac{c}{8\pi}\sqrt{\frac{\mu}{\varepsilon}}\,\frac{\bar{A}^2}{r^2}\,\frac{\cos^2\left(\frac{\pi}{2}\sin\alpha\right)}{\cos^2\alpha}. \tag{14}$$

Tatsächlich geht diese Formel für $\alpha = 0$ (Äquatorebene) in (6) über. Abb. 96 gibt die graphische Darstellung der Energiestrahlung. Wenn wir noch berücksichtigen, daß nach (4′) von 8

$$\bar{A} = 2\,\bar{J},$$

so erhalten wir:

$$\mathfrak{S}_{\alpha m} = \frac{c}{2\pi}\sqrt{\frac{\mu}{\varepsilon}}\,\frac{\bar{J}^2}{r^2}\,\frac{\cos^2\left(\frac{\pi}{2}\sin\alpha\right)}{\cos^2\alpha}. \tag{15}$$

Um nun die gesamte ausgestrahlte Energie zu rechnen, multiplizieren wir $\mathfrak{S}_{\alpha m}$ mit dem Flächenelement der Kugelfläche durch den Aufpunkt (Abb. 97)

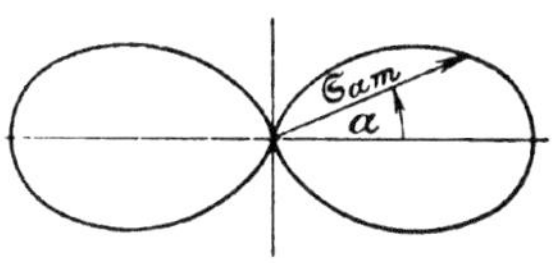


Abb. 96. Verteilung der Energiestrahlung in der Äquatorebene.

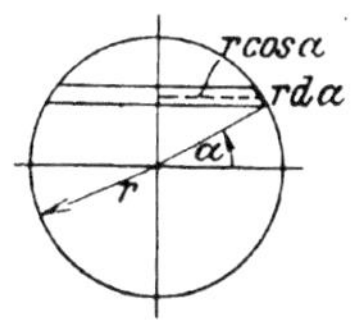


Abb. 97. Energiestrahlung durch eine Kugelfläche um den Mittelpunkt des Stabes.

$$dF = 2\,\pi r^2 \cos\alpha\, d\alpha,$$

$$\mathfrak{S}_{\alpha m}\, d\,F = c\sqrt{\frac{\mu}{\varepsilon}}\,\bar{J}^2\,\frac{\cos^2\left(\frac{\pi}{2}\sin\alpha\right)}{\cos^2\alpha}\cos\alpha\; d\,\alpha,$$

und integrieren über die ganze Kugelfläche:

$$S_m' = c\sqrt{\frac{\mu}{\varepsilon}}\,\bar{J}^2\int_{-\frac{\pi}{2}}^{\frac{\pi}{2}}\frac{\cos^2\left(\frac{\pi}{2}\sin\alpha\right)}{\cos^2\alpha}\,d\,(\sin\alpha). \tag{16}$$

Es bleibt somit noch das bestimmte Integral auszuwerten:

$$P = \int_{-\frac{\pi}{2}}^{\frac{\pi}{2}}\frac{\cos^2\left(\frac{\pi}{2}\sin\alpha\right)}{1-\sin^2\alpha}\,d\,(\sin\alpha) = \int_{-1}^{1}\frac{\cos^2\frac{\pi}{2}\varphi}{1-\varphi^2}\,d\,\varphi,$$

$$\cos^2\frac{\pi}{2}\,\varphi = \frac{1}{2}\,(1+\cos\pi\,\varphi),$$

$$P = \frac{1}{2}\int\limits_{-1}^{1} \frac{1+\cos\pi\varphi}{1-\varphi^2}\,d\varphi = \underbrace{\frac{1}{4}\int\limits_{-1}^{1} \frac{1+\cos\pi\varphi}{1+\varphi}\,d\varphi}_{P_1} + \underbrace{\frac{1}{4}\int\limits_{-1}^{1} \frac{1+\cos\pi\varphi}{1-\varphi}\,d\varphi}_{P_2},$$

$$\psi = -\varphi,$$

$$P_2 = \frac{1}{4}\int\limits_{-1}^{1} \frac{1+\cos\pi\varphi}{1-\varphi}\,d\varphi = -\frac{1}{4}\int\limits_{1}^{-1} \frac{1+\cos\pi\psi}{1+\psi}\,d\psi = P_1,$$

$$P = \frac{1}{2}\int\limits_{-1}^{1} \frac{1+\cos\pi\varphi}{1+\varphi}\,d\varphi,$$

$$\cos\pi\varphi = -\cos\pi(1+\varphi) = -\cos\gamma \ldots \gamma = \pi(1+\varphi),$$

$$\varphi = \frac{\gamma}{\pi} - 1, \quad 1+\varphi = \frac{\gamma}{\pi}; \quad d\varphi = \frac{d\gamma}{\pi},$$

$$P = \frac{1}{2}\int\limits_{0}^{2\pi} \frac{1-\cos\gamma}{\gamma}\,d\gamma. \tag{17}$$

Dieses bestimmte Integral kann z. B. durch graphische Integration ausgewertet werden; es ergibt sich:

$$P = 1{,}22_2. \tag{18}$$

Somit erhalten wir:

$$S_m' = 1{,}22\,c\sqrt{\frac{\mu}{\varepsilon}}\,\bar{J}^2 \tag{19}$$

oder, wenn $\varepsilon = \mu = 1$,

$$S_m' = 1{,}22\,c\bar{J}^2 \quad \text{Erg/sec.} \tag{19'}$$

In diesem Ausdruck ist $\bar{J}$ der elektromagnetisch gemessene Höchstwert des Stromes an der Stelle $\xi = l$, $\eta = 0$, $S_m'$ die mittlere je Zeiteinheit ausgestrahlte Energie in Erg/sec. Um diese Energie in Watt zu erhalten, muß durch $10^7$ dividiert werden, und wenn wir statt $\bar{J}$ mit dem Effektivwert des Stromes in Ampere rechnen, so ergibt sich mit $c = 3 \,.\, 10^{10}$ cm/sec und

$$\bar{J} = \frac{J}{10}\sqrt{2}$$

$$S_m = \frac{1{,}22 \,.\, 3 \,.\, 10^{10}\, J^2\, 2}{10^7\, 10^2},$$

$$S_m = 73{,}2\, J^2 \text{ Watt.} \tag{20}$$

Diese vom Leiter ausgestrahlte Energie muß nun dauernd nachgeliefert werden, wenn die Vorgänge stationär sein sollen. Der strahlende Leiter verhält sich so, als ob in ihm dauernd Energie verbraucht, z. B. in Wärme umgesetzt würde, also so, als ob sein Ohmscher Widerstand um einen Betrag $r_s$, den *Strahlungswiderstand*, erhöht wäre. Wir denken uns diesen Widerstand gleichmäßig über den ganzen stabförmigen Leiter verteilt und berücksichtigen, daß die Stromverteilung längs des Leiters durch folgendes Gesetz [4 (7)] für die Grundwelle gegeben ist:

$$J_z = J \cos \frac{\pi}{2l} z, \tag{21}$$

$$J_z^2 = J^2 \cos^2 \frac{\pi}{2l} z.$$

An der betrachteten Stelle des Leiters ist die im Arbeitsmaß gemessene erzeugte Wärmemenge:

$$d W = J_z^2 \, d r_z = J_z^2 \frac{r_s}{2l} \, d z, \tag{22}$$

$$d W = J^2 \frac{r_s}{2l} \cos^2 \frac{\pi}{2l} z \, d z,$$

$$W = J^2 \frac{r_s}{2l} \int_{-l}^{l} \cos^2 \frac{\pi}{2l} z \, d z = J^2 \frac{r_s}{2}. \tag{23}$$

Diese im Strahlungswiderstand verbrauchte fiktive Wärme muß nun der ausgestrahlten Energie gleich sein:

$$J^2 \frac{r_s}{2} = 73{,}2 \, J^2,$$

$$r_s = 146{,}4 \text{ Ohm}. \tag{24}$$

Infolge der Ausstrahlung erscheint der Ohmsche Widerstand des stabförmigen Leiters um 146.4 Ohm vergrößert zu sein.

**10. Die geerdete Antenne.** Wir können uns leicht davon überzeugen, daß die Feldgrößen symmetrisch zur Äquatorebene verlaufen, wenn wir in die entsprechenden Formeln an Stelle von $\eta \ldots -\eta$ einsetzen. In der Äquatorebene stehen die elektrischen Feldstärken auf ihr senkrecht (Abb. 98).

Genau dieselbe Bedingung muß erfüllt sein, wenn die Äquatorebene eine vollkommen leitende Fläche ist. Dies ist nun der Fall bei der geerdeten Antenne, freilich nur dann, wenn man die Erdoberfläche als vollkommen leitende Ebene ansieht, was ja in Wirklichkeit nicht der Fall ist: weder ist sie eben, noch vollkommen leitend. Aus diesem Grunde ergeben sich Abweichungen von den hier geschilderten Verhältnissen, auf die wir jedoch erst später zu sprechen kommen werden. Hier wollen wir den zweifach idealisierten Fall des stabförmigen Leiters von der Länge $l$, der aus einer vollkommen leitenden, nach allen Richtungen unendlich ausgedehnten Ebene senkrecht herausragt, betrachten.

Die Theorie der geerdeten Antenne könnten wir auf genau demselben Weg gewinnen wie die der ungeerdeten; wir würden in dem elliptisch-hyperbolischen Koordinatensystem genau dieselben Gleichungen bekommen wie dort und hätten einzig und allein die eine Abweichung zu berücksichtigen, an Stelle der Grenzbedingung, die vorschreibt, daß die elektrischen Kraftlinien an den Leiterelementen senkrecht ein- und austreten, die zu setzen, daß die elektrischen Kraftlinien an den Elementen des Leiters und der leitenden Ebene senkrecht ein- und austreten müssen. Nun ist aber auch diese Grenzbedingung schon durch die für den stabförmigen Leiter gefundene Lösung erfüllt; diese Lösung erfüllt somit auch alle Grenzbedingungen des vorliegenden Problems und ist daher auch eine Lösung des Letztgenannten.

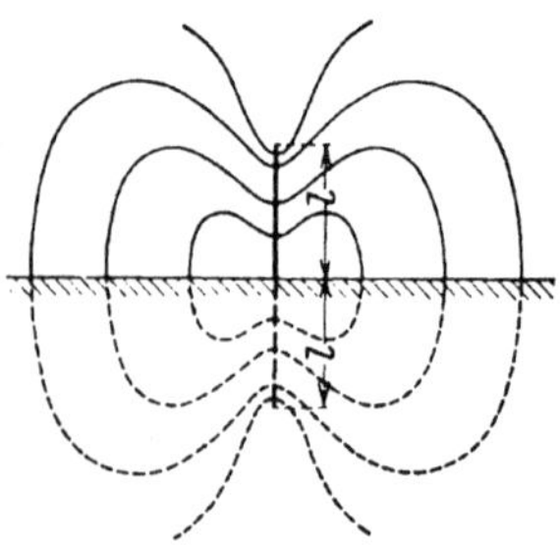

Abb. 98. Schematisches Bild der elektrischen Kraftlinien der geerdeten Antenne.

Ein derart angeordneter Leiter strahlt dann nur die auf die obere Halbkugel (Abb. 97) entfallende Energie aus. Es ist somit:

$$S_m' = 0{,}61\, c\overline{J^2}\ \text{Erg/sec}, \quad S_m = 36{,}6\ J^2\ \text{Watt} \tag{1}$$

und ebenso erhalten wir für den Strahlungswiderstand der geerdeten Antenne von der Länge $l$ nur die Hälfte des Wertes, den wir für den entsprechenden stabförmigen Leiter (Länge $2\,l$) fanden:

$$r_s = 73{,}2\ \text{Ohm}. \tag{2}$$

**11. Abstimmung der ungeerdeten oder geerdeten Antenne.** Wie wir gesehen haben, schwingt eine Antenne frei mit einer Wellenlänge von der Länge $\lambda = 4\,l$. Es wird sich aber immer die Notwendigkeit ergeben, die Antenne auf eine bestimmte Wellenlänge abzustimmen. Das könnte durch Änderung der Antennenlänge geschehen, doch wäre dieses Mittel nicht leicht auszuführen. Es gibt aber ein viel einfacheres Mittel, um die Antenne auf jede Wellenlänge eines gewissen Bereiches abzustimmen; dies geschieht durch Einbau von Kondensatoren oder von Selbstinduktionsspulen in die Antenne, und zwar in der Nähe des Mittel- (Erdungs-) Punktes. Wir wollen auf die exakte Theorie dieses Hilfsmittels verzichten und eine vereinfachte Überlegung heranziehen.

Letzten Endes ist jede Antenne nichts anderes als ein aus (verteilter) Kapazität und (verteilter) Selbstinduktion aufgebauter elektrischer Schwingungskreis. Für rohe Betrachtungen genügt es, mit der sogenannten äquivalenten Kapazität und der sogenannten äquivalenten Selbstinduktion zu rechnen. Wie im ersten Kapitel gezeigt wurde, ist die Eigenfrequenz eines elektrischen Schwingungskreises durch die Formel gegeben:

$$f = \frac{1}{2\pi}\sqrt{\frac{1}{CL}}. \tag{1}$$

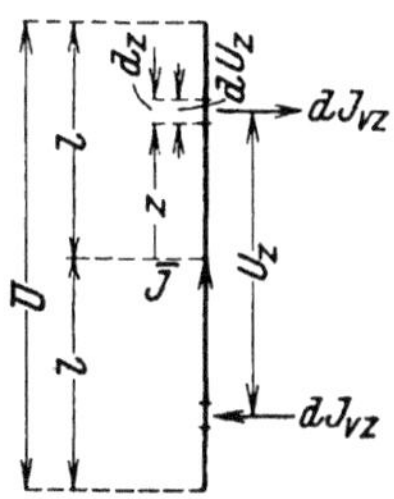

Abb. 99. Berechnung der äquivalenten Selbstinduktion und Kapazität der Antenne.

Wir werden nun zeigen, daß sich eine Kapazität und eine Selbstinduktion angeben läßt, mit deren Verwendung die Eigenfrequenz der Antenne nach der gleichen Formel gerechnet werden kann. Es sind dies die äquivalente Kapazität und Selbstinduktion.

Es sei:

$C_{1z}$ die Kapazität der Längeneinheit der Antenne an der Stelle $z$,

$L_{1z}$ die Selbstinduktion der Längeneinheit der Antenne an der Stelle $z$.

Dann ist (Abb. 99)

$$d J_{vz} = U_z \omega C_{1z} dz$$

der durch das Längenelement $dz$ hindurchgehende Verschiebungsstrom. Somit ist:

$$\bar{J} = \omega \int_0^l U_z C_{1z} dz \tag{2}$$

der Strom im Mittelpunkt des Leiters,

$$\bar{J} = \omega \bar{U} C_e, \quad C_e = \frac{1}{\bar{U}} \int_0^l U_z C_{1z} dz \tag{2'}$$

die Definitionsgleichung der äquivalenten Kapazität. Ferner ist:

$$d U_z = J_z \omega L_{1z} d z$$

das Element der Selbstinduktionsspannung am Längenelement $dz$,

$$\bar{U} = \omega \int_0^l J_z L_{1z} d z = \omega \bar{J} L_e, \tag{3}$$

$$L_e = \frac{1}{\bar{J}} \int_0^l J_z L_{1z} d z. \tag{3'}$$

Es sind also zunächst die äquivalente Kapazität und Selbstinduktion jene Kapazität und Selbstinduktion, die in den Mittelpunkt der Antenne geschaltet ebenso wirken würden wie die verteilte Kapazität und Selbstinduktion der Antenne. Die Multiplikation von (2) und (3) ergibt:

$$\bar{J} \bar{U} = \omega^2 \bar{U} \bar{J} C_e L_e,$$

$$\omega^2 = \frac{1}{C_e L_e}, \quad f = \frac{1}{2\pi} \sqrt{\frac{1}{C_e L_e}}. \tag{4}$$

Damit ist unsere Behauptung bewiesen.

Schalten wir nun in der Nähe des Antennenmittelpunktes eine Kapazität $C$ ein, so ist diese mit $C_e$ in Serie geschaltet und in (4) tritt an die Stelle von

$$\frac{1}{C_e} \cdots \frac{1}{C_e} + \frac{1}{C}, \quad f' = \frac{1}{2\pi \sqrt{L_e}} \sqrt{\frac{1}{C_e} + \frac{1}{C}}.$$

Wegen

$$T = \frac{1}{f}, \quad \lambda = c T = \frac{c}{f}, \quad \lambda = 2 \pi c \sqrt{\frac{L_e}{\frac{1}{C_e}}}, \tag{5}$$

ist

$$\lambda' = 2 \pi c \sqrt{\frac{L_e}{\frac{1}{C_e} + \frac{1}{C}}}. \tag{6}$$

Durch die Einschaltung des Kondensators wird also die Wellenlänge verkürzt: *Verkürzungskondensator*.

In derselben Weise läßt sich auch die Wirkung der *Verlängerungsspule* erklären. Eine in den Mittelpunkt der Antenne geschaltete Selbstinduktionsspule $L$ bewirkt einen Zusatz zur äquivalenten Selbstinduktion $L_e$ und damit eine Vergrößerung der Wellenlänge:

$$\lambda' = 2 \pi c \sqrt{\frac{L_e + L}{\frac{1}{C_e}}}. \tag{7}$$

Man kann auch Verlängerungsspule und Verkürzungskondensator gleichzeitig, in Serie geschaltet, verwenden, wodurch sich eine Vergrößerung des Abstimmbereiches ergibt.

Die hier gegebene rohe Theorie dürfte genügen, um die Möglichkeit der Abstimmung von Antennen durch Kapazitäten und Selbstinduktionen verständlich zu machen. Näher wären wir den wirklichen Verhältnissen gekommen, wenn wir die Antenne durch ein am Ende offenes Lecher-System abgebildet und für die Stelle $x = 0$ als Grenzbedingung die Überbrückung durch Kondensatoren oder Selbstinduktionsspulen eingesetzt hätten.

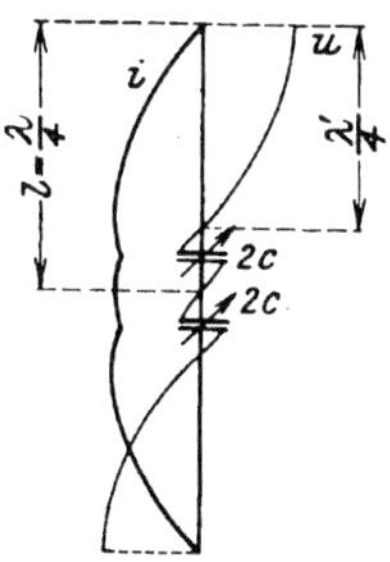


Abb. 100. Verwendung von Verkürzungskondensatoren.

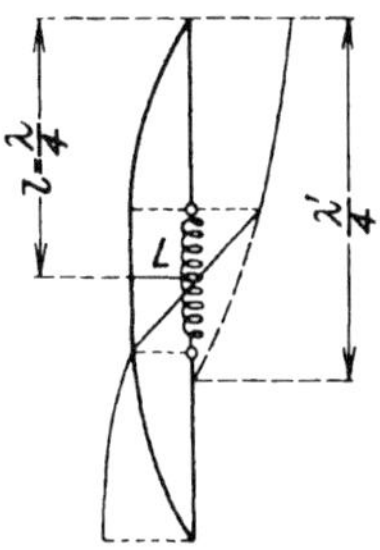


Abb. 101. Verwendung von Verlängerungsspulen.

In Abb. 100 und 101 sind die Strom- und Spannungsverteilung bei Verwendung von Verkürzungskondensatoren und Verlängerungsspulen dargestellt. Bei geerdeten Antennen kommt nur die obere Hälfte der Abbildungen in Betracht.

## III. Die Dipolantenne.

**1. Die allgemeinen (retardierten) Potentiale.** Im folgenden werden wir zeigen, daß auch im allgemeinen Fall nichtstationärer elektromagnetischer Felder die Feldgrößen aus zwei Potentialfunktionen, dem *allgemeinen skalaren* und dem *allgemeinen Vektorpotential* hergeleitet werden können. Wir schließen uns im folgenden an die von R. Becker in Abraham-Becker: Theorie der Elektrizität, I, gegebene Behandlungsweise an.

Wir gehen wieder von den Grundgleichungen der Maxwellschen Theorie aus und setzen ein homogenes und isotropes Medium von der Dielektrizitätskonstante $\varepsilon$ und der Permeabilität $\mu$ voraus, in dem Ladungen von der Dichte $\varrho$ und Ströme von der Stromdichte $\mathfrak{i}$ beliebig verteilt sein sollen. Dann gelten die in der Einleitung zusammengestellten Beziehungen:

$$\operatorname{rot} \mathfrak{H} = \frac{4\pi}{c}\mathfrak{i} + \frac{\varepsilon}{c}\dot{\mathfrak{E}}, \tag{1}$$

$$\operatorname{rot} \mathfrak{E} = -\frac{\mu}{c}\dot{\mathfrak{H}}, \tag{2}$$

$$\operatorname{div} \mathfrak{E} = 4\pi\frac{\varrho}{\varepsilon}, \tag{3}$$

$$\operatorname{div} \mathfrak{H} = 0. \tag{4}$$

Aus (1) und (3) folgt noch unter der Berücksichtigung der Tatsache, daß für jeden Vektor $\mathfrak{B}$: $\operatorname{div}\operatorname{rot}\mathfrak{B} = 0$,

$$\operatorname{div}\operatorname{rot}\mathfrak{H} = 0 = \frac{4\pi}{c}\operatorname{div}\mathfrak{i} + \frac{\varepsilon}{c}\operatorname{div}\dot{\mathfrak{E}},$$

$$\operatorname{div}\mathfrak{i} + \dot{\varrho} = 0, \tag{5}$$

eine Beziehung, die man als die *Kontinuitätsgleichung* der Elektrizität bezeichnet.

Wegen (4) ist $\mathfrak{H}$ durch die rot eines Vektors $\mathfrak{A}$, des allgemeinen Vektorpotentials, darstellbar:

$$\mathfrak{H} = \operatorname{rot}\mathfrak{A} \tag{6}$$

und wir zeigen nun, daß auch $\mathfrak{E}$ durch ein allgemeines skalares Potential darstellbar ist. Aus (2) folgt:

$$\operatorname{rot}\mathfrak{E} = -\frac{\mu}{c}\operatorname{rot}\dot{\mathfrak{A}},$$

$$\operatorname{rot}\left(\mathfrak{E} + \frac{\mu}{c}\dot{\mathfrak{A}}\right) = 0,$$

und da ein Vektor, dessen rot verschwindet, Gradient eines skalaren Potentials ist, gilt

$$\mathfrak{E} + \frac{\mu}{c}\dot{\mathfrak{A}} = -\nabla U,$$

$$\mathfrak{E} = -\nabla U - \frac{\mu}{c}\dot{\mathfrak{A}}. \tag{7}$$

Aus (1) und (6) folgt nun:

$$\operatorname{rot}\operatorname{rot}\mathfrak{A} - \frac{\varepsilon}{c}\dot{\mathfrak{E}} = \frac{4\pi}{c}\mathfrak{i}.$$

In dieser Gleichung kommt der Vektorausdruck $\operatorname{rot}\operatorname{rot}\mathfrak{A}$ vor, den wir nun ganz kurz näher entwickeln wollen. Nach dem in der Einleitung Gesagten ist die Rotation eines Vektors wieder ein Vektor, der sich in folgender Weise durch seine Komponenten in der $x$, $y$, $z$-Richtung (Einheitsvektoren $\mathfrak{i}$, $\mathfrak{j}$, $\mathfrak{k}$) darstellen läßt:

$$\operatorname{rot}\mathfrak{A} = \\ = \mathfrak{i}\underbrace{\left(\frac{\partial}{\partial y}\mathfrak{A}_z - \frac{\partial}{\partial z}\mathfrak{A}_y\right)}_{\operatorname{rot}_x\mathfrak{A}} + \mathfrak{j}\underbrace{\left(\frac{\partial}{\partial z}\mathfrak{A}_x - \frac{\partial}{\partial x}\mathfrak{A}_z\right)}_{\operatorname{rot}_y\mathfrak{A}} + \mathfrak{k}\underbrace{\left(\frac{\partial}{\partial x}\mathfrak{A}_y - \frac{\partial}{\partial y}\mathfrak{A}_x\right)}_{\operatorname{rot}_z\mathfrak{A}}.$$

Somit ist rot rot $\mathfrak{A}$ ebenfalls ein Vektor, der durch die folgende Gleichung gegeben ist:

$$\operatorname{rot}\operatorname{rot}\mathfrak{A} = \mathfrak{i}\left(\frac{\partial}{\partial y}\operatorname{rot}_z\mathfrak{A} - \frac{\partial}{\partial z}\operatorname{rot}_y\mathfrak{A}\right) + \mathfrak{j}\left(\frac{\partial}{\partial z}\operatorname{rot}_x\mathfrak{A} - \frac{\partial}{\partial x}\operatorname{rot}_z\mathfrak{A}\right) + \\ + \mathfrak{k}\left(\frac{\partial}{\partial x}\operatorname{rot}_y\mathfrak{A} - \frac{\partial}{\partial y}\operatorname{rot}_x\mathfrak{A}\right),$$

$$\operatorname{rot}\operatorname{rot}\mathfrak{A} = \mathfrak{i}\left\{\frac{\partial}{\partial y}\left(\frac{\partial}{\partial x}\mathfrak{A}_y - \frac{\partial}{\partial y}\mathfrak{A}_x\right) - \frac{\partial}{\partial z}\left(\frac{\partial}{\partial z}\mathfrak{A}_x - \frac{\partial}{\partial x}\mathfrak{A}_z\right)\right\} + \\ + \mathfrak{j}\left\{\frac{\partial}{\partial z}\left(\frac{\partial}{\partial y}\mathfrak{A}_z - \frac{\partial}{\partial z}\mathfrak{A}_y\right) - \frac{\partial}{\partial x}\left(\frac{\partial}{\partial x}\mathfrak{A}_y - \frac{\partial}{\partial y}\mathfrak{A}_x\right)\right\} + \\ + \mathfrak{k}\left\{\frac{\partial}{\partial x}\left(\frac{\partial}{\partial z}\mathfrak{A}_x - \frac{\partial}{\partial x}\mathfrak{A}_z\right) - \frac{\partial}{\partial y}\left(\frac{\partial}{\partial y}\mathfrak{A}_z - \frac{\partial}{\partial z}\mathfrak{A}_y\right)\right\},$$

$$\operatorname{rot}\operatorname{rot}\mathfrak{A} = \mathfrak{i}\left\{\frac{\partial^2}{\partial x\,\partial y}\mathfrak{A}_y - \frac{\partial^2}{\partial y^2}\mathfrak{A}_x - \frac{\partial^2}{\partial z^2}\mathfrak{A}_x + \frac{\partial^2}{\partial x\,\partial z}\mathfrak{A}_z\right\} + \\ + \mathfrak{j}\left\{\frac{\partial^2}{\partial y\,\partial z}\mathfrak{A}_z - \frac{\partial^2}{\partial z^2}\mathfrak{A}_y - \frac{\partial^2}{\partial x^2}\mathfrak{A}_y + \frac{\partial^2}{\partial x\,\partial y}\mathfrak{A}_x\right\} + \\ + \mathfrak{k}\left\{\frac{\partial^2}{\partial x\,\partial z}\mathfrak{A}_x - \frac{\partial^2}{\partial x^2}\mathfrak{A}_z - \frac{\partial^2}{\partial y^2}\mathfrak{A}_z + \frac{\partial^2}{\partial y\,\partial z}\mathfrak{A}_y\right\},$$

$$\operatorname{rot}\operatorname{rot}\mathfrak{A} = \\ = \mathfrak{i}\left\{\frac{\partial}{\partial x}\overbrace{\left(\frac{\partial}{\partial x}\mathfrak{A}_x + \frac{\partial}{\partial y}\mathfrak{A}_y + \frac{\partial}{\partial z}\mathfrak{A}_z\right)}^{\operatorname{div}\mathfrak{A}} - \overbrace{\left(\frac{\partial^2}{\partial x^2}\mathfrak{A}_x + \frac{\partial^2}{\partial y^2}\mathfrak{A}_x + \frac{\partial^2}{\partial z^2}\mathfrak{A}_x\right)}^{\nabla^2\mathfrak{A}_x}\right\} + \\ + \mathfrak{j}\left\{\frac{\partial}{\partial y}\operatorname{div}\mathfrak{A} - \nabla^2\mathfrak{A}_y\right\} + \mathfrak{k}\left\{\frac{\partial}{\partial z}\operatorname{div}\mathfrak{A} - \nabla^2\mathfrak{A}_z\right\},$$

$$\operatorname{rot}\operatorname{rot}\mathfrak{A} = \nabla\operatorname{div}\mathfrak{A} - \nabla^2\mathfrak{A}, \tag{8}$$

mit den Abkürzungen:

$$\nabla = \operatorname{grad} = \mathfrak{i}\frac{\partial}{\partial x} + \mathfrak{j}\frac{\partial}{\partial y} + \mathfrak{k}\frac{\partial}{\partial z},$$

$$\nabla^2 = \frac{\partial}{\partial x^2} + \frac{\partial}{\partial y^2} + \frac{\partial}{\partial z^2}.$$

Damit wird

$$\nabla\operatorname{div}\mathfrak{A} - \nabla^2\mathfrak{A} + \frac{\varepsilon}{c}\nabla\dot{U} + \frac{\varepsilon\mu}{c^2}\ddot{\mathfrak{A}} = \frac{4\pi}{c}\mathfrak{i},$$

$$\frac{\varepsilon\mu}{c^2}\ddot{\mathfrak{A}} - \nabla^2\mathfrak{A} + \nabla\left\{\frac{\varepsilon}{c}\dot{U} + \operatorname{div}\mathfrak{A}\right\} = \frac{4\pi}{c}\mathfrak{i}. \tag{7'}$$

Nun ist durch (6) der Vektor $\mathfrak{A}$ noch nicht vollkommen bestimmt, da ein Vektor dies nur dann ist, wenn sowohl seine Wirbel als auch seine Quellen bekannt sind. Über die letzten können wir noch frei verfügen; wir wollen setzen:

$$\operatorname{div} \mathfrak{A} = -\frac{\varepsilon}{c} \dot{U}, \tag{9}$$

damit geht (7′) über in

$$\frac{\varepsilon \mu}{c^2} \ddot{\mathfrak{A}} - \nabla^2 \mathfrak{A} = \frac{4\pi}{c} \mathfrak{i}. \tag{10}$$

Ferner erhalten wir aus (3) und (7):

$$\operatorname{div} \mathfrak{E} = \operatorname{div}\left(-\nabla U - \frac{\mu}{c} \dot{\mathfrak{A}}\right) = 4\pi \frac{\varrho}{\varepsilon},$$

$$-\nabla^2 U - \frac{\mu}{c} \operatorname{div} \dot{\mathfrak{A}} = \frac{4\pi\varrho}{\varepsilon},$$

und wegen (9)

$$\frac{\varepsilon \mu}{c^2} \ddot{U} - \nabla^2 U = 4\pi \frac{\varrho}{\varepsilon}. \tag{11}$$

Die Gl. (10) und (11), die wir mit $v = \frac{c}{\sqrt{\mu \varepsilon}}$ in der folgenden Form schreiben wollen:

$$\nabla^2 \mathfrak{A} = -\frac{4\pi}{c} \mathfrak{i} + \frac{1}{v^2} \ddot{\mathfrak{A}}, \tag{10'}$$

$$\nabla^2 U = -4\pi \frac{\varrho}{\varepsilon} + \frac{1}{v^2} \ddot{U}, \tag{11'}$$

gehen im Falle stationärer Felder in die bekannten Grundgleichungen für das gewöhnliche Vektor- bzw. skalare Potential über:

$$\nabla^2 \mathfrak{A} = -\frac{4\pi}{c} \mathfrak{i}, \tag{12}$$

$$\nabla^2 U = -4\pi \frac{\varrho}{\varepsilon}. \tag{13}$$

Aus diesen Differentialgleichungen ergeben sich, wie in der Einleitung gezeigt wurde:

$$\mathfrak{A} = \frac{1}{c} \int_V \frac{\mathfrak{i}}{r} \, dV, \tag{14}$$

$$U = \frac{1}{\varepsilon} \int_V \frac{\varrho}{r} \, dV. \tag{15}$$

Sind nun $\mathfrak{i}$ und $\varrho$ nicht konstant, sondern (zunächst) langsam veränderlich, also Funktionen der Zeit $t$, und ist der Aufpunkt $A$, für den die Potentiale bestimmt werden, nicht weit von den Ladungen entfernt, so können wir die Potentiale nach den gleichen Formeln rechnen, wenn wir i und $\varrho$ als Funktionen der Zeit einsetzen:

$$\mathfrak{A} = \frac{1}{c} \int\limits_V \frac{\mathfrak{i}(t)}{r} dV, \tag{16}$$

$$U = \frac{1}{\varepsilon} \int\limits_V \frac{\varrho(t)}{r} dV. \tag{17}$$

Die endliche Ausbreitungsgeschwindigkeit der elektromagnetischen Störungen können wir unter den angegebenen Voraussetzungen unberücksichtigt lassen.

Anders liegt der Fall, wenn diese Voraussetzungen nicht mehr gelten, wenn sich also i und $\varrho$ sehr rasch mit der Zeit ändern und der Aufpunkt weiter von Ladungen und Strömen entfernt ist; jetzt darf die endliche Ausbreitungsgeschwindigkeit nicht mehr vernachlässigt werden, d. h. wir müssen berücksichtigen, daß für die Potentiale im Aufpunkt $A$ zur Zeit $t$ jene Werte von i und $\varrho$ maßgebend sind, die zur Zeit $t - \frac{r}{v}$ in dem im Abstand $r$ befindlichen Quellpunkt vorhanden waren; wir vermuten somit, durch die Ansätze:

$$\mathfrak{A} = \frac{1}{c} \int\limits_V \frac{\mathfrak{i}\left(t - \frac{r}{v}\right)}{r} dV, \tag{18}$$

$$U = \frac{1}{\varepsilon} \int\limits_V \frac{\varrho\left(t - \frac{r}{v}\right)}{r} dV \tag{19}$$

die Lösungen für die allgemeinen Potentiale zu finden. Wir beweisen durch die folgende Überlegung, die sinngemäß auf die Gl. (18) zu übertragen ist, daß (19) tatsächlich der Gl. (11) genügt.

Wir zerlegen den ganzen Raum $V$ in zwei Teilräume $V_1$ und $V_2$, von denen $V_1$ den Aufpunkt enthält, sehr klein und dazu bestimmt ist, durch einen Grenzübergang auf $V_1 \to 0$ gebracht zu werden; dann wird:

$$U = U_1 + U_2 = \frac{1}{\varepsilon} \int\limits_{V_1} \frac{\varrho\left(t - \frac{r}{v}\right)}{r} dV + \frac{1}{\varepsilon} \int\limits_{V_2} \frac{\varrho\left(t - \frac{r}{v}\right)}{r} dV. \tag{20}$$

Im Raume $V_1$ sind alle möglichen $r$ sehr klein, $\frac{r}{v} \ll t$, wir können daher die „*Latenzzeit*" $\frac{r}{v}$ gegen $t$ vernachlässigen und schreiben:

$$U_1 = \frac{1}{\varepsilon} \int\limits_{V_1} \frac{\varrho\left(t - \frac{r}{v}\right)}{r} d\,V = \frac{1}{\varepsilon} \int\limits_{V_1} \frac{\varrho\,(t)}{r} d\,V,$$

wir erhalten die Gl. (17); da diese aber eine Lösung der Gl. (13) ist, in der wir $\varrho$ als Funktion von $t$ auffassen, ergibt sich:

$$\nabla^2 U_1 = -4\pi \frac{\varrho\,(t)}{\varepsilon}. \tag{21}$$

Um das zweite Integral zu rechnen, berücksichtigen wir, daß allgemein:

$$\nabla^2 f\,(r) = \frac{1}{r} \frac{\partial^2}{\partial r^2}(r\,f). \tag{22}$$

Denn es ist:

$$\frac{\partial f}{\partial x} = \frac{\partial f}{\partial r}\frac{x}{r}, \quad r^2 = x^2 + y^2 + z^2,$$

$$\frac{\partial^2 f}{\partial x^2} = \frac{x^2}{r^2}\frac{\partial^2 f}{\partial r^2} + \left(\frac{1}{r} - \frac{x^2}{r^3}\right)\frac{\partial f}{\partial r},$$

$$\nabla^2 f\,(r) = \frac{\partial^2 f}{\partial r^2} + \frac{2}{r}\frac{\partial f}{\partial r}. \tag{23}$$

Anderseits ist:

$$\frac{\partial}{\partial r}(r\,f) = f + r\frac{\partial f}{\partial r},$$

$$\frac{\partial^2}{\partial r^2}(r\,f) = \frac{\partial f}{\partial r} + \frac{\partial f}{\partial r} + r\frac{\partial^2 f}{\partial r^2},$$

$$\frac{1}{r}\frac{\partial^2}{\partial r^2}(r\,f) = \frac{\partial^2 f}{\partial r^2} + \frac{2}{r}\frac{\partial f}{\partial r}. \tag{24}$$

Durch (23) und (24) ist somit (22) bewiesen. Setzen wir nun $f = \frac{\varrho}{r} \ldots, r\,f = \varrho$, so ergibt sich:

$$\nabla^2 U_2 = \frac{1}{\varepsilon} \int\limits_{V_2} \frac{1}{r}\frac{\partial^2}{\partial r^2}\varrho\left(t - \frac{r}{v}\right) d\,V. \tag{25}$$

Für jede Funktion $\varrho$ von $t - \frac{r}{v}$ gilt aber

$$\frac{\partial^2 \varrho}{\partial r^2} = \frac{1}{v^2}\frac{\partial^2 \varrho}{\partial t^2},$$

also ist:

$$\nabla^2 U_2 = \frac{1}{v^2}\frac{1}{\varepsilon} \int\limits_{V_2} \frac{1}{r}\frac{\partial^2}{\partial t^2}\varrho\left(t - \frac{r}{v}\right) d\,V = \frac{1}{v^2}\frac{\partial^2}{\partial t^2}\overbrace{\frac{1}{\varepsilon}\int\limits_{V_2} \frac{\varrho\left(t - \frac{r}{v}\right)}{r} d\,V}^{U_2},$$

$$\nabla^2 U_2 = \frac{1}{v^2}\frac{\partial^2}{\partial t^2} U_2. \tag{26}$$

Somit ergibt (20) mit (21) u. (26):

$$\nabla^2 U = -4\pi \frac{\varrho}{\varepsilon} + \frac{1}{v^2} \ddot{U}_2. \tag{27}$$

Wir gehen nun mit $V_1$ zur Grenze $\rightarrow 0$ über, wobei $U_2 \rightarrow U$ übergeht, und erhalten:

$$\nabla^2 U = -4\pi \frac{\varrho}{\varepsilon} + \frac{1}{v^2} \ddot{U}. \tag{11}$$

Es ist also tatsächlich (19) die gesuchte Lösung von (11), und ebenso können wir beweisen, daß (18) die Lösung von (10) ist.

Die Gleichungen für die allgemeinen Potentiale unterscheiden sich von den im Falle stationärer Felder gültigen nur dadurch, daß an Stelle der Werte von $\varrho$ und $\mathfrak{i}$ zur Zeit $t$ jene zu setzen sind, die um die Latenzzeit $\frac{r}{v}$ früher im Quellpunkt vorhanden waren; die Ladungen und Ströme kommen in den allgemeinen Potentialen erst später zur Wirkung, weshalb man die allgemeinen auch *retardierte Potentiale* zu nennen pflegt.

**2. Der schwingende Dipol.** Die im vorigen Abschnitt gefundenen Lösungen (18) und (19) für die allgemeinen Potentiale wenden wir nun an, um das Strahlungsfeld eines schwingenden Dipols zu berechnen; es seien also im Abstand $d\mathfrak{s}$, Abb. 102, zwei in jedem Augenblicke gegengleiche Ladungen angeordnet, von denen wir später annehmen werden, daß sie sich zeitlich nach einer Sinuslinie ändern. Zur Vereinfachung verlegen wir $d\mathfrak{s}$ in die $z$-Achse.[1] Wir berechnen zunächst das skalare Potential nach (19) und vernachlässigen hierbei die Ladungen, die auf dem leitenden Verbindungsstück von der Länge $d\mathfrak{s}$ vorhanden sind, indem wir annehmen, daß diese in jedem Augenblick klein sind gegen die Ladungen $q_1$ und $q_2$ des Dipols, was sicher der Fall ist, wenn, wie beim Hertzschen Erreger oder den praktisch ausgeführten Dipolantennen, am Ende des Leiterstückes leitende Gebilde von einiger gegenseitiger Kapazität angebracht sind. Aus (19) folgt also mit

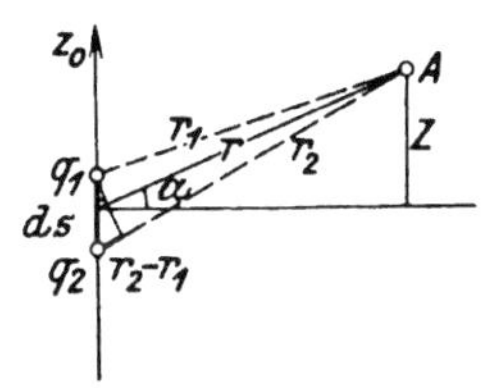

Abb. 102. Dipol vom Moment $q\,d\mathfrak{s}$.

[1] Dadurch wird $\mathfrak{A} = \mathfrak{A}_z$.

$$\int_V \frac{\varrho\left(t-\frac{r}{v}\right)}{r}\,dV = \frac{q_1\left(t-\frac{r_1}{v}\right)}{r_1} + \frac{q_2\left(t-\frac{r_2}{v}\right)}{r},$$

$$U = \frac{1}{\varepsilon}\left\{\frac{q_1\left(t-\frac{r_1}{v}\right)}{r_1} + \frac{q_2\left(t-\frac{r_2}{v}\right)}{r_2}\right\} \tag{1}$$

(Abb. 102). Nun ist aber:

$$\frac{1}{r_1} = \frac{1}{r} + \frac{\partial \frac{1}{r}}{\partial z_0}\frac{ds}{2}, \quad \frac{1}{r_2} = \frac{1}{r} - \frac{\partial \frac{1}{r}}{\partial z_0}\frac{ds}{2},$$

$$q_1\left(t-\frac{r_1}{v}\right) = q_1\left(t-\frac{r_1}{v}\right) + \frac{\partial q_1\left(t-\frac{r_1}{v}\right)}{\partial t}\,\frac{r-r_1}{v},$$

$$q_2\left(t-\frac{r_2}{v}\right) = q_2\left(t-\frac{r_2}{v}\right) + \frac{\partial q_2\left(t-\frac{r_2}{v}\right)}{\partial t}\,\frac{r-r_2}{v},$$

$$\begin{aligned} U = \frac{1}{\varepsilon}\Bigg\{ & q_1\frac{1}{r} + q_1\frac{\partial \frac{1}{r}}{\partial z_0}\frac{ds}{2} + \frac{1}{rv}\frac{\partial q_1}{\partial t}(r-r_1) + \\ & + \frac{1}{v}\frac{\partial \frac{1}{r}}{\partial z_0}\frac{\partial q_1}{\partial t}\frac{ds}{2}(r-r_1) + q_2\frac{1}{r} - q_2\frac{\partial \frac{1}{r}}{\partial z_0}\frac{ds}{2} + \\ & + \frac{1}{rv}\frac{\partial q_2}{\partial t}(r-r_2) - \frac{1}{v}\frac{\partial \frac{1}{r}}{\partial z_0}\frac{\partial q_2}{\partial t}\frac{ds}{2}(r-r_2)\Bigg\}. \end{aligned}$$

Nach der Voraussetzung ist jedoch:

$$q_2\left(t-\frac{r}{v}\right) = -q_1\left(t-\frac{r}{v}\right) = -q\left(t-\frac{r}{v}\right)$$

und somit:

$$U = \frac{1}{\varepsilon}\left\{q\,ds\frac{\partial \frac{1}{r}}{\partial z_0} + \frac{1}{vr}\dot{q}\,ds\frac{r_2-r_1}{ds} + \ldots\right\}.$$

Das letzte Glied ist zu vernachlässigen, da es das Produkt $(r_2 - r_1)ds$ enthält, wobei $r_2 - r_1$ selbst ein Differential, und daher dieses Produkt von höherer Kleinheitsordnung ist. Wie aus der Abbildung hervorgeht, ist:

$$\frac{\partial \frac{1}{r}}{\partial z_0} = -\frac{\partial \frac{1}{r}}{\partial z} = \frac{1}{r^2}\frac{z}{r}$$

und

$$\frac{r_2 - r_1}{ds} = \frac{z}{r},$$

so daß wir mit $ds = l$ und $\dot{q} = \frac{\partial q}{dt} = i$ erhalten:

$$U = \frac{1}{\varepsilon}\left\{\frac{q\left(t - \frac{r}{v}\right)l}{r^2} + \frac{i\left(t - \frac{r}{v}\right)l}{r\,v}\right\}\frac{z}{r}. \tag{2}$$

Weiters rechnen wir das allgemeine Vektorpotential nach (18) von 2; mit $i\,dV = i\,ds\,df = i\,l$ folgt:

$$\mathfrak{A} = \frac{1}{c}\,\frac{i\left(t - \frac{r}{v}\right)l}{r} = \mathfrak{A}_z. \tag{3}$$

Wir überzeugen uns leicht, daß die Ansätze (2) und (3) auch der in 2 (9) gefundenen Verbindungsgleichung genügen.

Bevor wir zur Berechnung der Feldstärken übergehen, wollen wir noch den Einfluß der Entfernung $r$ des Aufpunktes vom Quellpunkt behandeln. Zu diesem Zweck setzen wir eine sinusförmig wechselnde Ladung $q$ voraus:

$$q = \bar{q}\sin\frac{2\pi}{T}\left(t - \frac{r}{v}\right) = \bar{q}\sin 2\pi\left(\frac{t}{T} - \frac{r}{\lambda}\right), \tag{4}$$

damit wird

$$i = \frac{2\pi}{T}\,\bar{q}\cos 2\pi\left(\frac{t}{T} - \frac{r}{\lambda}\right) \tag{5}$$

und wir erhalten aus (2):

$$U = \frac{1}{\varepsilon}\left\{\frac{\bar{q}\,l}{r^2}\sin 2\pi\left(\frac{t}{T} - \frac{r}{\lambda}\right) + \frac{2\pi}{\lambda r}\,\bar{q}\,l\cos 2\pi\left(\frac{t}{T} - \frac{r}{\lambda}\right)\right\}\frac{z}{r}, \tag{6}$$

und sehen, daß für $r \ll \lambda$ (*Nahzone*) das erste, für $r \gg \lambda$ (*Wellenzone*) das zweite Glied überwiegt. Es ergibt sich somit für die *Nahzone*:

$$U = \frac{1}{\varepsilon}\,\frac{q(t)\,l}{r^2}\,\frac{z}{r}, \qquad \mathfrak{A} = \frac{1}{c}\,\frac{i(t)\,l}{r}, \tag{7}$$

hingegen für die *Wellenzone*:

$$U = \frac{1}{\varepsilon}\,\frac{i\left(t - \frac{r}{v}\right)l}{r\,v}\,\frac{z}{r}, \qquad \mathfrak{A} = \frac{1}{c}\,\frac{i\left(t - \frac{r}{v}\right)l}{r}. \tag{8}$$

Wir wenden uns nun der Berechnung der Feldstärken zu und erhalten allgemein, siehe Abb. 103:

$$\left.\begin{aligned}\mathfrak{A} &= \mathfrak{A}_z = \frac{1}{c}\,\frac{i\left(t-\frac{r}{v}\right)l}{r}\\ \mathfrak{A}_r &= \frac{1}{c}\,\frac{i\left(t-\frac{r}{v}\right)l}{r}\cos\vartheta\\ \mathfrak{A}_\vartheta &= -\frac{1}{c}\,\frac{i\left(t-\frac{r}{v}\right)l}{r}\sin\vartheta\\ \mathfrak{A}_\lambda &= 0\end{aligned}\right\} \tag{9}$$

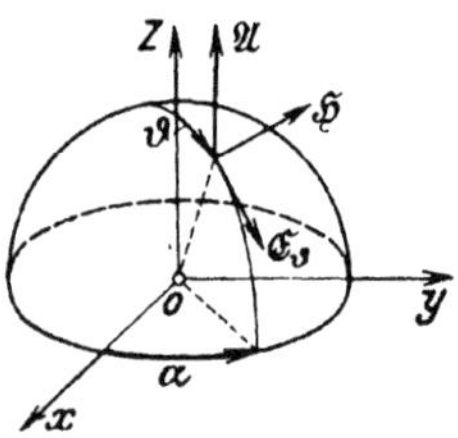


Abb. 103. Die Feldstärken in der Umgebung eines Dipols.

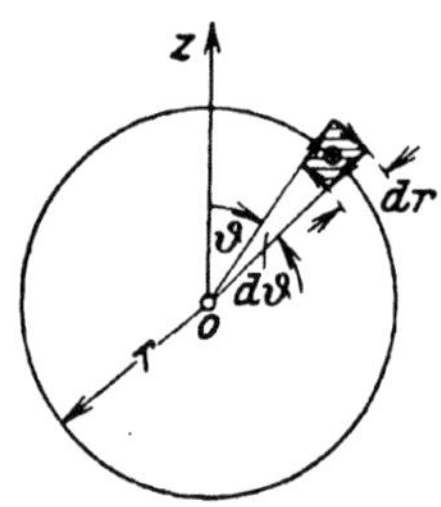


Abb. 104. Berechnung des allgemeinen Vektorpotentials in der Umgebung eines Dipols.

Damit rechnen wir, siehe Abb. 104:

$$\mathfrak{H}_\lambda = \operatorname{rot}\mathfrak{A},\ \mathfrak{H}_r = 0,\ \mathfrak{H}_\vartheta = 0,$$

$$d f \operatorname{rot}\mathfrak{A} = \mathfrak{A}_r\,dr - \frac{\partial\mathfrak{A}_r}{\partial\vartheta}\,\frac{d\vartheta}{2}\,dr + r\,\mathfrak{A}_\vartheta\,d\vartheta + \frac{\partial(r\,\mathfrak{A}_\vartheta)}{\partial r}\,\frac{dr}{2}\,d\vartheta -$$

$$-\mathfrak{A}_r\,dr - \frac{\partial\mathfrak{A}_r}{\partial\vartheta}\,\frac{d\vartheta}{2}\,dr - r\,\mathfrak{A}_\vartheta\,d\vartheta + \frac{\partial(r\,\mathfrak{A}_\vartheta)}{\partial r}\,\frac{dr}{2}\,d\vartheta,$$

$$r\,dr\,d\vartheta\operatorname{rot}\mathfrak{A} = \left\{\frac{\partial(r\,\mathfrak{A}_\vartheta)}{\partial r} - \frac{\partial\mathfrak{A}_r}{\partial\vartheta}\right\}dr\,d\vartheta,$$

$$\operatorname{rot}\mathfrak{A} = \frac{1}{r}\left\{\frac{\partial(r\,\mathfrak{A}_\vartheta)}{\partial r} - \frac{\partial\mathfrak{A}_r}{\partial\vartheta}\right\}, \tag{10}$$

während wir für das skalare Potential erhalten:

$$U = \frac{1}{\varepsilon}\left\{\frac{l\,q\left(t-\frac{r}{v}\right)}{r^2} + \frac{l\,i\left(t-\frac{r}{v}\right)}{r\,v}\right\}\cos\vartheta. \tag{11}$$

Somit erhalten wir die Feldstärken:

$$\mathfrak{H} = \mathfrak{H}_\lambda = \frac{\sin\vartheta}{c\,r}\left\{\frac{l\,\frac{\partial i}{\partial t}}{v} + \frac{l\,i}{r}\right\}. \tag{12}$$

Anderseits ist nach 2 (7):

$$\mathfrak{E} = -\nabla U - \frac{\mu}{c}\dot{\mathfrak{A}},$$

also

$$\mathfrak{E}_r = -\frac{\partial U}{\partial r} - \frac{\mu}{c}\dot{\mathfrak{A}}_r, \tag{20}$$

$$\mathfrak{E}_r = \frac{l}{\varepsilon}\left\{\frac{i\left(t-\frac{r}{v}\right)}{r^2 v} - \frac{2q\left(t-\frac{r}{v}\right)}{r^3} - \frac{1}{r v^2}\frac{\partial i\left(t-\frac{r}{v}\right)}{\partial t} - \frac{i\left(t-\frac{r}{v}\right)}{r^2 v}\right\}\cos\vartheta - \frac{\mu l}{c^2 r}\frac{\partial i\left(t-\frac{r}{v}\right)}{\partial t}\cos\vartheta,$$

wegen

$$c = v\sqrt{\varepsilon\mu} \quad \text{ist} \quad \frac{\mu}{c^2} = \frac{1}{v^2\varepsilon},$$

und wir erhalten

$$\mathfrak{E}_r = \frac{2l}{\varepsilon}\left\{\frac{i\left(t-\frac{r}{v}\right)}{r^2 v} + \frac{q\left(t-\frac{r}{v}\right)}{r^3}\right\}\cos\vartheta. \tag{21}$$

Weiters ist

$$\mathfrak{E}_\vartheta = -\frac{\partial U}{\partial(r\vartheta)} - \frac{\mu}{c}\dot{\mathfrak{A}}_\vartheta = -\frac{1}{r}\frac{\partial U}{\partial\vartheta} - \frac{\mu}{c}\dot{\mathfrak{A}}_\vartheta,$$

$$\mathfrak{E}_\vartheta = \frac{l}{\varepsilon}\left\{\frac{1}{r v^2}\frac{\partial i\left(t-\frac{r}{v}\right)}{\partial t} + \frac{i\left(t-\frac{r}{v}\right)}{r^2 v} + \frac{q\left(t-\frac{r}{v}\right)}{r^3}\right\}\sin\vartheta. \tag{22}$$

Damit erhalten wir für die *Nahzone* $r \ll \lambda$:

$$\left.\begin{aligned}
\mathfrak{H} &= \frac{l i}{c r^2}\sin\vartheta \\
\mathfrak{E}_r &= 2\frac{l q}{\varepsilon r^3}\cos\vartheta \\
\mathfrak{E}_\vartheta &= \frac{l q}{\varepsilon r^3}\sin\vartheta
\end{aligned}\right\} \tag{23}$$

hingegen ergibt sich für die *Wellenzone* $r \gg \lambda$:

$$\left.\begin{aligned}
\mathfrak{H} &= \frac{l}{c v r}\frac{\partial i\left(t-\frac{r}{v}\right)}{\partial t}\sin\vartheta \\
\mathfrak{E}_r &= 0 \\
\mathfrak{E}_\vartheta &= \frac{l}{\varepsilon v^2 r}\frac{\partial i\left(t-\frac{r}{v}\right)}{\partial t}\sin\vartheta \quad \left(= \frac{l}{c v r}\sqrt{\frac{\mu}{\varepsilon}}\frac{\partial i}{\partial t}\sin\vartheta\right)
\end{aligned}\right\} \tag{24}$$

Abgesehen von dem Faktor $\sqrt{\frac{\mu}{\varepsilon}}$, der im Vakuum genau und in atmosphärischer Luft nahezu 1 ist, sind also in der Wellenzone $\mathfrak{H}$ und $\mathfrak{E}$ zahlenmäßig einander gleich und stehen aufeinander senkrecht.

Wir rechnen zum Schluß noch die von der Dipolantenne ausgestrahlte Energie; es ist:

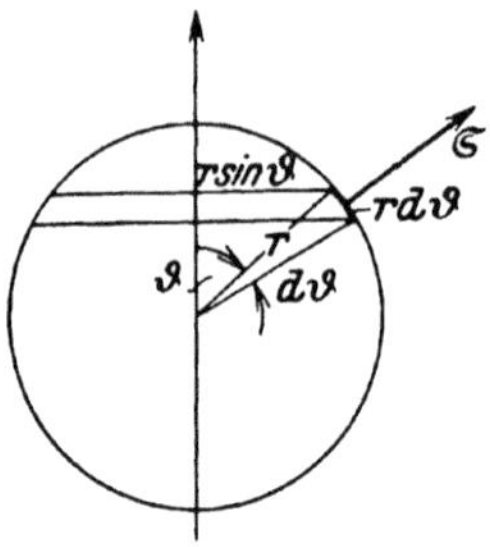


Abb. 105. Berechnung der von einer Dipolantenne ausgestrahlten Energie.

$$\mathfrak{S} = \frac{c}{4\pi}[\mathfrak{E}\mathfrak{H}] =$$

$$= \frac{c}{4\pi}\,\frac{l^2}{c^2 v^2 r^2}\sqrt{\frac{\mu}{\varepsilon}}\left(\frac{\partial i}{\partial t}\right)^2 \sin^2\vartheta \qquad (25)$$

die je Flächeneinheit einer um den Dipol in der Wellenzone gelegten Kugel vom Halbmesser $r$ ausgestrahlte Energie; durch Integration über die Oberfläche dieser Kugel ergibt sich die Gesamtstrahlung. Wir wählen bei dieser Integration als Flächenelement eine Kugelzone vom Halbmesser $r\sin\vartheta$ und von der Breite $r\,d\vartheta$ (Abb. 105) und berücksichtigen, daß $\mathfrak{S}$ in die Richtung von $r$ fällt. Es ergibt sich:

$$S = \int\limits_0 \mathfrak{S}_n\,dF = \frac{c}{4\pi}\,\frac{l^2}{c^2 v^2 r^2}\sqrt{\frac{\mu}{\varepsilon}}\left(\frac{\partial i}{\partial t}\right)^2 . \, 2\pi r^2 \int\limits_0^\pi \sin^3\vartheta\,d\vartheta,$$

$$S = \sqrt{\frac{\mu}{\varepsilon}}\,\frac{l^2}{2 c v^2}\left(\frac{\partial i}{\partial t}\right)^2 \int\limits_0^\pi \sin^3\vartheta\,d\vartheta.$$

Zur Auswertung des bestimmten Integrals setzen wir $\cos\vartheta = x$, $\sin^2\vartheta = 1 - x^2$, $\sin\vartheta\,d\vartheta = -\,dx$, so daß wir erhalten:

$$\int\limits_0^\pi \sin^3\vartheta\,d\vartheta = \int\limits_{-1}^{1}(1 - x^2)\,dx = 2 - \frac{2}{3} = \frac{4}{3}$$

und damit:

$$S = \sqrt{\frac{\mu}{\varepsilon}}\,\frac{2\,l^2}{3 c v^2}\left\{\frac{\partial i\left(t - \frac{r}{v}\right)}{\partial t}\right\}^2. \qquad (26)$$

Um zu einem Vergleich mit der bei der stabförmigen Antenne gefundenen Strahlungsformel zu gelangen, nehmen wir noch an, es sei

$$\frac{i}{c} = \bar{\imath}\sin\frac{2\pi}{T}\left(t - \frac{r}{c}\right) \qquad (27)^1$$

[1] Übergang zur elektromagnetischen Messung des Stromes.

und $\varepsilon = \mu = 1$, $v = c$; dann wird:

$$S = \frac{2 l^2 c}{v^2} \frac{4 \pi^2}{T^2} \bar{\imath}^2 \cos^2 \frac{2\pi}{T}\left(t - \frac{r}{c}\right),$$

$$S = \frac{8 \pi^2 c}{3} \left(\frac{l}{\lambda}\right)^2 \bar{\imath}^2 \cos^2 \frac{2\pi}{T}\left(t - \frac{r}{c}\right)$$

und mit

$$\frac{1}{T}\int_0^T \bar{\imath}^2 \cos^2 \frac{2\pi}{T}\left(t - \frac{r}{c}\right) dt = \frac{\bar{\imath}^2}{2},$$

$$S_m = \frac{4 \pi^2 c}{3} \left(\frac{l}{\lambda}\right)^2 \bar{\imath}^2. \qquad (28)$$

Wird noch der Höchstwert $\bar{\imath}$ des elektromagnetisch gemessenen Stromes durch den Effektivwert in Ampere ausgedrückt,

$$\bar{\imath} = \frac{J}{10}\sqrt{2},$$

so erhalten wir:

$$S_m = \frac{8 \pi^2 3 \, . \, 10^{10}}{3 \, . \, 10^7 \, . \, 10^2} \left(\frac{l}{\lambda}\right)^2 J^2,$$

$$S_m = 80 \pi^2 \left(\frac{l}{\lambda}\right)^2 J^2 \text{ Watt}. \qquad (29)$$

Da der Strom $J$ über die ganze Länge des Leiters $l$ als räumlich konstant angesehen werden kann, ist der *Strahlungswiderstand* $r_s$ der Dipolantenne leicht zu rechnen:

$$J^2 r_s = S_m = 80 \pi^2 \left(\frac{l}{\lambda}\right)^2 J^2,$$

$$r_s = 80 \pi^2 \left(\frac{l}{\lambda}\right)^2. \qquad (30)$$

Wenn wir die Formeln (29) und (30) mit den entsprechenden Formeln für die stabförmige Antenne vergleichen:

$$S_m = 73{,}2 \, \bar{J}^2 \text{ Watt}, \qquad r_s = 146{,}4 \text{ Ohm},$$

so sehen wir, daß in den Formeln für die Dipolantenne das Verhältnis $\frac{l}{\lambda}$ vorkommt, das in den entsprechenden Formeln für die stabförmige Antenne unterdrückt ist, da diese für die Grundwelle $\lambda = 2\,l$ abgeleitet sind. Nun ist die Eigenfrequenz der Dipolantenne bestimmt durch die Kapazität der beiden Dipole gegeneinander und die Selbstinduktion des geradlinigen Leiterstückes:

die dieser Eigenfrequenz entsprechende Wellenlänge ist, wie aus Abb. 106 zu entnehmen ist, wesentlich größer als $2l$ und somit der Faktor $\frac{l}{\lambda} < \frac{1}{2}$, so daß sich die Ausstrahlung bei Vergrößerung der Wellenlänge vermindert. Durch Einschaltung von Kapazitäten und Selbstinduktionen in die Antenne kann auch bei der Dipolantenne die Wellenlänge geändert werden.

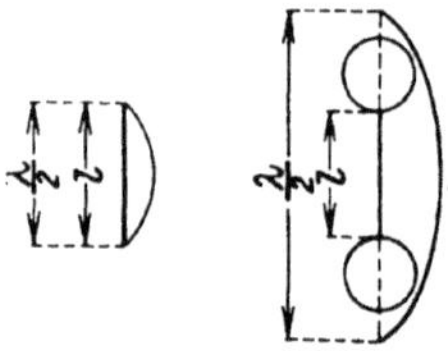
Abb. 106. Grundschwingung der stabförmigen und der Dipolantenne.

Praktisch erfolgt der Aufbau der Dipolantenne in der Weise, daß nur die eine Hälfte ausgeführt, die andere durch die spiegelnde Wirkung der Erdoberfläche ersetzt wird. Dann ist natürlich die ausgestrahlte Energie und der Strahlungswiderstand nur die Hälfte von (29) bzw. (30). Mit $2h = l$ wird:

$$S_m = 160\,\pi^2 \left(\frac{h}{\lambda}\right)^2 J^2, \tag{31}$$

$$r_s = 160\,\pi^2 \left(\frac{h}{\lambda}\right)^2. \tag{32}$$

In der Strahlungsformel für die Dipolantenne finden wir das Grundgesetz wieder, von dem wir ausgegangen sind: Wir sehen, daß die ausgestrahlte Energie um so größer ist, je kleiner die Wellenlänge, d. h. je größer die aufgedrückte Frequenz ist. In der Einleitung folgerten wir aus der Energiebilanz, daß wir nur durch Anwendung von Hochfrequenz eine nennenswerte elektromagnetische Strahlung erreichen können.

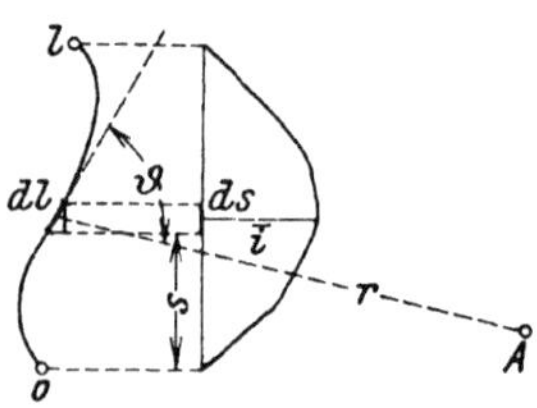

Abb. 107. Die Strahlungsfläche einer Antenne.

**3. Die Strahlungsfläche der Dipolantenne.** Die für die Dipolantenne gefundenen Formeln für die Feldstärken können leicht auf Antennen beliebiger Form übertragen werden, wenn wir diese aus Dipolen von der Länge $dl$ zusammengesetzt denken (Abb. 107). Es sei die Stromstärke in diesem Leiterelement $dl$ gegeben durch

$$i = c\,\bar{\imath} \sin \frac{2\pi}{T}\left(t - \frac{r}{v}\right), \tag{1}$$

$$\frac{\partial i}{\partial t} = \frac{2\pi}{T}\, c\,\bar{\imath} \cos \frac{2\pi}{T}\left(t - \frac{r}{v}\right). \tag{2}$$

Damit finden wir für die Feldstärken, die durch dieses Leiterelement im Aufpunkte $A$ (Abstand $r$) hervorgerufen werden, nach 3 (24)

$$\left.\begin{aligned} d\mathfrak{H} &= \frac{2\pi}{\lambda}\,\bar{\imath}\,dl\,\sin\vartheta\cos\frac{2\pi}{T}\left(t-\frac{r}{v}\right) \\ d\mathfrak{E} &= \sqrt{\frac{\mu}{\varepsilon}}\,\frac{2\pi}{\lambda}\,\bar{\imath}\,dl\,\sin\vartheta\cos\frac{2\pi}{T}\left(t-\frac{r}{v}\right) \end{aligned}\right\} \tag{3}$$

Nun bedeutet

$$ds = dl\sin\vartheta$$

nichts anderes als die Projektion von $dl$ auf die Normale von $r$, und wir erhalten:

$$d\mathfrak{H} = \frac{2\pi}{\lambda}\,\frac{\bar{\imath}\,ds}{r}\cos\frac{2\pi}{T}\left(t-\frac{r}{v}\right). \tag{4}$$

Setzen wir nun voraus, daß der Aufpunkt $A$ so weit entfernt sei, daß $r$ gegen alle Leiterdimensionen von höherer Größenordnung ist, so daß $r$ für alle Leiterelemente als gleich groß und gleichgerichtet angesehen werden kann; setzen wir weiter voraus, daß in der Antenne stehende Wellen vorhanden sind, so daß der Strom in allen Leiterelementen gleichphasig ist, so ist auch $t-\frac{r}{v}$ für alle Leiterelemente dasselbe, und wir erhalten aus (4)

$$\overline{\mathfrak{H}} = \frac{2\pi}{\lambda r}\int_0^l \bar{\imath}\,ds, \quad \overline{\mathfrak{E}} = \sqrt{\frac{\mu}{\varepsilon}}\,\frac{2\pi}{\lambda r}\int_0^l \bar{\imath}\,ds. \tag{5}$$

Das in diesen Gleichungen auftretende bestimmte Integral wird geometrisch durch eine Fläche dargestellt, die sich ergibt, wenn man den jeweiligen Maximalstrom $\bar{\imath}$ als Funktion der Projektion $s$ der Länge auf eine zu $r$ senkrechte Gerade aufträgt. Wir sind damit in der Lage, die Strahlungsfähigkeit verschiedener Antennenformen zu beurteilen.

In Abb. 108 sind die Strahlungsflächen für verschiedene Antennenformen (gleicher Grundwelle) gezeichnet; man sieht. daß zur Strahlung nur jene Teile der Antenne beitragen, deren Projektionen vertikal nach aufwärts gerichtet sind. Je größer der Neigungswinkel des betreffenden Antennenelementes gegen die Vertikale ist, desto geringer ist der Beitrag dieses Elementes zur Strahlungsfläche und damit zur Strahlung in horizontaler Richtung. Horizontale Teile der Antenne tragen zur Strahlung in dieser

Richtung nichts, Teile, die um mehr als $90^0$ geneigt sind, tragen negativ bei. In den Abb. 108 ist für drei verschiedene Antennenformen die Stromverteilung in der Grundschwingung und die zugehörige Strahlungsfläche gezeichnet.

Es taucht nun die Frage auf, wozu die horizontal oder schief angeordneten Leiter am Antennenende eigentlich dienen, wenn sie nichts zur Fernwirkungsfläche beitragen. Durch die am Antennenende angeordnete Kapazität wird aber die Wellenlänge der Antenne vergrößert, so daß man mit Antennen geringerer Höhe auskommt. Ferner ist noch folgendes zu beachten: Die von einer Dipolantenne ausgestrahlte Energie ist proportional dem Quadrate des Stromes im Verbindungsleiter. Wir müssen also, um große Energiemengen ausstrahlen zu können, große Antennenströme anwenden. Nun ist aber

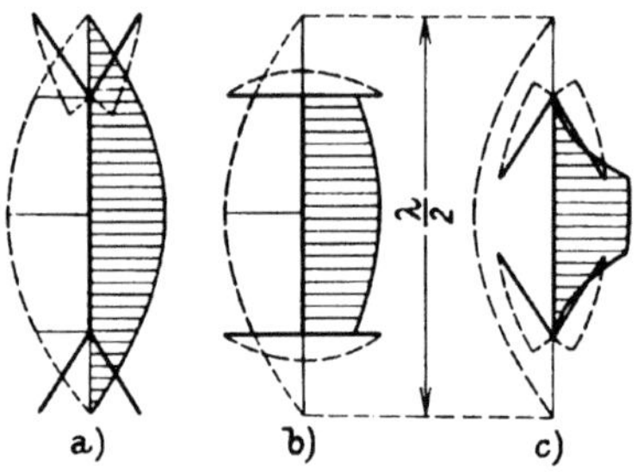


Abb. 108. Strahlungsflächen verschiedener Antennenformen.

$$i = C \frac{d u}{d t}, \tag{6}$$

und wir erhalten somit große Ströme entweder durch Anwendung großer Spannungen oder großer Kapazitäten. Wegen der Schwierigkeit der Isolation der Antenne kann die Spannung nicht über ein gewisses Maß hinaus gesteigert werden; es bleibt also nur das Hilfsmittel, große Kapazitäten zu verwenden.

## IV. Die elektromagnetischen Wellen im Raume.

**1. Die allgemeine Wellengleichung.** Wir haben bisher die Gleichungen der Maxwellschen Theorie auf zwei Spezialfälle, den des stabförmigen Leiters und den der Dipolantenne angewendet und gesehen, daß beide in Form einer Wellenstrahlung elektromagnetische Energie ausstrahlen. Im folgenden wollen wir das Problem der elektromagnetischen Wellen ganz allgemein behandeln.

Für einen unendlichen, mit einem homogenen und isotropen Dielektrikum erfüllten, von elektrischen Ladungen freien Raum gelten die in der Einleitung abgeleiteten Gleichungen:

$$\operatorname{rot} \mathfrak{H} = \frac{\varepsilon}{c} \dot{\mathfrak{E}}, \quad \operatorname{div} \mathfrak{H} = 0, \tag{1}$$

$$\operatorname{rot} \mathfrak{E} = -\frac{\mu}{c} \dot{\mathfrak{H}}, \quad \operatorname{div} \mathfrak{E} = 0. \tag{2}$$

Wir differentiieren zunächst die linke der beiden Gl. (1) partiell nach der Zeit:

$$\operatorname{rot} \dot{\mathfrak{H}} = \frac{\varepsilon}{c} \ddot{\mathfrak{E}}, \tag{3}$$

während wir auf die linke von (2) die Operation rot anwenden:

$$\operatorname{rot} (\operatorname{rot} \mathfrak{E}) = -\frac{\mu}{c} \operatorname{rot} \dot{\mathfrak{H}}. \tag{4}$$

Mit dem aus (3) folgenden Wert geht (4) über in:

$$\ddot{\mathfrak{E}} = -\frac{c^2}{\varepsilon \mu} \operatorname{rot} \operatorname{rot} \mathfrak{E}. \tag{5}$$

In ähnlicher Weise finden wir die entsprechende Gleichung für $\ddot{\mathfrak{H}}$:

$$\ddot{\mathfrak{H}} = -\frac{c^2}{\varepsilon \mu} \operatorname{rot} \operatorname{rot} \mathfrak{H}. \tag{6}$$

Wir benützen III, 1, (8) und setzen $\mathfrak{A} = \mathfrak{E}$ und $\mathfrak{A} = \mathfrak{H}$; beide Male ist die $\operatorname{div} \mathfrak{A} = 0$, Gl. (1) und (2); somit wird aus (5) und (6)

$$\ddot{\mathfrak{E}} = \frac{c^2}{\varepsilon \mu} \nabla^2 \mathfrak{E}, \tag{7}$$

$$\ddot{\mathfrak{H}} = \frac{c^2}{\varepsilon \mu} \nabla^2 \mathfrak{H}. \tag{8}$$

Beide Gleichungen drücken eine Verknüpfung eines zeitlichen mit einem räumlichen Vorgang aus, also das, was wir oben als eine *Welle* bezeichnet haben; (7) und (8) sind die *allgemeinen Wellengleichungen*, und zwar von Wellen, die sich wieder mit der Geschwindigkeit $v = \frac{c}{\sqrt{\varepsilon \mu}}$ ausbreiten.

Lösungen unserer Differentialgleichungen werden durch Wellengleichungen gegeben, wie wir sie schon bei der stabförmigen und Dipolantenne kennengelernt haben; je nach den Randbedingungen des jeweiligen Problems ergeben sich die verschiedenen Arten von Wellen. Wichtig sind beispielsweise *Kugelwellen*:

$$\mathfrak{H} = \overline{\mathfrak{H}} \cos k\,(r - vt), \quad \overline{\mathfrak{H}} = f(r), \tag{1}$$

oder *ebene Wellen* von der Gleichung:

$$\mathfrak{H} = \overline{\mathfrak{H}} \cos k \left\{x \cos \varphi_1 + y \cos \varphi_2 + z \cos \varphi_3 - vt\right\} \tag{2}$$

usw. Aus der Formel könnten wir zeigen, daß sich die elektrischen Wellen genau so verhalten wie Lichtwellen, ja daß die letzten nur elektrische Wellen sehr kleiner Wellenlänge sind. Insbesondere können wir zeigen, daß die elektrischen Wellen an metallischen Flächen, deren Dimensionen groß sind gegen die Wellenlänge, reflektiert werden, wie wir dies von den Lichtwellen wissen, daß sie an der Grenzfläche zweier Medien nach dem Schnellschen Brechungsgesetz gebrochen werden, daß sie um Hindernisse von Dimensionen, die mit der Wellenlänge vergleichbar sind, abgebeugt werden; wir können mit einem Worte die *elektromagnetische Theorie des Lichtes* entwickeln, die mit ihrer elektronentheoretischen und quantentheoretischen Weiterbildung alle Eigenschaften der Licht- und der elektromagnetischen Wellen zu beschreiben vermag. Leider würde dies den Rahmen des vorliegenden Werkes weit überschreiten, so daß darauf verzichtet werden muß. Durch die klassischen Versuche von Heinrich Hertz ist die Wesensgleichheit der Licht- und der elektromagnetischen Wellen auch experimentell festgestellt; wir können leider auch darauf nicht näher eingehen. Nur eine Erscheinung müssen wir noch etwas ausführlicher besprechen, weil sie zum Verständnis des noch zu besprechenden *Fading-Effektes* und außerdem zur Erklärung der Richtstrahler herangezogen werden muß.

**2. Interferenz.** Die Überlagerung zweier elektromagnetischer Wellen gleicher Frequenz, jedoch verschiedener Phase — wie sie sich z. B. ergibt, wenn die von derselben Strahlungsquelle ausgehenden Wellen auf verschieden langen Wegen zu ein- und demselben Punkt gelangen —, gibt zu eigenartigen Erscheinungen Anlaß, die man als *Interferenzerscheinungen* bezeichnet. Wir wollen sie an ebenen Wellen untersuchen, die längs der $x$-Achse unseres Koordinatensystems fortschreiten, und wollen noch überdies gleiche Amplituden beider Wellen voraussetzen. Sie sollen von zwei gleichphasig schwingenden Sendern ausgehen, die in der $x$-Achse in einer gegenseitigen Entfernung $2a$ angeordnet sind. Dann ist:

$$\mathfrak{E}_1 = \overline{\mathfrak{E}} \cos k\,(x_1 - vt) \tag{1}$$

die von der ersten Strahlungsquelle herrührende Feldstärke,

$$\mathfrak{E}_2 = \overline{\mathfrak{E}} \cos k\,(x_2 - vt) \tag{2}$$

die durch die zweite Strahlungsquelle erzeugte; es gilt weiter:

$$x_1 - x_2 = 2\,a. \tag{3}$$

Die Gesamtfeldstärke im betrachteten Aufpunkt ergibt sich durch Überlagerung der beiden:

$$\mathfrak{E} = \mathfrak{E}_1 + \mathfrak{E}_2 = \overline{\mathfrak{E}}\left\{\cos k\,(x_1 - vt) + \cos k\,(x_2 - vt)\right\}.$$

Nach einer einfachen Umformung ergibt sich daraus:

$$\mathfrak{E} = 2\,\overline{\mathfrak{E}}\cos k\,a\cos\left(\frac{x_1 + x_2}{2} - v\,t\right). \tag{4}$$

Wir erhalten wieder ebene Wellen, deren Amplituden jedoch von dem Abstand der beiden Strahler abhängig sind. Die Amplitude hat ein Maximum für:

$$k a = 0,\ \pi,\ 2\,\pi, \tag{5}$$

hingegen den Wert 0 für:

$$k\,a = \frac{\pi}{2},\ \frac{3\,\pi}{2},\ \frac{5\,\pi}{2},\ \ldots; \tag{6}$$

in dem ersten Fall sind die beiden Teilwellen an allen Stellen gleich-, im letzten Fall gegenphasig und löschen einander daher aus.

**3. Richtstrahler.** Der Wunsch, bei der Ausstrahlung elektrischer Wellen eine bestimmte Richtung zu bevorzugen oder womöglich nur in dieser Richtung auszustrahlen, ist fast so alt wie die drahtlose Telegraphie. Er ist auch sehr verständlich, denn sollen zwei Stationen drahtlos überbrückt werden, so bedeutet die Ausstrahlung nach jeder anderen Richtung einen Verlust, und man könnte, wenn es gelänge, die ganze Energie in der einen gewünschten Richtung auszustrahlen, mit einer wesentlich geringeren Gesamtenergie auskommen, die Übertragung würde daher weitaus sparsamer vor sich gehen. Dazu kommt noch der in vielen Fällen sehr wichtige Vorteil, daß die Geheimhaltung der übertragenen Nachrichten wesentlich erleichtert wird, wenn sie nur in einer bestimmten Richtung, statt nach allen Seiten ausgestrahlt werden. Mannigfaltig sind die Wege, das gewünschte Ziel zu erreichen. Schon Marconi erreichte mit seiner *geknickten Antenne* eine merkbare Richtwirkung, und später wurden eine Reihe von Antennen angegeben, die durch besondere Formgebung eine Richtwirkung aufweisen.

Grundsätzlich das einfachste Mittel, um eine vollkommene Richtwirkung zu erreichen, wäre die Anordnung eines zylindrischen Parabolspiegels aus Metall, in dessen Brennlinie die lineare Antenne angeordnet ist. Denn die elektrischen Wellen verhalten sich wie die Lichtwellen und werden von einem derartigen Spiegel in dieselbe Richtung reflektiert. Leider ist dieses so vollkommene Mittel praktisch nur bei sehr kurzen Wellen anwendbar, da die Dimensionen des Spiegels groß gegen die Wellenlänge sein müssen, welche Forderung für die verhältnismäßig langen Wellen der drahtlosen Telegraphie und Telephonie aus finanziellen Gründen kaum zu erfüllen ist.

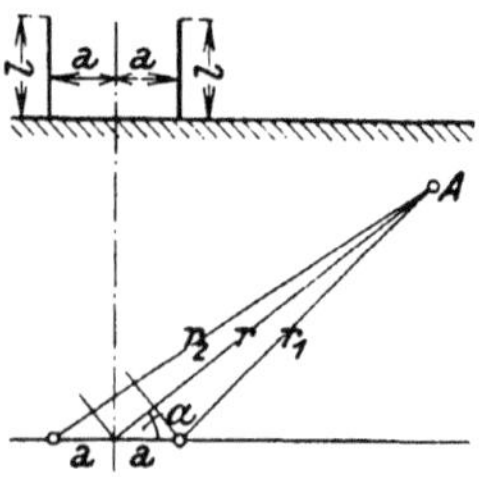

Abb. 109. Berechnung des Feldes zweier stabförmigen Antennen.

Jedoch kann uns der Vorgang der Reflexion eine Anregung geben, wie wir zu möglichen Konstruktionen gelangen können. Schließlich kommt die Reflexion elektrischer Wellen doch dadurch zustande, daß die reflektierende Fläche zu elektrischen Schwingungen angeregt und dadurch zur Quelle neuer elektrischer Wellen wird, die eben die reflektierten Wellen sind. Es liegt daher nahe, das Ziel durch Überlagerung der von mehreren Antennen ausgestrahlten Wellen zu erreichen, wobei in gewissen Richtungen eine Verstärkung, in anderen eine Schwächung der Ausstrahlung erfolgen kann, wie wir es bei der Besprechung der Interferenzerscheinungen kennengelernt haben. Wir wollen zunächst versuchen, die Verhältnisse zweier, die gleiche Wellenlänge ausstrahlender stabförmiger Antennen rechnerisch zu erfassen.

Es seien also im Abstande $2a$ zwei stabförmige Antennen von gleichen Längen $l$ angeordnet (Abb. 109). Wir betrachten das Feld in der Äquatorebene und in großen Entfernungen von den beiden Antennen $r \gg \lambda$; die beiden Antennen sollen mit gleichen Amplituden, aber in Gegenphase schwingen. Unter diesen Voraussetzungen ergeben sich aus den für die lineare Antenne gefundenen Formeln die folgenden, sehr einfachen Formeln für die Feldstärken: $\mu = \varepsilon = 1$

$$\mathfrak{E} = \frac{\bar{A}}{r} \cos \frac{\pi}{2l} (r - vt), \tag{1}$$

II, 9 (2), und somit:

$$\mathfrak{E}_1 = \frac{\bar{A}}{r_1} \cos \frac{\pi}{2l} (r_1 - vt), \quad \mathfrak{E}_2 = -\frac{\bar{A}}{r_2} \cos \frac{\pi}{2l} (r_2 - vt). \tag{2}$$

Beide elektrischen Feldstärken sind im Aufpunkt $A$ senkrecht zur Äquatorebene gerichtet und addieren sich somit algebraisch. Hingegen sind die zahlenmäßig gleich großen magnetischen Feldstärken $\mathfrak{H}_1 \perp r_1$ und $\mathfrak{H}_2 \perp r_2$ und fallen daher nicht in dieselbe Richtung. Ist aber $r \gg a$, dann können wir $r_1 \parallel r_2 \parallel r$ ansehen und dann auch $\mathfrak{H}_1$ und $\mathfrak{H}_2$ algebraisch addieren. Ferner können wir in den Amplituden $\frac{\bar{A}}{r_1}$ und $\frac{\bar{A}}{r_2}$ durch $\frac{\bar{A}}{r}$ ersetzen und in den Argumenten setzen:

$$r_1 = r - a \cos \alpha, \quad r_2 = r + a \cos \alpha, \tag{3}$$

so daß wir erhalten:

$$\left.\begin{aligned} \mathfrak{E}_1 &= \frac{\bar{A}}{r} \cos \frac{\pi}{2l} (r - vt - a \cos \alpha) \\ \mathfrak{E}_2 &= -\frac{\bar{A}}{r} \cos \frac{\pi}{2l} (r - vt + a \cos \alpha). \end{aligned}\right\} \tag{4}$$

Es ergibt sich somit:

$$\mathfrak{E} = \mathfrak{E}_1 + \mathfrak{E}_2 =$$
$$= \frac{\bar{A}}{r} \left\{ \cos \frac{\pi}{2l} (r - vt - a \cos \alpha) - \cos \frac{\pi}{2l} (r - vt + a \cos \alpha) \right\}.$$

Den Klammerausdruck formen wir nach einer wiederholt verwendeten Regel um und erhalten:

$$\mathfrak{E} = \frac{2\bar{A}}{r} \sin\left(\frac{\pi a}{2l} \cos \alpha\right) \sin \frac{\pi}{2l} (r - vt). \tag{5}$$

Man sieht sofort, daß man die größten Werte der Feldstärken in der Verbindungslinie der beiden Antennenfußpunkte erhält, da dort $\cos \alpha = \pm 1$. Ferner hängen die Feldstärken auch von der Entfernung dieser beiden Punkte ab und ergeben die größten Werte für:

$$\frac{\pi a}{2l} = \frac{\pi}{2}, \quad a = l = \frac{\lambda}{4}; \tag{6}$$

die beiden Antennen müssen also gerade eine halbe Wellenlänge voneinander entfernt sein. In einem Punkt der Verbindungslinie $\alpha = 0$ wird dann:

$$\mathfrak{E} = \frac{2\bar{A}}{r} \sin \frac{\pi}{2l} (r - vt). \tag{7}$$

Zum Vergleich betrachten wir die Feldstärken eines einzigen linearen Strahlers, der, im Ursprung angeordnet, dieselbe Energie ausstrahlen soll wie unsere beiden Antennen zusammen. Nun ist nach II, 10 (1):

$$S_m = 36{,}6\, J^2 \tag{8}$$

die von einer geerdeten stabförmigen Antenne von der Länge $l$ in der Zeiteinheit ausgestrahlte Energie in Watt, wobei $J$ die Stromstärke im Erdungspunkt der Antenne bedeutet. Ein Leiter, der bei gleicher Wellenlänge dieselbe Energie ausstrahlt wie unsere beiden Antennen zusammen, muß daher eine Höchststromstärke aufweisen:

$$J_1^2 = J^2 + J^2 = 2J^2,\ J_1 = J\sqrt{2}, \tag{9}$$

da $\bar{A}$ proportional dem $J$ ($\bar{A} = 2J$, (4') von 8, II), ist die Feldstärke dieses Einzelstrahlers im Aufpunkte $A$

$$\mathfrak{E} = \frac{\bar{A}\sqrt{2}}{r} \cos\frac{\pi}{2l}(r - vt), \tag{10}$$

und man sieht, daß im Falle der beiden Antennen die Feldstärke in einem um $r$ vom Ursprung entfernten Punkt der Verbindungslinie der beiden Strahler $\sqrt{2}$-mal so groß ist als im Fall einer einzelnen Antenne, die dieselbe Energie ausstrahlt wie unsere beiden Strahler zusammen. Hingegen ist die Ausstrahlung in der zu dieser Verbindungslinie senkrechten Richtung 0, wie aus (5) sofort hervorgeht, wenn $\alpha = \frac{\pi}{2}$ gesetzt wird.

Suchen wir noch die Orte gleicher Feldstärke in der Äquatorebene. Wir bezeichnen mit $\mathfrak{E}_0$ und $\mathfrak{H}_0$ die kleinsten Feldstärken, die wir mit einiger Sicherheit noch empfangen können; das zugehörige $r = r_0$ bezeichnen wir als die *Reichweite* des Senders. Wir vergleichen die Reichweite unseres Sendersystems mit der des einzelnen stabförmigen Leiters gleicher Energieausstrahlung. Nach (5) und (10) ist:

$$\bar{\mathfrak{E}}_0 = \frac{2\bar{A}}{r_{0\,\backslash}} \sin\left(\frac{\pi a}{2l}\cos\alpha\right) \tag{11}$$

der Höchstwert der Feldstärke $\mathfrak{E}_0$ im Abstand $r_{0\,\backslash}$ im Falle der beiden Strahler,

$$\bar{\mathfrak{E}}_0 = \frac{\bar{A}\sqrt{2}}{r_{01}} \tag{12}$$

der Höchstwert der Feldstärke $\mathfrak{E}_0$ des Einzelstrahlers gleicher Energieausstrahlung im Abstand $r_{01}$; wegen der Gleichheit dieser Feldstärken gilt:

$$r_{0\alpha} = r_{01}\sqrt{2}\sin\left(\frac{\pi a}{2l}\cos\alpha\right). \tag{13}$$

Die graphische Darstellung Abb. 110 ergibt zwei kreisähnliche Kurven; wäre nämlich $\frac{\pi a}{2l}$ klein, so könnte man den Winkel an Stelle des sinus setzen und würde erhalten:

$$r_{0\alpha} = r_{01}\sqrt{2}\,\frac{\pi a}{2l}\cos\alpha, \tag{13'}$$

also die Gleichung zweier Kreise.

Durch Anordnung einer größeren Anzahl von Antennen ist es möglich, die Richtwirkung des Systems noch bedeutend zu erhöhen. Würde man eine Reihe linearer Leiter so anordnen, daß ihre Fußpunkte auf einer Parabel liegen, in deren Brennpunkt der eigentliche Strahler angeordnet ist, so könnte man eine fast vollkommene Richtwirkung erreichen, jedoch soll darauf nicht weiter eingegangen werden; bemerkt soll nur noch werden, daß man die reflektierenden Antennen gar nicht eigens zu erregen braucht, da sie sich im Felde des Strahlers von selbst in der richtigen Phase erregen.

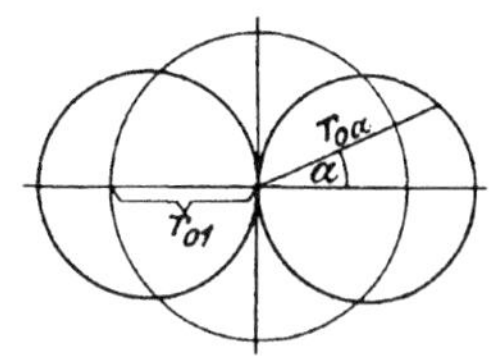


Abb. 110. Verteilung der Energiestrahlung zweier stabförmiger Antennen im Abstand $2a = \frac{\lambda}{2}$.

**4. Einfluß der Erdkrümmung.** Drei Umstände haben wir bei allen unseren bisherigen Betrachtungen außer acht gelassen. Zunächst bildet die Erdoberfläche keine vollkommen leitende Ebene, wie wir bisher stillschweigend voraussetzten, sondern eine nicht einmal vollkommene Kugel von endlicher Leitfähigkeit. Ferner befindet sich in einiger Entfernung von der Erdoberfläche eine ebenfalls leitende Schicht, die sogenannte *Heaviside-Kenelly-Schicht*, der eine bedeutende Rolle bei der Fortpflanzung der Rundfunkwellen zukommt. Wir wollen diese Umstände gesondert besprechen und zunächst die Krümmung der Erdoberfläche in Betracht ziehen; die Erde wollen wir dabei noch als vollkommen leitend ansehen.

Manche Autoren sind der Ansicht, die Tatsache, daß die elektrischen Wellen der Krümmung der Erdoberfläche folgen, widerspreche den Gesetzen der elektromagnetischen Wellenausbreitung; denn der Erddurchmesser sei auch für die längsten elektromagnetischen Wellen so groß, daß eine „Beugung" der Wellen um die Erde herum unmöglich sein sollte. Dieser Ansicht muß mit allem Nachdruck entgegengehalten werden, daß es sich eben nicht um eine Beugung von elektromagnetischen Wellen um die Erde herum handelt, wie es beispielsweise der Fall wäre, wenn solche, von einer außerirdischen Strahlungsquelle ausgehend, auf die Erdoberfläche auftreffen. In diesem Falle würde wohl tatsächlich nichts von einer Beugung der Wellen zu merken sein. Hier hingegen handelt es sich um einen ganz anderen Fall, nämlich den, daß die elektromagnetischen Wellen von einem schwingenden System erzeugt werden, dessen einen Bestandteil die Erde bildet. Diese Behauptung leuchtet ohne weiteres ein, wenn die Antenne direkt geerdet ist; dann fließt Strom aus der Antenne in die Erde und umgekehrt; aber auch wenn die Antenne nicht direkt geerdet, sondern auf ein Gegengewicht geschaltet ist, kann sie als über die Kapazität dieses Gegengewichtes geerdet angesehen werden.

Bei der Behandlung des Problems der Erdkrümmung hätten wir nun demnach folgendermaßen vorzugehen: Wir hätten ein schwingendes System zu betrachten, dessen einen Bestandteil die Erde bildet, und die Differentialgleichungen der Maxwellschen Theorie in ein solches Koordinatensystem zu transformieren, daß sich die Grenzbedingungen leicht aufstellen lassen. Diese aber wären die folgenden: Es müssen die elektrischen Kraftlinien auf der Oberfläche der Antenne und auf der (zunächst als kugelförmig anzunehmenden) Erdoberfläche senkrecht stehen. Aus diesen Randbedingungen erklärt sich der Umstand, daß die Wellen zum Teil den Krümmungen der Erdoberfläche folgen. Wäre dies nicht der Fall, dann wäre es nicht möglich, einem Ort eine Welle zuzusenden, der von der Spitze der Sendeantenne aus nicht gesehen werden kann. Der Einfluß der Erdkrümmung ist also für die rundfunktechnische Überbrückung zweier Orte der Erde von Vorteil.

Wir müssen jedoch darauf verzichten, den exakten, eben skizzierten Ansatz zu verfolgen und wollen vielmehr eine vereinfachte Betrachtung anstellen, bei der wir uns Rüdenberg[1] anschließen. Wir betrachten vorerst (Abb. 111), unter Voraussetzung einer ebenen und vollkommen leitenden Erdoberfläche, die von

[1] Rüdenberg in K. W. Wagners: Die wissenschaftlichen Grundlagen des Rundfunkempfanges, Abschn. VI, S. 181 usw. Berlin: Springer. 1927.

einem Sender unter allen Winkeln $0 \rightarrow \alpha$ ausgestrahlte Gesamtenergie. Sie geht durch die Mantelfläche eines Zylinders von der Höhe $h$ und dem Umfang $2 r \pi$ hindurch und ist konstant für alle $r$:

$$S_\alpha = \frac{\overline{\mathfrak{E}}^2}{4 \pi c} 2 \pi r h = k', \quad \overline{\mathfrak{E}} = \frac{k}{\sqrt{r h}}. \tag{1}$$

Wird nun in der Höhe $H$ eine vollkommen leitende Schicht (Heaviside-Schicht) angenommen, so nimmt $h$ mit $r$ so lange proportional zu, bis $h = H$; von dort an bleibt es konstant gleich $H$; es gilt dann:

$$\overline{\mathfrak{E}} = \frac{K_1}{\sqrt{r}}. \tag{2}$$

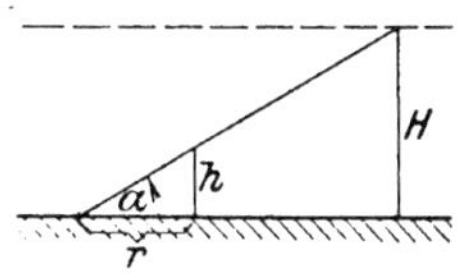

Abb. 111. Energiestrahlung unter Winkel von $0 \rightarrow \alpha$.

Ist hingegen keine leitende Schicht vorhanden, so wächst $h$ proportional mit $r$ unbegrenzt an, und wir erhalten aus (1)

$$\overline{\mathfrak{E}} = \frac{k}{\sqrt{r \cdot p r}} = \frac{K_2}{r}. \tag{3}$$

Wir sprechen im ersten Fall von einer *Flächenausbreitung*, im letzten von einer *Raumausbreitung* der elektrischen Wellen.

Nun denken wir uns den Winkel $\alpha$ um die nun kugelförmig angenommene Erde herum gekrümmt; dabei geht der Zylinder von der Höhe $h$ in einen Kegelstumpf von der Seitenlänge $h$ über, Abb. 112, der Zylinderumfang geht in den Umfang des Schnittkreises dieses Kegelstumpfes mit der Erdoberfläche über und aus (1) wird:

$$S_\alpha = \frac{\overline{\mathfrak{E}}^2}{4 \pi c} 2 \pi \varrho h, \quad \overline{\mathfrak{E}} = \frac{k}{\sqrt{\varrho h}}. \tag{4}$$

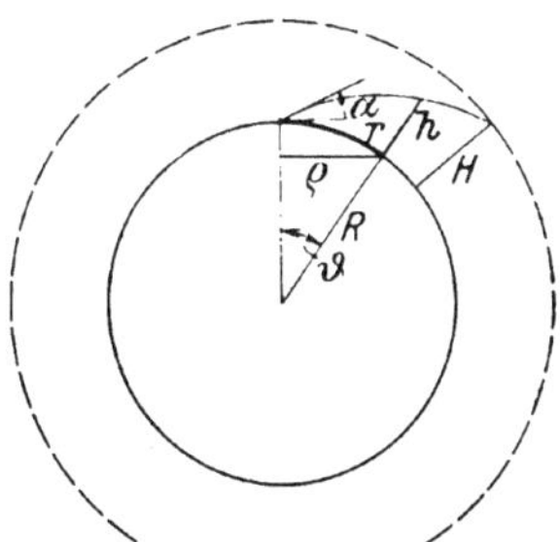

Abb. 112. Einfluß der Erdkrümmung.

Ferner ist:

$$\varrho = R \sin\vartheta = r \frac{\sin\vartheta}{\vartheta}$$

und somit:

$$\overline{\mathfrak{E}} = \frac{k}{\sqrt{r h}} \sqrt{\frac{\vartheta}{\sin\vartheta}}. \tag{5}$$

Im Falle der *Flächenausbreitung* der Wellen ist also, abgesehen von der unmittelbaren Umgebung des Senders, $h = H$ konstant, und wir erhalten in diesem Fall:

$$\overline{\mathfrak{E}} = \frac{K_1}{\sqrt{r}} \sqrt{\frac{\vartheta}{\sin \vartheta}}\,; \tag{6}$$

hingegen ergibt sich für die Raumausbreitung $h = pr$:

$$\overline{\mathfrak{E}} = \frac{K_2}{r} \sqrt{\frac{\vartheta}{\sin \vartheta}}\,. \tag{7}$$

Die letzte Formel geht für die ebene Erdoberfläche in die bekannte Formel über.

**5. Einfluß des Erdwiderstandes.** Der Einfluß des Erdwiderstandes äußert sich darin, daß ein Teil der von der Antenne aus-

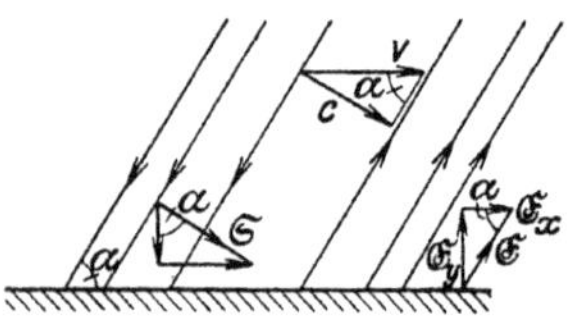


Abb. 113. Die elektrischen Kraftlinien über leitendem Boden.

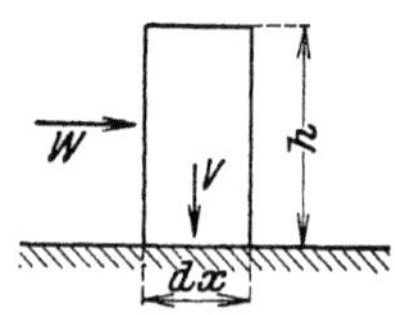


Abb. 114. Energieverlust infolge des Leitvermögens der Erde.

gestrahlten Energie in der Erde in Wärme umgesetzt wird. Dementsprechend stehen die elektrischen Kraftlinien bei endlicher Leitfähigkeit der Erde nicht mehr senkrecht auf der Erdoberfläche, sondern sind so geneigt, daß der Strahlungsvektor $\mathfrak{S}$ eine Komponente erhält, die senkrecht zur Erdoberfläche gerichtet ist (Abb. 113). Nach Berechnungen von Zenneck ist

$$\operatorname{ctg} \alpha = \frac{\mathfrak{E}_x}{\mathfrak{E}_y} = \sqrt{\frac{s}{2\,c\,\lambda}}\,, \tag{1}$$

worin $s$ den spezifischen Erdwiderstand bedeutet. Es ist $s = 10^{14}$ cm²/sec für sehr trockenen Boden, $s = 10^{13}$ für feuchten Boden und $s = 10^{11}$ cm²/sec für Seewasser. Aus der Tatsache, daß die elektrischen Kraftlinien gegen die Vertikale geneigt sind, erklärt sich die *Richtwirkung geneigter Antennen.*

Wir rechnen noch den Energieverlust der Wellen, der durch die endliche Leitfähigkeit der Erde bedingt ist. Zu diesem Zweck betrachten wir ein rechtwinkliges Parallelepiped von der Länge $dx$, der Breite 1 und der Höhe $h$ (Abb. 114); die Wellen sollen von links nach rechts fortschreiten. In die linke Seitenfläche tritt dabei ein die Energie:

$$W = \frac{1}{4\pi c}\,\mathfrak{E}_y\,\mathfrak{H}\,h = \frac{1}{4\pi c}\,\mathfrak{E}_y^2\,h; \tag{2}$$

hingegen tritt durch die Grundfläche aus die Energie:

$$V = \frac{1}{4\pi c}\,\mathfrak{E}_x\,\mathfrak{H}\,d\,x = \frac{1}{4\pi c}\,\mathfrak{E}_x\,\mathfrak{E}_y\,d\,x; \tag{3}$$

diese Energie ist verloren, denn sie wird in der Erde in Wärme umgesetzt:

$$V = -\,dW,$$

$$\mathfrak{E}_x\,\mathfrak{E}_y\,d\,x = -\,2\,\mathfrak{E}_y\,d\,\mathfrak{E}_y\,h,$$

$$\frac{d\,\mathfrak{E}_y}{\mathfrak{E}_y} = -\,\frac{1}{2h}\,\frac{\mathfrak{E}_x}{\mathfrak{E}_y}\,d\,x,$$

mit dem Wert (1) für $\frac{\mathfrak{E}_x}{\mathfrak{E}_y}$:

$$\mathfrak{E} = \mathfrak{E}_0\,e^{-\sqrt{\frac{s}{2c\lambda}}\,\frac{x}{2h}}. \tag{4}$$

Wir erhalten auf diesem Wege die Austinsche Formel, aus der wir die Feldstärkenabnahme infolge der durch die endliche Leitfähigkeit der Erde bedingten Verluste entnehmen. Wir sehen auch, daß für die Übertragung auf große Entfernungen lange Wellen günstiger sind als kurze. Als $h$ ist die Entfernung der Heaviside-Schicht einzusetzen; umgekehrt erhält man aus den experimentellen Untersuchungen für $h$ Werte zwischen 50 und 100 km.

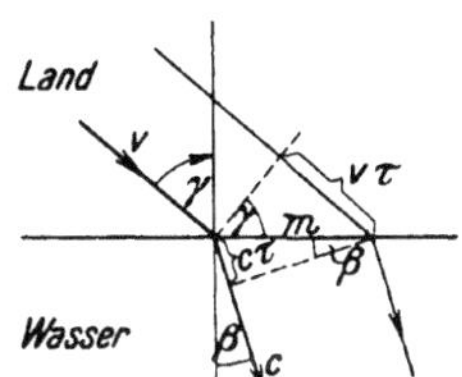

Abb. 115. Brechungserscheinung beim Übergang elektrischer Wellen von Land auf Wasser.

Auf einen Umstand muß noch hingewiesen werden. Ist die Ausbreitungsgeschwindigkeit der elektromagnetischen Wellen $c$ (im leeren Raum) senkrecht zu den Wellenflächen gemessen, so ist die Ausbreitungsgeschwindigkeit in der $x$-Richtung (Abb. 113)

$$v = \frac{c}{\sin\alpha} = c\sqrt{1 + \operatorname{ctg}^2\alpha} = c\sqrt{1 + \frac{s}{2c\lambda}}. \tag{5}$$

Über schlecht leitendem Boden tritt also eine Geschwindigkeitsvergrößerung ein. Diese ist die Ursache von Brechungserscheinungen, die beim Übergang der elektrischen Wellen zwischen Wasser und Land auftreten und Ursache von Mißweisungen bei drahtlosen Peilungen (siehe Rahmenantenne) bilden können. Aus Abb. 115

lesen wir das Brechungsgesetz der elektrischen Wellen beim Übergang zwischen Wasser und Land unmittelbar ab:

$$\left.\begin{aligned} v\tau &= m\sin\gamma \\ c\tau &= m\sin\beta \end{aligned}\right\} \quad \frac{\sin\gamma}{\sin\beta} = \frac{v}{c} = \sqrt{1 + \frac{s}{2c\lambda}}\,. \tag{6}$$

Die Gl. (6) zeigt, daß auch Totalreflexionen möglich sind. Dies ist dann der Fall, wenn die Wellen von Wasser auf Land übergehen. Wird in diesem Fall $\beta > \beta'$, so wird die Welle total reflektiert:

$$\gamma = \frac{\pi}{2}, \quad \sin\gamma = 1:$$

$$\sin\beta' = \frac{1}{\sqrt{1 + \frac{s}{2c\lambda}}}\,. \tag{7}$$

Es können sich dann an der Küste tote Zonen ausbilden, wohin auch die Wirkung nahe gelegener Sender nicht zu dringen vermag.

**6. Die Heaviside-Kenelly-Schicht.** Es wurde oben wiederholt davon gesprochen, daß viele Gründe dazu führen anzunehmen, daß in großer Höhe über der Erdoberfläche eine leitende Schicht vorhanden sei, an der die elektromagnetischen Wellen mindestens zum Teil reflektiert werden. Der Abstand dieser Schicht von der Erdoberfläche beträgt 50 bis 100 km.

Wie wir wissen, hat die Lichtstrahlung, besonders die kurzwellige Ultraviolettstrahlung, aber auch die sogenannte kosmische Strahlung die Eigenschaft, Gase zu ionisieren. Unter normalem Druck sind die freien Weglängen der so entstandenen Ionen so klein, daß sie sich sofort wieder rekombinieren. Anders jedoch in verdünnten Gasen, wo die freien Weglängen groß sind; hier kann die Ionisation lange bestehen bleiben. Wir können uns daher mit einigem Recht vorstellen, daß sich die obersten Schichten unserer Atmosphäre dauernd im ionisierten Zustand befinden, und zwar so, daß positiv und negativ geladene Atomgruppen (Ionen), aber auch eine große Zahl von freien Elektronen vorkommen. Eine derartige Schicht wirkt nun in mancher Beziehung wie ein Metall, das ja ebenfalls durch die freien (Metall-) Elektronen gekennzeichnet ist. Wenn elektrische Wellen auf eine so ionisierte Schicht auftreffen, werden die Elektronen infolge der Kräfte der Felder in Schwingungen gleicher Frequenz, wie die der auftreffenden Welle, geraten und somit auch ihrerseits elektrische Wellen, die reflektierten Wellen aussenden. Es werden somit auch die auf die Heaviside-Kenelly-Schicht der Atmosphäre auffallenden Wellen zumindest zum Teil an dieser Schicht reflektiert. Dieser Umstand gibt Anlaß zu einer Erscheinung, die unter dem Namen *Fading* oder *Schwunderscheinung* allen Empfängern elektrischer Wellen unliebsam bekannt ist. Es kann nämlich ein Empfänger direkt und über die Heaviside-Schicht von den Wellen eines Senders erreicht werden. Diese beiden Wellen haben aber verschieden lange Wege zurückgelegt und weisen daher einen Gangunterschied auf, der Anlaß zu Interferenzen gibt. Es kommt dann zu Verstärkungen oder Schwächungen des Empfangs, wie dies in 2 gezeigt wurde. In Abb. 116 ist die Heaviside-Schicht der Einfachheit halber als eine einzige metallische Schicht dargestellt, an der die Reflexion der elektrischen Wellen erfolgt; in Wirklichkeit handelt es sich ohne Zweifel um eine Schicht von beträchtlicher Ausdehnung, in der die Reflexion kontinuierlich erfolgt, so daß die Strahlen gekrümmt werden. Da diese Schicht noch mannigfachen Bewegungen unterworfen ist, werden die Strahlen verschieden tief in sie eindringen und die Gangunterschiede am Empfangsorte werden sich ändern, so daß Verstärkung und Schwächung des Empfanges ziemlich unregelmäßig miteinander abwechseln.

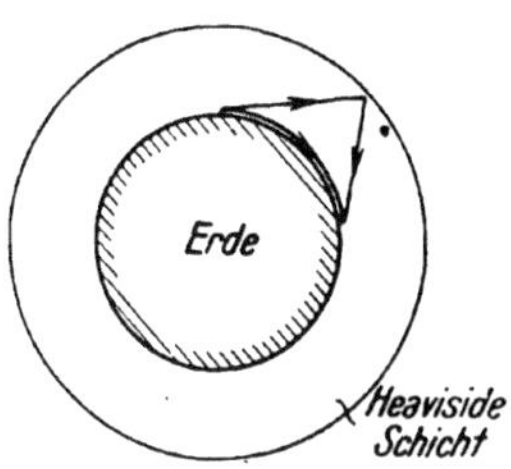

Abb. 116. Zur Erklärung der Schwunderscheinung.

Die verschiedene Ionisierung der Luft bei Tag und Nacht ist auch die Ursache der Empfangsverschiedenheiten bei Tag und bei Nacht; da die Ionisierung nicht nur vom Sonnenlicht, sondern auch von kosmischen Einflüssen herrührt (Elektronenstrahlung, Heßsche Strahlung), machen sich auch kosmische Einflüsse geltend. Auf alle diese Fragen kann leider hier nicht weiter eingegangen werden.

Die Reflexion der elektrischen Wellen an der Heaviside-Schicht erklärt auch die Tatsache, daß mit Kurzwellen, besonders des Nachts, sehr oft Entfernungen überbrückt werden, die die aufgewendeten geringen Energien nicht vermuten lassen würden. Während nämlich bei kurzen Wellen ($\lambda$ klein) nach der Austinschen Formel die längs der Erdoberfläche fortschreitende Welle wegen der Absorption rasch verschwindet, erleidet die in den Raum hinausgestrahlte Welle trotz der ein- oder mehrmaligen Reflexion an der Heaviside-Schicht nur geringe Energieverluste und gelangt auf diesem Wege an weit entfernte Punkte der Erdoberfläche, wo sie gut empfangen werden kann, während an viel näher gelegenen Punkten kein Empfang möglich ist. Der Zusammenhang, der zwischen der Güte des Kurzwellenempfanges und den kosmischen Einflüssen, die sich gleichzeitig in Störungen des erdmagnetischen Feldes bemerkbar machen, besteht, beweist die Richtigkeit der zugrunde liegenden theoretischen Vorstellungen. Um also mit einem Kurzwellensender große Reichweiten zu erreichen, wird man der Sendeantenne eine Gestalt geben, die die Raumausstrahlung im Verhältnis zur Strahlung längs der Erdoberfläche begünstigt. Man kann z. B. einen linearen Strahler horizontal anordnen, wodurch die Hälfte der Energie in den Raum hinausgestrahlt wird, oder man erregt die Antenne statt in der Grund- in einer Oberwelle. Die von Hack[1] gezeichneten Kraftlinienbilder zeigen deutlich, daß dann die Raumstrahlung gegen die Oberflächenstrahlung bevorzugt ist.

Infolge des starken Einflusses atmosphärischer und kosmischer Störungen ist aber der Erfolg der Kurzwellenübertragung immer unsicher. Auch kann nur bei Nacht mit einem Erfolg bei größeren Entfernungen gerechnet werden, da bei Tag die Atmosphäre bis in viel tiefere und dichtere Schichten ionisiert ist als bei Nacht, in welchen dann die Raumwelle ebenfalls absorbiert wird. Hingegen ist die Langwellenübertragung, die durch die Oberflächenwellen erfolgt, sicherer und viel weniger von atmosphärischen und kosmischen Störungen beeinflußt, wenn nur die vom Sender ausgestrahlte Energie groß genug ist, um die durch Absorption der Wellen im Erdreich entstehenden Energieverluste zu decken. Bei solchen Sendern wird man, um Schwunderscheinungen möglichst zu verhüten, die Raumausstrahlung zu verhindern trachten.

**7. Zusammenfassung und Allgemeines.** Es wurde schon weiter oben die Wesensgleichheit der elektromagnetischen und der Lichtwellen betont. Die Eigenschaften der gewöhnlichen elektromagnetischen Wellen nähern sich um so mehr denen der Lichtwellen, je kürzer sie sind. Wellen unter 10 m Wellenlänge verhalten sich schon ganz wie die Lichtwellen; wir sprechen von einer *quasi-*

[1] In der auf S. 165 zitierten Arbeit.

*optischen* Ausbreitung dieser Wellen; der Sender muß vom Empfänger gesehen werden können. Wellen unter 5 cm Wellenlänge werden durch die in der Luft suspendierten leitenden Teilchen absorbiert, längere Wellen nur mehr durch Bäume, Gebäude, Erdboden; Wellen über 7 m Wellenlänge kommen schon für den Rundfunk in Großstädten in Betracht.

Wellen von 20 bis 100 m Wellenlänge breiten sich hauptsächlich indirekt, durch Reflexion an der Heaviside-Schicht aus; diese indirekte Wellenausbreitung wird stark durch atmosphärische und kosmische Vorgänge (Sonnenflecken, auch Mond u. dgl.) beeinflußt; Schwunderscheinungen machen sich stark bemerkbar.

Bei Wellen über 200 m Wellenlänge kommt in erster Linie die direkte Ausbreitung in Betracht. Sie werden an der Erdoberfläche stark absorbiert, die Energie des Senders muß dementsprechend groß sein. Schwunderscheinungen machen sich nur in großen Entfernungen bemerkbar.

Alle Sender haben bei Nacht größere Reichweiten, weil bei Tag die Atmosphäre auch in den unteren Schichten stark ionisiert ist, in denen dann Energie absorbiert wird. In der Dämmerung sind die Empfangsverhältnisse am ungünstigsten, weil zu dieser Zeit die Ionisation in den unteren Schichten der Atmosphäre eben verschwindet, wobei am leichtesten Energie absorbiert wird.

Es braucht wohl nicht ausdrücklich betont zu werden, daß hier die Vorgänge sehr idealisiert geschildert werden mußten und sie in Wirklichkeit noch viel komplizierter sind.

## V. Der Empfang elektromagnetischer Wellen.

**1. Arten der Empfangsantennen.** Treffen elektrische Wellen auf metallische Leiter auf, so werden in diesen elektrische Schwingungen der durch die Länge der Wellen bestimmten Frequenz hervorgerufen. In dem Leiter entsteht nämlich eine EMK $e$, die durch das Linienintegral der elektrischen Feldstärke längs des Leiters gegeben ist. Bezeichnen wir mit $\mathfrak{E}$ (Abb. 117) den Augenblickswert der elektrischen Feldstärke an der betrachteten Stelle des Leiters $P$, so ist:

$$e = \int_0^l \mathfrak{E}\, dl \cos\alpha. \qquad (1)$$

In dem Spezialfall $\mathfrak{E} = \mathfrak{E}_y$ wird mit $dy = ds = dl \cos\alpha$

$$e = \int_0^l \mathfrak{E} ds. \tag{2}$$

Genau so, wie wir die Strahlungsfläche der Sendeantenne konstruierten, können wir auch für jede *Empfangsantenne* eine „Empfangsfläche" konstruieren.

Die in der Empfangsantenne entstehende Schwingung der elektromotorischen Kraft $e$ kann nun einem Verstärker zugeführt und so weiterverwendet werden. Ist die Antenne ein schwingungsfähiges Gebilde und auf die Frequenz der ankommenden Welle abgestimmt, *abgestimmte Empfangsantenne*, so können die Ströme in der Antenne so groß werden, daß sie unverstärkt weiterverwendet werden können. Ist die Antenne nicht auf die Frequenz der ankommenden Welle abgestimmt, so spricht man von einer *aperiodischen Empfangsantenne*. In dieser ergeben sich nur wesentlich schwächere Schwingungen, die dem Empfänger zugeführt werden; dafür aber strahlt die aperiodische Empfangsantenne nur wenig Energie aus, während, wie wir noch sehen werden, die abgestimmte Antenne stark ausstrahlt und die ausgestrahlte Energie dem Empfänger entzieht. An einer aperiodischen Antenne können mehrere Empfänger für verschiedene Wellenlängen gleichzeitig angeschlossen werden, die Abstimmung ist in den Eingangskreis des Empfängers verlegt.

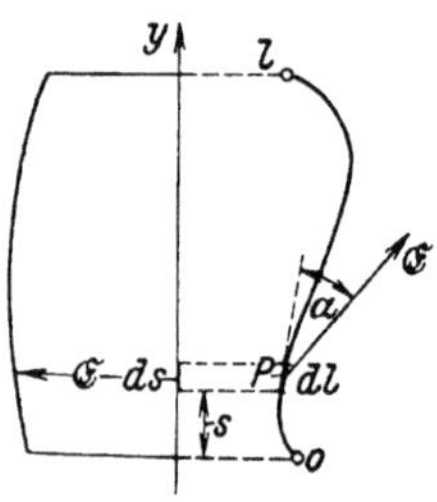

Abb. 117. EMK in der Empfangsantenne.

Als Antenne kann jedes metallische Gebilde, z. B. der lineare Oszillator, mit oder ohne Endkapazität verwendet werden, Bedingung ist nur, daß Teile der Antenne parallel zu den elektrischen Kraftlinien des Feldes verlaufen.

Als wichtigste Antennenformen unterscheidet man die *Rahmenantenne*, die *Hochantenne* und die *Erdantenne*. Die letzte, mit der wir uns nicht weiter befassen wollen, spricht auf die in der Erde, parallel zur Erdoberfläche fließenden Erdströme an.

**2. Die Rahmenantenne.** Sie besteht aus einem rechteckigen oder quadratischen Rahmen, um den eine oder mehrere Wicklungen eines *Litzendrahtes*[1] gewickelt sind. Nur der Einfachheit

[1] Stromverdrängung!

halber ist in Abb. 118 der Rahmen so gezeichnet, daß die Höhe des Rechteckes in die Richtung der elektrischen Kraftlinien fällt. In der gezeichneten Stellung des Rahmens tragen dann nur die Höhen $h$ des Rechteckes zur EMK bei, da die Feldstärke $\mathfrak{E}$ auf den Längen $l$ senkrecht steht. Es sei $\mathfrak{E}$ die Feldstärke im Mittelpunkt des Rahmens, der Winkel, den die Länge $l$ mit dem einfallenden Strahl einschließt, sei $\alpha$. Wir setzen ebene Wellen voraus, die in der $x$-Richtung fortschreiten. Dann ist ($w$ = Windungszahl):

$$e = \mathfrak{E}_{t+\frac{\Delta x}{2c}} h w - \mathfrak{E}_{t-\frac{\Delta x}{2c}} h w,$$

$$e = h w \Delta \mathfrak{E}, \quad \Delta x = l \cos\alpha. \tag{1}$$

Für kleine Rahmenlängen kann gesetzt werden:

$$\Delta \mathfrak{E} = \frac{\partial \mathfrak{E}}{\partial x} \Delta x, \tag{2}$$

und wenn:

$$\mathfrak{E} = \overline{\mathfrak{E}} \sin \frac{2\pi}{T}\left(t - \frac{x}{c}\right), \tag{3}$$

wird

$$e = h w l \cos\alpha \frac{2\pi}{\lambda} \overline{\mathfrak{E}} \cos \frac{2\pi}{T}\left(t - \frac{x}{c}\right),$$

$$\bar{e} = \overline{\mathfrak{E}}\, 2\pi w \frac{l h}{\lambda} \cos\alpha. \tag{4}$$

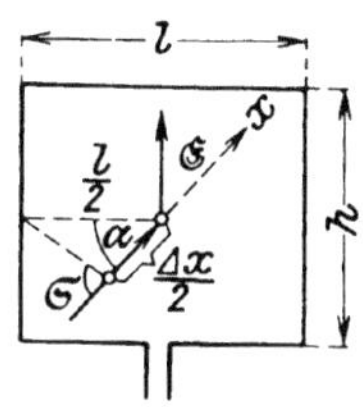

Abb. 118. Rahmenantenne.

Aus dieser Formel entnehmen wir erstens, daß der Rahmenempfang günstig ist für kurze Wellen ($\lambda$ klein) und daß der Rahmen eine ausgesprochene Richtwirkung aufweist, und zwar in bezug auf Drehungen um eine zu $\mathfrak{E}$ parallele Achse. Der Empfang ist am stärksten, wenn die Rahmenebene in der Richtung des einfallenden Wellenstrahles liegt, und Null, wenn sie auf dieser Richtung senkrecht steht. Man sieht, daß man mit Hilfe der Rahmenantenne in der Lage ist, die Richtung des einfallenden Wellenstrahles festzustellen, worauf die *Funkpeilung* beruht.

**3. Die Hochantenne.** Als Hochantenne genügt für Empfangszwecke ein vertikal nach aufwärts geführter Draht; eine Endkapazität (Antennendach) anzuordnen hat nur dann einen Zweck, wenn die Antenne für eine bestimmte Wellenlänge als abgestimmte Antenne verwendet werden soll. In den weitaus meisten Fällen ist die Empfangsantenne vom Sender so weit entfernt, daß man mit ebenen Wellen rechnen kann. Für die vertikale Hochantenne von der Höhe $h$ geht dann (2) von 1 über in:

$$e = \mathfrak{E} h. \tag{1}$$

Ist eine stabförmige Antenne der Länge $l$ gegen die elektrischen Kraftlinien des Feldes um den Winkel $\alpha$ geneigt, so ergibt sich

$$e = \mathfrak{E} l \cos\alpha. \tag{1'}$$

In (1) haben wir die Tatsache, daß die elektrischen Kraftlinien gegen die Vertikale nach vorne geneigt sind, nicht berücksichtigt; wir müßten genauer schreiben:

$$e = \mathfrak{E} h \cos\alpha, \tag{1''}$$

wenn $\alpha$ jetzt den Neigungswinkel der elektrischen Kraftlinien gegen die Vertikale bedeutet.

**4. Energiebilanz der abgestimmten Hochantenne.**[1] Im folgenden behandeln wir die Energiebilanz der abgestimmten Empfangsantenne, und zwar setzen wir eine Hochantenne voraus. Wir setzen weiter voraus, daß der Antenne keine Energie vom Empfänger geliefert wird. Wir fanden im vorigen Abschnitt:

$$\bar{e} = \bar{\mathfrak{E}} h_2, \tag{1}$$

wenn wir unter $h_2$ die Höhe der Empfangsantenne und unter $\bar{e}$ und $\bar{\mathfrak{E}}$ die Höchstwerte der entsprechenden Größen verstehen. Wir nehmen nun an, daß die Energie von einer Dipolantenne von der Länge $2h_1$ ausgestrahlt werde; dann finden wir die elektrische Feldstärke im Abstand $r$, an der Empfangsantenne nach III, 2 (24) ($i_1$ = Strom in der Sendeantenne):

$$\mathfrak{E} = \frac{2h_1}{c v r} \frac{\partial i_1}{\partial t}, \quad v = c, \tag{2}$$

alle elektrischen Größen im absoluten, elektrostatischen Maß gemessen. Setzen wir wie oben

$$\frac{i_1}{c} = \bar{i}_1 \sin\frac{2\pi}{T}\left(t - \frac{r}{v}\right), \tag{3}$$

womit wir $\bar{i}_1$ im absoluten elektromagnetischen Maß einführen, so wird:

$$\frac{1}{c} \frac{\partial i_1}{\partial t} = \frac{2\pi}{T} \bar{i}_1 \cos\frac{2\pi}{T}\left(t - \frac{r}{v}\right),$$

und wir erhalten:

$$\mathfrak{E} = \frac{4\pi}{\lambda} \frac{h_1}{r} \bar{i}_1 \cos\frac{2\pi}{T}\left(t - \frac{r}{v}\right),$$

[1] Vergleiche Rüdenberg: Ausbreitung usw. in „Die wissenschaftlichen Grundlagen des Rundfunkempfanges“, herausgegeben von K. W. Wagner. Berlin: Springer. 1927.

und somit:

$$\overline{\mathfrak{E}} = \frac{4\pi}{\lambda} \frac{h_1}{r} \bar{\imath}_1. \tag{4}$$

Drücken wir noch $\overline{\mathfrak{E}}$ in Volt/cm und $\bar{\imath}$ in Ampere aus, so ergibt sich:

$$\overline{\mathfrak{E}} = 120\,\pi \frac{h_1 \bar{\imath}_1}{\lambda r} \text{Volt/cm}, \tag{5}$$

da wir mit 300 multiplizieren und durch 10 dividieren müssen. Es wird also:

$$\bar{e} = 120\,\pi \frac{h_1 h_2}{\lambda r} \bar{\imath}_1 \text{ Volt}. \tag{6}$$

In der abgestimmten Empfangsantenne — die Abstimmung erfolgt genau so wie bei der Sendeantenne durch Verkürzungskondensatoren oder Verlängerungsspulen — erzeugt diese EMK $\bar{e}$ den Antennenstrom $\bar{\imath}$, der im Resonanzfall mit $\bar{e}$ in Phase ist. Die abgestimmte Empfangsantenne entnimmt somit dem Felde die Energie:

$$W_e = \frac{\bar{e}\,\bar{\imath}}{2}. \tag{7}$$

Ein Teil dieser Energie wird nun in den Ohmschen Widerständen der Antenne und der Empfangsanordnung in Joulesche Wärme umgesetzt:

$$W_r = R \frac{\bar{\imath}^2}{2} \tag{8}$$

(von diesem Teil kann wieder nur ein Teil wirklich nutzbar gemacht werden), ein zweiter Teil wird von der E.-Antenne, die ja auch ein strahlendes System bildet, ausgestrahlt:

$$W_s = R_s \frac{\bar{\imath}^2}{2}. \tag{9}$$

Es ist somit:

$$W_e = W_r + W_s$$

$$\bar{e}\,\bar{\imath} = R\,\bar{\imath}^2 + R_s\,\bar{\imath}^2, \quad \bar{e} = \bar{\imath}\,(R + R_s)$$

und mit dem für $R_s$ in III, 2 (32) gefundenen Wert

$$R_s = 160\,\pi^2 \left(\frac{h_2}{\lambda}\right)^2,$$

$$\bar{\imath} = \frac{120\,\pi \frac{h_1 h_2}{\lambda r} \bar{\imath}_1}{R + 160\,\pi^2 \left(\frac{h_2}{\lambda}\right)^2} = \frac{h_2 \overline{\mathfrak{E}}}{R + 160\,\pi^2 \left(\frac{h_2}{\lambda}\right)^2}, \tag{10}$$

wobei der Einfachheit halber auch die Empfangsantenne als Dipolantenne vorausgesetzt wird. Man sieht, daß auch bei verschwindendem Widerstand $R$ der Strom höchstens den durch den Strahlungswiderstand bedingten Wert $\bar{\imath}_{\max}$ erreichen kann:

$$\bar{\imath}_{\max} = \frac{1}{160\,\pi^2} \frac{\lambda^2}{h_2} \bar{\mathfrak{E}}. \tag{11}$$

Wir fragen uns noch, für welche Antennenhöhe der Strom $\bar{\imath}$ einen Höchstwert erreicht. Es ist:

$$\bar{\imath} = \lambda \bar{\mathfrak{E}} \frac{\frac{h_2}{\lambda}}{R + \underbrace{160\,\pi^2 \left(\frac{h_2}{\lambda}\right)^2}_{R_s}} = a \frac{x}{R + k\,x^2},$$

$$\frac{d\bar{\imath}}{d\,x} = a \frac{-2\,k\,x^2 + (R + k\,x^2)}{(R + k\,x^2)^2} = 0, \quad k\,x^2 = R,$$

$$R = R_s = 160\,\pi^2 \left(\frac{h_2}{\lambda}\right)^2. \tag{12}$$

Der Strom $\bar{\imath}$ erreicht also dann einen Höchstwert, wenn der Ohmsche Widerstand gleich dem Strahlungswiderstand ist. Dann wird:

$$160\,\pi^2 \left(\frac{h_{2g}}{\lambda}\right)^2 = R, \quad \left(\frac{h_{2g}}{\lambda}\right)^2 = \frac{1}{16\,\pi^2} \frac{R}{10},$$

$$h_{2g} = \frac{\lambda}{4\,\pi} \sqrt{\frac{R}{10}}. \tag{13}$$

Die nach Formel (13) berechnete Antennenhöhe $h_{2g}$ ist die günstigste Höhe für einen gegebenen Nutzwiderstand $R$. In diesem Fall ist die aufgenommene Energie doppelt so groß wie die in Wärme umgesetzte oder die ausgestrahlte. Mit den Gleichungen (8), (10) und (12) erhalten wir für den günstigsten Fall $h_2 = h_{2g}$:

$$W_{rg} = \frac{1}{8} \frac{h_2^2 \bar{\mathfrak{E}}^2}{R_s} = \frac{\bar{\mathfrak{E}}^2 \lambda^2}{1280\,\pi^2}. \tag{14}$$

Große Wellenlänge günstig!

Da die abgestimmte Empfangsantenne ebenfalls Energie ausstrahlt, erzeugt sie in ihrer Umgebung, genau so wie die Sendeantenne, ein Strahlungsfeld. Bezeichnen wir mit $\mathfrak{E}_2$ die von der Empfangsantenne im Abstand $r_2$ erzeugte Feldstärke, so hat diese nach (6) den Wert:

$$\mathfrak{E}_2 = 120\,\pi \frac{h_2}{\lambda\,r_2} \bar{\imath}. \tag{15}$$

Da nun

$$\bar{i} = \frac{\bar{\mathfrak{E}}\, h_2}{R + R_s} \quad \text{ist:}$$

$$\frac{\bar{\mathfrak{E}}_2}{\bar{\mathfrak{E}}} = \frac{120\,\pi}{R + R_s}\,\frac{h_2^2}{\lambda\, r_2} \tag{16}$$

und im Falle der günstigsten Verhältnisse $R = R_s$, $h_i = h_{2g}$ nach (13)

$$\bar{\mathfrak{E}}_2 = \bar{\mathfrak{E}}\,\frac{3\,\lambda}{8\,\pi\, r_2}, \tag{16'}$$

d. h. schon in einer Entfernung $r = 12\,\lambda$ von der Empfangsantenne ist die von ihr erzeugte Feldstärke nur ungefähr $\frac{1}{100}$ der primären.

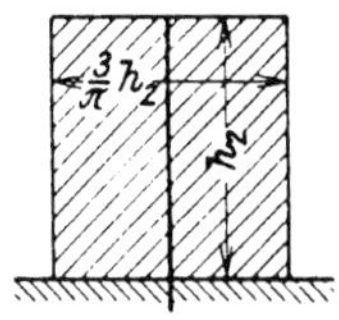

Abb. 119. Die Absorptionsfläche der stabförmigen Empfangsantenne. $\lambda = 4\,h_2$.

Um ein anschauliches Bild von der von einer Empfangsantenne nutzbar aufgenommenen Energie zu erhalten, bestimmen wir die sogenannte *Absorptionsfläche* $F$ der Empfangsantenne, d. i. jene an der Stelle der Empfangsantenne angeordnete Fläche, durch die der Sender ebensoviel Energie hindurchstrahlt, wie die Empfangsantenne nutzbar aufnimmt. Wir wollen sie als Rechtecksfläche von der Höhe der Empfangsantenne darstellen. Es sei $S_{1m}$ der zeitliche Mittelwert der an dem Orte der Empfangsantenne durch die Flächeneinheit hindurchgestrahlten Energie. Es ist

$$\mathfrak{S} = \frac{c}{4\,\pi}\,[\mathfrak{E}\,\mathfrak{H}] = \frac{c}{4\,\pi}\,\mathfrak{E}^2,$$

$$S_{1m} = \frac{c}{8\,\pi}\,\bar{\mathfrak{E}}^2 \ \text{Erg/sec/cm}^2. \tag{17}$$

In dieser Gleichung ist $S_{1m}$ in Erg/sec/cm² und $\bar{\mathfrak{E}}$ in absolut elektrostatischen Einheiten ausgedrückt. Wird $S_{1m}$ in Watt/cm² und $\bar{\mathfrak{E}}$ in Volt/cm ausgedrückt, so wird:

$$S_{1m} = \frac{1}{10^7}\,\frac{3\,.\,10^{10}}{8\,\pi\,.\,9\,.\,10^4}\,\bar{\mathfrak{E}}^2 = \frac{1}{240\,\pi}\,\bar{\mathfrak{E}}^2. \tag{17'}$$

Entsprechend der Definition von $F$ und mit Berücksichtigung von (14) wird also:

$$S_{1m}\,F = F\,\frac{1}{240\,\pi}\,\bar{\mathfrak{E}}^2 = \frac{1}{1280\,\pi^2}\,\bar{\mathfrak{E}}^2\,\lambda^2,$$

$$F = \frac{240}{1280\,\pi}\,\lambda^2 = \frac{3}{16\,\pi}\,\lambda^2, \tag{18}$$

$$F = b\,h_2 = \frac{3}{16\,\pi}\,\lambda^2, \quad b = h_2\,\frac{3}{16\,\pi}\left(\frac{\lambda}{h_2}\right)^2, \tag{19}$$

z. B.

$$\lambda = 4\,h_2, \quad b = h_2\,\frac{3}{\pi} \quad \text{(Abb. 119).}$$

Rechnen wir noch den günstigsten *Übertragungswirkungsgrad*, d. i. das Verhältnis der im günstigsten Fall von der Empfangsantenne nutzbar aufgenommenen Energie $W_r$ zu der gesamten von der Sendeantenne ausgestrahlten. Wir erhalten zunächst aus (14) die von der Empfangsantenne nutzbar aufgenommene Energie in Watt:

$$W_{rg} = \frac{\bar{\mathfrak{E}}^2 \lambda^2}{1280\,\pi^2}; \tag{14}$$

die gesamte von der Sendeantenne ausgestrahlte Energie ergibt sich wie in (9) aus:

$$W_1 = R_s \frac{\bar{i}_1^2}{2} = 80\,\pi^2 \left(\frac{h_1}{\lambda}\right)^2 \bar{i}_1^2. \tag{20}$$

Berücksichtigen wir noch (5):

$$\bar{\mathfrak{E}} = 120\,\pi \frac{h_1 \bar{i}_1}{\lambda r}, \quad \bar{i}_1 = \frac{\bar{\mathfrak{E}}\, r}{120\,\pi \frac{h_1}{\lambda}}, \tag{21}$$

so wird:

$$W_1 = \frac{1}{180} \bar{\mathfrak{E}}^2 r^2, \tag{22}$$

so daß sich der Übertragungswirkungsgrad ergibt:

$$\eta = \frac{W_{rg}}{W_1},$$

$$\eta = \frac{9}{64\,h^2} \left(\frac{\lambda}{r}\right)^2. \tag{23}$$

Also auch bezüglich des Übertragungswirkungsgrades sind lange Wellen wesentlich günstiger als kürzere.

Aus (22) folgt noch eine einfache Beziehung der Feldstärke zur ausgestrahlten Energie des Senders:

$$\mathfrak{E} = \frac{3\sqrt{20}}{r} \sqrt{W_1}. \tag{24}$$

**5. Die entdämpfte Antenne.** Wir haben bisher nur den Fall betrachtet, daß die ganze Energie, die der Empfangsantenne zugeführt wird, von dem Sender geliefert wird, ein Fall, wie er beispielsweise beim reinen Detektorempfang vorliegt. Nun wollen wir noch den Fall der künstlich angefachten Empfangsantenne betrachten, die nicht nur aus dem Strahlungsfelde des Senders Energie entnimmt, sondern auch aus dem eigentlichen Empfänger, z. B. durch Rückkopplung, Energie zugeführt bekommt. Wie wir im 2. Kapitel gesehen haben, wird durch die Rückkopplung die Dämpfung des Empfängers vermindert; energetisch drückt sich diese Tatsache in der Weise aus, daß ein Teil der im Empfänger verarbeiteten Energie aus einer besonderen mit dem Empfänger verbundenen Energiequelle (z. B. Anodenbatterie) stammt. Wir wollen die dieser Energie entsprechende Leistung als *Anfachungsleistung* bezeichnen, $W_A$, und sie proportional dem Quadrat des Stromes setzen:

$$W_A = \frac{1}{2} A\, \bar{i}^2. \tag{1}$$

Die Energiebilanz der angefachten Empfangsantenne ist somit durch folgende Gleichung gegeben, in der links die Summe der zugeführten, rechts die Summe der umgesetzten und ausgestrahlten Energien steht:

$$W_e + W_A = W_R + W_s, \tag{2}$$

woraus wie oben folgt:

$$\bar{i} = \frac{\bar{e}}{R - A + R_s}. \tag{3}$$

Man sieht, daß der Proportionalitätsfaktor $A$ der Dämpfungsverminderung Rechnung trägt und die Rolle eines negativen Widerstandes spielt. Mit dem aus (3) zu entnehmenden Wert des Stromes $\bar{i}$ wird:

$$\left.\begin{aligned} W_e &= \frac{1}{2} \frac{\bar{e}^2}{R - A + R_s}; & W_A &= \frac{1}{2} \bar{e}^2 \frac{A}{(R - A + R_s)^2} \\ W_R &= \frac{1}{2} \bar{e}^2 \frac{R}{(R - A + R_s)^2}; & W_s &= \frac{1}{2} \bar{e}^2 \frac{R_s}{(R - A + R_s)^2}. \end{aligned}\right\} \tag{4}$$

Man sieht zunächst, daß die entdämpfte Empfangsantenne dem Felde mehr Energie entzieht als die nichtentdämpfte. Wird die Entdämpfung $A$ vergrößert bis $A = R$, dann ergibt sich:

$$W_e = \frac{1}{2} \frac{\bar{e}^2}{R_s} = \frac{\mathfrak{E}^2 h_2^2 \dfrac{\lambda^2}{\lambda^2}}{320\,\pi^2 \left(\dfrac{h_2}{\lambda}\right)^2},$$

$$W_e = \frac{\mathfrak{E}^2 \lambda^2}{320\,\pi^2}, \tag{5}$$

und

$$W_R = \frac{1}{2} \bar{e}^2 \frac{R}{R_s^2} = W_e \frac{R}{R_s}, \tag{6}$$

$$W_s = \frac{1}{2} \bar{e}^2 \frac{1}{R_s} = W_e, \tag{7}$$

d. h. es wird in diesem Fall ebensoviel Energie ausgestrahlt wie absorbiert; die aufgenommene Energie dient nur zur Steuerung der Eigenenergie der Empfangsanordnung. Bei weiterer Vergrößerung des $A$ strahlt die Empfangsantenne wesentlich mehr Energie aus, als sie dem Felde entzieht, so daß in der Umgebung befindliche andere Empfänger eine größere Strahlung bekommen können als dem Primärsender entspricht; sie *hören mit* dem strahlenden Empfänger *mit*.

Zum Schlusse sei noch erwähnt, daß sich manchmal die Eigenschaft der im Felde angeordneten Leiter, diesem Energie zu entziehen, in schädlicher Weise auswirkt; dies ist besonders der Fall, wenn Metallkonstruktionen, aber auch Bäume, Mauern u. dgl. in unmittelbarer Nähe des Senders angeordnet sind, da die entzogenen Energiemengen ganz bedeutende Werte annehmen können und sie dann außerdem Schattenwirkungen und diffuse Zerstreuung der Wellen hervorrufen. Ist es nicht zu vermeiden, in unmittelbarer Nähe der Sendeantenne Metallelemente anzuordnen, z. B. Abspanndrähte für den Antennenmast, so müssen sie so dimensioniert sein, daß ihre Eigenwellenlängen mit der ausgestrahlten Wellenlänge oder Oberwellen dieser nicht in Resonanz stehen; z. B. zerlegt man die erwähnten Abspanndrähte in kleine, voneinander isolierte Stücke.

Viertes Kapitel.

# Wellentelegraphie und -telephonie.

## I. Historische Systeme der Wellentelegraphie.

**1. Historische Bemerkungen.** In der Einleitung wurde ausgeführt, daß die Rundfunktechnik ein Kind der Maxwellschen Theorie der Elektrizität ist. In der Tat kommen wir, wie auch im vorigen Kapitel gezeigt wurde, aus dieser Theorie zum Begriff der elektromagnetischen Welle, die die Grundlage der Wellentelegraphie und -telephonie bildet.

Heinrich Hertz selbst, der zum ersten Male elektromagnetische Wellen erzeugen und messend verfolgen konnte, glaubte nicht an eine praktische Auswertbarkeit seiner Entdeckung. Doch schon kurze Zeit später konnte Marconi mit Hilfe dieser Hertzschen Wellen drahtlos telegraphieren, und nun, da die technische

Verwertbarkeit der neuen Entdeckung nachgewiesen war, setzte die Entwicklung dieses neuen Zweiges der Technik ein.

Zunächst wären die von Braun (Straßburg) und Slaby (Charlottenburg) herrührenden Verbesserungen des Marconischen Systems anzuführen, die es ermöglichten, wesentlich größere Energiemengen auszustrahlen. Dabei war Braun mehr von theoretischen Überlegungen, Slaby von experimentellen Untersuchungen ausgegangen. Beide kamen ungefähr gleichzeitig zu ähnlichen Ergebnissen. Der sich aus diesen Umständen ergebende Prioritätsstreit fand ein Ende mit einer Einigung der beiden und der Gründung der *Gesellschaft für drahtlose Telegraphie* (*Telefunken*), an deren Spitze Graf Arco, der ehemalige Assistent Slabys, trat, die in kurzer Zeit richtunggebend für die Weiterentwicklung der Wellentelegraphie wurde. Durch Übernahme der von Max Wien angegebenen *Stoßfunkenstrecke* und Ausbau zum System der *tönenden Funken* wurden Einrichtungen geschaffen, die noch heute verwendet werden. Parallel mit dieser hier geschilderten Entwicklung geht die Weiterbildung des Marconi-Systems durch die englische Marconi-Gesellschaft.

In ein neues Stadium trat die Entwicklung der Wellentelegraphie mit der Verwendung *ungedämpfter Schwingungen*, die mit dem *Poulsenschen Lichtbogengenerator* oder mit *Hochfrequenzmaschinen* (Alexanderson, Goldsmith usw.) erzeugt wurden, während wir heute in der von Lieben in Wien und de Forest in Amerika entwickelten Elektronenröhre, im Verein mit der von Alexander Meißner angegebenen *Rückkopplungsschaltung* ein ausgezeichnetes Mittel zur Erzeugung ungedämpfter Schwingungen haben. Mit dieser Einführung der ungedämpften Schwingungen war auch die Grundlage für die *Wellentelephonie* und damit für das Entstehen des modernen *Rundfunks* und auch für das *Fernsehen* gegeben.

**2. Das System Marconi.** Um mit Hilfe der elektromagnetischen Wellen zu telegraphieren, müssen wir hochfrequente elektrische Schwingungen erzeugen, elektrische Wellen ausstrahlen, empfangen und endlich in irgendeiner Weise wahrnehmbar machen. Dementsprechend haben wir bei jeder Anlage *Sender* und *Empfänger* zu unterscheiden, und zwar besteht jeder Sender aus einem *Schwingungserzeuger* (*Hochfrequenzgenerator*) und der *Sendeantenne*, der Empfänger aus der *Empfangsantenne* und dem *eigentlichen Empfänger*, der die entstehenden elektrischen Schwingungen irgendwie der Wahrnehmung zuführt.

Der ursprünglich von Marconi verwendete Sender ist denkbar einfach, das Prinzip geht aus der Skizze Abb. 120 ohne weiteres hervor; bezeichnend ist, daß die Antenne gleichzeitig Hochfrequenzgenerator und Strahler ist. Mit Hilfe des Induktors wird die von der Erde durch eine Funkenstrecke getrennte Antenne auf eine so hohe Spannung $\bar{u}$ aufgeladen, daß ein Überschlag erfolgt; in diesem Augenblick beginnen gedämpfte elektrische Schwingungen, deren Frequenz durch die Kapazität und Selbstinduktion der Antenne bestimmt ist. Die im Antennenkreis angeordnete Funkenstrecke bildet einen großen (und auch nicht konstanten) Dämpfungswiderstand, so daß die Schwingungen nach einigen Perioden abreißen.

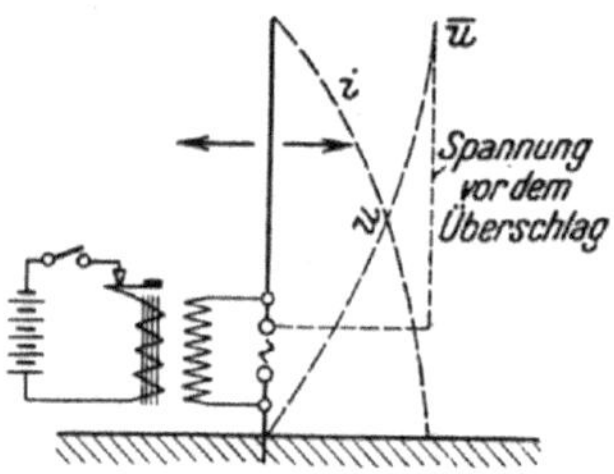

Abb. 120. Der Marconi-Sender.

Der Empfänger verwendet als Indikator der elektromagnetischen Wellen den von Branly erfundenen *Kohärer* oder *Fritter* (Abb. 121). In einem Glasröhrchen sind zwischen zwei Metallkontakten Metallkörner lose angeordnet, z. B. ein Gemisch von 96% Ni- und 4% Ag-Feilspänen; die Elektroden sind meist leicht amalgamiert, die Röhre manchmal, um Feuchtigkeit sicher abzuhalten, evakuiert. Beim Auftreffen elektrischer Wellen werden zwischen den einzelnen Spänen mikroskopisch kleine Fünkchen erzeugt — es ist bemerkenswert, daß auch Hertz zum Nachweis des Auftreffens elektromagnetischer Wellen einen Resonanzkreis benutzte — *Hertzscher Resonator* —, der durch eine ganz kleine Funkenstrecke unterbrochen war, an der beim Auftreffen der Wellen Funken übersprangen —, durch die der Widerstand des *Fritters*, der im normalen Zustand sehr groß ist, so vermindert wird, daß der Stromkreis I, enthaltend eine Gleichstromquelle und ein Relais *R*, geschlossen wird und das Relais anspricht, das dann den Stromkreis II schließt, in dem der Morseschreiber oder die Glocke eingeschaltet ist (Abb. 122). Damit die Leitfähigkeit des Fritters nicht bestehen bleibt, auch ohne daß Wellen auftreffen, muß er erschüttert werden.

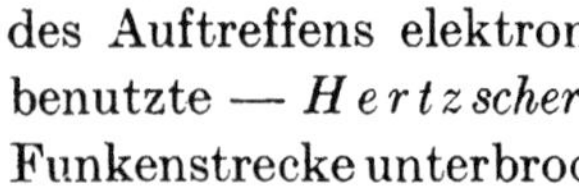
Abb. 121. Der Fritter (Kohärer).

Der Nachteil des Marconi-Senders liegt hauptsächlich darin, daß die Funkenstrecke, die im Schwingungskreis liegt, einen hohen Widerstand hat und daher eine scharfe Abstimmung unmöglich macht. Ferner muß die Antenne sehr gut isoliert werden,

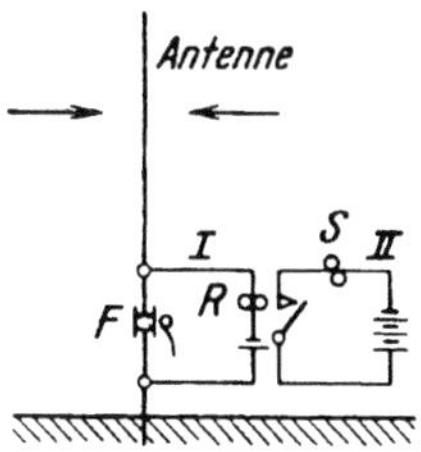


Abb. 122.
Der Marconi-Empfänger.

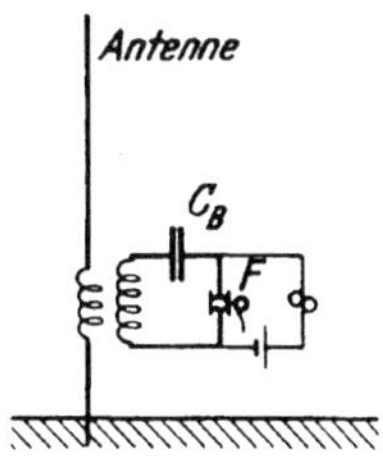


Abb. 123.
Verbesserter Marconi-Empfänger.

da man wegen der geringen Kapazität nur dann größere Energie ausstrahlen kann, wenn man hohe Spannungen verwendet.

Der Nachteil des Empfängers liegt ebenfalls in der großen Dämpfung, die der Fritter in der Empfangsantenne verursacht. Daher ist auch hier eine scharfe Abstimmung unmöglich; die Abstimmung wird noch dadurch erschwert, daß der Fritter im unerregten Zustand eine verhältnismäßig große Kapazität, im erregten Zustand einen großen Widerstand bildet. Ferner spricht der Fritter sehr auf atmosphärische Störungen an. Den Nachteil, den der im Antennenkreis liegende Fritter mit sich bringt, vermeidet man, indem man den Fritterkreis vom Antennenkreis trennt und beide induktiv koppelt (Abb. 123).

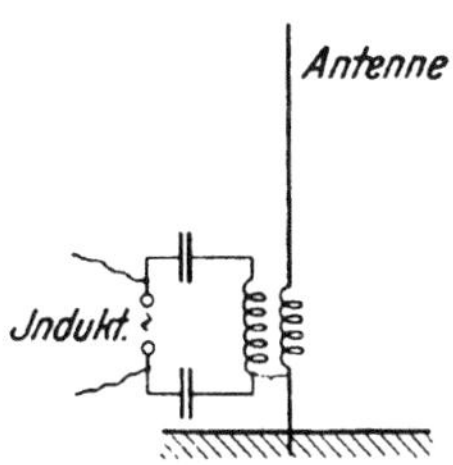


Abb. 124. Sender nach Braun-Slaby.

**3. Das System Braun-Slaby** vermeidet den Nachteil der im Kreis der Sendeantenne liegenden Funkenstrecke auf dieselbe Weise; die Funkenstrecke wird in einen besonderen Kreis gelegt, der mit dem Antennenkreis induktiv gekoppelt ist (Abb. 124). Dadurch werden nun zwar die Nachteile vermieden, die mit der im Antennenkreis liegenden Funkenstrecke verbunden sind, jedoch ergeben sich andere Nachteile durch die Verwendung gekoppelter Systeme. Wird die Kopplung stark gewählt, kann zwar größere Energie ausgestrahlt werden, aber in beiden Schwingungskreisen tritt, da auch sie scharf auf Resonanz abgestimmt sind, *Zweiwelligkeit* auf. Da der Empfänger aber nur auf eine der beiden Wellenlängen abgestimmt sein kann, wird nur ein Teil der am Empfangsorte zur Verfügung stehenden Energie aufgenommen; außerdem überträgt sich bei starker Kopplung die Dämpfung des Funkenkreises auf den Antennenkreis. Wird hingegen mit loser Kopplung gearbeitet, so wird die ausgestrahlte Energie wesentlich geringer.

**4. Die Wiensche Löschfunkenstrecke und das System der tönenden Funken.** Bei der von Max Wien angegebenen Stoßfunkenstrecke wird der Funke nach einigen wenigen, womöglich nach einer einzigen halben Periode zum Erlöschen gebracht. Dadurch wird aber der Primärkreis unterbrochen und der Sekundär- (Antennen-) Kreis schwingt mit seiner Eigenfrequenz und mit der geringen Dämpfung dieses Kreises, die hauptsächlich durch den Strahlungswiderstand der Antenne bedingt ist, weiter. Die Funkenentladung stößt also die sekundären Schwingungen nur an und muß sofort zum Erlöschen gebracht werden; aus diesem Grunde können aber Primär- und Sekundärkreis sehr stark gekoppelt sein. Auf die genaue Theorie des ganzen Vorganges, die übrigens grundsätzlich durch unsere Betrachtungen über die gekoppelten Schwingungskreise im ersten Kapitel schon gegeben ist, sowie auf die Rolle eines etwaigen Zwischenkreises soll hier nicht weiter eingegangen werden, da das System fast nur mehr historisches Interesse beanspruchen kann. Hingegen sollen noch einige Bemerkungen über die Stoßfunkenstrecke hier Platz finden.

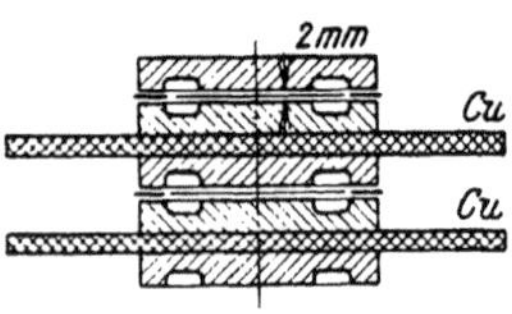

Abb. 125. Löschfunkenstrecke nach Lepel.

Um zu erreichen, daß die Funkenentladung schon im Augenblick des ersten Stromminimums unterbrochen wird, muß verhindert werden, daß auf der Funkenstrecke viele Ionen gebildet werden; denn diese würden die Leitfähigkeit der Funkenstrecke aufrecht erhalten, so daß beim Wiederanstieg der Spannung ein neuerlicher Überschlag erfolgen würde. Dieses Ziel wird durch Unterteilung der Funkenstrecke und gute Kühlung der Elektroden erreicht. Lepel (Telefunken) verwendet Platten aus versilbertem Kupfer, die durch Glimmerringe distanziert sind, und schaltet 8 bis 20 derartige Teilfunkenstrecken (Abb. 125), die zur besseren Abkühlung durch Kupferbleche voneinander getrennt sind, in Serie.

Ein besonderer Vorteil wird erreicht, wenn es gelingt, die primären Entladungen in regelmäßiger Folge von 500 bis 600 Entladungen je Sekunde hervorzurufen. Dadurch wird nämlich ein Empfang im Telephon möglich, und zwar mit einem Ton, der sich von allen Störgeräuschen deutlich unterscheidet.

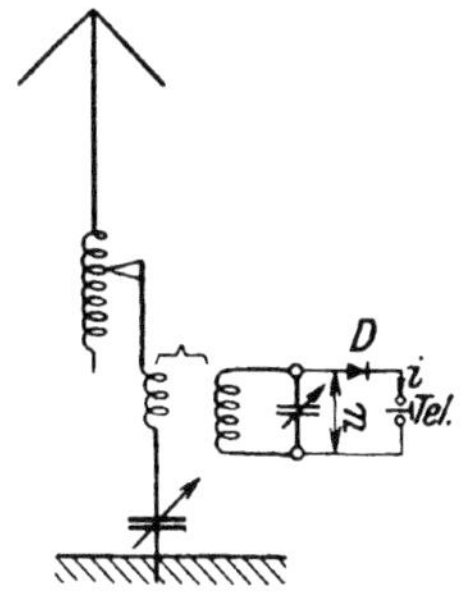

Abb. 126. Hörempfang gedämpfter Wellen. (Schaltung.)

Der Empfänger wird zunächst auf die ankommende Wellenlänge abgestimmt, z. B. in der in Abb. 126 angegebenen Weise. Dem Sekundärkreis ist ein Tonfrequenzkreis parallel geschaltet, der aus einem Gleichrichter (*Detektor*) und einem Telephon (Kopfhörer) in Reihenschaltung besteht. Als Detektor kann auch eine als Audion geschaltete Elektronenröhre oder eine Gleichrichterröhre verwendet werden. Vom Sender werden nun in regelmäßiger, tonfrequenter Folge Gruppen von (schwach) gedämpften Hochfrequenzwellen ausgesendet; sie erzeugen in den Schwingungskreisen des Empfängers in derselben Folge Gruppen von Hochfrequenzschwingungen. Diese werden vom Detektor halbiert, so daß nur die positiven oder negativen Halbwellen jeder Wellengruppe übrig bleiben (Abb. 127), die zusammen einen Gleichstromimpuls geben, der dem Kopfhörer zugeführt wird. Da jeder Wellengruppe ein Gleichstromimpuls entspricht, erhalten wir im Telephon in der Zeiteinheit ebensoviele Impulse, als in der Zeiteinheit vom Sender Wellengruppen ausgestrahlt werden. Wir hören im Kopfhörer einen Ton, der genau der Funkenfolge an der Löschfunkenstrecke entspricht — *tönende Funken.*

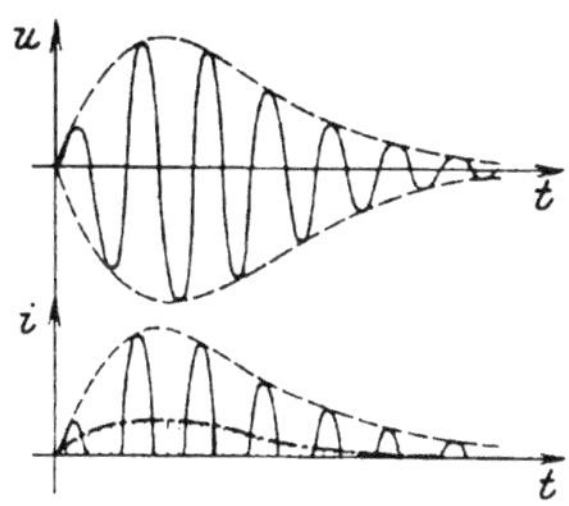

Abb. 127. Hörempfang gedämpfter Wellen. (Prinzip.)

Die Erregung der Funkenstrecke muß also vollkommen regelmäßig erfolgen, am besten durch einen Tonfrequenzgenerator, dessen Spannung so eingeregelt wird, daß in jeder Periode oder Halbperiode ein Überschlag an der Funkenstrecke erfolgt. Zweckmäßigerweise erhält die Spannungskurve eine von der Sinuslinie abweichende Form mit einer ausgeprägten Spitze, an der dann der Überschlag eintritt.

Dieses System der tönenden Funken wird noch bei Schiffssendern verwendet.

## II. Telegraphie mit ungedämpften Wellen.

**1. Erzeugung der ungedämpften Wellen.** Die vielen Nachteile, die die Verwendung gedämpfter Wellen mit sich bringt, erwecken den Wunsch, zu ungedämpften Wellen überzugehen. Zur Erzeugung der ungedämpften Wellen stehen drei Wege zur Verfügung, nämlich die Verwendung von *Hochfrequenzmaschinen* oder *Frequenztransformatoren*, ferner des *Poulsenschen Lichtbogengenerators* und endlich der *Elektronenröhren*. Wir haben im ersten Kapitel den Lichtbogengenerator erwähnt und im zweiten Kapitel die Verwendung der Elektronenröhre als Schwingungserzeuger ausführlich besprochen, so daß wir diese beiden Möglichkeiten als bekannt voraussetzen dürfen. Zum Lichtbogengenerator sei noch das Folgende bemerkt. Wie im ersten Kapitel gezeigt wurde, beruht die Verwendung des elektrischen Lichtbogens als Schwingungserzeuger auf seiner fallenden Kennlinie. Man wird daher, wenn er als Generator hochfrequenter Schwingungen verwendet werden soll, diese Kennlinie möglichst stark fallend auszubilden haben. Dies geschieht dadurch, daß man den Bogen zwischen Kohle (+) und einem Metallklotz (—) in einer Kohlenwasserstoffgasatmosphäre brennen läßt und die Elektroden außerdem gut kühlt.

Über die Erzeugung ungedämpfter Hochfrequenzschwingungen in Maschinen und Transformatoren sollen einige Bemerkungen hier Platz finden. Von den Hochfrequenzmaschinen sei nur die nach dem Induktortyp gebaute Maschine von Alexanderson und Fessenden erwähnt, die sich von den tonfrequenten Induktormaschinen nur durch die durch die großen Umdrehungszahlen bedingten konstruktiven Abänderungen unterscheidet; von den statischen Frequenztransformatoren sei nur das Prinzip hervorgehoben, das darin besteht, daß auf irgendeinem Wege, z. B. durch Vorsättigung des Transformatorkernes oder durch Gleichrichtung des primären Stromes eine sehr verzerrte Sekundärspannung erzeugt wird, aus der durch eine Resonanzschaltung eine Oberschwingung herausgefiltert wird.

**2. Empfang ungedämpfter Wellen mit Tikker.** Das System der Tönefunken hat den großen Vorteil, daß der Empfang mit Kopfhörer erfolgt, und zwar wird ein Ton empfangen, der sich von allen Störgeräuschen, z. B. atmosphärischen Störungen, die ein Knattern oder Krachen hervorbringen, deutlich unterscheidet. Dieser Empfang wird nun auch bei ungedämpften Wellen angestrebt und kann auf zwei verschiedenen Wegen erreicht werden.

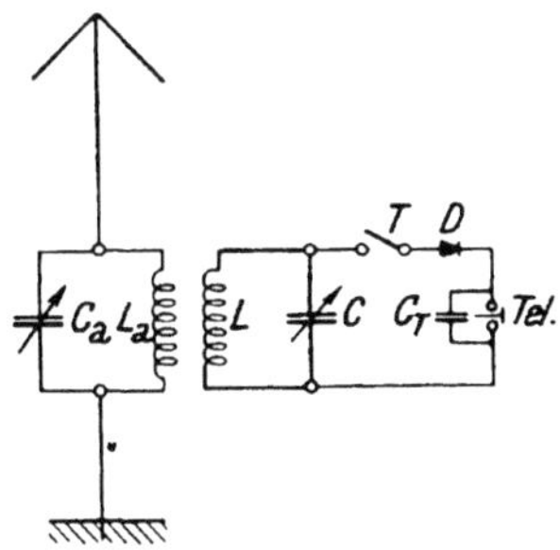


Abb. 128. Empfang mit Schleifer (Tikker).

Der Empfang mit *Schleifer* oder *Tikker* unterscheidet sich von dem der Tönefunkenwellen nur dadurch, daß im Detektor-Telephonkreis noch ein rotierender Unterbrecher, der sogenannte Schleifer oder Tikker $T$, eingeschaltet ist. Ohne diesen Unterbrecher (Abb. 128) würde jede ankommende Wellengruppe nur ein einziges Knacken im Telephon hervorrufen, gleichgültig, ob sie kurz oder lang andauert. Ist jedoch der Unterbrecher in Tätigkeit, so wird jeder Stromschluß, der während des Andauerns einer Wellengruppe erfolgt, einen Impuls der Telephonmembran zur Folge haben. Wird dafür gesorgt, daß die Unterbrechungen mit Tonfrequenz erfolgen, so hören wir jede Wellengruppe als Ton, lang, wenn die Wellengruppe lang, kurz, wenn sie kurz andauert. Die Tonhöhe kann durch Veränderung der Anzahl der sekundlichen Unterbrechungen beeinflußt werden. Schaltung und Wirkungsweise des Tikkers gehen aus den Abb. 128 und 129 ohne weiteres hervor.

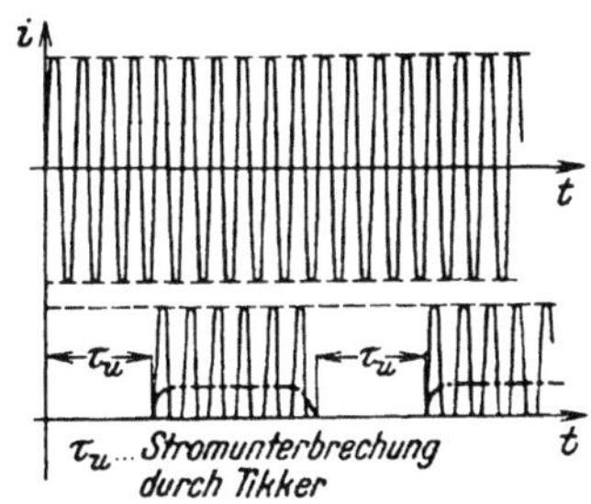


Abb. 129. Wirkungsweise des Schleifers.

**3. Der Überlagerungsempfang.** Eine zweite, elegantere Methode des Hörempfanges ungedämpfter Wellen stellt der sogenannte *Überlagerungsempfang* dar. In der Empfangsstation ist ein kleiner Generator für ungedämpfte elektrische Schwingungen vorhanden, deren Frequenz sich von der der ankommenden Welle um einen geringen Betrag unterscheidet. Die beiden Schwingungen geben überlagert Schwebungen von einer Frequenz, die durch die Differenz der Frequenzen der beiden Schwingungen gegeben ist. Die durch Überlagerung erhaltene Schwebungsschwingung gibt, durch irgend einen Detektor gleichgerichtet, einen einem Gleichstrom überlagerten Wechselstrom von der Schwebungsfrequenz. Wird die Frequenz der überlagerten Hilfsschwingung so gewählt, daß die Differenz der beiden Frequenzen im Tonfrequenzgebiet liegt, so wird im Kopfhörer ein Ton von der Differenzfrequenz hörbar, solange ein Zeichen (Wellengruppe) ankommt.

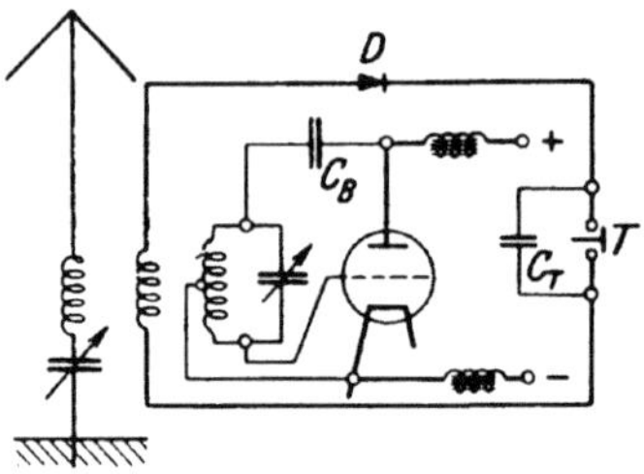


Abb. 130. Überlagerungsempfang.

Abb. 130 gibt ein Beispiel für eine Überlagerungsschaltung. Es ist selbstverständlich und brauchte nicht ausdrücklich erwähnt zu werden, was im folgenden auch geschehen wird, daß als Detektor auch eine gleichrichtende Röhre (Audion z. B.) geschaltet werden kann, ebenso, daß an Stelle der Dreipunktschaltung für den Generator der Überlagerungsschwingung auch eine andere Generatorschaltung angewendet werden kann, ferner, daß die empfangene Schwingung vor der Überlagerung oder nachher verstärkt werden kann. Das Schaltbild soll eben nur das Wesen des Überlagerungsempfanges an einem durchsichtigen Beispiel erklären.

Ist $\omega_1$ die Kreisfrequenz der ankommenden Welle, so wird sie im Detektorkreis eine Schwingung hervorrufen:

$$i_1 = \bar{\imath} \sin \omega_1 t. \tag{1}$$

Im Lokalsender erzeugen wir eine Schwingung von der Kreisfrequenz $\omega_2$, die im Detektorkreis einen Strom $i_2$ hervorruft:

$$i_2 \doteq \bar{\imath} \sin \omega_2 t. \tag{2}$$

Seine Amplitude wird gleich der des Stromes $i_1$ eingeregelt; im Detektorkreis fließt dann ein Strom $i$:

$$i = \bar{\imath}\,(\sin \omega_1 t + \sin \omega_2 t) \tag{3}$$

und mit

$$\omega_1 = \omega \pm \varDelta\omega, \quad \omega_2 = \omega \mp \varDelta\omega \tag{4}$$

gibt dies, siehe auch S. 60:

$$i = 2\,\bar{\imath} \cos \varDelta\omega t \sin \omega t. \tag{5}$$

Wir erhalten einen Wechselstrom von der Frequenz $\omega$, dessen Amplitude jedoch nicht konstant ist, sondern mit der Frequenz

$\Delta\omega$ schwankt. Wird nun dieser Strom durch einen Detektor gleichgerichtet, indem die negativen Halbwellen abgeschnitten werden, so erhalten wir im Stromkreis einen pulsierenden Gleichstrom. Ist $\Delta\omega \ll \omega$, dann können wir die Amplitude $2\bar{i}\cos\Delta\omega t$ während der Dauer $T$ der Periode der hochfrequenten Schwingung als konstant ansehen und erhalten den Augenblickswert des pulsierenden Gleichstromes:

$$i_{pt} = \frac{1}{T}\int_0^{\frac{T}{2}} 2\,\bar{i}\cos\Delta\,\omega\,t\sin\omega\,t\,.\,d\,t = \frac{1}{T}\,2\,\bar{i}\cos\Delta\,\omega\,t\int_0^{\frac{T}{2}}\sin\omega\,t\,.\,d\,t,$$

$$i_{pt} = \frac{2\,\bar{i}}{\pi}\cos\Delta\,\omega\,t, \tag{6}$$

gültig für jede Halbperiode der Schwebung.

In Abb. 130 liegt, ebenso wie in Abb. 128, parallel zum Kopfhörer $T$ ein Kondensator $C_T$. Dieser Kondensator hat den folgenden Zweck: Wir haben gesehen, daß im Detektor-Telephonkreis eine hochfrequente Schwingung vorhanden ist, die sich über den tonfrequenten Mittelwert (6) lagert; sie nimmt ihren Weg über $C_T$, während der tonfrequente Wechselstrom durch die Spule des Kopfhörers hindurchgeht, die der Hochfrequenz ein unüberwindliches Hindernis bietet. Gleichbedeutend ist jedoch auch die folgende Erklärung: Der Kondensator $C_T$ wird geladen, solange der resultierende Strom $i$ größer ist als der Mittelwert, im entgegengesetzten Fall jedoch über die Kopfhörerspule entladen, so daß in dieser der tonfrequente Strommittelwert fließt. Es möge noch bemerkt werden, daß es in vielen Fällen unnötig ist, einen besonderen Kondensator $C_T$ anzuordnen, da die gegenseitige Kapazität der Zuleitungsschnüre für den Kopfhörer, die meist verdrillt sind, genügt, der Hochfrequenz einen Weg zu bahnen.

**4. Die Sendung ungedämpfter Wellen.** Zum Schlusse noch einige Bemerkungen über das *Tasten*. Die telegraphische Zeichenübermittlung verlangt, daß länger oder kürzer andauernde Wellengruppen ausgesendet werden. Es gibt nun verschiedene Mittel, die Wellenaussendung zu veranlassen und wieder zu unterbrechen. Das einfachste Mittel wäre, den Anodenkreis der Senderöhre zu unterbrechen; dies ist jedoch nur mit Hilfe von Tastrelais möglich, da im Anodenkreis Hochspannung vorhanden ist.

Andere Möglichkeiten des Tastens bestehen in der Unterbrechung der Rückkopplungsleitung zum Gitter oder, nach Pedersen, in der Überbrückung von Teilen der Antennenspule während der Pausen zwischen zwei aufeinanderfolgenden Wellengruppen; es werden dann in diesen Pausen Wellen von ganz anderer Länge und von wesentlich geringerer Energie ausgesendet, letztes aus dem Grund, weil auf die sich so ergebende Wellenlänge nicht abgestimmt ist.

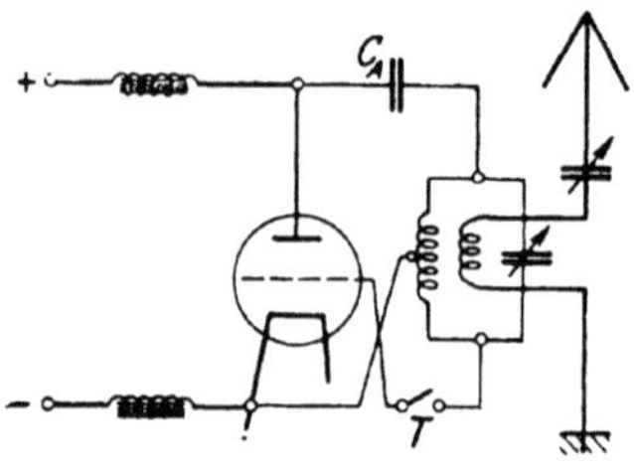


Abb. 131. Prinzip eines Röhrensenders für Telegraphie.

In den Abb. 131 und 132 sind zwei Sendeschaltungen angegeben; nach der letzten arbeitet ein von meinem verehrten Kollegen Dr. E. Brückner gebauter Sender, bei dem Frequenzverdopplung angewendet ist.

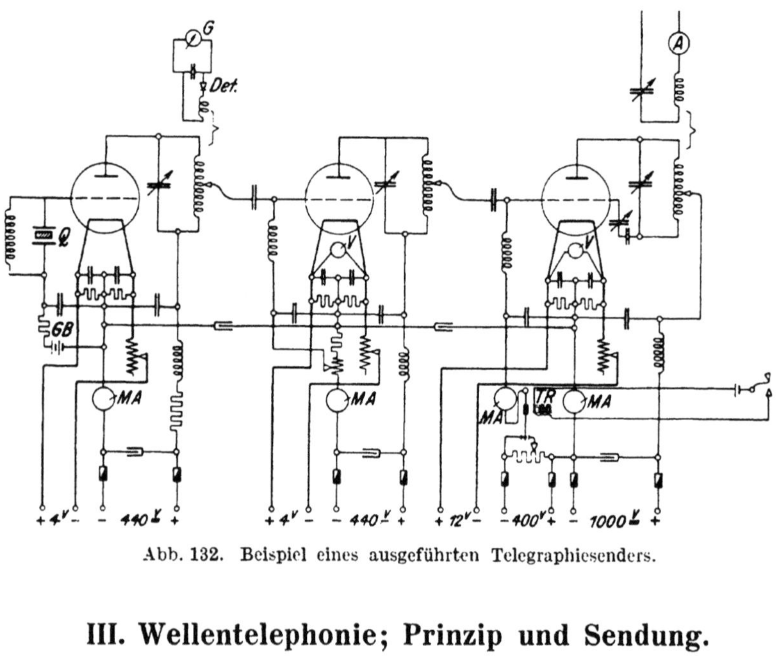


Abb. 132. Beispiel eines ausgeführten Telegraphiesenders.

## III. Wellentelephonie; Prinzip und Sendung.

**1. Prinzip der Wellentelephonie.** Mit der Einführung der ungedämpften Wellen war prinzipiell die Möglichkeit geschaffen, drahtlos zu telephonieren. Das Prinzip der Wellentelephonie ist denkbar einfach und läßt sich auf das folgende grundlegende Schema zurückführen:

1. Erzeugung ungedämpfter Hochfrequenzschwingungen.

2. Modulation dieser Schwingungen im Takte der zu übertragenden Tonfrequenz.

3. Ausstrahlung der modulierten Wellen.

4. Ausbreitung der Wellen im Raume.

5. Empfang der modulierten Wellen.

6. Gleichrichtung der modulierten Schwingungen im Empfänger mittels Detektor oder Audion.

7. Hörbarmachung des tonfrequenten Wechselstromes (pulsierenden Gleichstromes) im Telephon oder Lautsprecher.

In Abb. 133 sind die Vorgänge bei der Wellentelephonie graphisch dargestellt. Wir erzeugen zunächst eine ungedämpfte hochfrequente Schwingung:

$$i_s = \bar{\imath} \sin \omega t, \tag{1}$$

die im Takte der zu übertragenden Tonfrequenz moduliert wird:

$$\bar{\imath} = f(t), \text{ z. B.} = a + b \sin \omega_1 t,$$

$$i_s = (a + b \sin \omega_1 t) \sin \omega t, \quad \omega \gg \omega_1. \tag{2}$$

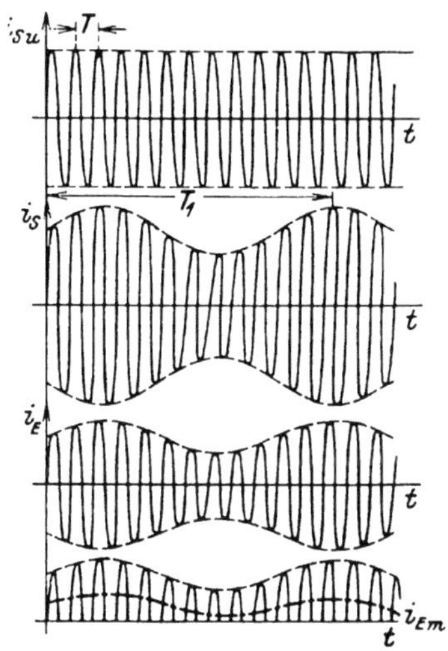

Abb. 133. Prinzip der Wellentelephonie

Die modulierte Schwingung wird, gewöhnlich nach mehrmaliger Verstärkung, der Sendeantenne zugeführt, die daher modulierte elektromagnetische Wellen ausstrahlt. Diese breiten sich im Raume aus und erzeugen in der Empfangsantenne elektrische Schwingungen, die den modulierten Schwingungen in der Sendeanlage geometrisch ähnlich sind:

$$i_E = \frac{1}{p} (a + b \sin \omega_1 t) \sin \omega t. \tag{3}$$

Diese Schwingungen werden durch einen Detektor oder eine Elektronenröhre in Audionschaltung gleichgerichtet, *demoduliert*. Die Demodulation durch das Audion ist auf S. 118 ausführlich behandelt worden, so daß wir uns hier auf die Demodulation durch einen Detektor beschränken wollen, der nur die eine Halbwelle des Stromes hindurchläßt:

$$i_{Em} = \frac{1}{T}\int_0^{\frac{T}{2}} i_E\,d\,t = \frac{1}{2\,\pi\,p}\,(a + b\sin\omega_1\,t)\underbrace{\int_0^{\frac{T}{2}} \sin\omega\,t\,d\,\omega\,t}_{2},$$

$$i_{Em} = \frac{a}{\pi\,p} + \frac{b}{\pi\,p}\sin\omega_1\,t. \tag{4}$$

Wir erhalten tatsächlich einen im Takte der aufgedrückten Tonfrequenz pulsierenden Gleichstrom, der dem Telephon oder Lautsprecher zugeführt werden kann.

Die Betrachtungen bleiben dieselben, wenn $f(t)$ eine kompliziertere Funktion von $t$, also eine Summe von Sinus- und Cosinusgliedern ist; immer erhalten wir im Detektorkreis einen pulsierenden Gleichstrom, dessen Wellenform genau dieselbe ist wie die des die Hochfrequenzschwingung des Senders modulierenden Wechselstromes. Wir erhalten somit im Telephon oder Lautsprecher, deren Spulen von diesem pulsierenden Gleichstrom beeinflußt werden, genau denselben Tonkomplex wie der, der den Modulationskreis des Senders beeinflußt hat. Damit ist die theoretische Möglichkeit der Wellentelephonie nachgewiesen und das Wesensschema gegeben. In der Praxis schalten sich in dieses Schema noch einige Zwischenglieder ein, die die Verstärkungen der im Sender erzeugten unmodulierten sowie der modulierten Schwingung, ferner der von der Empfangsantenne aufgenommenen Schwingung — *Hochfrequenzverstärkung* — und des im Detektorkreis fließenden tonfrequenten Stromes (*Niederfrequenzverstärkung*) zum Gegenstand haben. Beim Überlagerungsempfang (Superheterodynempfänger, kurz Super genannt) kommen noch weitere Zwischenstufen dazu, die wir aber hier noch nicht berücksichtigen wollen. Wir erhalten damit das folgende, vervollständigte Schema (s. gegenüberstehende Seite).

Je nach den besonderen Verhältnissen können einzelne dieser Stufen wegfallen, z. B. verzichtet man öfter auf die Hochfrequenzverstärkung oder beim reinen Detektorempfang auf jede Verstärkung im Empfänger überhaupt.

| | | |
|---|---|---|
| 1. Erzeugung der Hochfrequenz. | | |
| 2. Verstärkung der Hochfrequenz. | | |
| 3. Modulation. | } | Sender |
| 4. Verstärkung der modulierten Schwingung. | | |
| 5. Ausstrahlung der modulierten Wellen. | | |
| 6. Ausbreitung der Wellen im Raume. | | |
| 7. Empfang der modulierten Wellen. | | |
| 8. Hochfrequenzverstärkung. | | |
| 9. Demodulation. | } | Empfänger |
| 10. Niederfrequenzverstärkung. | | |
| 11. Umsetzung in akustische Energie. | | |

**2. Erzeugung und Verstärkung der Hochfrequenz.** Aus Gründen, die wir noch kennenlernen werden, kommt es bei den modernen Telephoniesendern außerordentlich darauf an, die Frequenz sehr konstant zu halten. Es wird deshalb fast überall zur Konstanthaltung der Frequenz ein *Steuerquarz* verwendet, der, in einem Thermostaten angeordnet, auf konstanter Temperatur gehalten wird. Das Prinzip und die Schaltung des Steuerquarzes wurde im zweiten Kapitel ausführlich behandelt. Zur Wiederholung sei erwähnt, daß der Quarz, ebenso wie andere Mineralien (Turmalin z. B.), die Eigenschaft hat, sich an der Oberfläche elektrisch aufzuladen, wenn er mechanisch beansprucht wird (Piezoelektrizität). Wird nun ein Stück eines Quarzkristalles in elastische Schwingungen versetzt, also rhythmisch zusammengedrückt und wieder gedehnt, so treten auf seiner Oberfläche positive und negative Ladungen auf, die dem Gitter einer Senderöhre zugeführt werden können und damit die Röhre steuern. Diese Schwingungen können jedoch nur dann wesentliche Amplituden und damit merkliche Ladungen erreichen, wenn die aufgedrückte Frequenz mit der Eigenfrequenz des Quarzkörpers übereinstimmt.

In Abb. 71 ist als Beispiel für die Verwendung eines Steuerquarzes die Huth-Kühnsche Rückkopplungsschaltung gezeichnet, bei der bekanntlich die Rückkopplung unter dem Einfluß der Gitter-Anoden-Kapazität erfolgt. Wird beispielsweise die Anodenspannung angelegt, so wird über diese Kapazität eine Ladung auf den an dem Gitter liegenden Kondensator übertragen, zwischen dessen Belegungen der Steuerquarz angeordnet ist. In dem so erzeugten elektrischen Feld deformiert sich der Quarz und beginnt mit seiner Eigenfrequenz zu schwingen, vorerst mit ganz kleinen

Amplituden. Die dabei erzeugten piezoelektrischen positiven und negativen Ladungen werden auf das Gitter übertragen, so daß dieses im Rhythmus der Quarzschwingungen beeinflußt wird. Diese im Gitterkreis auftretenden elektrischen Schwingungen werden durch die Röhre verstärkt und auf den Anodenkreis übertragen, wo sie sich besonders stark ausbilden, wenn der Anodenkreis angenähert auf die Eigenfrequenz des Quarzes abgestimmt ist. Durch die Rückkopplung werden nun die Anodenschwingungen zum Teil wieder auf den Gitterkreis zurückgeleitet, so daß sich die Schwingungen in beiden Kreisen verstärken, bis die um die Verluste vermehrte abgegebene Energie der zugeführten gleich geworden ist. Beide Systeme schwingen mit der Frequenz des Steuerquarzes.

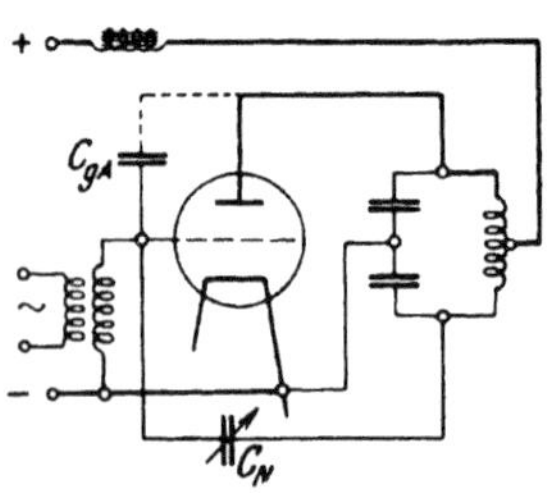

Abb. 134. Neutrodynkondensator bei Verstärkerröhren.

Bei der Verstärkung der so erzeugten hochfrequenten Schwingungen ist besonders ein wichtiger Punkt zu berücksichtigen. Es gilt zu verhindern, daß sich die Verstärkerröhren, die ja ebenfalls, hier aber unerwünscht, durch die Gitteranodenkapazitäten rückgekoppelt sind, selbst erregen. Die durch diese unerwünschte Rückkopplung erzeugten Schwingungen würden nicht nur große Energieverluste bedingen, sondern auch mit den ursprünglichen Schwingungen interferieren. Die Selbsterregung der Verstärkerröhren verhindern wir durch *Neutralisation der Gitter-Anoden-Kapazität*; ein kleiner Kondensator $C_N$ wird so geschaltet, daß die durch ihn auf das Gitter übertragene Ladung die durch die $C_{GA}$ übertragenen Ladungen neutralisiert (Abb. 134); nebenbei bemerkt, ist dies eine Schaltung, die auch bei Empfangsapparaten angewendet wird (*Neutrodynempfänger*).

Die Verstärkung der erzeugten Schwingungen erfolgt im allgemeinen in mehreren Stufen, indem der Anodenkreis der ersten Röhre mit dem Gitterkreis der zweiten Verstärkerröhre irgendwie, z. B. induktiv oder über Widerstände gekoppelt wird, da die durch eine Röhre erreichbare Verstärkung meist nicht ausreicht. Bei allen Verstärkungen ist streng darauf zu achten, daß der geradlinige Teil der Röhrenkennlinie nicht überschritten wird, da sich sonst Verzerrungen ergeben, ferner muß dieser Teil der Kennlinie wirklich geradlinig sein.

**3. Allgemeines über Modulation.** Es tritt nun die Aufgabe an uns heran, die in der eben geschilderten Weise erzeugte und verstärkte Hochfrequenzschwingung im Takte der Tonfrequenz (Sprechfrequenz) zu modulieren. Dabei ist zu beachten, daß sich die Modulation von der bloßen Überlagerung wesentlich unterscheidet. Es muß die Hochfrequenzschwingung so beeinflußt werden, daß sich ihre Amplitude nach der durch die Tonfrequenzkurve vorgeschriebenen Weise ändert. Dies geschieht entweder durch Beeinflussung des Gitterkreises einer Röhre, der *Modulationsröhre (Gittermodulation)*, oder des Anodenkreises (*Anodenspannungsmodulation*).

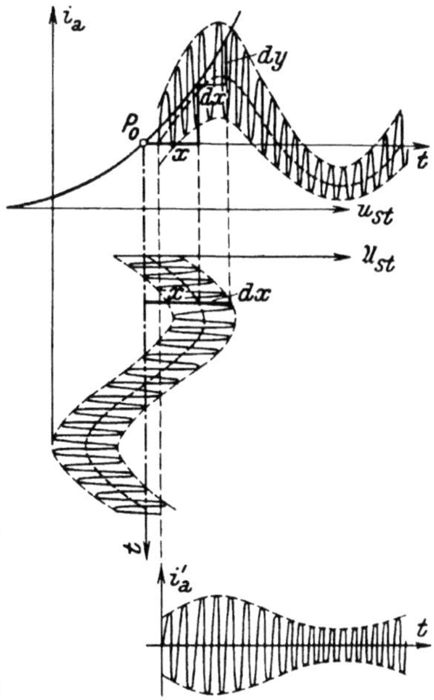

Abb. 135. Gitterwechselstrommodulation. (Prinzip.)

**4. Gittermodulation.** Die einfachste Art der Modulation ist die *Gitterwechselstrommodulation*, jedoch setzt sie eine krummlinige Kennlinie der Modulationsröhre voraus.

Aus dem zweiten Kapitel wissen wir, daß die Lage des Arbeitspunktes $P$ auf der Kennlinie einer Verstärkerröhre durch die Steuervorspannung $U_{st} = U_g + DU_a$ bestimmt ist. Über diese Steuervorspannung lagert sich die Steuerwechselspannung; je nach der Lage des Arbeitspunktes auf der krummlinigen Röhrenkennlinie, also je nach der Größe der Steuervorspannung $U_{st}$, gibt die gleiche Steuerwechselspannung einen größeren oder kleineren Anodenstrom (Abb. 135). Nun ändert man die Gittervorspannung nach Abb. 136[1] im Takte der Tonfrequenz, so daß die auf das

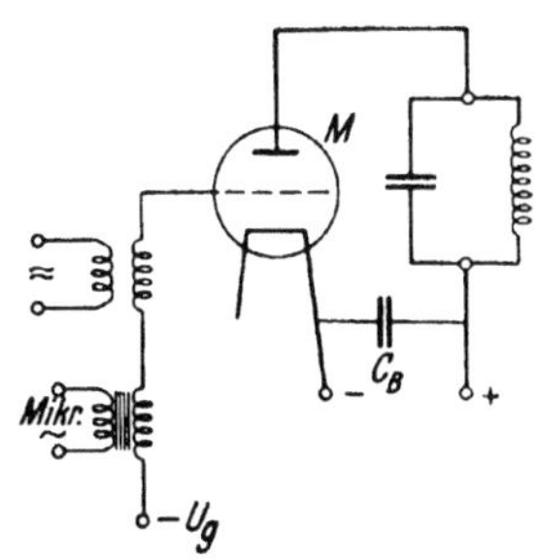

Abb. 136. Gitterwechselstrommodulation. (Schaltung.)

[1] Der in diesem Bilde angedeutete Blockkondensator ermöglicht der Hochfrequenz einen Schluß, ohne über die Anodenspannungsquelle fließen zu müssen.

Gitter wirkende Gitterspannung aus einer einer tonfrequenten Schwingung überlagerten Hochfrequenz besteht. Die Kurve der Tonfrequenz, verursacht durch den Mikrophonstrom, bestimmt die jeweilige Lage des Arbeitspunktes auf der Röhrenkennlinie und damit die Größe der jeweiligen Amplitude der Hochfrequenzschwingung. Wir erhalten einen *modulierten* Anodenstrom, der sich über einen tonfrequenten Mittelwert lagert; dieser verschwindet bei weiterer transformatorischer Übertragung auf einen auf die Hochfrequenz (jedoch nicht scharf!) abgestimmten Schwingungskreis.

Wir wollen noch untersuchen, welche Form die Röhrenkennlinie haben muß, damit eine formgetreue Modulation zustande kommt. Die entsprechende Bedingung lesen wir unmittelbar aus Abb. 135 ab, wobei wir bemerken, daß, wie häufig, die Abbildungen der Deutlichkeit halber keineswegs maßstabrichtig gezeichnet sind. In dem durch den Arbeitspunkt $P_0$ hindurchgelegten Koordinatensystem muß sein:

$$\frac{dy}{dx} = kx. \tag{1}$$

Nur dann ist die Amplitude der hochfrequenten Schwingung proportional der der Tonfrequenz. Die Integration dieser einfachen Differentialgleichung ergibt:

$$y = k_1 x^2 + k_2, \tag{2}$$

d. h. die Kennlinie der Modulationsröhre muß eine Parabel sein.

Eine andere Art der Modulation durch Beeinflussung des Gitters der Modulationsröhre ist die *Gittergleichstrommodulation.*[1] Sie ist leicht zu verstehen, wenn man berücksichtigt, daß eine in einen Stromkreis geschaltete Dreielektrodenröhre von konstanter Gitterspannung wie ein konstanter Ohmscher Widerstand, oder im Falle einer langsamen Änderung der Gitterspannung wie ein langsam veränderter Widerstand wirkt:

$$J = f(U_g + D\,U_a) = S(U_g + D\,U_a), \tag{3}$$

$$J = \frac{U_a}{R}, \quad R = \frac{U_a}{S(U_g + D\,U_a)}. \tag{4}$$

[1]) Zu der hier gegebenen Darstellung wird bemerkt, daß es sich nur um eine ganz rohe Theorie handelt, die kaum mehr als die qualitative Seite der Aufgabe zu beleuchten imstande ist.

Durch geeignete Wahl der Vorspannungen $U_g$ und $U_a$ kann dem Widerstand $R$ innerhalb eines gewissen Bereiches jeder beliebige Wert gegeben werden, und ebenso kann durch langsame Änderung von $U_g$ sein Wert innerhalb eines bestimmten Bereiches langsam geändert werden.

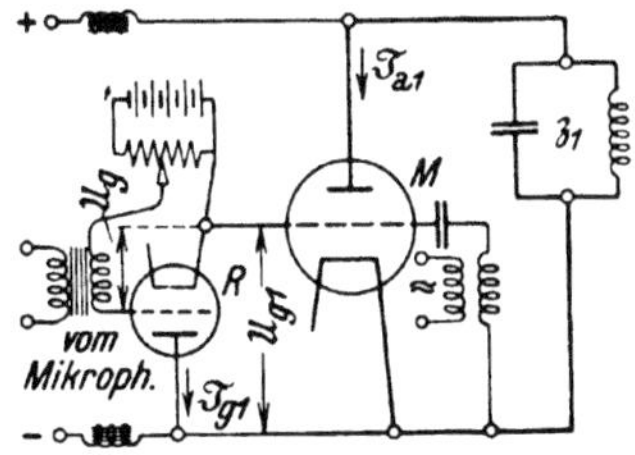

Abb. 137. Gittergleichstrommodulation.

Bei der Gittergleichstrommodulation Abb. 137 schalten wir nun in den Gitterkreis der Modulationsröhre $M$ eine andere Röhre als langsam veränderlichen Gitterwiderstand. Der Gitterkreis dieser zweiten Röhre $R$ wird durch die vom Mikrophonstrom erzeugten Spannungen beeinflußt. Die Vorspannungen dieser Gitterkreisröhre $R$ werden so eingestellt, daß in der Modulationsröhre $M$ ein Gitterstrom fließt; der unter dem Einfluß der hochfrequenten Gitterspannungsschwankungen in $M$ entstehende hochfrequente Wechselstrom $J_1$[1] verteilt sich auf Gitter und Anode dieser Röhre:

$$\mathfrak{J}_1 = \mathfrak{J}_{a1} + \mathfrak{J}_{g1}, \quad \mathfrak{J}_{g1} = \frac{\mathfrak{U}_{g1}}{R}, \quad \frac{1}{R} = S\,\frac{U_g + D\,U_a}{U_a}, \qquad (5)$$

$$\mathfrak{J}_1 = S_1(\mathfrak{U}_{g1} + D_1\,\mathfrak{U}_{a1}) = S_1\,\mathfrak{U}_{g1} - \mathfrak{J}_{a1}\frac{\mathfrak{z}_1}{R_{i1}} = \mathfrak{J}_{a1} + \mathfrak{J}_{g1},$$

$$\mathfrak{J}_{a1}\left(1 + \frac{\mathfrak{z}_1}{R_{i1}}\right) = S_1\,\mathfrak{U}_{g1} - \mathfrak{J}_{g1} = \mathfrak{U}_{g1}\left(S_1 - \frac{1}{R}\right). \qquad (6)$$

Nun werde $U_g$ um $-\Delta U_g$ geändert

$$\Delta\,\frac{1}{R} = -S\,\frac{\Delta U_g}{U_a}; \qquad (7)$$

damit ändert sich also auch $\mathfrak{J}_{a1}$ um $\Delta\mathfrak{J}_{a1}$

$$\left(1 + \frac{\mathfrak{z}_1}{R_{i1}}\right)\Delta\mathfrak{J}_{a1} = \frac{S}{U_a}\,\mathfrak{U}_{g1}\,\Delta U_g, \qquad (8)$$

$$\Delta\mathfrak{J}_{a1} = \frac{1}{1 + \frac{\mathfrak{z}_1}{R_{i1}}}\,\frac{S}{U_a}\,\mathfrak{U}_{g1}\,\Delta U_g. \qquad (9)$$

[1] Alle sich auf die Röhre $M$ beziehenden Größen sind durch den Index 1 gekennzeichnet.

Erfolgt die Änderung von $U_g$ im Takte einer Tonfrequenz $\omega$:

$$\Delta U_g = \bar{u}_g \sin \omega t, \tag{10}$$

so ist:

$$\Delta \mathfrak{J}_{a1} = \frac{\frac{1}{D_1} \mathfrak{U}_{g1}}{R_{i1} + \mathfrak{z}_1} \frac{1}{U_a} \bar{u}_g \sin \omega t. \tag{11}$$

Somit ergibt sich der Gesamtstrom $\mathfrak{J}_{a1\,res}$ im Anodenkreis der Modulationsröhre:

$$\mathfrak{J}_{a1\,res} = \mathfrak{J}_{a1} + \Delta \mathfrak{J}_{a1}; \tag{12}$$

aus (6) entnehmen wir:

$$\mathfrak{J}_{a1} = \mathfrak{U}_{g1} \frac{\frac{1}{D_1} - \frac{R_{i1}}{R}}{R_{i1} + \mathfrak{z}_1}, \tag{6'}$$

so daß wir erhalten:

$$\mathfrak{J}_{a1\,res} = \mathfrak{U}_{g1} \frac{\frac{1}{D_1} - \frac{R_{i1}}{R}}{R_{i1} + \mathfrak{z}_1} + \mathfrak{U}_{g1} \frac{\frac{1}{D_1}}{R_{i1} + \mathfrak{z}_1} \frac{\bar{u}_g}{U_a} \sin \omega t \tag{13}$$

und daraus mit $u_{g1} = \bar{u}_{g1} \sin \omega_1 t$

$$i_{a1\,res} = (\bar{i}_{11} + \bar{i}_{12} \sin \omega t) \sin (\omega_1 t + \varphi_1), \tag{14}$$

also tatsächlich die Gleichung eines im Takte der Tonfrequenz $\omega$ modulierten Hochfrequenzstromes von der Frequenz $\omega_1$.

**5. Anodenmodulation.** Bei dieser Art der Modulation wird entweder der Anodenstrom oder die Anodenspannung der Modulationsröhre beeinflußt. Wir besprechen zwei der möglichen Arten.

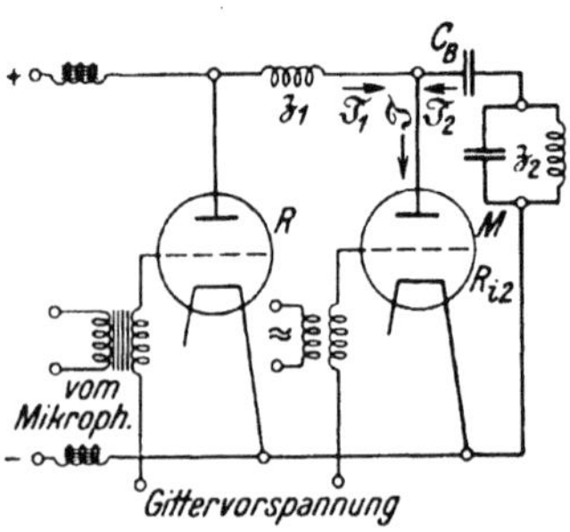


Abb. 138. Die Heising-Schaltung.

Die *Heising-Schaltung* wirkt durch Beeinflussung des Anodenstromes. Der Modulationsröhre $M$ ist eine als veränderlicher Widerstand $R$ wirkende zweite Röhre parallelgeschaltet, deren Widerstand im Takte der Sprechströme (Tonfrequenz) geändert wird (Abb. 138). Der in $M$ erzeugte hochfrequente Anodenstrom $\mathfrak{J}$ verteilt sich auf die Zweige $\mathfrak{z}_1$ und $\mathfrak{z}_2$ im Verhältnis der Scheinwiderstände. Die Anwendung der Kirchhoffschen Gesetze ergibt:[1]

[1] Alle sich auf die Röhre $M$ beziehenden Größen sind durch den Index 2 gekennzeichnet.

$$\left.\begin{aligned}\mathfrak{J}_1(R+\mathfrak{z}_1)+\mathfrak{J}R_{i2}&=\frac{\mathfrak{U}_{g2}}{D_2}\\ \mathfrak{J}_2\mathfrak{z}_2+\mathfrak{J}R_{i2}&=\frac{\mathfrak{U}_{g2}}{D_2}\end{aligned}\right\}\tag{1}$$

$$\mathfrak{J}=\mathfrak{J}_1+\mathfrak{J}_2,\tag{2}$$

$$\mathfrak{J}_1(R+R_{i2}+\mathfrak{z}_1)+\mathfrak{J}_2R_{i2}=\frac{\mathfrak{U}_{g2}}{D_2},$$

$$\mathfrak{J}_1R_{i2}+\mathfrak{J}_2(\mathfrak{z}_2+R_{i2})=\frac{\mathfrak{U}_{g2}}{D_2},$$

$$\mathfrak{J}_1(R+R_{i2}+\mathfrak{z}_1)R_{i2}+\mathfrak{J}_2R_{i2}^2=\frac{\mathfrak{U}_{g2}}{D_2}R_{i2},$$

$$\mathfrak{J}_1(R+R_{i2}+\mathfrak{z}_1)R_{i2}+\mathfrak{J}_2(\mathfrak{z}_2+R_{i2})(R+R_{i2}+\mathfrak{z}_1)=$$
$$=\frac{\mathfrak{U}_g}{D_2}(R+R_{i2}+\mathfrak{z}_1),$$

$$\mathfrak{J}_2\left\{(\mathfrak{z}_2+R_{i2})(R+R_{i2}+\mathfrak{z}_1)-R_{i2}^2\right\}=\frac{\mathfrak{U}_{g2}}{D_2}(R+\mathfrak{z}_1),$$

$$\mathfrak{J}_2=\frac{\mathfrak{U}_{g2}}{D_2}\,\frac{R+\mathfrak{z}_1}{(\mathfrak{z}_2+R_{i2})(R+R_{i2}+\mathfrak{z}_1)-R_{i2}^2},\tag{3}$$

worin, wie im vorhergehenden Abschnitt (4):

$$R=\frac{U_{a1}}{S_1(U_{g1}+D_1U_{a1})}.\tag{4}$$

Durch „Besprechung“ der Röhre $R$ wird nun dieser Widerstand $R$ im Takte der Tonfrequenz langsam geändert, da sich dabei $U_{g1}$ ändert; die Änderung von $U_{g1}$ sei $-\Delta U_{g1}$; dann ist:

$$R+\Delta R=\frac{U_{a1}}{S_1(U_{g1}+D_1U_{a1})-S_1\Delta U_{g1}}.\tag{5}$$

Somit wird, wenn wir die Änderung von $R$ im Nenner von (3) unberücksichtigt lassen und $\Delta U_{g1}\ll U_{g1}+D_1U_{a1}$,

$$\mathfrak{J}_{2res}=\frac{\mathfrak{U}_{g2}}{D_2}\,\frac{1}{(\mathfrak{z}_2+R_{i2})(R+R_{i2}+\mathfrak{z}_1)-R_{i2}^2}\cdot$$
$$\cdot\left\{\mathfrak{z}_1+\frac{U_{a1}}{S_1(U_{g1}+D_1U_{a1})}\left(1+\frac{\Delta U_{g1}}{S_1(U_{g1}+D_1U_{a1})}\right)\right\}\tag{6}$$

mit

$$\Delta U_{g1}=\bar{u}_{g1}\sin\omega_1t\quad\text{und}\quad u_{g2}=\bar{u}_{g2}\sin\omega_2t$$

erhalten wir wieder:

$$i_{2res}=(\bar{\imath}_{11}+\bar{\imath}_{12}\sin\omega_1t)\sin(\omega_2t+\varphi_2),\tag{7}$$

eine im Takte der Tonfrequenz $\omega_1$ modulierte hochfrequente Schwingung von der Kreisfrequenz $\omega_2$. Die in Abb. 138 angedeutete Hochfrequenzdrossel $\mathfrak{z}_1$ verhindert, daß sich die ganze Hochfrequenz über $R$ schließt, hingegen hält der Blockkondensator $C_B$ den Gleichstrom vom Schwingungskreis fern.

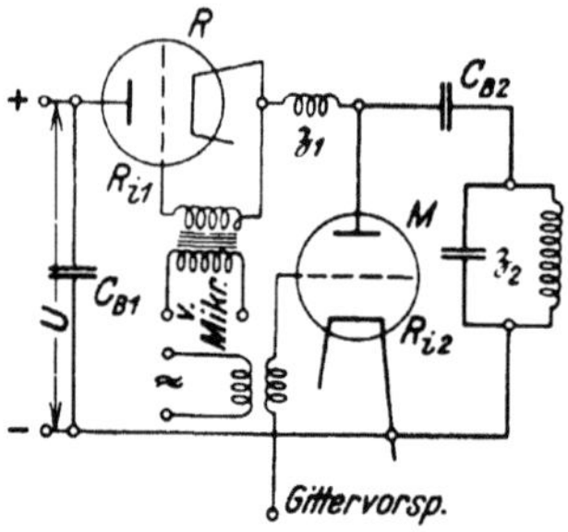


Abb. 139. Die Serienschaltung.

Bei der *Serienschaltung*, Abb. 139, ist vor die Modulationsröhre $M$ die zweite Röhre von dem Widerstand $R$ geschaltet. Auch auf diesem Wege kann eine Modulation des in der Röhre $M$ erzeugten Hochfrequenzstromes erfolgen. Dieser verteilt sich wieder auf die beiden Kreise mit $\mathfrak{z}_1$ und $\mathfrak{z}_2$

$$\mathfrak{J} = \mathfrak{J}_1 + \mathfrak{J}_2, \tag{8}$$

die Vorröhre $R$ bildet den veränderlichen Widerstand im Kreise $\mathfrak{z}_1$, der durch die vom Mikrophonstrom erzeugten Spannungen beeinflußt wird. Für die Röhre $R$ ergibt die Grundgleichung, wie immer geradliniger Teil der Kennlinie vorausgesetzt:

$$J = S_1 (U_{g1} + D\, U_{a1}) = S_1\, U_{g1} + \frac{1}{R_{i1}} U_{a1}, \tag{9}$$

$$J R_{i1} = \frac{U_{g1}}{D_1} + U_{a1}, \tag{10}$$

$$J R_{i2} = \frac{U_{g2}}{D_2} + U_{a2}, \tag{11}$$

$$J (R_{i1} + R_{i2}) = U + \frac{U_{g1}}{D_1} + \frac{U_{g2}}{D_2},$$

$$J = \frac{1}{R_{i1} + R_{i2}} \left(U + \frac{U_{g1}}{D_1} + \frac{U_{g2}}{D_2}\right) = \frac{U_{a1}}{R}, \tag{12}$$

$$R = (R_{i1} + R_{i2}) \frac{U_{a1}}{U + \frac{U_{g1}}{D_1} + \frac{U_{g2}}{D_2}}. \tag{13}$$

Aus (10) berechnen wir die Anodenspannung $U_{a1}$

$$U_{a1} = J R_{i1} - \frac{U_{g1}}{D_1} = \frac{R_{i1}}{R_{i1} + R_{i2}} \left(U + \frac{U_{g1}}{D_1} + \frac{U_{g2}}{D_2}\right) - \frac{U_{g1}}{D_1}. \tag{14}$$

Damit wird:

$$R = R_{i1} - \frac{U_{g1}}{D_1} \frac{R_{i1} + R_{i2}}{U + \frac{U_{g1}}{D_1} + \frac{U_{g2}}{D_2}}. \tag{15}$$

Mit einer Änderung des $U_{g1}$ um $-\Delta U_{g1}$ ist also wieder eine Änderung des $R$ verbunden

$$R_{res} = R_{i1} - \frac{U_{g1}}{D_1} \frac{R_{i1} + R_{i2}}{U + \frac{U_{g1}}{D_1} + \frac{U_{g2}}{D_2}} + \frac{\Delta U_{g1}}{D_1} \frac{R_{i1} + R_{i2}}{U + \frac{U_{g1}}{D_1} + \frac{U_{g2}}{D_2}}, \tag{16}$$

wobei wir die Änderung von $U_{g1}$ im Nenner der Brüche vernachlässigen. Wir schreiben diese Gleichung vereinfacht

$$R_{res} = R + k\,\Delta U_{g1}, \tag{16'}$$

und setzen in die oben gefundene Gl. (3), die auch hier gilt, für $\mathfrak{J}_2$ ein:

$$\mathfrak{J}_2 = \frac{\mathfrak{U}_{g2}}{D_2} \left\{ \frac{R + \mathfrak{z}_1}{(\mathfrak{z}_2 + R_{i2})(R + R_{i2} + \mathfrak{z}_2) - R_{i2}^2} + \Delta U_{g1} \frac{k}{\div} \right\}; \tag{17}$$

mit $\Delta U_{g1} = \bar{u}_{g1} \sin \omega_1 t$ und $u_{g2} = \bar{u}_{g2} \sin \omega_2 t$ erhalten wir oben:

$$i_{2\,res} = (\bar{i}_{11} + \bar{i}_{12} \sin \omega_1 t) \sin (\omega_2 t + \varphi_2). \tag{18}$$

**6. Beispiel eines Großsenders.** Zum Abschluß dieses Teiles besprechen wir als Beispiel für einen ausgeführten Sender das Schaltbild des Großsenders *Bisamberg* (Abb. 140).

Die Erzeugung der Hochfrequenz erfolgt in der ersten Senderstufe durch einen in einem Thermostaten angeordneten Steuerquarz. Die so erzeugten Schwingungen werden durch kapazitive Kopplung auf das Gitter der Röhre der zweiten Senderstufe übertragen. Eine Selbsterregung dieser Röhre ist durch die Anordnung eines Neutrodynkondensators verhindert. Die Abstimmung des Anodenkreises erfolgt mittels Drehkondensators. Ebenso wie die zweite sind auch die dritte und vierte Senderstufe reine Verstärkerstufen; sie unterscheiden sich von der zweiten nur durch die Verwendung von Variometern als Abstimmorgan im Anodenkreis. Die Anodenspannungen dieser vier Senderstufen werden durch Hochspannungsmaschinen erzeugt, die übrigen erhalten die Anodenspannung von einem Quecksilberdampfgleichrichter mit Siebketten. Die Heizung aller Röhren mit Ausnahme der letzten erfolgt von einem Gleichstromgenerator aus, die Gitterspannungen werden in Maschinen oder (Stufe VI) in einer Gleichrichteranordnung erzeugt. Um den hochfrequenten Strömen die verlustreichen Wege über Maschinen oder Gleichrichter zu sparen, sind Kondensatoren angeordnet, die ihnen den Durchgang ermöglichen.

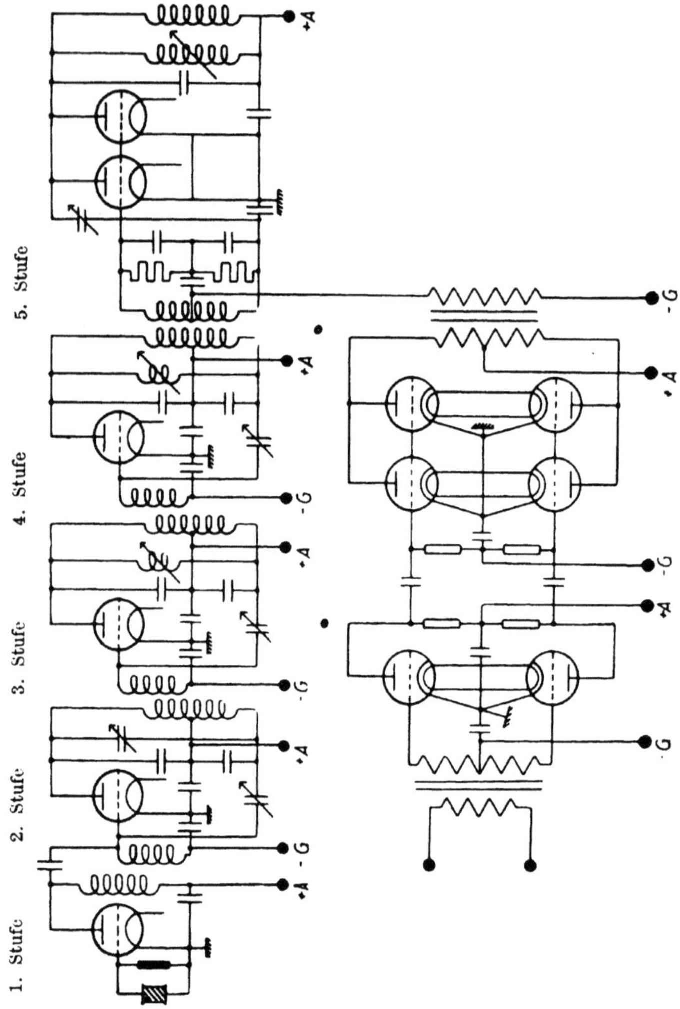


Abb. 140a. Großsender Bisamberg (Stufen 1 bis 5).

Die Modulation erfolgt als Gitterwechselstrommodulation in der V. Senderstufe. In dieser Stufe treffen wir zwei interessante Abänderungen. Es ist der Gitterkreis als Schwingungskreis mit Dämpfungswiderstand ausgebildet und ferner erfolgt die Neutralisation der Gitter-Anoden-Kapazität in anderer als der bisher bekannten Weise.

Der Dämpfungswiderstand im Gitterkreis dieser Senderstufe hat den folgenden Zweck: Wegen sonst eintretender Verzerrungen

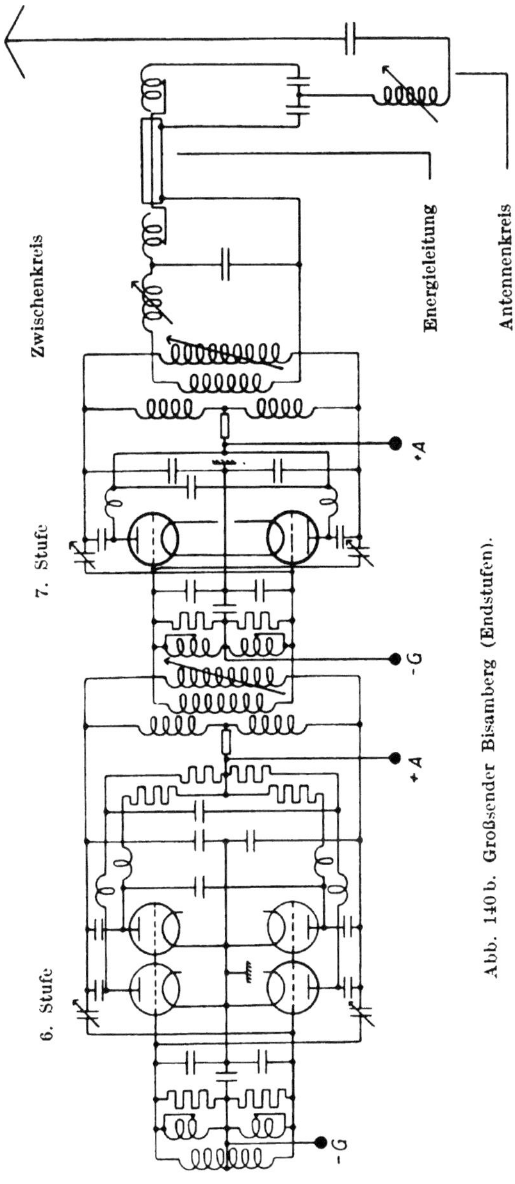


Abb. 140 b. Großsender Bisamberg (Endstufen).

darf der geradlinige Teil der Röhrenkennlinie nicht überschritten werden; es muß also der Strom im Gitterschwingungskreis und damit auch die Gitterspannung begrenzt sein; diese Begrenzung ist eben durch den Dämpfungswiderstand erreicht. Ferner würden sich bei nahezu widerstandslosem Schwingungskreis am Gitter leicht Unstabilitäten ergeben, da jede kleinste Änderung von $C$, $L$ oder $f$ in diesem Fall sehr bedeutende Änderungen der Stromstärke und damit der Gitterspannung zur Folge haben würde.

Für die folgenden Stufen kommt dann noch der Umstand hinzu, daß Stromkreise, in denen modulierte Schwingungen auftreten sollen, gar nicht scharf abgestimmt sein dürfen; wie aus den folgenden Überlegungen hervorgeht. Es sei $i$ der modulierte Wechselstrom:

$$i = \bar{i}_1 \sin \omega_1 t + \bar{i}_2 \sin \omega_1 t \sin \omega_2 t, \tag{1}$$

$\omega_1$ = Hochfrequenz, $\omega_2$ = Tonfrequenz.
Das erste Glied auf der rechten Seite stellt die sogenannte *Trägerwelle* dar, das zweite zerlegen wir nach einer bekannten trigonometrischen Formel, so daß wir erhalten:

$$i = \bar{i}_1 \sin \omega_1 t + \frac{\bar{i}_2}{2} [\cos (\omega_1 - \omega_2) t - \cos (\omega_1 + \omega_2) t]. \tag{2}$$

Man nennt die beiden letzten Glieder rechts die Gleichungen der beiden *Seitenbänder* und sieht nun, daß jede modulierte Hochfrequenzschwingung aus drei Anteilen besteht: der Trägerwelle von der Kreisfrequenz $\omega_1$, einem Seitenband von der Kreisfrequenz $\omega_1 - \omega_2$ und einem zweiten von der Kreisfrequenz $\omega_1 + \omega_2$. Diese drei Schwingungen müssen sich in dem gegebenen Schwingungskreis ausbilden können. Nun haben wir im ersten Kapitel gesehen, daß die Resonanzkurve eines Schwingungskreises um so steiler ist, je geringer die Dämpfung des Schwingungskreises ist. Wir dürfen aber die Resonanzkurve bei modulierten Schwingungen gar nicht zu steil werden lassen, weil sonst bei scharfer Einstellung auf die Trägerwelle die Seitenbänder benachteiligt oder ganz abgeschnitten würden, wir müssen vielmehr die Resonanzkurve so flach halten, daß Trägerwelle und Seitenbänder in ungeändertem Amplitudenverhältnis auftreten; ein Mittel hierzu ist die Anwendung von Dämpfungswiderständen.

In den Stufen V $\rightarrow$ VII erfolgt die Neutralisation der Gitter-Anoden-Kapazität vom Gitterkreis aus. Der Gitterschwingungskreis ist durch die Zuführung der Gittervorspannung in zwei symmetrische Hälften geteilt; die untere Hälfte ist durch den Neutrodynkondensator mit der Anode verbunden. Die Anode wirkt also durch die Gitter-Anoden-Kapazität auf die obere und durch den Neutrodynkondensator gleich stark, aber entgegengesetzt, auf die untere Hälfte des Gitterkreises, wodurch die Neutralisation erreicht ist.

In den Senderstufen VI und VII sowie im Modulationsverstärker treffen wir eine neue, bisher noch nicht besprochene Verstärkerschaltung, die sogenannte *Gegentaktschaltung*, an. Während bei der gewöhnlichen Verstärkerschaltung der Arbeitspunkt in die Mitte des geradlinigen Teiles der Kennlinie verlegt wird, werden hier die Vorspannungen so gewählt, daß er am Beginn des geradlinigen Teiles der Kennlinie liegt; die Röhre läßt dann nur Strom in der einen Richtung hindurch, gestattet jedoch die Aussteuerung von Amplituden, die der vollen statt der halben Sättigungsspannung gleich sind. Durch Gegenschaltung zweier gleicher Röhren, Abb. 141, wird jeder der beiden Halbwellen des Stromes ein Weg geschaffen. Bei der Gegentaktschaltung müssen zur Neutralisation der Gitter-Anoden-Kapazität zwei Kondensatoren angeordnet werden, die auch im Schaltbild der Stufen VI und VII zu sehen sind.

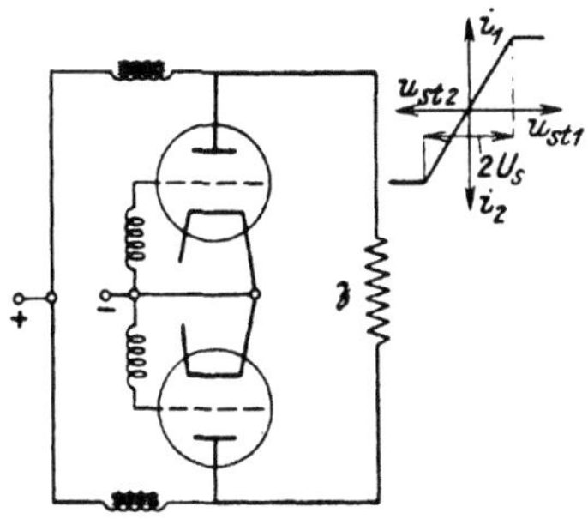

Abb. 141. Gegentaktschaltung.

Zur Aussiebung der Oberwellen arbeitet die letzte Röhre (mit Wechselstrom direkt aus dem Netz geheizt, 300 kW Nennleistung) nicht direkt auf den Antennenkreis, sondern auf einen Zwischenkreis, Sekundärkreis, der mit der als Tertiärkreis wirkenden Energieleitung kapazitiv gekoppelt ist; ihre Schwingungen werden durch kapazitive Kopplung auf die Antenne übertragen. In diese ist ein Verkürzungskondensator und eine Verlängerungsspule geschaltet; die Abstimmung auf die genaue Wellenlänge (506,8 m, 592 kHz) erfolgt durch Veränderung der Selbstinduktion dieser Spule. Als Richtantenne sind zwei verzinkte Eisengittermaste im Abstand von $\frac{\lambda}{4}$ in Verwendung; an Stelle einer Erdung ist ein Gegengewicht angeordnet, das aus zwei symmetrischen, voneinander getrennten, isolierten Netzen besteht. Die Energieleitung ist 160 m lang.

## IV. Wellentelephonie; Empfang.

**1. Allgemeine Bemerkungen.** Die von der Sendeantenne ausgestrahlten elektrischen Wellen breiten sich im Medium aus; in geeignet angeordneten metallischen Gebilden, Empfangsantennen, rufen sie Schwingungen von derselben Frequenz wie die der Schwingungen in der Sendeantenne hervor, deren Kurvenform der der Schwingungen der Sendeantenne geometrisch ähnlich sind. Die Ströme der Empfangsantenne werden gegebenenfalls nach ein- oder mehrmaliger Verstärkung *(Hochfrequenzverstärkung)* einem Gleichrichter (Detektor, Audion usw.) zugeführt; wie wir gesehen haben, schwankt der auf diese Weise entstehende pulsierende Gleichstrom genau im Takte der aufgedrückten Modulationsschwingungen. Dieser pulsierende Gleichstrom wird nun, gegebenenfalls wieder nach ein oder mehrmaliger Verstärkung (*Niederfrequenzverstärkung*), dem Lautsprecher oder Kopfhörer zugeführt, wo die elektromagnetische Energie in akustische Energie umgesetzt wird.

**2. Detektorempfänger.** Das einfachste Beispiel eines Empfängers von Telephonie- (Rundfunk-) Wellen bietet der bekannte *Detektorempfänger.* Als Gleichrichter wird ein *Kristalldetektor* verwendet, bestehend aus einer Kombination zweier Kristalle oder von Kristall-Metall. Bei Wahl zweier geeigneter Substanzen ergibt sich eine *Ventilwirkung,* indem Strom nur in einer Richtung hindurchgelassen wird. Der Mechanismus dieser Ventilwirkung ist noch immer nicht vollkommen erforscht. Möglicherweise hängt sie mit den bei der Berührung verschiedener Leiter auftretenden Kontaktpotentialen zusammen; es wird dann jener Strom bevorzugt, der in der Richtung des auftretenden Potentialsprunges zu fließen sucht, woraus sich die Gleichrichterwirkung erklärt. Jedoch spricht gegen diese Erklärung der Umstand, daß die bevorzugte Stromrichtung nicht immer dieselbe ist, was vielleicht mit der Anlagerung von Staub oder Feuchtigkeit zusammenhängen mag. Wir wollen jedoch darauf nicht näher eingehen.

In Abb. 142a ist der Antennenkreis mit einem Schwingungskreis galvanisch gekoppelt, an dem die Spannung abgenommen wird, die auf den Detektor-Telephon-Kreis wirkt; in Abb. 142b wird die Spannung an der Antennenspule, die beispielsweise als Variometer ausgebildet ist, abgenommen; da bei der letzten Schaltung in Serie zur Antennenkapazität noch ein Kondensator geschaltet ist, ist die resultierende Kapazität verkleinert; diese Schaltung kommt daher für kürzere, die nach Abb. 142a für längere Wellen zur Anwendung. Noch einfacher ist der Detektorempfänger mit Schiebespulen, und zwar im Fall Abb. 143a mit direkter *fixer* und im Fall Abb. 143b mit direkter, *veränderlicher Detektorkopplung*. Bei der letzten Schaltung kann auch der Detektorkreis als Schwingungskreis abgestimmt werden, jedoch ist die Resonanzkurve dieses Kreises wegen des großen Widerstandes des Detektors sehr flach.

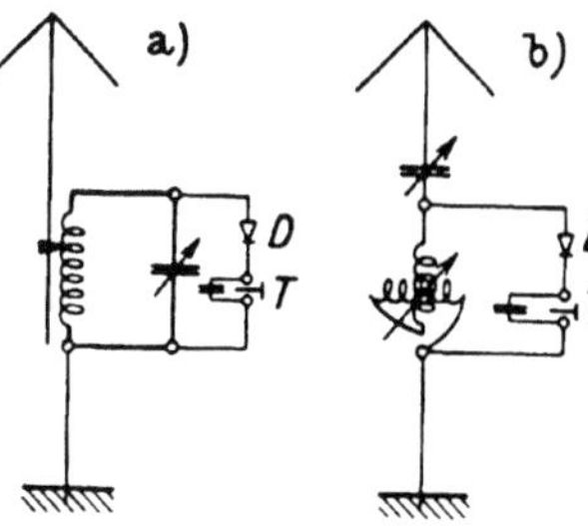

Abb. 142. Detektorempfänger.

Da der einfache Detektorempfänger keine eigene Energiequelle besitzt, muß mit der von der Antenne aufgenommenen Energie das Auslangen gefunden werden. Es muß also eine gute Antenne verwendet werden, die auf die Wellenlänge der ankommenden Welle abgestimmt ist, und ferner kommt dieser Empfänger nur für den Empfang des Ortssenders im Kopfhörer in Betracht, da die verfügbare Energie für den Lautsprecher nicht ausreicht. Mit diesen Einschränkungen erreicht man jedoch meist einen überraschend guten und vor allem — wegen des Fehlens verzerrender Zwischenglieder — reinen Empfang.

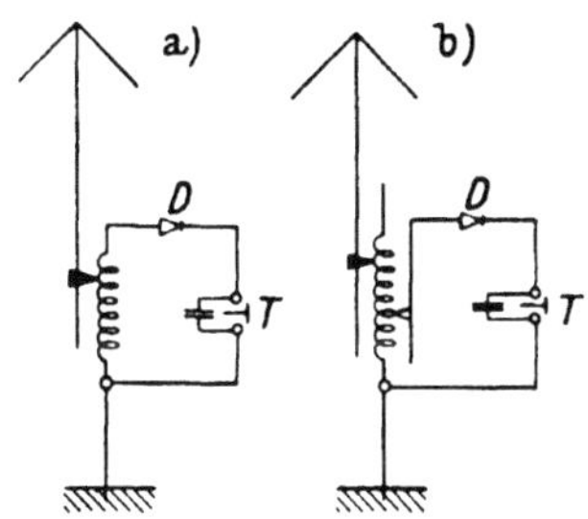

Abb 143. Detektorempfänger mit Schiebespule.

**3. Geradeausempfänger.** Wenden wir uns nun den Röhrenempfängern zu, so müssen wir zwei verschiedene Systeme unterscheiden: den *Geradeausempfänger* und den *Überlagerungsempfänger* oder *Superheterodynempfänger*, kurz „*Super*" genannt. Wir betrachten zuerst den Geradeausempfänger.

Man gelangt zu dem einfachsten Röhrenempfänger, dem *Einröhrengerät*, wenn man in einer der Schaltungen nach Abb. 142 die verfügbare Wechselspannung auf das Gitter einer als *Audion* geschalteten Elektronenröhre wirken läßt. In dieser erfolgt dann gleichzeitig Verstärkung und Gleichrichtung der ankommenden modulierten Hochfrequenzschwingung (Abb. 144). Im Anodenkreis liegt das Telephon oder der Lautsprecher in Serie mit der Anodenbatterie. Es ist selbstverständlich, daß der Gitterkreis nicht unbedingt, wie hier gezeichnet, als Sperrkreis in die Antennenleitung geschaltet sein muß, sondern, daß er auch irgendwie, z. B. induktiv mit der Antenne gekoppelt sein kann, wie wir überhaupt immer die Beispiele für Schaltungen so wählen, daß sie das Wesentliche der betreffenden Schaltung möglichst deutlich aufzeigen, ohne Rücksicht darauf, welche besondere Anordnung in dem einzelnen Fall gerade die zweckmäßigste ist. — Wir sehen schon hier das für den Röhrenempfänger Wesentliche: Die von der Antenne aufgenommene Energie wird nur zur *Steuerung* der eigentlich im Empfänger verwendeten Energie benützt, die einzig aus den Stromquellen des Empfängers, also hauptsächlich aus der Anodenbatterie stammt.

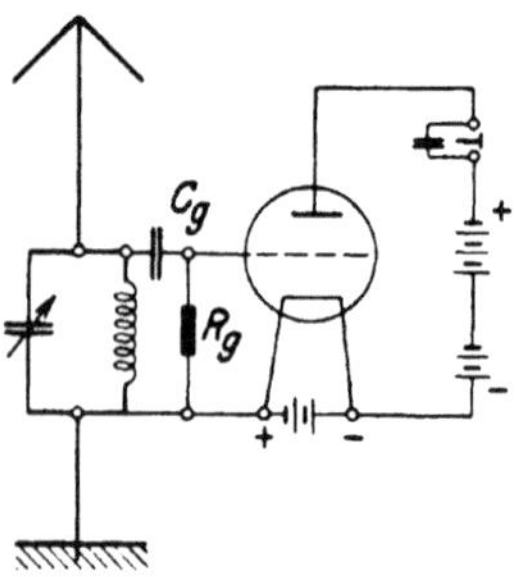

Abb. 144. Einröhrengerät.

Schalten wir vor das Audion noch eine Hochfrequenzverstärkungsstufe und hinter das Audion noch eine Niederfrequenzverstärkerstufe, so gelangen wir zu einem Dreiröhrengerät, wie es früher vielfach verwendet wurde. Da aber die Hochfrequenzverstärkerstufe einerseits nicht gut ausgenützt ist (die Amplituden der ankommenden Schwingungen sind viel kleiner als die Hälfte des geradlinigen Teiles der Röhrenkennlinie) und anderseits die damals verwendete Eingitterröhre in dieser Stufe leicht Anlaß zu unerwünschten Rückkopplungen gibt, verzichtete man auf die Hochfrequenzverstärkung und ordnete eine zweite Niederfrequenzstufe an, wodurch schon guter Lautsprecherempfang der stärkeren Sender möglich wird. Die Kopplung zwischen Audion und Niederfrequenzverstärker oder zwischen zwei Niederfrequenzstufen kann als transformatorische oder als Widerstandskopplung ausgeführt sein. Die transformatorische Kopplung hat den Vorteil, größere Spannungen auf das Gitter der nächsten Röhre einwirken lassen zu können, ist aber teuer, da erstklassige Niederfrequenztransformatoren verwendet werden müssen, wenn die Verstärkung verzerrungsfrei erfolgen soll; hingegen ist die Widerstandskopplung einfach, billig und absolut verzerrungsfrei, jedoch weniger wirksam; wir deuten beide Möglichkeiten in einer Schaltung,

Abb. 145, an, in der auch der Gitterwiderstand des Audion formal etwas anders geschaltet ist. Natürlich können für jede Röhre besondere Anzapfungen der Anoden- und Gitterbatterie vorgesehen sein. Um den Widerstand im Anodenkreis der letzten Röhre dem inneren Widerstand dieser Röhre besser anpassen zu können, werden Lautsprecher oder Kopfhörer häufig nicht direkt, sondern unter Vermittlung eines *Ausgangstransformators* angeschlossen. Bei Entnahme der Anodenspannung aus dem Lichtnetz und Verwendung von Kopfhörern muß dieser Ausgangstransformator auch aus Sicherheitsgründen vorgesehen sein.

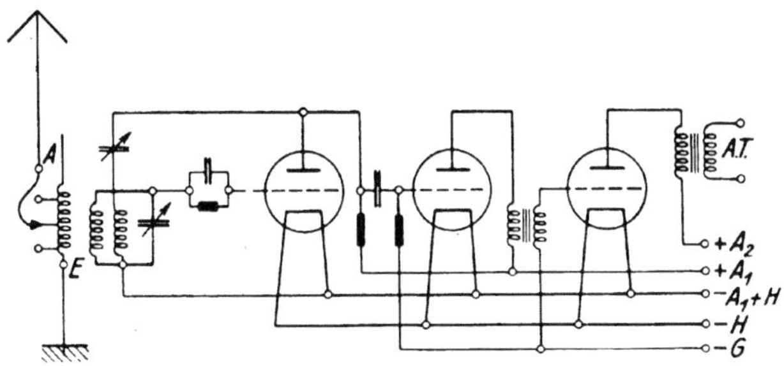


Abb. 145. Dreiröhrenempfänger.

Einen großen Fortschritt bedeutet die Einführung des *Rückkopplungsprinzips* in den Empfängerbau. Läßt man nämlich die im Anodenkreis des Audion noch immer vorhandene, aber schon wesentlich verstärkte Hochfrequenzschwingung wieder auf den Gitterkreis der ersten Röhre zurückwirken (Rückkopplung) (Abb. 145), so ergibt sich, wie im zweiten Kapitel gezeigt wurde, eine wesentliche Verminderung der Dämpfung. In den meisten Fällen ist die Rückkopplung induktiv und wird der Größe und Phase nach mittels eines in den Rückkopplungskreis geschalteten Kondensators geregelt. Anfangs wurde die Stärke der Rückkopplung durch Veränderung der gegenseitigen Induktion zwischen Gitter- und Rückkopplungsspule beeinflußt — Schwenkspule. Wird die Rückkopplung so weit getrieben, daß der gesamte Ohmsche Widerstand der Schwingungskreise durch sie kompensiert wird, so beginnt die Röhre in den Generatorzustand überzugehen; sie erzeugt selbständig Schwingungen, deren Frequenz durch die Parameter der Schwingungskreise und der Röhre gegeben ist, wie dies im zweiten Kapitel gezeigt wurde. Diese Schwingungen interferieren mit den ankommenden Schwingungen und geben zu Schwebungen Anlaß, die nach der Gleichrichtung im Audion die bekannten und beliebten Heul- und Pfeiftöne hervorrufen, mit deren Hilfe bei den einfachen rückgekoppelten Empfängern die Einstellung der einzelnen Sendestationen erfolgt. In diesem Zustand ist jedoch der Empfänger nicht zu gebrauchen, die Rückkopplung muß vielmehr so weit vermindert werden, daß die Röhre eben noch nicht schwingt.

Über die Rückkopplung und die damit zusammenhängenden Erscheinungen wäre noch vieles zu sagen, jedoch kann darauf nicht näher eingegangen werden, ebensowenig wie auf jene Schaltungen, die dazu dienen, die Rückkopplung über die reine Entdämpfung hinaus zu verstärken (Flewelling-Schaltung u. dgl.) oder auch auf jene Schaltungen, die zum Ziel haben, die mit einer ausgiebigen Hochfrequenzverstärkung verbundenen Nachteile, hauptsächlich der Selbsterregung über die Gitter-Anoden-Kapazität, zu vermeiden (Neutrodynschaltung, siehe auch den entsprechenden Abschnitt beim Sender!). Hingegen soll noch eine Schaltung kurz erwähnt werden, deren Prinzip auch bei modernen Empfängern verwendet wird, die *Reflexschaltung*, Abb. 146. Sie beruht auf der Überlegung, daß eine Hochfrequenzverstärkerröhre (älterer Form) wegen der geringen aufgedrückten Gitterwechselspannungen nur in einem kleinen Gebiet des geradlinigen Teiles der Kennlinie beaufschlagt ist; man kann also die niederfrequente Schwingung, die nach der Gleichrichtung überbleibt, wieder auf die Hochfrequenzröhre zurückleiten (reflektieren), wenn man nur dafür sorgt, daß die resultierenden Amplituden der Gitterspannung nicht so groß werden, daß der geradlinige Teil der Kennlinie, in dem allein eine verzerrungsfreie Verstärkung möglich ist, nicht überschritten wird.

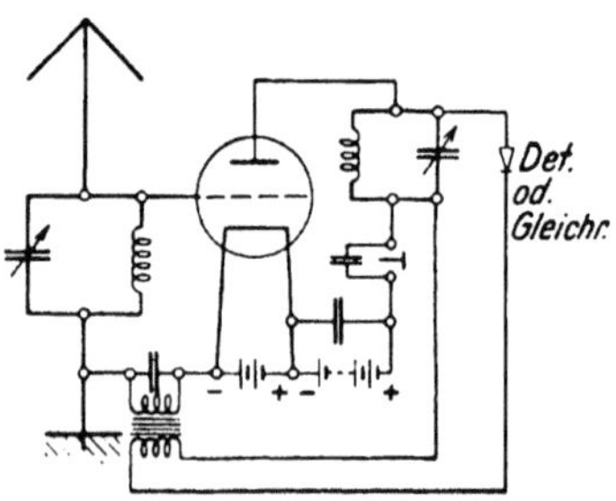

Abb. 146. Reflexschaltung.

Die komplizierten „Geradeaus"-Empfangsschaltungen sind jedoch durch die Entwicklung des Superheterodynempfängers fast vollkommen verdrängt. Mehr und mehr scheinen sich zwei Typen von Empfängern auszubilden: der einfache Geradeausempfänger, der jedoch durch die Verwendung der modernen Röhren und von Spulen mit Eisenkern ganz ausgezeichnete Ergebnisse liefern kann, und der „Super", der, besonders wenn er mit selbsttätigem Fadingausgleich u. dgl. versehen ist, zu den vollkommensten und leistungsfähigsten Empfängern gehört.

Als Beispiel für einen modernen Geradeausempfänger wollen wir den „Zwei-Röhren-Volksempfänger für Gleichstrom" besprechen, der in Heft 44 der Radio-Woche 1933 beschrieben ist. Wir werden an diesem Beispiel noch einiges besprechen können, das zu behandeln bisher die Gelegenheit fehlte. Es versteht sich von

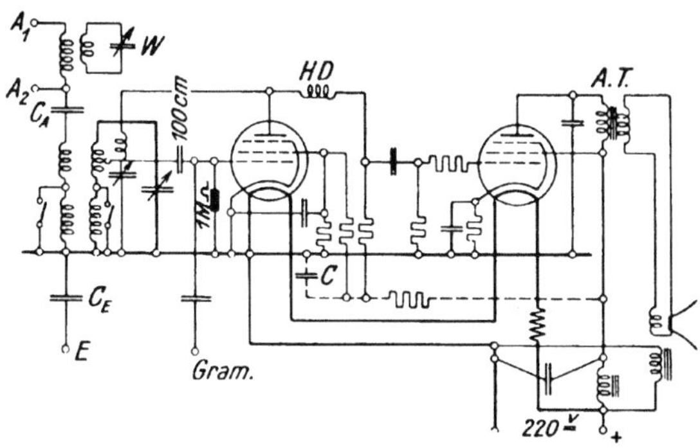


Abb. 147. Einfacher moderner Geradeausempfänger.

selbst, daß der moderne Empfänger als „Vollnetzgerät" ausgebildet ist, also Heiz- und Anodenspannung dem Netz zu entnehmen gestattet. Die Entnahme des Heizstromes aus dem Gleichstromnetz wurde erst durch die indirekt geheizten Röhren mit 20 Volt Heizspannung rationell, bei denen der Heizfaden ein Kaolinröhrchen erhitzt, auf dem die emittierende Schicht angebracht ist. Diese Art der Heizung hat den weiteren Vorteil, Netzgeräusche vom Empfänger fernzuhalten. Derzeit kommen übrigens schon Röhren auf den Markt, deren Heizung an die volle Netzspannung gelegt werden kann.

In Abb. 147 ist die Schaltung dieses für Gleichstrom-Vollnetzanschluß bestimmten Empfängers dargestellt. Sie ist, abgesehen von einigen Einzelheiten, auf die wir noch zu sprechen kommen, leicht verständlich. Im Antenneneingang ist zunächst eine Kopplungsspule angeordnet, mit der die *Wellenfalle W*, ein aus Kapazität und Selbstinduktion bestehender Resonanzkreis, induktiv gekoppelt ist. Ist ein störender Sender, z. B. der Ortssender, vorhanden (Kreisfrequenz $\omega$), so wird der Resonanzkreis auf diese Frequenz abgestimmt. In ihm entstehen starke Ströme, die auf den Primärkreis induzierend zurückwirken. Die entstehende EMK der gegenseitigen Induktion wirkt der aufgedrückten Spannung von der Frequenz $\omega$ gerade entgegen, so daß sich beide in ihrer Wirkung aufheben (Abb. 148). Der gekoppelte Resonanzkreis wirkt also wie ein eingeschalteter Sperrkreis.

In der beschriebenen Schaltung sind *Penthoden* verwendet, und zwar eine Hochfrequenz- und eine Niederfrequenzpenthode (Fünfelektrodenröhre). Diese gehen aus der bekannten Schirmgitterröhre hervor. Um eine große Verstärkung zu erreichen, müssen Röhren von großer Steilheit verwendet werden. Solche Röhren aber erregen sich unter dem Einfluß der Gitter-Anoden-Kapazität leicht selbst, was durch Anordnung des zwischen Steuergitter und Anode liegenden *Schirmgitters* verhindert wird, das das Steuergitter gegen die Anode fast vollkommen abschirmt. Dieses Schirmgitter hat aber einen fühlbaren Nachteil: Die mit großer Geschwindigkeit auf die Anode auftreffenden Elektronen lösen dort Sekundärelektronen aus, die auf das positiv geladene Schirmgitter übergehen. Der Strom dieser Sekundärelektronen ist aber dem Anodenstrom gerade entgegengesetzt gerichtet und schwächt ihn daher, so daß die Steilheit wieder vermindert wird. Um ihn zu unterdrücken, wird zwischen Schirmgitter und Anode ein drittes Gitter als *Bremsgitter* angeordnet, das mit der Kathode verbunden ist. Das System Anode-Bremsgitter-Schirmgitter wirkt nun bezüglich der Sekundärelektronen wie eine Dreielektronenröhre (Kathode-Gitter-Anode) mit starker negativer Gittervorspannung; der Strom der Sekundärelektronen wird vollkommen zum Verschwinden gebracht, und wir haben die hohe Steilheit der Röhre bewahrt, ohne die Gitter-Anoden-Kapazität fürchten zu müssen.

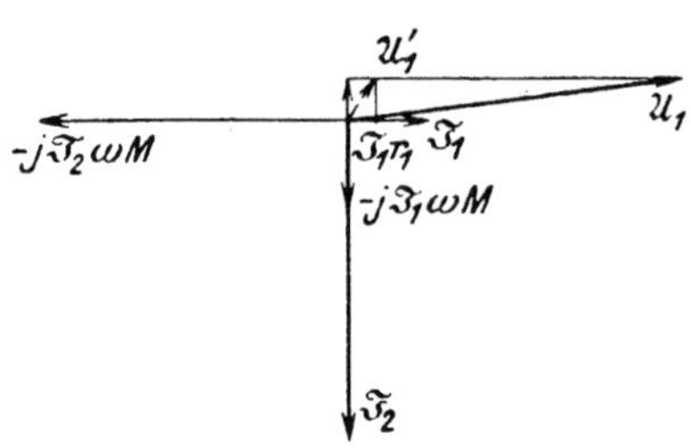


Abb. 148. Diagramm der Wellenfalle.[1]

Die beiden Röhren sind durch Widerstandskopplung verbunden, an einzelnen Stellen sind Kondensatoren angeordnet,

[1] $\mathfrak{U}_1$ ist der Spannungsabfall an der primären Spule der Wellenfalle, $\mathfrak{U}_1'$ wäre er bei gleichem Strom $\mathfrak{J}_1$, wenn der Sekundärkreis nicht vorhanden wäre.

die der Hochfrequenz einen widerstandslosen Weg bieten. Antennen- und Erdanschluß sind durch große Blockkondensatoren von der an dem Lichtnetz liegenden Schaltung abgetrennt. Parallel zur Primärwicklung des Ausgangstransformators ist ein Kondensator von 3000 bis 5000 cm Kapazität geschaltet, der die Bevorzugung[1] der hohen Töne ausgleicht und somit die Klangfarbe beeinflußt. Netzgeräusche werden durch Eisendrossel und Kondensator unterdrückt. Der zwischen positiver und negativer Leitung liegende Kondensator *C* bildet die Rückleitung für die hoch- und niederfrequenten Ströme in den Anodenkreisen der beiden Röhren. Bei manchen Anordnungen bildet die Erregerwicklung des elektrodynamischen Lautsprechers gleichzeitig die Siebdrossel für den Heizkreis der Röhren.

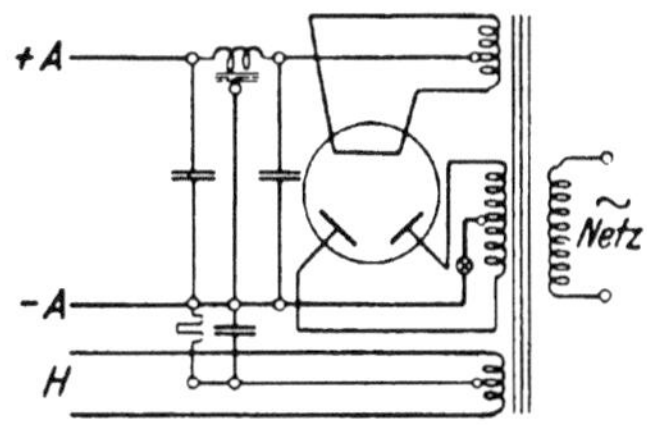

Abb. 149. Netzanschlußteil für Wechselstrom.

In Abb. 149 ist der Netzanschlußteil für Wechselstrombetrieb dieses Empfängers gezeichnet.

**4. Überlagerungsempfänger.** Der Überlagerungs-, Superheterodyn- (Super) oder Transponierungsempfänger stellt das Leistungsfähigste, das es überhaupt an Empfängern gibt, dar. Der zugrunde liegende Gedanke ist der, die Schwierigkeiten, die die Verarbeitung sehr hochfrequenter Schwingungen bietet, dadurch zu umgehen, daß man die ankommende Hochfrequenz nur zur Modulation einer im Apparat selbst erzeugten *Zwischenfrequenz* verwendet, die dann weiter verstärkt und schließlich nach der Gleichrichtung in akustische Energie umgewandelt wird. Dadurch ergeben sich zwei wichtige Vorteile. Auf die ankommende Welle abzustimmen ist nur der Eingangskreis, während alle übrigen Zwischenkreise auf die konstante Zwischenfrequenz ein für allemal abgeglichen werden. Damit ergibt sich auch die Möglichkeit der Verwendung von Bandfiltern, wodurch die Abstimmschärfe (Selektivität) des Empfängers beträchtlich gesteigert werden kann. Der weitere Vorteil der Verwendung langer Wellen liegt darin, daß für sie die unerwünschten Kapazitäten (der Spulen, Leitungen usw.) und Selbstinduktionen, die bei sehr hohen Frequenzen unvermeidliche Nebenschlüsse und Rückkopplungen bilden, keine Rolle spielen.

[1] S. S. 258.

Das Prinzip der Überlagerungsempfangsschaltung kennen wir schon von der Wellentelegraphie her, wo es beim Empfang ungedämpfter Wellen behandelt wurde. Wir wollen die Verhältnisse nicht an der modernsten, sondern an der durchsichtigsten dieser Schaltungen besprechen und uns vorbehalten, nachträglich auf Verbesserungen kurz einzugehen. In Abb. 150 ist die Schaltung eines Sechsröhrensupers skizziert. Auf das Gitter der Röhre I (erstes Audion) wirkt nicht nur die hochfrequente Antennenschwingung der Frequenz $\omega_1$, moduliert mit der Tonfrequenz $\omega_2$, sondern auch die in dei Röhre VI (Oszillator) erzeugte Hoch-

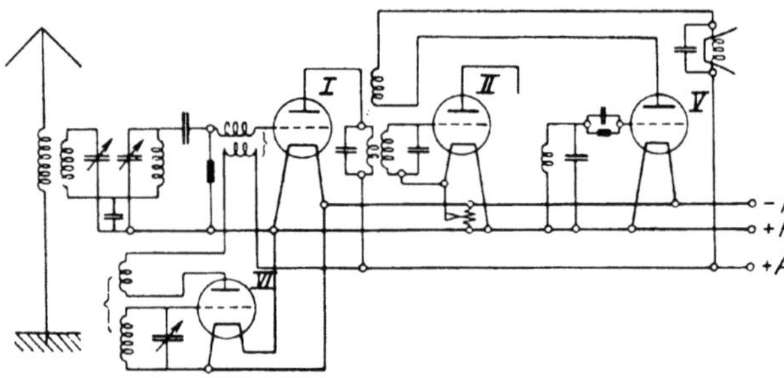

Abb. 150. Prinzipielle Schaltung eines Überlagerungsempfängers.

frequenzschwingung von der Frequenz $\omega_3$; diese wird so eingestellt, daß $\Delta\omega = \omega_1 - \omega_3$ nicht mehr im hörbaren Gebiet und außerdem auch nicht im Bereich der normalen Rundfunkwellen liegt; $\Delta f \approx 100$ kHz. Die von der Antenne erzeugte und die vom Oszillator herrührende Schwingung geben überlagert Schwebungen von der Frequenz $\frac{\Delta\omega}{2}$, jedoch sind diese Schwebungen im Takte der Tonfrequenz $\omega_2$ moduliert:

$$e_{g1} = \underbrace{(a' + b' \sin \omega_2 t)}_{\bar{e}_{g1}} \sin \omega_1 t, \tag{1}$$

die von der modulierten Antennenschwingung erzeugte Gitter-EMK.

$$e_{g3} = \bar{e}_{g3} \sin \omega_3 t, \quad \text{Oszillatorschwingung}, \tag{2}$$

$$e_g' = e_{g1} + e_{g3} = \bar{e}_{g1} \sin \omega_1 t + \bar{e}_{g3} \sin \omega_3 t, \quad \omega = \frac{\omega_1 + \omega_3}{2},$$

$$e_g' = \bar{e}_{g1} \{\sin \omega_1 t + \sin \omega_3 t\} + (\bar{e}_{g3} - \bar{e}_{g1}) \sin \omega_3 t,$$

$$e_g' = 2\,\bar{e}_{g1} \cos \frac{\Delta\omega}{2}\, t \sin \omega\, t - (a' - \bar{e}_{g3} + b' \sin \omega_2\, t) \sin \omega_3 t. \tag{3}$$

Dieses Gemisch aus Schwingungen verschiedener Frequenzen wird nun dem ersten Audion I zugeführt. Die Wirkungsweise des Audion wurde im zweiten Kapitel ausführlich besprochen, so daß wir uns hier kurz fassen können. Zunächst merken wir noch folgendes an: Das zweite Glied von (3) ist eine mit der Tonfrequenz $\omega_2$ modulierte Hochfrequenz $\omega_3$; da im weiteren Verlauf alle Kreise auf die Zwischenfrequenz $\Delta\omega$ abgestimmt sind, wird diese Schwingung nicht weitergeleitet, so daß wir sie nicht weiter in Betracht zu ziehen brauchen. Es bleibt also nur das erste Glied $e_g$ über, das wir in entwickelter Form folgendermaßen schreiben ($a = 2a'$, $b = 2b'$):

$$e_g = (a + b \sin \omega_2 t) \cos \frac{\Delta\omega}{2} t \sin \omega t. \quad (4)$$

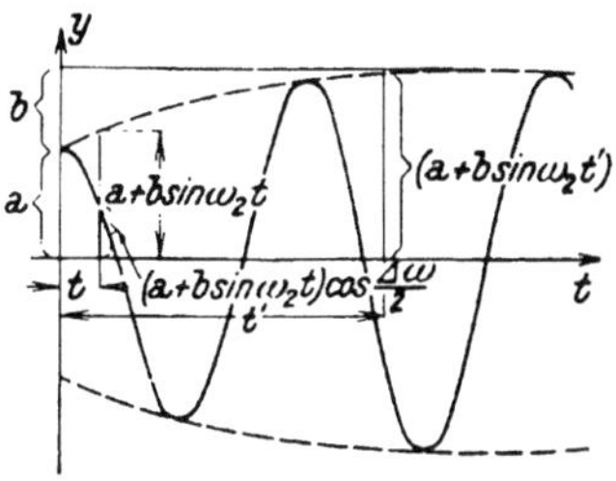

Abb. 151.
Modulierte Hochfrequenz.

Darin ist $\omega_2$ die Tonfrequenz, $\frac{\Delta\omega}{2}$ eine Ultratonfrequenz und $\omega$ die Hochfrequenz. Die physikalische Bedeutung dieses Ausdruckes finden wir durch die folgende schrittweise Überlegung: Es ist $e_g$ eine hochfrequente Schwingung von der Frequenz $\omega$, deren Amplitude nicht konstant ist, sondern selbst wieder durch eine schwingende Größe gegeben ist, deren Amplitude im Takte der Tonfrequenz schwankt. In Abb. 151 ist die Amplitudenkurve der Hochfrequenzschwingung dargestellt. Gl. (4) ist also die Gleichung einer hochfrequenten Schwingung, deren Amplitude nach der in Abb. 151 gezeichneten, durch den Ausdruck

$$\bar{e}_g = (a + b \sin \omega_2 t) \cos \frac{\Delta\omega}{2} t \quad (5)$$

gegebenen Kurve schwankt.

Die Wirkung des Audion besteht nun darin, daß die oberen Scheitelpunkte der hochfrequenten Schwingungskurve auf eine zur Zeitachse parallele Gerade geschoben werden. Aus diesem Grunde ergibt sich nicht mehr 0 als arithmetisches Zeitmittel des Anodenstromes, sondern ein Wert, der im Takte der Zwischenfrequenz $\Delta\omega$[1] schwankt (siehe S. 118):

[1]) Eigentlich schwankt dieser Mittelwert im Takte der modulierten Halbwellen von der Frequenz $\frac{\Delta\omega}{2}$, die aber durch die Grundharmonische von der Frequenz $\Delta\omega$ zu ersetzen ist (vgl. Abb. 152).

$$i_{m1} = k_1(a + b \sin \omega_2 t) \cos \Delta\omega\, t, \tag{6}$$

also eine ultratonfrequente Schwingung (Zwischenfrequenz) von der Frequenz $\Delta\omega$, deren Amplituden mit der Tonfrequenz $\omega_2$ moduliert sind, und zwar so, daß die Amplitudenkurve dieser Zwischenfrequenzschwingung der der ankommenden modulierten Schwingung geometrisch ähnlich bleibt.

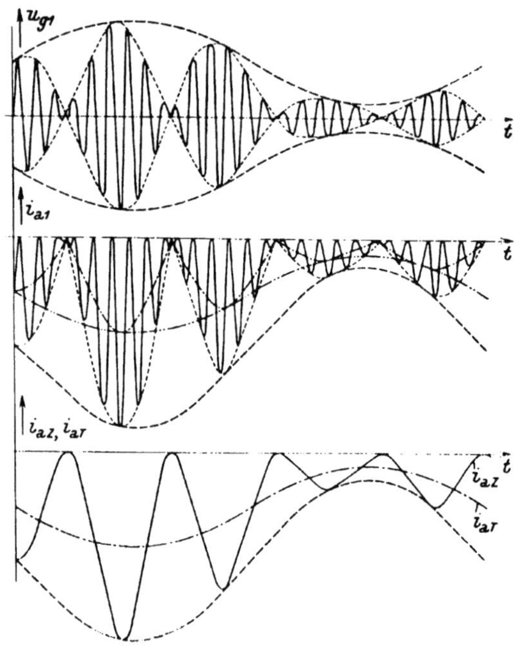


Abb. 152. Schwingungen in den einzelnen Stufen eines Überlagerungsempfängers.

Auf diese Zwischenfrequenz sind nun alle weiteren Schwingungskreise des Empfängers abgestimmt, so daß diese allein weitergeleitet wird. Die Abstimmung erfolgt mittels Bandfilter (s. S. 249), damit alle Frequenzen, die in der modulierten Zwischenfrequenz enthalten sind, gleichmäßig übertragen werden. Nach weiterer Verstärkung in einigen Verstärkerstufen wird die modulierte Zwischenfrequenzschwingung einem zweiten Audion zugeführt, wo die Demodulation erfolgt, so daß dem Lautsprecher gegebenenfalls über Niederfrequenzverstärkerstufen die Tonfrequenz zugeführt wird. Dem Gitter des zweiten Audion wird zugeführt:

$$u_{g2}' = k_v k_1 (a + b \sin \omega_2 t) \cos \Delta\omega\, t, \tag{7}$$

worin $k_v$ die auf dem Wege vom ersten bis zum zweiten Audion erfolgte Verstärkung berücksichtigt; in dem letzten wird ein Anodenstrom erzeugt,

$$i_{m2} = k_v k_1 k_2 (a + b \sin \omega_2 t), \tag{8}$$

dessen Mittelwert als Wechselstrom nur mehr die zu übertragende Tonfrequenz enthält. In Abb. 152 sind die Vorgänge im Super durch die aufeinanderfolgenden Schwingungen dargestellt.

Auch das Prinzip der Rückkopplung kann beim Überlagerungsempfänger angewendet werden. In diesem Falle wird der letzte noch die Zwischenfrequenz führende Anodenkreis auf das Gitter der ersten diese Frequenz führende Röhre einwirkend geschaltet. Dieser letzte Kreis ist der Anodenkreis des zweiten Audion.

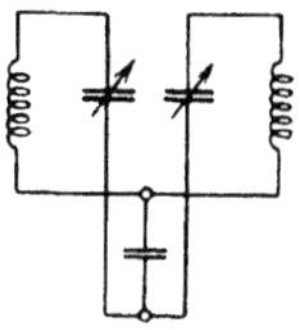

Abb. 153. Beispiel eines Bandfilters.

Der moderne Super weicht natürlich von der soeben besprochenen grundsätzlichen Skizze in verschiedenen Punkten ab. Bei Verwendung von indirekt geheizten Röhren kann die Überlagerungsfrequenz in die Kathodenverbindung statt in den Gitterkreis des ersten Audion eingekoppelt werden; die „*Hexode*" (Viergitterröhre) gestattet sogar, die Oszillatorstufe mit dem ersten Audion in einer Röhre zu vereinen, worauf wir noch kurz zurückkommen. Die konstante Zwischenfrequenz bringt den großen Vorteil mit sich, daß auch die Zwischenkreise als Bandfilter ausgebildet sein können. Wir wollen an dieser Stelle das Wenige, das wir im Abschnitt „Gekoppelte Schwingungskreise" über Bandfilter gesagt haben, kurz ergänzen (S. 51). Dort wurde gezeigt, daß gekoppelte Schwingungskreise zweiwellig sind, d. h. es ergeben sich für jeden der beiden gekoppelten Schwingungskreise zwei Werte der Frequenz, für die der Strom einen Höchstwert annimmt. Die Kurven werden nun um so flacher, je größer die Dämpfung in den beiden Kreisen ist, und bei geeigneter Wahl dieser Dämpfung und der Stärke der Kopplung gelingt es, der Kurve nahezu Rechtecksform von solcher Breite zu geben, daß Trägerfrequenz und Seitenbänder verzerrungsfrei übertragen werden. Diese Bandfilter — ein Beispiel zeigt Abb. 153 — haben jedoch wegen der notwendigen, nicht unbeträchtlichen Dämpfung einen bedeutenden Energieverbrauch, so daß eine größere Zahl von Verstärkerstufen erforderlich wird. Beim Super sind dann das *Ein-*

*gangsbandfilter* und die *Zwischenfrequenzbandfilter* zu unterscheiden; das erste ist auf die ankommende Welle abzustimmen; auf derselben Welle wie die Rotoren der Abstimmkondensatoren des Eingangsbandfilters sitzt der des Abstimmkondensators des Oszillators, so daß gleichzeitig auch die Überlagerungsfrequenz so abgestimmt wird, daß $\Delta\omega$ konstant ist, *Einknopfbedienung*. Die modernsten Geräte haben Bandfilter mit regelbarer Bandbreite.

Der Super erreicht von allen Empfängern die größte Trennschärfe (Selektivität). Um dies einzusehen, denken wir uns auf unseren Empfänger zwei Sender einwirkend, deren Trägerfrequenzen $\omega_1$ und $\omega_2$ sich nur wenig unterscheiden. Ihre Trennung wird dann im Geradeausempfänger fast unmöglich. Anders im Überlagerungsempfänger mit der Oszillatorfrequenz $\omega_0$, denn in diesem ist nicht $\omega_1$ von $\omega_2$, sondern $\omega_1 - \omega_0$ von $\omega_2 - \omega_0$ zu trennen, und da $\omega_0$ in der Größenordnung von $\omega_1$ und $\omega_2$ ist, haben diese Differenzen beträchtliche Unterschiede.

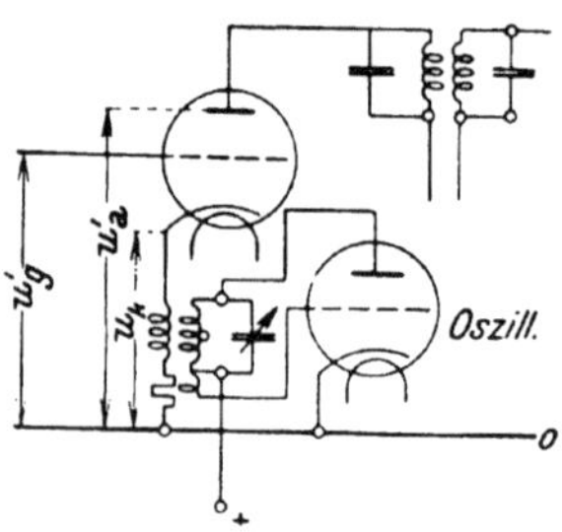


Abb. 154. Einkopplung der Überlagerungsfrequenz in die Kathodenzuleitung einer indirekt geheizten Röhre.

Bei modernen Überlagerungsempfängern erfolgt die Einkopplung der Überlagerungsfrequenz in anderer Weise. An Abb. 154 besprechen wir zunächst die Einkopplung in die Kathodenleitung einer indirekt geheizten „*Modulatorröhre*“; gezeichnet ist als solche eine einfache Eingitterröhre, die Betrachtungen ändern sich nur unwesentlich, wenn eine Hochfrequenzpenthode verwendet wird. Wir beziehen alle Spannungen auf die mit 0 bezeichnete Leitung, die meist mit der metallenen Grundplatte des Empfängers (Chassis) verbunden bzw. identisch ist.

Auf das Gitter unserer Modulationsröhre wirkt die von der ankommenden Welle erzeugte Gitterspannung $u_g'$; diese kommt jedoch nicht voll zur Wirkung, weil die Kathode gegen die 0-Leitung die Wechselspannung $u_k$ hat, die durch den angekoppelten Oszillator in der Kathodenleitung erzeugt wird; die auf die Kathode bezogene Gitterspannung $u_g$, die für die Arbeit der Röhre ausschlaggebend ist, ist somit die Differenz:

$$u_g = u_g' - u_k. \tag{9}$$

Im folgenden wollen wir immer die (Kreis-) Frequenz der ankommenden Welle mit $\omega_1$, die des Oszillators mit $\omega_2$, die Tonfrequenz mit $\omega_n$ bezeichnen. Dann ist, da die ankommende Welle moduliert ist:

$$\left.\begin{aligned} u_g' &= (a' + b' \sin \omega_n t) \sin \omega_1 t \\ u_k &= \bar{u}_k \sin \omega_2 t. \end{aligned}\right\} \qquad (10)$$

Wie oben, erhalten wir daraus die Spannung $u_g$:

$$u_g = \bar{u}_g \left\{\sin \omega_1 t + \sin \omega_2 t\right\} - (\bar{u}_k + \bar{u}_g) \sin \omega_2 t, \qquad (11)$$

worin

$$\bar{u}_g = a' + b' \sin \omega_n t,$$

und weiter

$$u_g = 2\,\bar{u}_g \cos \frac{\Delta\,\omega}{2}\,t \sin \omega\, t - (\bar{u}_k + \bar{u}_g) \sin \omega_2 t. \qquad (12)$$

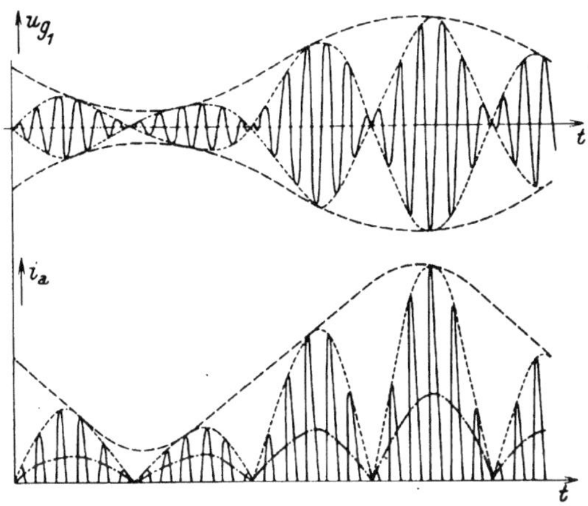


Abb. 155. Verlauf der Schwingungen im Falle der Einkopplung nach Abb. 154.

Da nun der Anodenkreis auf die kleine Zwischenfrequenz $\Delta\omega$, hingegen nicht auf $\omega_2$ abgestimmt ist, wird das zweite Glied rechts nur einen sehr kleinen Strom im Anodenschwingungskreis hervorrufen; wir wollen es daher im folgenden nicht in Betracht ziehen; es bleibt dann über:

$$u_{g1} = 2\,\bar{u}_g \cos \frac{\Delta\,\omega}{2}\,t \sin \omega\, t, \quad \omega = \frac{\omega_1 + \omega_2}{2}. \qquad (13)$$

Nun ist die Anodenspannung der Röhre und die Gittervorspannung so gewählt, daß der Arbeitspunkt am unteren Knie der Kennlinie liegt; dementsprechend hat nur die positive Halbwelle von $u_{g1}$ einen Anodenstrom zur Folge; Abb. 155 zeigt, daß dieser

Anodenstrom aus lauter positiven Halbwellen besteht, deren Amplituden im Takte der Zwischenfrequenz $\Delta\omega$ schwanken, die ihrerseits wieder mit der Tonfrequenz $\omega_n$ moduliert ist. Diesen Halbwellen entspricht ein Mittelwert von der Frequenz $\Delta\omega$, der nun auf das im Anodenkreis angeordnete, auf diese Frequenz abgestimmte Bandfilter wirkt.

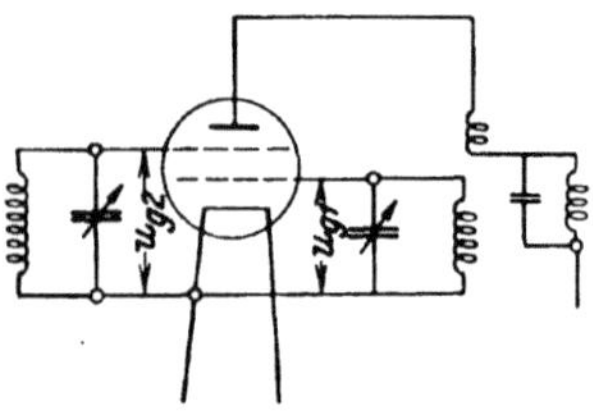


Abb. 156. Doppelgitterröhre als Mischröhre

Durch geeignete Schaltung ist es möglich, die Oszillator- und die Modulatorröhre in einer einzigen Röhre — *Mischröhre* — zu vereinigen. In Abb. 156 ist als Mischröhre eine Doppelgitterröhre verwendet. Man kann diese Röhre als eine Vereinigung zweier Eingitterröhren auffassen; im System Anode-Steuergitter-Kathode wird die ankommende modulierte Schwingung verstärkt und gleichzeitig der im System Anode-Raumladungsgitter-Kathode durch Rückkopplung erzeugten Oszillatorfrequenz überlagert. Gemäß den im zweiten Kapitel, S. 88, angestellten Überlegungen ergibt sich eine resultierende Gitterspannung:

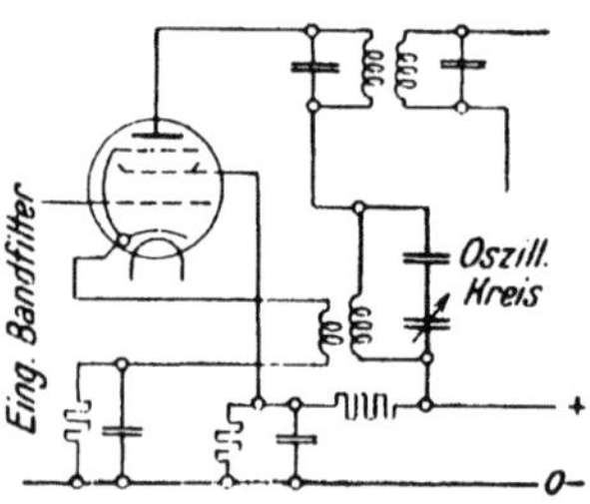


Abb. 157. Hochfrequenzpenthode.

$$u_{g\,res} = u_{g1} + D_1 u_{g2}. \tag{14}$$

Bei richtig gewählten Vorspannungen der Gitter und der Anode kann wieder nur dann ein Anodenstrom fließen, wenn $u_{g\,res}$ positiv ist (von der Anodenrückwirkung sehen wir in erster Annäherung ab); die Grundwelle dieses Stromes ist eine mit der Tonfrequenz modulierte Zwischenfrequenz $\Delta\omega$. Zu Abb. 157, die eine Schaltung wiedergibt, in der eine Hochfrequenzpenthode als Mischröhre verwendet ist, ist nichts weiter zu bemerken.

Weitere Möglichkeiten der Erzeugung und Überlagerung der Oszillatorfrequenz werden wir im nächsten Abschnitt kennenlernen.

**5. Moderne Röhren und ihre Anwendung zur selbsttätigen Fadingregulierung und im Überlagerungsempfänger.** Im modernen Empfänger wird vielfach an Stelle des Audion zur Gleichrichtung der Hochfrequenz ein Einweg- (*Diode*) oder Vollweggleichrichter

(*Duplex-* oder *Duodiode*) verwendet. Der Vorteil dieser modernen Röhren liegt in dem verzerrungsfreien Arbeiten und in der leichten Möglichkeit der Gewinnung der Regelspannung für den selbsttätigen Schwundausgleich.

Die Wirkungsweise der einfachen Diode geht aus der Abb. 158 ohne weiteres hervor. Im Anodenkreis der Diode fließt unter dem Einfluß der am Schwingungskreis auftretenden Spannung ein Strom, der von den positiven Halbwellen dieser Spannung erzeugt wird und daher aus lauter positiven Halbwellen besteht, deren Amplitude im Takte der der Spannung aufgedrückten tonfrequenten Modulationsschwingung schwankt. Wir erhalten also im Anodenkreis einen einem Gleichstrom überlagerten Wechselstrom von der Tonfrequenz. Dieser Strom erzeugt an dem Widerstand *R* eine Spannung von derselben Frequenz; ein Teil dieser Wechselspannung wird dem Gitter der folgenden Verstärkerröhre zugeführt. In der Abbildung ist zu diesem Zweck ein Potentiometer *P* angeordnet,[1] das durch einen Kondensator vom Gleichstrom entlastet ist. Für das weiter unten Folgende merken wir an, daß die am Widerstand *R* auftretende negative Gleichspannung den Amplituden der Wechselspannung proportional ist; sie ist groß, wenn die Amplitude der einfallenden Welle groß, und klein, wenn diese klein ist.

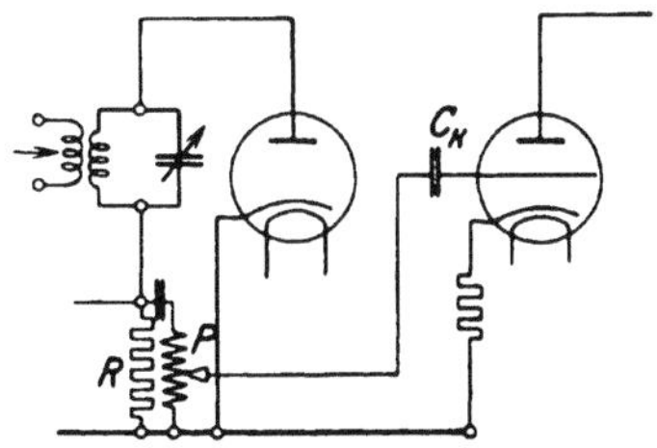

Abb. 158. Diode.

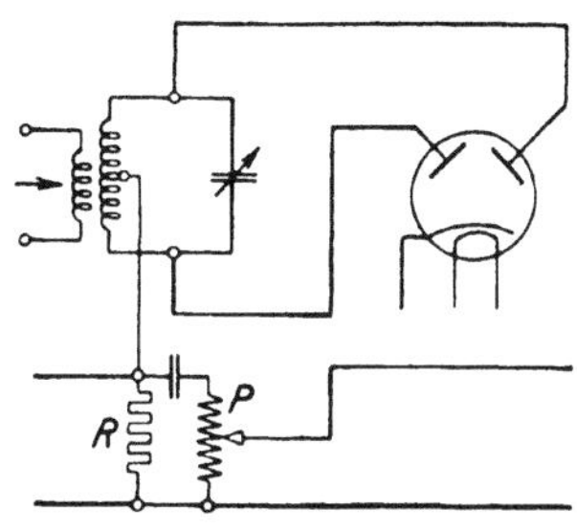

Abb. 159. Duodiode als Vollweggleichrichter.

Die Verwendung der *Duodiode* als Vollweggleichrichter ist in Abb. 159 dargestellt; sie bedarf keiner weiteren Bemerkung; auf andere Schaltmöglichkeiten (verzögerte Fadingautomatik u. a. m.) soll hier nicht eingegangen werden.

Durch Vereinigung einer einfachen Diode mit der folgenden Verstärkerröhre[2] in einem Glasgefäß gelangen wir zur *Binode*,

[1] Am Potentiometer *P* kann die Lautstärke von Hand aus reguliert werden.

[2] Meist Penthode!

die das Audion vollkommen ersetzt, ohne dessen Nachteile aufzuweisen. Die Schaltung der Binode läßt sich aus der der Diode mit folgender Verstärkerstufe leicht entwickeln (Abb. 160).

Wie wir gesehen haben, liefern die Dioden oder der Diodenteil der Binode an dem Widerstand $R$ (Abb. 160) eine pulsierende negative Gleichspannung, die der Hochfrequenzamplitude proportional ist. Diese Spannung oder einen Teil von ihr führen wir nun einer oder mehreren *Regelröhren* als Gittervorspannung zu; wir erreichen damit einen selbsttätigen *Fadingausgleich*. Als Regelröhren werden Röhren verwendet, die zum Unterschied von den normalen Verstärkerröhren eine stark gekrümmte Kennlinie aufweisen, *Exponential-Schirmgitterröhre*, *Selekthode* (Penthode mit exponentieller Kennlinie), *Fading-Hexode*, *Okthode*; bezüglich der letzten beiden siehe unten.

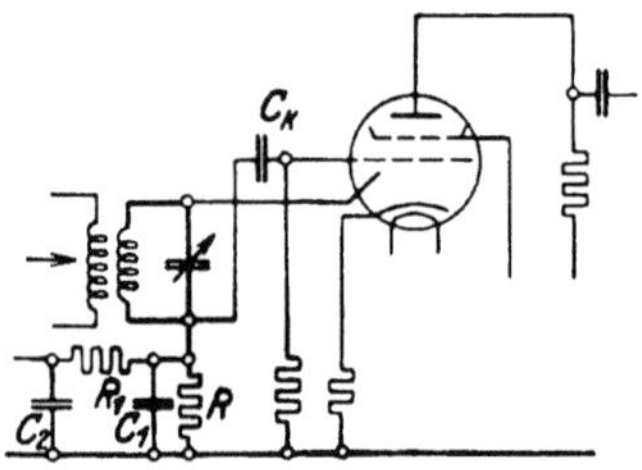

Abb. 160. Binode.

Die Wirkungsweise des Schwundausgleichs wird aus Abb. 161 ohne weiteres klar. Die Anodenspannung wird so eingestellt, daß ohne negativer Gittervorspannung (geliefert von der Diode) ein sehr großer Anodenstrom fließen würde. Bei einfallenden Amplituden von normaler Größe wird über den Widerstand $R$ im Diodenkreis der Regelröhre eine bestimmte negative Vorspannung aufgedrückt; der Arbeitspunkt wird auf der Kennlinie der Regelröhre an die Stelle $A$ mit der Steilheit $S$ gerückt; wird die Amplitude der einfallenden Welle kleiner, so wird auch der Spannungsabfall an $R$ und damit die negative Gittervorspannung $U_{gv}$ der Regelröhre kleiner, der Arbeitspunkt rückt an eine Stelle größerer Steilheit, die Verstärkung wird größer; das Umgekehrte ist der Fall, wenn die Amplitude der einfallenden Welle größer wird. Der verfügbare Raum gestattet leider nicht, näher auf den Schwundausgleich einzugehen.

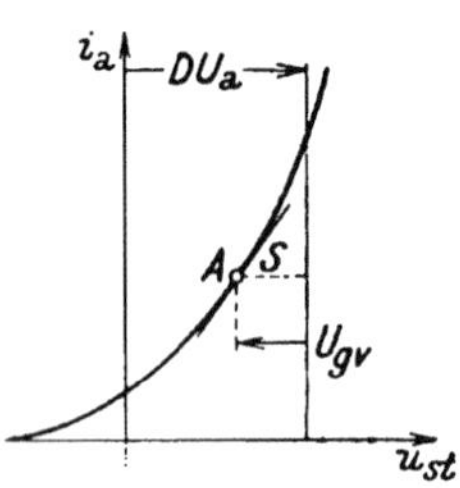

Abb. 161. Selbsttätiger Schwundausgleich.

Eine Weiterbildung der Penthode ist die *Hexode*; sie hat vier Gitter und wird entweder als *Mischhexode*, als Spezialmischröhre oder als *Fadinghexode* zur Regelung des Verstärkungsgrades verwendet.

Auf eine exakte Theorie der Hexode wollen wir verzichten und sie auf die Doppelgitterröhre zurückführen. Die *Mischhexode* unterscheidet sich von der Doppelgitterröhre nur dadurch, daß zwischen den Gittern der Doppelgitterröhre 1 und 3 (Abb. 162) ein Schirmgitter und zwischen dem Gitter 3 und der Anode ein Bremsgitter angeordnet ist. Das Schirmgitter 2 liegt an der vollen Anodenspannung und ist mit der Kathode durch den Kondensator $C_2$ verbunden, so daß eine nennenswerte Wechselspannung an diesem Gitter nicht auftreten kann. Auf die Kathode wirken somit als Gitterwechselspannungen nur die Wechselspannungen der Gitter 1 und 3, wie oben bei der Doppelgitterröhre als Mischröhre besprochen wurde. Die Rückkopplung des Oszillatorkreises erfolgt über die gegenseitige Kapazität der beiden Gitter 3 und 4 und die Kopplungsspule $L_K$. Die Hochfrequenzdrossel *HD* verhindert die direkte gegenseitige Beeinflussung der Anode und des Schirmgitters 2. Die Widerstände $R_1$ und $R_2$ bewirken die nötige zur Kathode negative Vorspannung des Gitters 1.

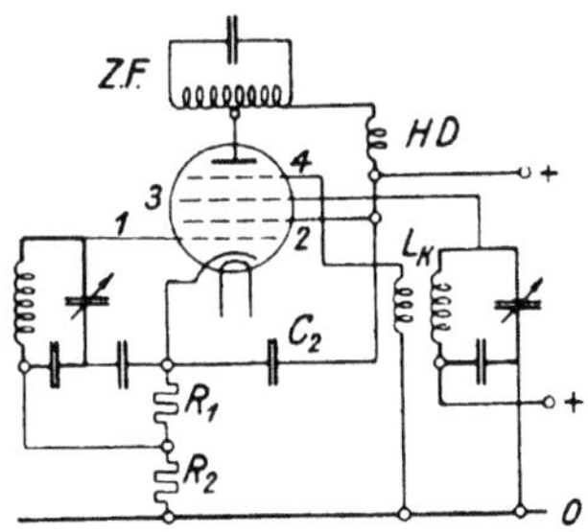

Abb. 162. Mischhexode.

Auch die *Fadinghexode* wollen wir als eine Doppelgitterröhre, und zwar als eine Doppelgitterröhre mit zwei Schirmgittern auffassen (Abb. 163). Die Röhre ist so ausgeführt, daß sie eine stark gekrümmte Kennlinie hat. Das Steuergitter 1 wird von der ankommenden Schwingung beeinflußt und erhält seine Vorspannung über die Fadingautomatik der später folgenden Diodenstrecke. Ein Teil der von der Diode abgenommenen Regelspannung wirkt auf das Gitter 3, das als Raumladungsgitter anzusehen ist; denn zwischen dem positiven Schirmgitter 2 und dem negativen Gitter 3 bildet sich eine Raumladung aus, die an dieser Stelle schon durch geringe Vorspannungen gesteuert werden kann. Die Wirkungen der beiden Gitter unterstützen sich somit, so daß mit geringeren Werten der Regelspannung ein beträchtlich größerer Regelbereich erreicht wird.

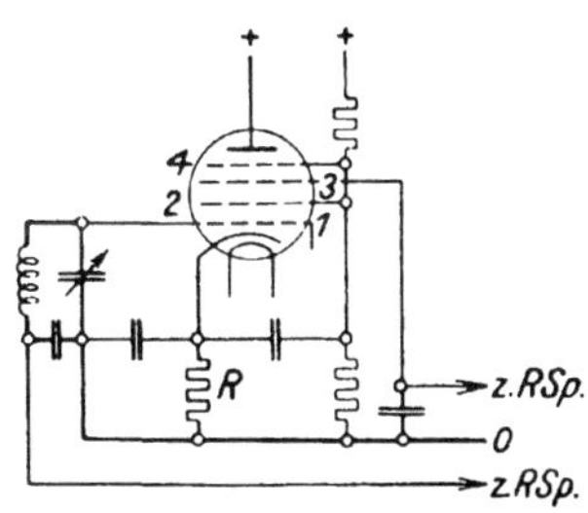

Abb. 163. Fadinghexode.

Als letzte der modernen Röhren wollen wir noch die *Okthode* erwähnen. Sie wird am besten als eine Vereinigung zweier Röhrensysteme in einem Glasgefäß aufgefaßt und ermöglicht gleichzeitig die Frequenzmischung und die automatische Fadingregulierung (Abb. 164). Das System Kathode, Gitter 1 und Gitter 2 bildet eine normale Eingitterröhre mit Gitter 2 an Stelle der Kathode; dieses System erzeugt die Oszillatorfrequenz. Die durch Gitter 2 hindurchgehenden Elektronen werden durch das Schirmgitter 3 beschleunigt und unterliegen der dem Gitter 4 aufgedrückten Wechselspannung. Die Anode des Systems I (Gitter 2) ist gleichzeitig Kathode des Systems II, und man sieht, daß die auf diese Kathode wirkende Gitterspannung gleich ist der Differenz der Spannungen des Gitters 4 und des Gitters 2 gegen die eigentliche Kathode. Die Röhre ist so gebaut, daß die Kennlinie $i_a$, $u_{g4}$ sehr stark gekrümmt ist, so daß ein guter Fadingausgleich erreicht wird, wenn man dieses Gitter an die Regelspannung legt. Das Gitter 5 ist ein normales Schirmgitter, Gitter 6 ein normales Bremsgitter, wie wir beide von der Hochfrequenzpenthode her kennen. Durch geeignete Wahl der Vorspannungen wird erreicht, daß sowohl Mischung als auch Fadingausgleich in einwandfreier Weise erfolgt.

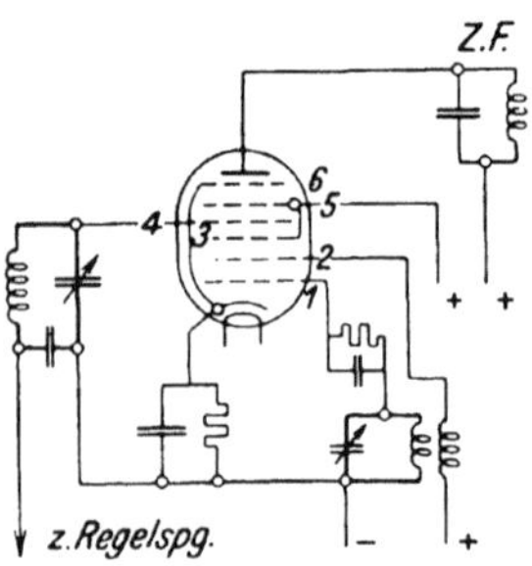


Abb. 164. Okthode.

Mit diesen Andeutungen über moderne Röhren wollen wir uns begnügen; es sind einerseits diese Röhren, ihre Wirkungsweise und ihre Schaltungen so kompliziert, daß ihre ausführliche Behandlung in einem einführenden Werk nicht gut möglich ist, anderseits sind sie aber so wichtig, daß sie doch nicht ganz mit Stillschweigen übergangen werden durften.

**6. Kopfhörer und Lautsprecher.** Das vorliegende Werk hat die *elektrischen* Schwingungen und Wellen zum Gegenstand. Dementsprechend müssen wir es uns, so verlockend es auch wäre, versagen, auf die Probleme der Elektroakustik und der mit der Wellentelephonie im Zusammenhang stehenden Probleme der reinen Akustik näher einzugehen; die Unmöglichkeit, dieses Kapitel hier näher zu behandeln, darf jedoch keineswegs als eine Mißachtung aufgefaßt werden; es sind im Gegenteil gerade die akustischen Fragen für die Telephonie und besonders für den Rundfunk von der größten Bedeutung; der verfügbare Raum und die Art dieses Buches gestatten es jedoch nicht, sie in den Kreis unserer Betrachtungen zu ziehen. Wir werden uns daher mit den folgenden kurzen Bemerkungen über die „Schallstrahler“: Kopfhörer und Lautsprecher begnügen müssen.

Der Kopfhörer, der schon in der Wellentelegraphie vielfach verwendet wurde, unterscheidet sich von dem Telephon, dessen Einrichtung als bekannt vorausgesetzt wird, nur darin, daß die Wicklung dem inneren Widerstand der Verstärkerröhre, in deren Kreis er geschaltet ist, angepaßt sein muß; es müssen im allgemeinen hochohmige Telephone für den Rundfunkempfang verwendet werden. Auch muß bei der Einschaltung in den Röhrenkreis auf die richtige Polarität geachtet werden, damit der Anodengleichstrom den permanenten Telephonmagneten nicht schwächt oder entmagnetisiert.

Da der eigentliche Schallstrahler des Kopfhörers die eingespannte Membran ist, erfüllt er die Bedingung der Amplitudentreue nur für sehr kleine Deformationen der schwingenden Membran; diese genügen jedoch vollauf, um die notwendige geringe Menge akustischer Energie auszustrahlen, so daß die Wiedergabe von Sprache und Musik als recht gut bezeichnet werden kann.

Die bei der Schaffung eines Schallwiedergabeapparates zu lösende Aufgabe besteht nach W. Schottky[1] darin, „am Ort der Wiedergabe ein Klangbild zu erzeugen, das dem vom Mikrophon aufgenommenen Originalklangbild möglichst genau gleich ist“. Dies ist dann der Fall, wenn die drei folgenden Bedingungen erfüllt sind: 1. muß der Lautsprecher frequenzunabhängig sein, d. h. es darf keine Frequenz des hörbaren Frequenzbereiches bevorzugt oder benachteiligt sein, 2. die Ausstrahlung muß „amplitudentreu“ erfolgen, d. h. die Amplituden der ausgestrahlten akustischen Wellen müssen denen der vom Mikrophon empfangenen genau proportional sein, und 3. *soll* auch die ausgestrahlte Lautstärke die gleiche wie die des Schallsenders sein. Diese letzte Forderung, die natürlich nicht immer und jederzeit zu erfüllen ist, hängt mit den physiologischen Eigenschaften des menschlichen Ohres zu-

[1] In K. W. Wagner: Die wissenschaftlichen Grundlagen usw., S. 61.

sammen. Bei einer geringeren Lautstärke der Wiedergabe erscheinen beispielsweise die höheren Töne lauter zu sein u. a. Vom Standpunkt dieser drei Forderungen wollen wir nun die wichtigsten Wiedergabeapparate betrachten, wobei sich ganz kurze Bemerkungen über den Aufbau von selbst ergeben.

Um irgend eine Energieform in Schall umzusetzen, muß die Luft zum Schwingen gebracht werden; dies geschieht in der Schallquelle durch einen Schallstrahler. Schon beim Kopfhörer lernten wir als solchen die eingespannte Membran kennen, wiesen aber schon dort darauf hin, daß nur kleine Deformationen eine unverzerrte Schallausstrahlung gewährleisten. Durch Vergrößerung der Membran und Anordnung eines Trichters (auf die Theorie des Trichters kann ebenfalls nicht eingegangen werden) gelangen wir zum *elektromagnetischen* oder besser mit Schottky *ferromagnetischen Eisenmembranlautsprecher*, der jedoch als vollkommen überholt anzusehen ist. Für die Ausstrahlung größerer Schallenergien kommt die eingespannte Membran nicht oder nur bei Verwendung eines unmöglich großen Trichters in Betracht. Anders jedoch ist es mit der *Kolbenmembran*, eine starre Fläche, z. B. Scheibe (aus Festigkeitsgründen meistens an ihrer Stelle ein flacher Konus aus Papier), die in einer bestimmten Richtung (⊥ zur Scheibenfläche, in der Achse des Kegels) als Ganzes schwingt, ohne sich zu deformieren. Die Theorie der Kolbenmembran geht auf Lord Rayleigh zurück, der sie 1879 in seiner „Theory of Sound" entwickelte. Die Kolbenmembran vermag auch ohne Trichter eine große Luftmenge in Schwingungen zu versetzen, hat jedoch noch einen fühlbaren Nachteil. Längs des Scheibenrandes gleichen sich die Druckunterschiede zu beiden Seiten der Scheibe aus, was um so fühlbarer wird, je langsamer die Scheibe schwingt, also je tiefer die Frequenzen sind. Bei Kolbenmembranen, deren Dimensionen klein sind gegen die Wellenlänge der Schallwellen, werden also die tiefen Töne benachteiligt. Diesen Nachteil kann man dadurch vermeiden, daß man den Druckausgleich längs des Scheibenrandes durch Anordnung einer starren Wand, „Schallwand", verhindert. Durch richtige Wahl der Membrangröße und der Eigenfrequenz des gesamten schwingenden Systems (klein) gelingt es, Lautsprecher zu bauen, die der Forderung der Frequenzunabhängigkeit ziemlich entsprechen. Durch die Wahl einer tiefen Eigenfrequenz wird noch erreicht, daß sich die Amplituden der Membranschwingungen bei höheren Frequenzen, die ohnehin mit größerer Energie ausgestrahlt werden, verkleinern.

Es gibt jetzt nur mehr die Frage des Antriebes der Membran zu besprechen. Dieser Antrieb kann entweder erfolgen durch ein im Felde des tonfrequenten Stromes schwingendes Eisenstück — *ferromagnetischer Lautsprecher*, oder durch eine in einem konstanten Magnetfeld (permanenter oder Elektromagnet) beweglich angeordnete, vom tonfrequenten Strom durchflossene Spule — *elektrodynamischer Lautsprecher.*

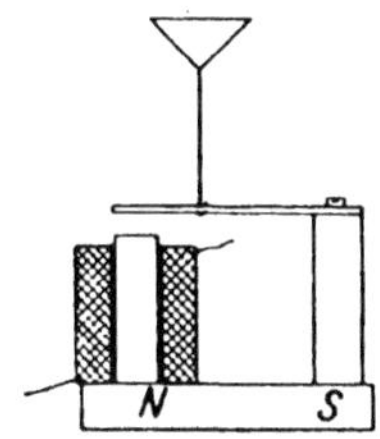


Abb. 165. Ferromagnetischer Zungen-lautsprecher.

Bei dem ferromagnetischen *Zungenlautsprecher*, Abb. 165, schwingt eine Eisenzunge im Felde eines permanenten Magneten, dem das vom tonfrequenten Strom erzeugte Feld überlagert ist. Diese Zunge ist mit der Membran starr verbunden. Man sieht leicht ein, daß dieses System der Forderung der Amplitudentreue nicht genügen kann. Denn diese Forderung ist nur erfüllt, wenn die auf das schwingende System wirkende Kraft direkt proportional ist dem tonfrequenten Strom; hier aber hängt diese Kraft außerdem noch vom Quadrat der Entfernung der Zunge vom Magnetpol ab. Dazu kommt noch ein Umstand, der sich bei allen ferromagnetischen Lautsprechern geltend macht. Die Anziehungskraft des Eisenstückes ist proportional dem *Quadrat* der magnetischen Induktion an der betrachteten Stelle, diese wieder hängt mit der Stärke des magnetisierenden Stromes nach der Hysteresisschleife zusammen, so daß sich ein außerordentlich komplizierter Zusammenhang zwischen tonfrequentem Strom und Kraft ergibt. Beim Zungenlautsprecher muß weiters noch die rücktreibende Kraft der Elastizität in Betracht gezogen werden.

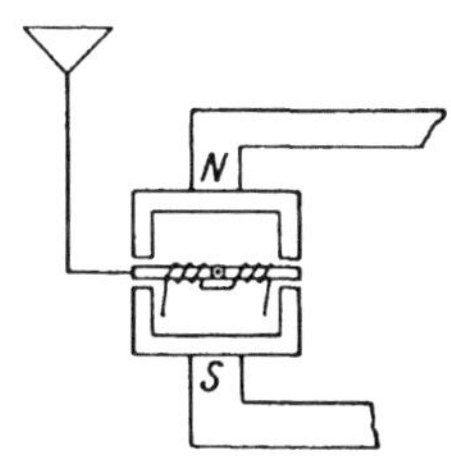


Abb. 166. Freischwinger der Western E. C.

Von den vielen verbesserten Ausführungen des ferromagnetischen Lautsprechers ist in Abb. 166 das System der Western El. C. dargestellt;[1] besondere Bemerkungen erübrigen sich. Durch Ver-

[1] Freischwinger oder Induktorlautsprecher.

wendung lamellierter Polschuhe, erstklassigen Materials und genaue Ausführung ist es gelungen, den ferromagnetischen Lautsprecher so zu verbessern, daß er dem elektrodynamischen beinahe gleichwertig ist.

Der grundsätzliche Aufbau des *elektrodynamischen Lautsprechers* geht aus Abb. 167 hervor. Im homogenen Felde eines permanenten oder Elektromagneten $N$—$S$ ist die mit dem Konus verbundene Schwingspule leicht beweglich angeordnet. Der Konus wird durch einen weichen Lederring gehalten, so daß praktisch keine Richtkraft vorhanden ist. Die auf die Schwingspule wirkende Kraft ist in jedem Augenblick und in jeder Lage der Spule vollkommen genau proportional dem durch die Spule fließenden Strom. Damit ist die vollkommene Amplitudentreue gewährleistet. Durch einen parallel zur Schwingspule geschalteten Kondensator kann die Klangfarbe zugunsten der tiefen Töne beeinflußt werden.

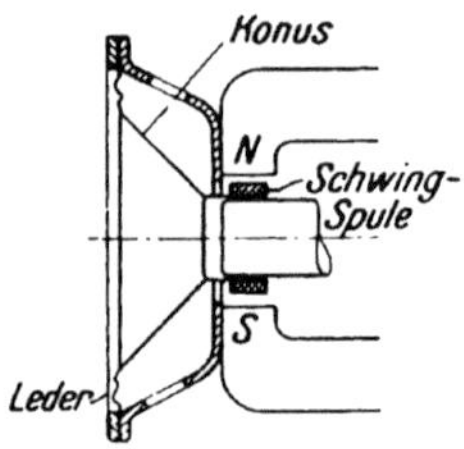

Abb. 167. Elektrodynamischer Lautsprecher.

## V. Probleme des Rundfunks.

**1. Die Wellenverteilung.** Vielleicht das heikelste und wichtigste technische Problem, das der Rundfunk zu lösen gibt, ist das der Verteilung der Trägerwellen auf die verschiedenen Sendestationen. Diese Wellenverteilung muß so getroffen werden, daß eine gegenseitige Störung der einzelnen Stationen nicht eintreten kann. In dieser Form ist die Aufgabe, um es gleich zu sagen, unlösbar, und man muß sich damit begnügen, Stationen von gleicher oder nahezu gleicher Wellenlänge räumlich sehr weit auseinanderzurücken. Denn die Zahl $z$ der im normalen Wellenbereich unterzubringenden Stationen ist durch die für eine Station notwendige Bandbreite ein für allemal gegeben. Diese Bandbreite beträgt 9000 Hz, wobei bemerkt werden muß, daß dies sehr wenig ist, da besonders den Obertönen einzelner Instrumente Schwingungszahlen entsprechen, für die diese Bandbreite keineswegs ausreicht, so daß die Klangfarbe dieser Instrumente bei der Übertragung nicht vollkommen zum Ausdruck kommt. Die Zahl $z$ kann nach der im folgenden abgeleiteten Formel einfach gefunden werden. Es ist:

$$\lambda' = c\,T = \frac{c}{f} = \frac{3\,.\,10^{10}}{f}\ \mathrm{cm},$$

$$f = \frac{3\,.\,10^{10}}{\lambda'} = \frac{3\,.\,10^{8}}{\lambda}, \qquad (1)$$

$\lambda$ in m, $\lambda'$ in cm,

$$f_u = \frac{3\,.\,10^{8}}{\lambda_u}, \quad f_o = \frac{3\,.\,10^{8}}{\lambda_o},$$

$$z = \frac{f_u - f_o}{9\,.\,10^{3}}. \qquad (2)$$

Für den Wellenbereich von 200 bis 800 m ergibt sich:

$$f_u = \frac{3\,.\,10^{8}}{2\,.\,10^{2}} = 1{,}5\,.\,10^{6}\ \mathrm{Hz}, \quad f_o = \frac{3\,.\,10^{8}}{8\,.\,10^{2}} = 0{,}375\,.\,10^{6}\ \mathrm{Hz},$$

$$z = \frac{1{,}125\,.\,10^{6}}{9\,.\,10^{3}} = 0{,}125\,.\,10^{3},$$

$$z = 125.$$

Im Normalwellenbereich von 200 bis 800 m Wellenlänge können somit nur 125 Sender untergebracht werden.

**2. Der Kurzwellenbereich.** Wenden wir nun dieselbe Formel auf den Kurzwellenbereich von 10 bis 20 m Wellenlänge an; es ergibt sich:

$$f_u = 30\,.\,10^{6}\ \mathrm{Hz}, \quad f_o = 15\,.\,10^{6}\ \mathrm{Hz}, \quad z = 1667.$$

In den 10 m des Kurzwellenbereiches bringen wir also mehr als 1500 Sender mit der Bandbreite von 9000 Hz unter. Man sieht, daß die Kurzwellen bezüglich der Wellenverteilung wesentlich günstiger daran sind als die normalen Rundfunk- oder gar die Langwellen. Das Gedränge der Wellenlängen im Rundfunkbereich ist auch der Grund dafür, daß jeder Sender gezwungen wird, die Wellenlänge seiner Trägerwelle genauestens einzuhalten.

**3. Gleichwellenrundfunk.** Eine Möglichkeit, die Zahl der Sender im Rundfunkwellenbereich zu erhöhen, bietet der Gleichwellenrundfunk. Zwei Sender kleiner Leistung desselben Landes senden jederzeit dasselbe Programm auf derselben Wellenlänge. Auf die Einzelheiten der Übertragung auf die beiden Sender wollen wir hier nicht eingehen, sondern nur folgendes bemerken: Es gibt Zonen in der Nähe jedes Senders, in denen praktisch nur der betreffende Sender zu hören ist, und eine Zone, in der beide zusammenwirken. In dieser Zone gibt es Stellen, wo sich die Wirkungen der beiden Sender unterstützen, und solche, wo sie einander schwächen und unter Umständen ganz auslöschen. Da sich aber die Stärke der einfallenden Wellen und die Wege, auf denen sie zum Empfänger gelangen, etwas ändern, ergibt sich in dieser Zone eine langsame Fadingerscheinung; die Gleichwelle kann also in diesem Gebiet gut nur mittels eines mit Fadingausgleich versehenen Empfangsgerätes empfangen werden, hingegen genügen in den Nahzonen die einfachsten Empfänger.

# Anhang.

## I. Die Grundgleichungen der Maxwellschen Theorie.

$$\mathfrak{D} = \varepsilon\, \mathfrak{E}, \tag{I}$$

$$\mathfrak{B} = \mu\, \mathfrak{H}, \tag{II}$$

$$\mathfrak{i} = \lambda\, \mathfrak{E}, \tag{III}$$

$$\operatorname{div} \mathfrak{D} = 4\,\pi\, \varrho, \tag{IV}$$

$$\operatorname{div} \mathfrak{B} = 0, \tag{V}$$

$$\operatorname{rot} \mathfrak{H} = \frac{4\,\pi}{c}\, \mathfrak{i} + \frac{1}{c}\, \frac{\partial \mathfrak{D}}{\partial t}, \tag{VI}$$

$$\operatorname{rot} \mathfrak{E} = -\frac{1}{c}\, \frac{\partial \mathfrak{B}}{\partial t}, \tag{VII}$$

$$W_1 = \frac{1}{8\,\pi}\, (\mathfrak{E}\,\mathfrak{D} + \mathfrak{H}\,\mathfrak{B}), \tag{VIII}$$

$$\mathfrak{E} = -\nabla U \tag{IX}$$

im elektrostatischen Feld.

## II. Zusammenstellung der benützten Vektorformeln.

*Vektor*: $\mathfrak{A}$, Absolutwert $|\mathfrak{A}|$ oder $A$.
*Komponente des Vektors* in der Richtung $s$: $\mathfrak{A}_s$.

$$\mathfrak{A}_s = |\mathfrak{A}| \cos(\mathfrak{A}\, s).$$

Spezialfall:

$$\mathfrak{A}_x = |\mathfrak{A}| \cos(\mathfrak{A}\, x), \quad \mathfrak{A}_y = |\mathfrak{A}| \cos(\mathfrak{A}\, y), \quad \mathfrak{A}_z = |\mathfrak{A}| \cos(\mathfrak{A}\, z).$$

*Skalares Produkt* $\mathfrak{A}\,\mathfrak{B}$:

$$\mathfrak{A}\,\mathfrak{B} = |\mathfrak{A}|\,|\mathfrak{B}| \cos(\mathfrak{A}\,\mathfrak{B}) = \mathfrak{A}_B\,|\mathfrak{B}| = |\mathfrak{A}|\,\mathfrak{B}_A.$$

Spezialfall:

$\mathfrak{A}\, d\mathfrak{s} = \mathfrak{A}_x\, dx + \mathfrak{A}_y\, dy + \mathfrak{A}_z\, dz,\quad dx \ldots$ Komponente von $d\mathfrak{s}$.

*Vektorprodukt* $[\mathfrak{A}\mathfrak{B}]$:

$$[\mathfrak{A}\mathfrak{B}] = |\mathfrak{A}|\,|\mathfrak{B}|\sin(\mathfrak{A}\mathfrak{B}).$$

$\mathfrak{i}, \mathfrak{j}, \mathfrak{k}$ ... Einheitsvektoren in den Richtungen $x$, $y$ und $z$.

$$[\mathfrak{A}\mathfrak{B}] = \mathfrak{i}(\mathfrak{A}_y\mathfrak{B}_z - \mathfrak{A}_z\mathfrak{B}_y) + \mathfrak{j}(\mathfrak{A}_z\mathfrak{B}_x - \mathfrak{A}_x\mathfrak{B}_z) + \mathfrak{k}(\mathfrak{A}_x\mathfrak{B}_y - \mathfrak{A}_y\mathfrak{B}_x).$$

*Divergenz des Vektors* $\mathfrak{A}$:

$$\operatorname{div}\mathfrak{A} = \lim_{\Delta V \to 0} \frac{1}{\Delta V}\int_O \mathfrak{A}\,d\mathfrak{F},$$

$$\operatorname{div}\mathfrak{A} = \frac{\partial \mathfrak{A}_x}{\partial x} + \frac{\partial \mathfrak{A}_y}{\partial y} + \frac{\partial \mathfrak{A}_z}{\partial z}.$$

*Rotation des Vektors* $\mathfrak{A}$:

$$\operatorname{rot}\mathfrak{A} = \lim_{\Delta F_n \to 0} \frac{1}{\Delta F_n}\oint \mathfrak{A}\,d\mathfrak{s},$$

$$\operatorname{rot}\mathfrak{A} =$$

$$= \mathfrak{i}\left(\frac{\partial}{\partial y}\mathfrak{A}_z - \frac{\partial}{\partial z}\mathfrak{A}_y\right) + \mathfrak{j}\left(\frac{\partial}{\partial z}\mathfrak{A}_x - \frac{\partial}{\partial x}\mathfrak{A}_z\right) + \mathfrak{k}\left(\frac{\partial}{\partial x}\mathfrak{A}_y - \frac{\partial}{\partial y}\mathfrak{A}_x\right).$$

*Potential des Vektorfeldes* $\mathfrak{A}$:

$$\mathfrak{A} = \operatorname{grad} U = \nabla U.$$

Voraussetzung $\operatorname{rot}\mathfrak{A} = 0$: $\frac{\partial}{\partial x}\mathfrak{A}_y = \frac{\partial}{\partial y}\mathfrak{A}_x$, $\frac{\partial}{\partial y}\mathfrak{A}_z = \frac{\partial}{\partial z}\mathfrak{A}_y$, usw.

$$\mathfrak{A}\,d\mathfrak{s} = \mathfrak{A}_x\,dx + \mathfrak{A}_y\,dy + \mathfrak{A}_z\,dz = dU$$

vollständiges Differential wegen Voraussetzung, daher

$$\mathfrak{A}_x = \frac{\partial U}{\partial x}, \quad \mathfrak{A}_y = \frac{\partial U}{\partial y}, \quad \mathfrak{A}_z = \frac{\partial U}{\partial z},$$

$$\mathfrak{A}_s = \frac{\partial U}{\partial s},$$

$$\mathfrak{A} = \mathfrak{i}\frac{\partial U}{\partial x} + \mathfrak{j}\frac{\partial U}{\partial y} + \mathfrak{k}\frac{\partial U}{\partial z} = \nabla U.$$

Wegen Voraussetzung:

*Rotation des Gradienten:*

$$\operatorname{rot}\nabla U = 0.$$

*Divergenz des Gradienten:*

$$\operatorname{div}\nabla U = \nabla^2 U = \frac{\partial^2 U}{\partial x^2} + \frac{\partial^2 U}{\partial y^2} + \frac{\partial^2 U}{\partial z^2}.$$

*Divergenz der Rotation:*

$$\operatorname{div} \operatorname{rot} \mathfrak{A} = \frac{\partial}{\partial x}\left(\frac{\partial \mathfrak{A}_z}{\partial y} - \frac{\partial \mathfrak{A}_y}{\partial z}\right) + \frac{\partial}{\partial y}\left(\frac{\partial \mathfrak{A}_x}{\partial z} - \frac{\partial \mathfrak{A}_z}{\partial x}\right) + \frac{\partial}{\partial z}\left(\frac{\partial \mathfrak{A}_y}{\partial x} - \frac{\partial \mathfrak{A}_x}{\partial y}\right)$$

$$\operatorname{div} \operatorname{rot} \mathfrak{A} = \frac{\partial^2 \mathfrak{A}_z}{\partial x \, \partial y} - \frac{\partial^2 \mathfrak{A}_z}{\partial x \, \partial y} + \text{usw.} = 0,$$

$$\operatorname{div} \operatorname{rot} \mathfrak{A} = 0.$$

*Rotation der Rotation:*

$$\operatorname{rot} \operatorname{rot} \mathfrak{A} = \nabla \operatorname{div} \mathfrak{A} - \nabla^2 \mathfrak{A}.$$

*Die Funktion* $\nabla^2$*:*

$$U = \text{skalare Größe}, \quad \mathfrak{A} = \text{Vektor}.$$

$$\nabla^2 U = \frac{\partial^2 U}{\partial x^2} + \frac{\partial^2 U}{\partial y^2} + \frac{\partial^2 U}{\partial z^2},$$

$$\nabla^2 \mathfrak{A} = \mathfrak{i} \, \nabla^2 \mathfrak{A}_x + \mathfrak{j} \, \nabla^2 \mathfrak{A}_y + \mathfrak{k} \, \nabla^2 \mathfrak{A}_z,$$

$$= \mathfrak{i}\left(\frac{\partial^2 \mathfrak{A}_x}{\partial x^2} + \frac{\partial^2 \mathfrak{A}_x}{\partial y^2} + \frac{\partial^2 \mathfrak{A}_x}{\partial z^2}\right) + \mathfrak{j}\left(\frac{\partial^2 \mathfrak{A}_y}{\partial x^2} + \frac{\partial^2 \mathfrak{A}_y}{\partial y^2} + \frac{\partial^2 \mathfrak{A}_y}{\partial z^2}\right),$$

$$+ \mathfrak{k}\left(\frac{\partial^2 \mathfrak{A}_z}{\partial x^2} + \frac{\partial^2 \mathfrak{A}_z}{\partial y^2} + \frac{\partial^2 \mathfrak{A}_z}{\partial z^2}\right).$$

*Die Poissonsche Gleichung* geht aus (I) hervor, wenn:

$$\operatorname{rot} \mathfrak{E} = 0, \quad \text{elektrostatisches Feld: } \mathfrak{E} = -\nabla U,$$

$\operatorname{div} \mathfrak{D} = \operatorname{div} \varepsilon \mathfrak{E}$ unter der Voraussetzung eines homogenen Feldes $\varepsilon = \text{konstant}$,

$$\operatorname{div} \nabla U = \nabla^2 U = -\frac{4\pi}{\varepsilon} \varrho, \quad \text{Poissonsche Gleichung},$$

im Spezialfall $\varrho = 0$,

$$\nabla^2 U = 0, \quad \text{Laplacesche Gleichung}.$$

# Namen- und Sachverzeichnis.

Manzsche Buchdruckerei, Wien IX.

GPSR Compliance

*The European Union's (EU) General Product Safety Regulation (GPSR) is a set of rules that requires consumer products to be safe and our obligations to ensure this.*

*If you have any concerns about our products, you can contact us on ProductSafety@springernature.com*

In case Publisher is established outside the EU, the EU authorized representative is:

Springer Nature Customer Service Center GmbH
Europaplatz 3
69115 Heidelberg, Germany

**Batch number: 10577917**

Printed by Printforce, the Netherlands